AF861661

L'évolution

Sous la direction de
Hervé Le Guyader

BIBLIOTHÈQUE POUR LA SCIENCE

Dans la même collection

L'ordre du chaos

Ces hormones qui nous gouvernent

Les fossiles, témoins de l'Évolution

Les instruments de l'orchestre

"Haha" ou l'éclair de la compréhension mathématique

La magie des paradoxes

Les mathématiciens

Le calcul intensif

La mathématique des jeux

Les origines de l'Homme

Visions géométriques

Le comportement des animaux

Les mécanismes de la vision

Logique, informatique et paradoxes

Le fascinant nombre π

Ce que disent les pierres

DANGER LE PHOTOCOPILLAGE TUE LE LIVRE

Le code de la propriété intellectuelle n'autorise que « *les copies ou reproductions strictement réservées à l'usage privé du copiste et non destinées à une utilisation collective* » [article L. 122-5] ; il autorise également les courtes citations effectuées dans un but d'exemple ou d'illustration. En revanche « toute représentation ou reproduction intégrale ou partielle, sans le consentement de l'auteur ou de ses ayants droit ou ayants cause, est illicite » [article L. 122-4].

La loi 95-4 du 3 janvier 1994 a confié au C.F.C. (Centre français de l'exploitation du droit de copie, 20, rue des Grands Augustins, 75006 Paris), l'exclusivité de la gestion du droit de reprographie. Toute photocopie d'œuvres protégées, executée sans son accord préalable, constitue une contrefaçon sanctionnée par les articles 425 et suivants du Code pénal.

© Pour la Science, 1998
ISSN 0224-5159 ISBN 2-84245-**008**-6

Table des matières

L'évolution : une histoire des idées

Hervé Le Guyader et Jean Génermont

La vie sur Terre a une histoire, une longue histoire puisque des traces de l'activité d'êtres vivants ont été détectées dans des roches formées il y a 3 800 millions d'années. Les péripéties de cette histoire ont engendré la diversité actuelle du monde vivant : aussi ne saurait-on comprendre celle-ci sans se placer dans une perspective évolutive.

Pour cette raison, il est indispensable de reconstituer l'histoire de la vie et d'identifier les causes des événements qui la tissent.

Ce n'est que dans la seconde moitié du XIXe siècle que la notion d'évolution s'est imposée dans les milieux scientifiques. En revanche, l'idée que la biodiversité est structurée est plus ancienne. Elle est issue des premières recherches sur la classification des êtres vivants. Les classifications anciennes, fondées sur l'utilité des organismes pour l'homme, étaient à l'évidence subjectives. En réaction se multiplièrent, dès l'aube du XVIIe siècle, les tentatives de définition de critères et de systèmes de classification aussi objectifs que possible. D'un auteur à l'autre, les critères proposés n'étaient pas les mêmes, et pourtant certains groupements se retrouvaient d'une classification à l'autre, indépendamment du « système ». Il apparut par ailleurs que la diversité des organismes s'accommodait bien d'une classification hiérarchique. Dès lors, on pouvait conclure, avec Carl von Linné (1707-1778), à l'existence d'un « ordre souverain de la nature » et à celle d'une classification « naturelle » qu'il fallait approcher.

C'est à Linné qu'on doit le principe des unités systématiques emboîtées, ou taxons – règne, classe, ordre, genre, espèce, variété –, structure conservée par la suite avec une multiplication des niveaux taxinomiques (dont celui de la famille, entre l'ordre et le genre). À cet emboîtement, on fit correspondre par la suite le principe de subordination des caractères : il consiste à identifier, à chaque niveau de la classification, les caractères pertinents pour définir les taxons. Ainsi les caractères de définition des genres sont subordonnés aux caractères de définition des ordres, eux-mêmes subordonnés aux caractères de définition des classes...

Par exemple, le chevreuil *(Capreolus capreolus)* se

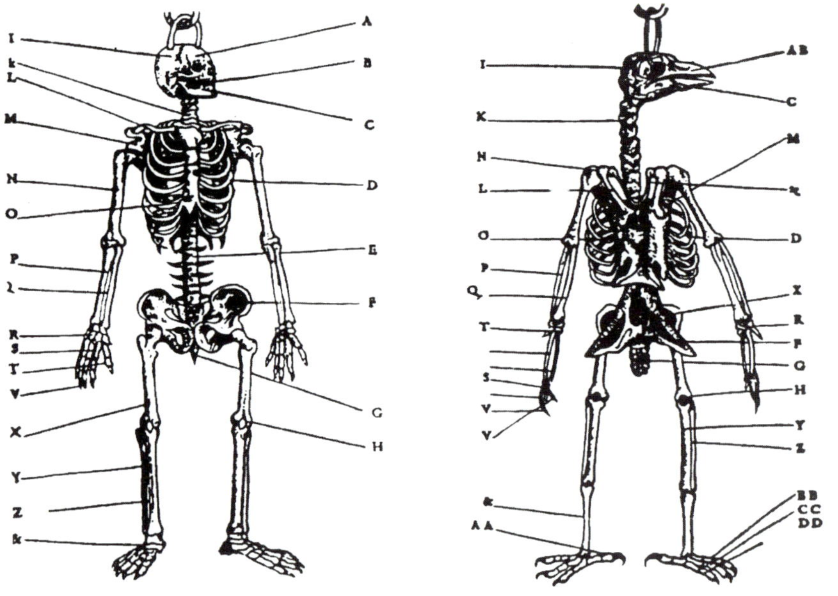

1. PIERRE BELON (1517-1564), médecin et naturaliste français, publie en 1555 une *Histoire de la nature des Oiseaux, avec leurs descriptions et naïfs portraicts retirez du naturel.* Sur cette planche, il rapproche le squelette de l'homme et celui de l'oiseau. C'est la première intuition d'une unité de plan chez les vertébrés.

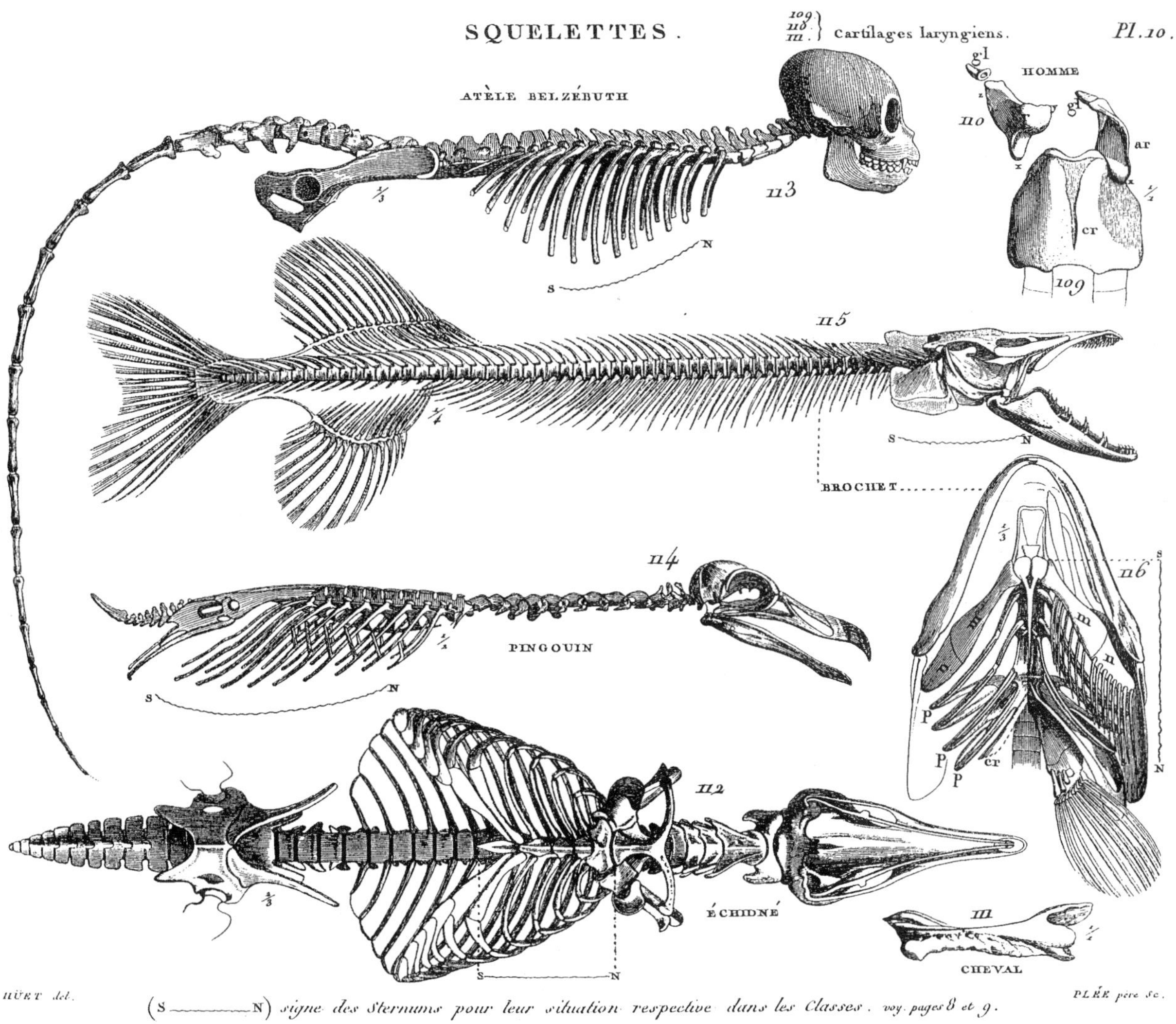

2. PLAN D'ORGANISATION DES VERTÉBRÉS. Dans sa *Philosophie zoologique* de 1818, Étienne Geoffroy Saint-Hilaire pose, dès la première phrase, une question essentielle : « L'organisation des animaux vertébrés peut-elle être ramenée à un type uniforme ? » En dessinant sur une même planche un singe (un atèle), un poisson (un brochet), un oiseau (un pingouin) et un monotrème (un échidné), il a voulu illustrer la notion de plan d'organisation, indispensable à la compréhension de l'homologie. Par la suite, il tentera d'étendre cette unité de plan aux « animaux sans vertèbres ».

distingue des autres cervidés par sa taille, sa robe, la forme de ses bois, etc. Comme le mouton et le chameau, il appartient à l'ordre des Artiodactyles, car il possède un nombre pair de doigts terminés par des sabots. Comme les primates et les rongeurs, il fait partie de la sous-classe des mammifères, car il porte des poils, allaite ses petits, a une température constante et possède trois osselets dans son oreille moyenne.

Les champions de ce principe de subordination des caractères furent les botanistes Bernard de Jussieu (1699-1777) et son neveu Antoine-Laurent (1748-1836) ; en zoologie, il fut mis en œuvre en particulier par Georges Cuvier (1769-1832) et Jean-Baptiste Lamarck (1744-1829).

Une autre manière de percevoir un ordre de la nature était d'y deviner une « échelle des êtres », c'est-à-dire une hiérarchie fondée sur le degré de complexité. À la base de l'échelle se trouvaient les minéraux, suivis par les végétaux. Les animaux étaient rangés selon leur plus ou moins grande ressemblance avec l'homme : vers, insectes, poissons, amphibiens et reptiles, oiseaux, mammifères. L'homme était au plus haut de l'échelle des êtres matériels, mais au-dessous des anges et des archanges.

Ces notions ne paraissaient nullement incompatibles avec celle de la fixité des espèces, l'ordre de la nature traduisant, pour la plupart des savants de la fin du XVIIIe siècle, la volonté du Créateur. On voit du reste bien mal comment on aurait pu imaginer une transformation

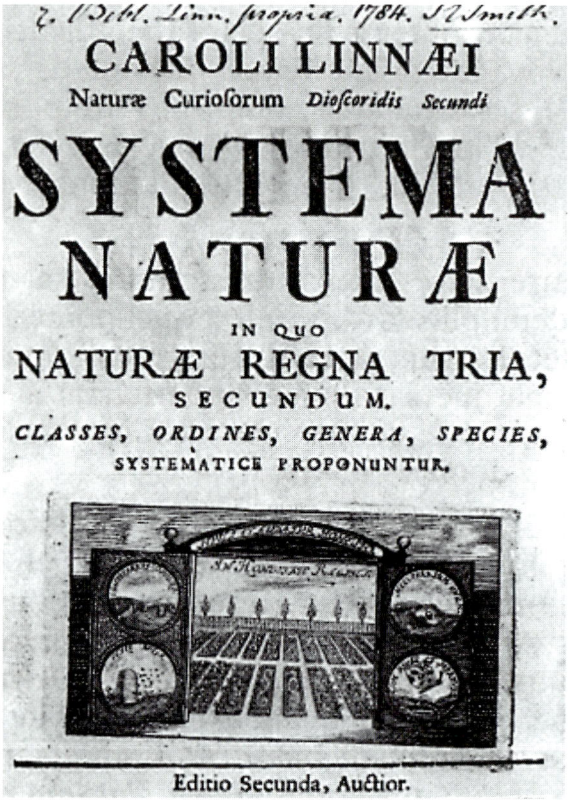
CAROLI LINNÆI
Naturæ Curioforum *Diofcoridis Secundi*
SYSTEMA
NATURÆ
IN QUO
NATURÆ REGNA TRIA,
SECUNDUM.
CLASSES, ORDINES, GENERA, SPECIES,
SYSTEMATICE PROPONUNTUR.
Editio Secunda, Auctior.

3. PAGE DE TITRE de la deuxième édition du *Systema naturae* (1740) de Carl von Linné. La classification zoologique de la dixième édition, qui date de 1758, sert de point de départ à la nomenclature moderne. Selon Linné, il existe un ordre naturel et divin que le systématicien tente de découvrir, par le choix «artificiel» de caractères qui permettent d'ordonner le plus grand nombre possible d'organismes.

importante des espèces au cours du temps, sachant que l'âge de la Terre était estimé, à partir des textes bibliques, à quelques milliers d'années ! Ce premier obstacle fut levé par Georges Buffon (1707-1788) lorsqu'il proposa de multiplier l'âge de la Terre par 100. Peu après, la paléontologie, sous l'impulsion de Cuvier pour les vertébrés et de Lamarck pour les mollusques, montra de façon indubitable que la faune avait considérablement varié au cours des âges.

Cuvier avait introduit la notion de plan d'organisation, et il avait proposé de scinder le règne animal en quatre embranchements – vertébrés, articulés, mollusques et zoophytes –, dont les plans ne lui semblaient présenter aucun point commun. Ceci l'amena à une interprétation créationniste : selon Cuvier, le monde aurait subi une série de catastrophes anéantissant chaque fois la faune. Après chaque catastrophe, de nouvelles espèces auraient été créées et se seraient maintenues à l'identique jusqu'à la catastrophe suivante.

À cette interprétation qui conservait le «dogme» de la fixité de l'espèce, Lamarck en opposa une autre. Il avait remarqué que les faunes de mollusques fossiles étaient d'autant plus différentes de la faune actuelle qu'elles étaient plus anciennes, et que cette divergence était progressive. Il admit que les espèces se modifiaient progressivement au cours du temps, à partir d'un état primitif très simple apparaissant par génération spontanée. Dans l'hypothèse de Lamarck, de telles créatures fraîchement apparues s'engageaient continuellement dans un processus d'accroissement de la complexité qui leur faisait gravir peu à peu l'échelle des êtres. Cette interprétation transformiste n'eut pas beaucoup de succès.

4. JEAN-BAPTISTE LAMARCK ET CHARLES DARWIN. Lamarck proposa le premier une hypothèse transformiste de la diversité du vivant : les espèces se transformeraient les unes dans les autres au cours des temps géologiques. Darwin reprit l'hypothèse de Lamarck, mais proposa un mécanisme pour la transformation graduelle des espèces : la sélection naturelle, qui sélectionne certaines variations individuelles au sein d'une population en favorisant la survie du plus apte.

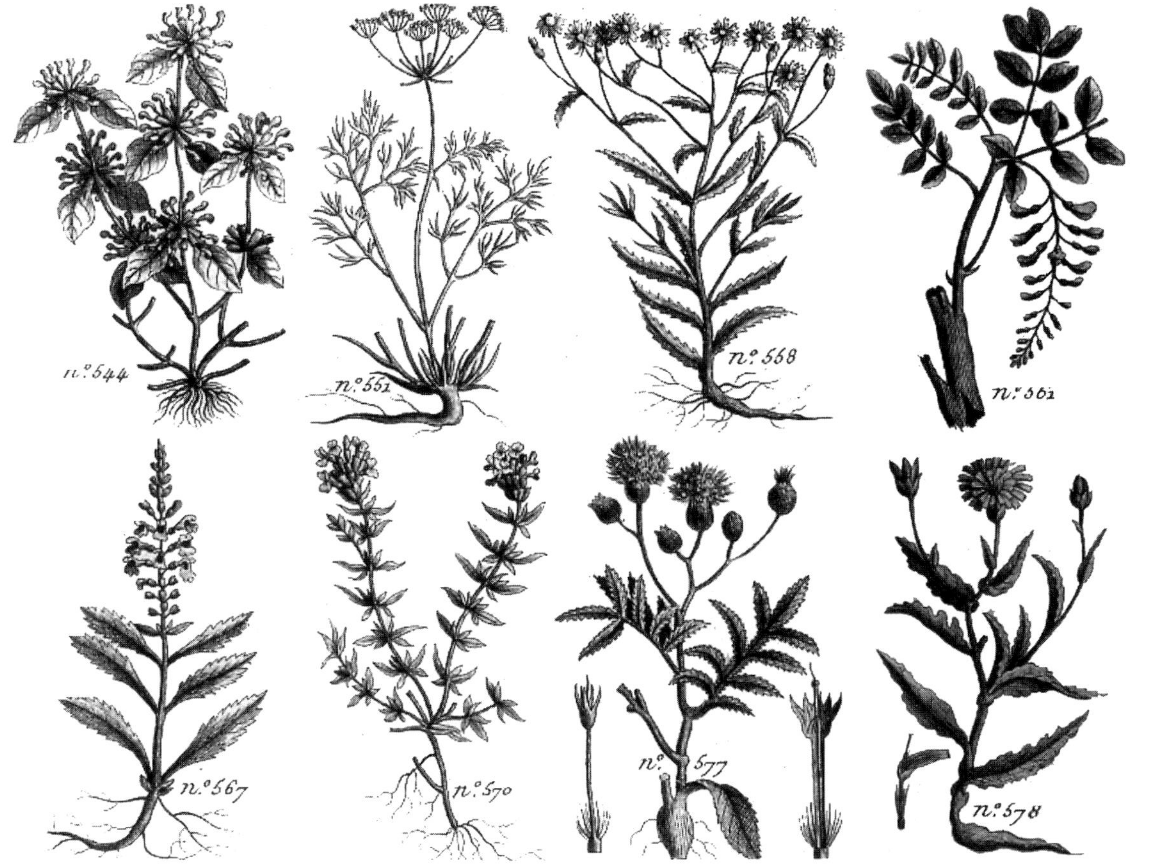

5. DANS SA *FLORE FRANÇAISE,* (1778), l'un de ses premiers travaux, le Chevalier de Lamarck propose une classification des espèces végétales fondée sur une hiérarchie des caractères morphologiques, des structures simples aux structures composées. Devant la difficulté de cette entreprise, il abandonnera la botanique. Plus tard, devenu transformiste, il donnera à une telle hiérarchie de la complexité, appliquée au règne animal, un sens généalogique.

C'est alors qu'Étienne Geoffroy Saint-Hilaire (1772-1844) définit l'homologie. Sont homologues deux organes qui ont la même situation dans un plan d'organisation, c'est-à-dire la même origine embryonnaire. Homologie n'implique pas ressemblance, car deux organes homologues peuvent n'avoir ni la même taille, ni la même forme, ni la même fonction : ainsi la patte antérieure du cheval, l'aile de la chauve-souris et la palette natatoire de la baleine sont homologues.

Cette notion suscita de grands progrès en anatomie comparée, en particulier chez les vertébrés. Elle fut aussi appliquée aux plantes, notamment par le suisse Augustin-Pyrame de Candolle (1778-1841). Elle contribua en outre à jeter un pont entre embryologie et anatomie comparée. Étienne Geoffroy Saint-Hilaire lui-même et Étienne Serres (1786-1868) constatèrent que les embryons des animaux « supérieurs », au cours de leur développement, passaient transitoirement par des organisations très semblables à celles d'organismes « inférieurs » adultes. Karl von Baer (1792-1876) affirmait quant à lui que les comparaisons pertinentes étaient celles des embryons entre eux et non celles d'adultes à embryons. En outre, il remarqua que, lors de l'embryogenèse, les caractères généraux, ceux de l'embranchement ou de la classe – par exemple, la corde des embryons de vertébrés, structure dorsale autour de laquelle s'organisera la colonne vertébrale –, apparaissaient avant les caractères des unités taxinomiques inférieures. Pour la plupart des auteurs de l'époque, cependant, ces résultats ne remettaient pas en cause la conception fixiste de l'histoire du vivant.

Entre-temps, Charles Darwin (1809-1882) avait effectué à bord du *Beagle* un long voyage autour du monde (1831-1836), au cours duquel il avait recueilli une foule d'observations dans tous les domaines des sciences naturelles. Certaines de ces observations le conduisirent à s'interroger sur la fixité de l'espèce. Par

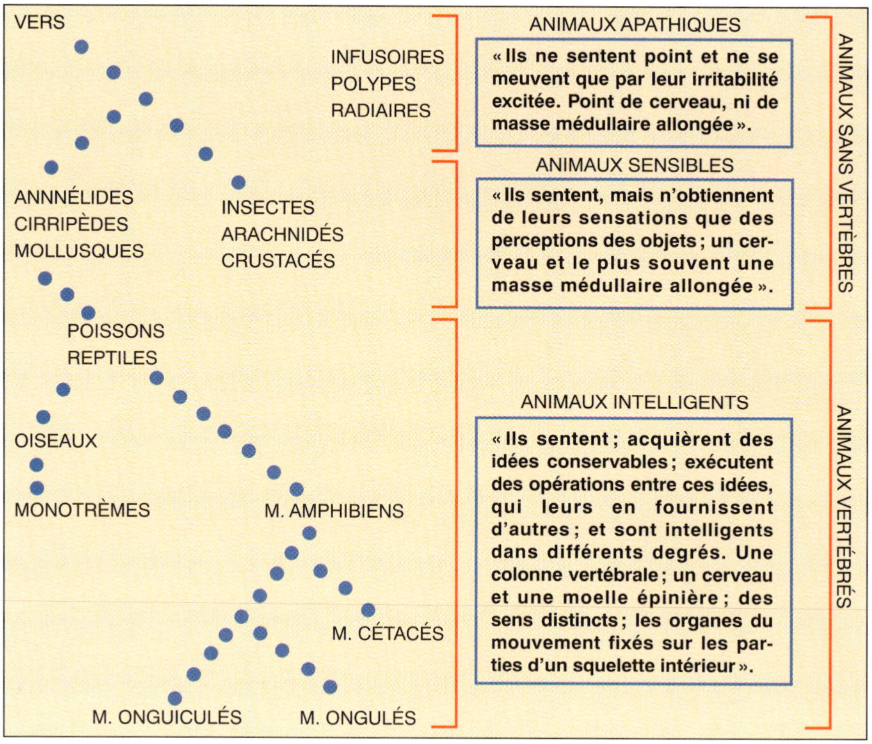

6. DANS CE TABLEAU sous forme d'arbre, tiré de sa *Philosophie zoologique* (1809), Lamarck schématise « l'origine des différents animaux ». Les points tracent les possibles transformations. Selon Lamarck, il y aurait génération spontanée au niveau des vers, qui s'engageraient continûment sur la voie de la complexification : l'échelle des êtres se transforme en un tapis roulant. Darwin niera la génération spontanée continue, et comprendra qu'un arbre représente une histoire.

ailleurs, au terme d'une longue période de réflexion, il se convainquit de l'importance de la compétition à laquelle sont soumis les organismes dans les peuplements naturels, et il s'intéressa aux résultats obtenus par les sélectionneurs sur les animaux domestiques, principalement les chevaux, les chiens et les pigeons. Il compara la diversité des races obtenues par la sélection artificielle à la diversité entre espèces sauvages voisines.

Toutes ces réflexions le conduisirent à proposer simultanément le concept de *descendance avec modification* et celui de *sélection naturelle*, celle-ci expliquant celle-là. Ainsi se trouvait fondée une théorie présentant d'emblée une cohérence interne et donnant de surcroît un sens nouveau à bon nombre de connaissances et de concepts antérieurs.

Après Darwin, la classification naturelle reflète les relations de parenté entre les espèces. L'homologie ne traduit plus seulement une origine embryonnaire commune, mais encore l'héritage d'un ancêtre commun. Les observations de Geoffroy Saint-Hilaire, Serres et von Baer sont réinterprétées selon la « loi biogénétique fondamentale » énoncée par Ernst Haeckel (1834-1919) : « La série des formes par lesquelles passe l'organisme individuel à partir de la cellule primordiale jusqu'à son plein développement n'est qu'une répétition en miniature de la longue série des transformations subies par les ancêtres du même organisme, depuis les temps les plus reculés jusqu'à nos jours ».

La puissance explicative de cette notion de descendance avec modification explique qu'elle ait été relativement vite adoptée par la communauté scientifique de la fin du XIXe siècle. La notion de sélection naturelle soulevait, quant à elle, des difficultés. Si la sélection retient les plus aptes aux dépens des moins aptes dans des conditions environnementales données, c'est qu'il existe une variabilité. Il faut en outre que les caractères des individus retenus par la sélection soient transmis à leurs descendants. Le couple variabilité/sélection naturelle ne peut expliquer la descendance avec modification que si la variabilité en question est héréditaire. Le point faible de la théorie de Darwin est qu'elle ne repose sur aucune donnée valable quant à l'origine et au mode de transmission de la variabilité héréditaire.

On peut regretter que Darwin ne se soit pas appuyé sur les résultats publiés en 1866 par Gregor Mendel (1822-1884), fruits de ses expériences sur l'hérédité des pois. Il est possible que Darwin en ait eu connaissance, et qu'il n'en ait pas compris l'importance pour sa propre théorie, pour au moins deux raisons. Tout d'abord, ce que montrent les lois de Mendel, c'est la transmission, de parent à descendant, de gènes absolument immuables. Par conséquent, elles ne fournissent pas de solution au problème de l'origine de la variabilité héréditaire et apporteraient plutôt de l'eau au moulin des fixistes. En outre, elles traitent de caractères discontinus, alors que Darwin insistait beaucoup sur la progressivité de l'évolution, en se fondant sur la nocivité évidente de certaines variations brusques apparues chez des espèces domestiques. Quoi qu'il en soit, Darwin fut réduit à accepter, comme Lamarck avant lui, l'idée de l'hérédité des caractères acquis au cours de la vie de l'individu.

7. FLEUR NORMALE ET FLEURS MUTANTES d'*Arabidopsis thaliana*. On connaît aujourd'hui les gènes qui commandent le développement de la fleur, grâce notamment aux travaux du botaniste Elliot Meyerowitz. Chez *Arabidopsis thaliana*, la drosophile des botanistes, la fleur se développe normalement en quatre verticilles concentriques donnant respectivement des sépales, des pétales, des étamines et des carpelles *(en haut à gauche)*. Le mutant *agamous* présente des sépales et des pétales à la place des étamines et des carpelles *(en haut à droite)*, alors que le double mutant *agamous superman* possède des pétales sur les trois verticilles internes *(en bas)*. C'est l'étude de phénomènes analogues qui conduisit certains généticiens, tel Hugo de Vries, à refuser le gradualisme darwinien pour proposer le mutationisme, à savoir une vision de l'évolution dominée par des changements brusques des caractères héréditaires. Bien entendu, rien n'assure que de telles mutations auront un avenir. C'est évident dans le cas de ces deux mutants d'*A.thaliana*, qui, dépourvus d'organes sexuels, n'auront pas de descendance.

Après la mort de Darwin, certains évolutionnistes se rallièrent aux affirmations de l'embryologiste August Weismann (1834-1914) sur l'indépendance entre le « germen » et le « soma » et sur la *non-hérédité des caractères acquis*. L'association de cette idée à celle de sélection naturelle établit les fondations de la théorie désignée à la fin du XIXe siècle et au début du XXe siècle sous le nom de néo-darwinisme. D'autres soutenaient au contraire l'hypothèse « lamarckienne » de l'hérédité des caractères acquis et minimisaient le rôle de la sélection naturelle : telles sont les bases du lamarckisme.

L'année 1900 est marquée par la « redécouverte » des lois de Mendel, due à Carl Correns (1864-1933), Erich von Tschermak (1871-1962) et Hugo de Vries (1848-1935). Ce dernier introduisit en outre la notion de mutation, apparition brusque, dans une lignée, d'un nouveau caractère héréditaire ; cette notion servit de fondement à une troisième théorie de l'origine des espèces, le mutationnisme. Dès lors allaient se séparer deux écoles de biologistes se consacrant à l'étude de la variation. Les uns, se réclamant de Darwin, s'intéressaient à la variation continue, dont l'étude nécessitait un arsenal mathématique élaboré : ce sont notamment les biométriciens Francis Galton (1822-1911) et Karl Pearson (1857-1936). Les autres, à la suite de William Bateson (1861-1926), se consacraient à la variation discontinue et à l'hérédité mendélienne.

Les deux approches devaient converger avec le développement de la théorie polygénique de l'hérédité des caractères à variation continue, promue par Ronald Fisher (1890-1962), fondateur, avec Sewall Wright (1889-1988) et John Haldane (1892-1964), de la génétique des populations. Le néo-darwinisme intégra dès lors les données de la génétique et prit en compte tout à la fois les mutations comme source de variabilité héréditaire, le mécanisme chromosomique de l'hérédité tel qu'il ressortait des travaux de l'école de Thomas Morgan (1866-1945), et la sélection naturelle. La voie était tracée qui allait conduire à ce qu'on a appelé la théorie synthétique de l'Évolution, à laquelle sont essentiellement attachés les noms du généticien Theodosius Dobzhansky (1900-1975), du zoologiste Ernst Mayr, du

8. LES VOYAGES DE DARWIN d'août 1833 à juillet 1834. Embarqué à bord du *Beagle* – le fouineur – pour un voyage de cinq ans, Darwin parcourut l'Amérique du Sud pendant trois ans et demi, de février 1832 à septembre 1835, avant de voguer vers l'archipel des Galápagos, où il reconnut l'origine sud-américaine de la faune insulaire. Durant ces trois ans, passant des luxuriantes forêts tropicales aux hauts-plateaux désolés de Patagonie, il remarqua que les animaux et les végétaux présentaient des variations adaptatives en fonction de la latitude et de l'altitude. Cette constatation joua un rôle essentiel dans le mûrissement de ses idées sur l'évolution. Ci-dessous, le *Beagle* dans le détroit de Magellan en 1832.

paléontologue George Simpson (1902-1984) et du botaniste G. Ledyard Stebbins.

L'hérédité des caractères acquis, que la théorie synthétique ne prenait pas en compte, devenait, à mesure des progrès de la génétique, de plus en plus invraisemblable. Un coup très dur lui fut porté par les études statistiques de Salvador Luria et Max Delbrück sur les populations bactériennes. Ces études ont démontré l'indépendance entre la mutation apportant à une bactérie la résistance à un virus et la sélection opérée par ce virus : les bactéries sélectionnées ont acquis fortuitement la résistance ; c'est cette mutation fortuite qui est héréditaire, et non une adaptation au virus qui serait consécutive à l'infection. L'hérédité des caractères acquis fut définitivement écartée par la compréhension de la nature et du fonctionnement du matériel génétique. Cette percée est due aux travaux, menés principalement sur les microorganismes, de E. Tatum, O. Avery, J. Watson, F. Crick, J. Monod, F. Jacob et bien d'autres. Dans la décennie 1950-1960, la théorie synthétique triomphait : elle donnait des interprétations satisfaisantes de la spéciation et des phénomènes généralement qualifiés de microévolutifs.

L'histoire récente du progrès des connaissances sur l'évolution est marquée par l'introduction de la théorie neutraliste, défendue en particulier par Motoo Kimura (1924-1994) ; cette théorie prend en considération, beaucoup plus que ne le faisait la théorie synthétique classique, les phénomènes fortuits agissant sur une part de la variation héréditaire qui échappe plus ou moins complètement aux effets directs de la sélection naturelle. Certaines données de la paléontologie invitent à s'interroger sur la genèse progressive des grands plans d'organisation. Les méthodes « cladistiques » et le développement de l'informatique apportent de nouveaux outils pour la reconstitution des phylogénies, tandis que la biologie moléculaire donne accès à de nouveaux caractères pertinents. Enfin, les progrès récents en génétique et en biologie moléculaire du développement ont mis fin à une longue période d'incompréhension entre embryologistes et généticiens ; ils constituent la première approche véritablement scientifique, non plus descriptive mais expérimentale, des mécanismes « macroévolutifs » par lesquels se sont mis en place les grands plans d'organisation des animaux.

L'ensemble de ces apports ne remet pas en cause le cadre conceptuel de base, mais enrichit une théorie qui est de plus en plus « synthétique ». La grande majorité des biologistes travaillent avec, en arrière-plan, l'idée d'évolution, et mettent en application le célèbre adage de Dobzhansky : « Rien n'a de sens en biologie, si ce n'est à la lumière de l'évolution ».

QUESTIONS SUR L'ÉVOLUTION

Si l'interrogation sur le vivant est deux fois millénaire, le concept d'évolution n'a qu'une centaine d'années. En reliant l'histoire du monde vivant à sa diversité actuelle, la théorie de l'évolution éclaire scientifiquement l'état de la nature : la diversité du vivant est devenue objet de science.

Hasard et évolution

Jean Gayon

Prise à la lettre, la formule « l'évolution est explicable par le hasard » signifierait que les modifications des espèces n'ont pas de cause. Aucune théorie scientifique de l'évolution n'a jamais affirmé cela.

La notion de hasard est notoirement ambiguë, mais elle prend des significations précises dans des contextes scientifiques définis. Faute de préciser ces contextes, et le sens que l'on y donne au mot hasard, les déclarations sur le rôle du hasard en évolution sont stériles.

La théorie contemporaine de l'évolution est confrontée à trois sens du mot hasard : la chance, l'aléatoire et la contingence (comme ce qui échappe à la nécessité propre d'un système théorique). Ces mots sont souvent pris les uns pour les autres, et confondus avec « fortuit ». « Fortuit » est l'adjectif correspondant à « hasard » en général (du latin *fors,* hasard). Je l'utiliserai comme un terme générique. Mon but n'est pas ici de faire la police du vocabulaire parmi les évolutionnistes, mais de faire ressortir des distinctions conceptuelles importantes.

Chance, probabilité et contingence

Le sens le plus familier du mot hasard renvoie à la notion de finalité : quelque chose se produit de manière inattendue par rapport à un but, conscient ou non. Un jardinier, bêchant le sol de son jardin en vue d'y planter des graines, trouve une pièce d'or. Dire qu'il a trouvé la pièce « par hasard » signifie ceci : « le jardinier a trouvé un objet hautement désirable en poursuivant un but tout à fait différent ». Cet usage est le plus ancien de tous. En français comme en anglais, ce sens du mot hasard est traditionnellement rendu par les termes « chance » et « malchance ».

En un sens plus technique, le mot hasard s'applique aux événements « aléatoires », dont nous ignorons les conditions déterminantes. Plus exactement, nous savons que ces événements sont réalisés dans certaines classes de conditions, mais nous sommes incapables de déterminer si ces conditions sont réunies ou non dans un cas particulier. L'immobilisation d'un dé non pipé sur telle ou telle face est un événement aléatoire (en arabe, *az-zahr* signifie jeu de dés) : il nous faudrait connaître tous les paramètres du lancer pour prédire laquelle des six possibilités sera réalisée. Pour maîtriser ce hasard, on utilise le calcul des probabilités. Un événement aléatoire est un événement qui suit une loi de probabilité.

En mécanique céleste, pour prédire la position future d'une planète, il ne suffit pas de connaître les lois

fondamentales de Newton. Il faut aussi des informations sur les masses, les positions et les vitesses des planètes à un instant *t*. Ces « conditions initiales » sont contingentes par rapport au système théorique que constitue la mécanique newtonienne, elles sont purement « empiriques ». Un événement peut être contingent dans un certain système théorique, et non contingent (logiquement déterminé) dans un autre. Par exemple, la valeur du facteur d'accélération *g* est contingente par rapport à la loi galiléenne de la chute des corps, alors qu'elle est déductible dans la physique newtonienne (à condition de connaître la masse et la forme de la Terre).

De là dérive un troisième sens usuel du mot hasard dans les sciences. Des événements (ou des classes d'événements) sont dits fortuits s'ils ne sont pas déductibles à l'intérieur d'une théorie, soit que cette théorie n'existe pas, soit que nous ne connaissions pas assez les conditions initiales pour faire une prédiction, soit enfin que les calculs nécessaires à la prédiction soient trop complexes.

Ces définitions sont suffisantes pour repérer les sens que les évolutionnistes donnent au hasard dans leurs débats. La théorie évolutionniste moderne fait intervenir la notion de hasard à au moins cinq niveaux : mutations, dérive génétique, « révolutions génétiques » (événements fortuits à l'échelle du génome entier), écosystèmes, macro-évolution.

Hasard et niveau d'évolution

Dans la théorie néo-darwinienne, l'utilité ou la nocivité d'une mutation est indépendante des facteurs qui l'ont causée. En ce sens, et en ce sens seulement, les mutations se produisent « au hasard ». Cette doctrine n'a guère changé depuis Darwin, même si ce dernier parlait de variations. On reconnaît la notion de hasard définie précédemment sous le nom de « chance ». Il en va du caractère favorable ou défavorable d'une mutation comme de la fortune accidentelle du jardinier : celui-ci n'a pas découvert une pièce d'or parce qu'il l'a cherchée, mais cette découverte a des effets bénéfiques pour lui. Une mutation ne survient pas parce qu'elle est utile, mais elle peut avoir des conséquences importantes pour l'organisme et pour sa descendance.

Le deuxième sens du mot hasard s'applique à la notion de dérive génétique aléatoire. On observe cet effet à l'échelle d'une population pour un gène existant sous différentes formes, ou allèles. Étant donné une génération parentale de caractéristiques génétiques connues, les fréquences des allèles chez les individus de la génération suivante ne sont pas rigoureusement déterminées, mais données par une loi de probabilité. Autrement dit, les fréquences géniques fluctuent de

Un changement de pigmentation fait la bonne ou la mauvaise fortune du papillon *Biston betularia*. Sur l'écorce claire des chênes recouverts de lichen, la variété pigmentée est une proie facile pour les oiseaux. Au XIXe siècle, la pollution a détruit les lichens sur les chênes des environs de Liverpool. Sur l'écorce noire, c'est au tour de la variété claire d'être exposée. La mutation qui a donné naissance à la variété foncée est évidemment indépendante des facteurs qui ont déclenché la révolution industrielle en Angleterre. Le papillon sombre a eu de la chance.

manière stochastique. La situation épistémologique est celle des jeux de hasard. Le calcul probabiliste permet des prédictions quantifiées et précises, comme par exemple celle du temps moyen de fixation d'un allèle neutre. La « théorie neutraliste de l'évolution moléculaire par mutation et dérive aléatoire », proposée par Motoo Kimura, est un développement parmi d'autres de la théorie de la dérive génétique aléatoire. L'aléatoire n'y est invoqué qu'à l'échelle moléculaire (séquence nucléotidique d'un segment d'ADN).

À l'échelle du génome, les événements fortuits relèvent d'un schéma théorique différent. Lorsque l'effectif d'une population est grandement réduit, par exemple à la suite d'un isolement géographique, de nombreux sites génétiques sont fixés à l'état homozygote (un même allèle présent en deux copies) du fait de la dérive génétique. Un tel événement modifie le contexte génétique de nombreux gènes, et éventuellement leur valeur sélective. Cette « révolution génétique », ou « effet de fondation », est une conséquence de la dérive aléatoire, mais la signification du hasard y est différente : l'imprévisibilité ne tient pas au caractère stochastique du phénomène, mais à la complexité des interactions des gènes entre eux et avec le milieu, interactions dont l'évolutionniste ignore le détail. Bien que nous soyons incapables de les prédire, ces effets sont déterministes, tout comme la sélection qui en résulte.

On retrouve ici le concept de hasard désigné plus haut sous le nom de « contingence dans un système théorique ». Pour un généticien des populations, les effets physiologiques de l'interaction des gènes, et la valeur sélective du phénotype résultant dans un milieu donné, sont des informations contingentes dans le cadre théorique où il travaille. Autrement dit, ces effets ne peuvent être déduits dans l'état actuel de la science.

On retrouve la même situation épistémologique à l'échelle des écosystèmes. Au delà de la population, la théorie de la sélection s'applique également aux rapports écologiques entre espèces (chaînes trophiques, compétition interspécifique, parasitisme) et aux rapports des espèces avec le milieu physique (changement de climat, formation d'une île, d'un isthme, etc). Les phénomènes fortuits sont là encore de première importance. Maxime Lamotte a parlé d'un « effet de fondation de troisième ordre : de même que dans les effets de fondation de premier ordre (dérive génétique aléatoire) ou de second ordre (révolution génétique), liés au passage par un effectif très réduit, c'est la constitution d'une biocénose où le nombre d'espèces se trouve plus ou moins brusquement restreint qui peut être considérée comme un phénomène fortuit ». Reconnaître un rôle au hasard à ce niveau, c'est admettre que la complexité des phénomènes déborde largement la capacité des modèles écologiques existants. Nous retrouvons ici le hasard-contingence.

À la suite de Stephen Jay Gould, de nombreux évolutionnistes et philosophes ont mis l'accent sur la « contingence » de l'évolution à l'échelle des temps géologiques. Le succès de cette formule ne garantit pas sa rigueur. En réalité, les paléobiologistes qui ont répandu la thèse de la « contingence de l'histoire de la vie » rassemblent sous cette expression accrocheuse deux idées que l'on doit distinguer.

Hasard et macro-évolution

La première idée est que « le cours effectif de l'histoire de la vie est sous-déterminé par la théorie générale de l'évolution dont nous disposons » (S. Gould). Cette incomplétude tient à la complexité des interactions, à leur caractère chaotique et au fait que des événements considérables (par exemple l'émergence de l'homme) ait dépendu de conditions précaires. C'est le paradigme des « petites causes, grands effets ». Autrefois l'on parlait d'indéterminisme ou de causalité historique pour dire la même chose. Ce sens du mot contingence est celui que nous avons explicité précédemment sous le nom de « contingence par rapport à un système théorique ».

Toutefois les paléobiologistes ont aussi autre chose à l'esprit. L'argument majeur de S. Gould, et de quelques autres, concerne les extinctions de masse, et leur impact sur la genèse de la biodiversité. Selon ces auteurs, lors d'une extinction de masse, les espèces rescapées ne survivent pas parce qu'elles seraient plus performantes que leurs concurrentes, dans un processus darwinien de lutte pour l'occupation d'une certaine niche écologique. Par exemple, si les diatomées ont survécu à d'autres formes planctoniques lors de la grande extinction du Crétacé, c'est parce qu'elles avaient la chance de posséder un trait favorable (la capacité à s'enkyster), apparu pour des raisons sans rapport avec les conditions physiques qui ont causé l'extinction de masse (la dormance des diatomées serait une adaptation à l'hiver des régions polaires).

Les mots « contingence » et « hasard » ont ici, comme dans le cas des mutations, le sens de « chance » et « malchance ». C'est d'ailleurs le terme utilisé par David Raup dans le titre anglais de son livre sur les extinctions *(L'extinction : mauvais gènes ou malchance ?)*. Les paléobiologistes font une grave erreur s'ils croient s'écarter du paradigme darwinien en insistant sur le caractère aveugle de l'extinction. Ils ne font que le transposer à une échelle supérieure. D'un point de vue conceptuel, le hasard en question est de même nature que celui qui préside à la découverte d'une pièce d'or par le laboureur.

Évolution et religions

Michel Delsol

Pendant des siècles, voire des millénaires, les fidèles des religions monothéistes, israélites, chrétiens et musulmans, ont cru que les textes de la Bible expliquaient comment avaient été construits le cosmos, les animaux et les hommes. Toutefois nombre de penseurs comprirent très tôt que ces textes n'étaient que des images destinées aux populations souvent illettrées de l'époque où ils ont été composés.

En 379, Grégoire de Nysse, évêque de Capadoce, ne lisait déjà plus la Bible de façon littérale. Dans le langage un peu simpliste de son temps, il n'hésitait pas à écrire : « Dans la construction de l'homme, toutes ces dispositions... se sont introduites à la suite de notre naissance animale » ; ou plus loin : « Souvent aussi son raisonnement (de l'homme) s'abrutit par son penchant et son comportement animal... Lorsqu'en effet quelqu'un ramène toute son activité spirituelle à ces mouvements... il se produit un renversement de l'empreinte de Dieu en nous vers l'image de la brute... Ainsi le désir de la volupté dont le principe en nous est notre ressemblance avec les animaux...»

Avec Philon d'Alexandrie, Grégoire de Nysse écrit aussi que « Dieu a fait d'un seul coup, en un instant, les origines, les causes et les puissances de toutes choses. » Ne prétendons pas qu'il était évolutionniste comme l'ont écrit trop vite certains théologiens ; les connaissances de son époque ne le permettaient pas. Toutefois, à lire certains passages, on peut se poser la question. Saint Augustin, de son coté, compare l'histoire du monde à une graine où était « invisiblement et simultanément tout ce qui au cours du temps s'est développé en arbre. » Saint Thomas avait aussi abandonné ces lectures littérales de la Bible auxquelles se livrent pourtant encore certains auteurs religieux qualifiés d'intégristes.

Au XIXe siècle, la naissance des idées transformistes troubla nombre d'esprits religieux. La revue *Les Études* accepta l'évolution après la première guerre mondiale. L'Université Laval à Québec enseigna les idées évolutionnistes dès 1930 sous l'influence du philosophe Charles de Koninck ; l'Université de Louvain prit ce tournant à la même époque.

Dans cette ouverture des esprits, il faut souligner l'influence d'un illustre père jésuite, Teilhard de Chardin. Teilhard fut un grand homme de science doublé d'un philosophe et d'un théologien. Son génie s'exprima surtout dans la construction d'une vaste synthèse scientifico-théologique : selon Teilhard, l'évolution, directement animée par une force d'inspiration divine, devait conduire l'humanité toute entière vers un point Oméga, où elle se lierait dans une éternité mystique avec le Christ. Toutefois il publia aussi des textes plus proches de ce que nous appelons aujourd'hui la théorie synthétique, qui explique les faits évolutifs par des mécanismes génétiques aléatoires. Si Teilhard acceptait cette vision de l'évolution, il en excluait l'homme. C'était un homme d'abord préoccupé de la réalité des faits, et il est tout à son honneur d'avoir parfois changé d'avis.

Ses idées le plus souvent exprimées, trop finalistes (la progression vers le point oméga), ne s'accordaient certainement pas au réel. En revanche, elles étaient dans la mentalité de son temps. Dans les années 1940 furent publiés en France de nombreux ouvrages finalistes, et notamment ceux de quatre grands universitaires fort connus à cette époque : Lucien Cuénot *(Invention et Finalité en Biologie),* Pierre Lecomte du Noüy *(L'homme et sa destinée),* Henri Rouvière *(Vie et Finalité)* et Rémy Collin *(Mesure de l'Homme).* On peut penser que si Teilhard avait vécu, il aurait privilégié ses textes de type « synthéticien » que nous avons évoqués plus haut.

Une autre circonstance n'a pas contribué à clarifier sa position : lorsque ses œuvres parurent après sa mort, elles furent « commentées par une volée d'épigones qui les sacralisent, les dogmatisent, délirent dessus et tendent à envahir tout l'espace qui s'étend entre les créationnistes coriaces et les darwinistes de stricte observance. » *(référence page 187).* Malgré cela, Teilhard rendit un immense service aux théologiens des Églises chrétiennes, car il les obligea à reprendre goût aux problèmes biologiques qu'ils avaient un peu oubliés.

Dans le même temps était apparue une théorie explicative de l'évolution, la théorie synthétique, qui faisait une place très importante au hasard. De nouveau, certains se crispèrent sur ce statut du hasard et soutinrent qu'il existait dans le cosmos des forces mystérieuses auxquelles on donna des noms divers : élan vital, orthogénèse, antihasard, etc. Ces forces auraient orienté l'évolution vers le pôle humain comme un aimant attire la limaille de fer. Il faut s'expliquer sur cette résistance à la théorie synthétique, car on la rencontre encore chez certains spiritualistes.

En simplifiant à l'extrême, la théorie synthétique de l'évolution, issue du darwinisme et contemporaine de l'essor de la génétique, explique le fait évolutif par un système de mutations dues au hasard mais retenues par la sélection naturelle. Elle explique la constitution de structures aussi complexes que l'œil et même l'apparition, chez les vertébrés supérieurs, des images mentales. Dans l'espèce humaine, ces représentations débouchent sur la pensée, l'intelligence et la conscience de soi. On dit que ces propriétés sont apparues par « Émergence ». Certains se demandent alors comment des scientifiques peuvent admettre ces thèses sans rien renier de leurs positions religieuses, chrétiennes ou autres. De tels hommes ne sont pas rares : plusieurs des « Pères fondateurs » de la théorie synthétique étaient chrétiens. Cette contradiction n'est qu'apparente. Elle tient au fait que ces auteurs distinguent totalement science, philosophie et métaphysique.

Le scientifique et le métaphysicien

La science a pour but d'étudier la matière (le réel-sensible). Elle explique les phénomènes par des lois, c'est-à-dire des « relations obligatoires entre des événements », ou par des événements aléatoires que les épistémologues nomment hasard, et que l'on définit comme des « rencontres de séries causales indépendantes ». La science se doit aussi de construire de grandes théories, elle est le lieu d'une ambition : décrire un jour toute la nature dans une vaste synthèse. Cependant elle explique seulement le « Comment » des choses. Ainsi le hasard ne fait apparaître que des propriétés qui existaient déjà « en puissance » dans la nature. Il ne fait pas n'importe quoi. Si le hasard des mutations a produit des yeux ou un cerveau pensant, c'est parce que les lois physico-chimiques de la matière ménageaient la possibilité de ces structures... Il ne réalise que ce qui était possible. À la roulette, il y a 36 numéros ; le 60 ne sortirait jamais, même si l'on jouait une éternité, puisque le 60 n'existe pas dans le jeu. L'œil et la pensée sont apparus parce qu'ils étaient dans le jeu. Le hasard obéit au déterminisme comme le reste de la nature, abstraction faite du principe d'incertitude de Heisenberg. Il n'est imprévisible que parce que nous ne connaissons pas, aujourd'hui du moins, le Tout de la nature.

Pierre Teilhard de Chardin (1881-1955) pendant *la Croisière jaune* (1931-1932).

Le métaphysicien se pose les questions ultimes. Il a un regard d'ensemble sur le cosmos, ou les cosmos – d'après certains auteurs, il en existerait plusieurs –, sur la créature raisonnable vivant sur cette planète, et peut-être sur d'autres. Il lui paraît impensable que tout ceci existe sans une profonde raison d'être. Le mot d'Émergence décrit, mais n'explique rien. Le métaphysicien se demande pourquoi il existe des hommes conscients, se posant des problèmes sur leur avenir et leur destin. Ces êtres pensants existaient déjà « en puissance » avant le Big Bang, « avant le temps » suivant l'expression d'Ilya Prigogine. Ces questions se posent même si le cosmos a toujours existé. Saint Thomas avait déjà analysé longuement ce point de vue.

Un matérialisme méthodologique

Ainsi le scientifique spiritualiste peut avoir, dans son laboratoire, une vue de la science totalement matérialiste. Il peut penser que la science expliquera un jour, à son niveau, le Tout de l'univers, et se passionnera pour ses résultats. Devant son microscope, il aura exactement les mêmes raisonnements que son collègue mécaniciste, et ne se différenciera en rien de lui. Ce sera seulement lorsque ces deux hommes aborderont les questions ultimes de la métaphysique qu'ils auront des positions différentes sur le « Pourquoi » de l'univers. Ainsi, en regardant les arbres produits par l'analyse phylogénétique, les deux chercheurs auront encore le même regard. Toutefois le spiritualiste sera amené à penser, selon sa philosophie, que la prise de conscience chez les hominidés, bien qu'enracinée dans le biologique, ne mérite pas le même chiffrage que le nombre des vertèbres ou la longueur d'un os.

Le spiritualiste se sentira écrasé par la puissance de l'Univers et par les capacités fabuleuses de la matière. Le neurophysiologiste Gerald M. Edelman, qui se déclare matérialiste, a écrit qu'aucun appareil conçu par les hommes ne ressemblait, même de loin, à la fabuleuse complexité du cerveau humain, avec ses milliards de neurones et ses dizaines de millions de milliards de connexions. Le spiritualiste pense qu'un système structuré et intelligent, une vie consciente construite selon les lois de la nature, n'auraient pu venir à l'existence sans que ces lois et leurs possibilités ne soient elles-mêmes l'objet, le vouloir, le désir profond d'une Intelligence du monde. Il cherchera alors, poussé par la seule force de ses réflexions, par la seule intensité des problèmes qu'il se pose (mais que son éducation l'invite aussi à se poser), à se lier à l'un des courants religieux qui imprègnent l'humanité et enseignent que l'homme n'est pas le simple fruit d'une rencontre de molécules sans raison d'être.

Notre spiritualiste considère la théorie synthétique comme un mécanisme explicatif remarquable. Certes, comme toute théorie scientifique, elle est susceptible d'être modifiée par de nouvelles données expérimentales. Toutefois elle lui semble suffisamment cohérente : on ne doit plus chercher qu'à lui apporter des compléments. Ce travail l'absorbera et le passionnera comme le jeu passionne le joueur, sans qu'il se soucie du Pourquoi de la construction du casino. Cependant notre chercheur sera en permanence imprégné de l'idée que, comme toute science, le darwinisme n'explique que le comment de l'aventure cosmique, et non le pourquoi ou, si l'on préfère, le sens de cette aventure.

La position vaticane

Sur ce sujet, le discours de Jean Paul II à l'Académie Pontificale des Sciences le 22 octobre 1996 mérite analyse. Dans toutes les religions, il a toujours coexisté plusieurs courants de pensée, et il est facile de donner d'un texte des interprétations différentes. Le discours de Jean Paul II sur l'évolution a été lu très différemment selon les éditorialistes. Les thèses que nous venons de donner nous semblent en accord avec le point de vue papal : le Pape accepte les théories modernes de l'évolution, il demande seulement que l'on attribue à l'homme une situation centrale. Il écrit : « Les sciences de l'observation décrivent et mesurent avec toujours plus de précision les multiples manifestations de la vie... Le moment du passage au spirituel n'est pas objet d'une observation de ce type ; (cette observation) peut néanmoins déceler, au niveau expérimental, une série de signes très précieux de la spécificité de l'être humain. » Il n'est donc pas en désaccord avec ceux qui pensent que la matière en évolution a donné, selon ses propres lois, des êtres pensants, mais qui ajoutent, sans considérations théologiques, que ce phénomène pose des questions d'ordre métaphysique : le Pourquoi que suscite l'existence même d'une matière capable de ces prouesses.

Ce discours est particulièrement important, car les théologiens pourront plus facilement intégrer les thèses évolutionnistes dans leurs réflexions. Teilhard n'obtint jamais une telle caution intellectuelle, ce qui le gêna certainement dans la publication de sa pensée

On aboutit ainsi à l'idée que théories modernes de l'évolution et conceptions religieuses ne sont pas contradictoires. Les dissensions du passé étaient dues à des confusions entre science et philosophie. Toutefois les raisonnements logiques n'ont pas, dans des disciplines philosophiques, la valeur contraignante de ceux auxquels on aboutit, après expérience, en science. Aussi pour un évolutionniste, la décision d'adopter une position spiritualiste ou matérialiste sera toujours marquée par une part de choix philosophique ou de pari.

La loi des gènes

Richard Dawkins

Pourquoi la vie ? Parce qu'elle assure la survie des gènes.

Charles Darwin ne pouvait « imaginer qu'un Dieu bienfaisant et tout-puissant aurait volontairement créé les Ichneumonidés, avec le dessein arrêté que ces insectes assurent leur subsistance en parasitant l'intérieur du corps vivant des chenilles ». On retrouve ce comportement macabre des Ichneumonidés chez d'autres guêpes, notamment chez les guêpes fouisseuses étudiées par le naturaliste Jean Henri Fabre. Ce dernier rapporte qu'avant de déposer son œuf dans une chenille, la guêpe fouisseuse femelle prend soin d'introduire son aiguillon dans chaque ganglion du système nerveux central de sa proie, afin de paralyser l'animal sans le tuer: ainsi la viande reste fraîche pour les larves à venir. On ignore si la guêpe anesthésie ainsi la chenille ou si son venin, tel du curare, sert seulement à immobiliser la victime. Dans ce dernier cas, la proie peut avoir conscience d'être dévorée vivante de l'intérieur, mais ne peut bouger le moindre muscle pour s'y opposer. Cela paraît d'une cruauté barbare, mais nous verrons que la nature n'est pas cruelle: elle est simplement indifférente. Cette leçon est l'une des plus terribles qui soit pour l'Homme. Nous ne pouvons accepter que la Nature ne soit ni bonne ni mauvaise, qu'elle ne soit ni cruelle, ni bienveillante, mais simplement inaccessible à la pitié: indifférente à toute souffrance et sans but.

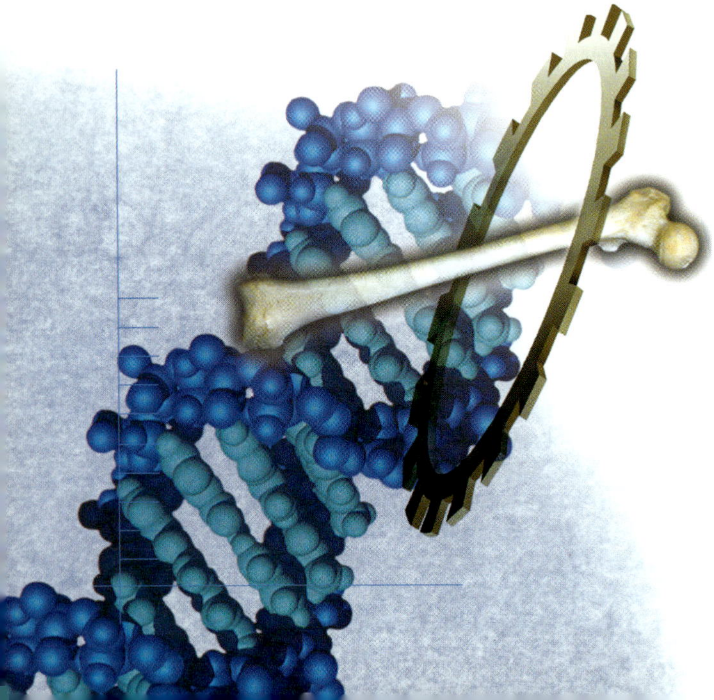

Notre espèce est toujours en quête de la finalité. Il nous est difficile d'observer quelque chose sans en chercher l'utilité, sans nous demander quelle en est la cause ou la finalité. Le désir de trouver une explication à toute chose paraît naturel chez un animal qui vit entouré de machines, d'œuvres d'art, d'outils ou d'autres objets fabriqués, mais chez qui les pensées dominantes sont consciemment tournées vers ses propres buts et projets.

Bien que les voitures, les ouvre-boîtes ou les tournevis aient manifestement une fonction, la recherche d'une utilité ou d'une finalité n'est pas toujours légitime ni sensée. Pour des objets, on peut demander: « Quelle est sa température ? » ou « Quelle est sa couleur ? » mais cela n'a pas de sens de s'interroger sur la température ou la couleur de la jalousie ou de la prière. De même, on peut se demander à quoi servent les garde-boue d'une bicyclette ou le barrage de la Rance, mais la question de l'utilité ne s'impose pas dans le cas d'un galet, de l'adversité, du mont Everest ou de l'Univers. Aussi sincèrement que ces questions puissent avoir été formulées, elles sont hors de propos.

Contrairement aux roches, les organismes vivants et leurs organes sont des objets qui paraissent « prédestinés ». De nombreux théologiens, de Thomas d'Aquin à William Paley, ont supposé que le vivant a une finalité. Paley, théologien anglais du XVIIIe siècle, soutenait que, si un objet aussi simple qu'une montre ne pouvait être réalisé que par un horloger, à plus forte raison les créatures vivantes, bien plus complexes, ne pouvaient résulter que d'une conception divine. Les créationnistes

1. LES « MACHINES À SURVIE » que sont les créatures vivantes servent à propager l'ADN. Le guépard est un bon exemple d'une telle machine.

modernes ont repris cette thèse du Grand Horloger sous une forme plus actuelle.

Le mécanisme qui a engendré les ailes, les yeux, les becs, les instincts de nidation et tout les autres éléments de la vie en donnant l'impression qu'ils ont été créés dans un dessein déterminé est aujourd'hui bien connu : c'est la sélection naturelle, exposée par Darwin. Darwin a imaginé que les organismes vivant aujourd'hui n'existent que parce que leurs ancêtres possédaient des caractères qui ont favorisé leur survie et celle de leur progéniture ; les individus moins bien adaptés mouraient en laissant moins de descendants, voire aucun. Aussi surprenant que cela paraisse, notre compréhension de l'évolution ne date que d'un siècle et demi. Avant Darwin, même les personnes cultivées qui avaient cessé de s'interroger sur le pourquoi des roches, des fleuves ou des éclipses trouvaient encore légitime de poser cette question au sujet des créatures vivantes. Aujourd'hui, seuls ceux qui ignorent la science en sont encore là... mais ces « seules » personnes sont la majorité de la population mondiale.

Dans la théorie darwinienne, la sélection naturelle favorise la survie et la reproduction des individus les mieux adaptés. Autrement dit, elle favorise leurs gènes, qui se reproduisent et se transmettent à de nombreuses générations. Bien que ces deux formulations soient équivalentes, le « point de vue du gène » a plusieurs avantages que l'on perçoit clairement si l'on considère deux concepts techniques : l'ingénierie inverse et la fonction d'utilité.

L'ingénierie inverse se ramène au raisonnement suivant : vous êtes ingénieur, et vous avez devant vous un objet que vous ne connaissez pas. Vous supposez alors que cet objet a été conçu pour exercer une fonction, et vous le démontez et l'analysez pour essayer de comprendre le problème qu'il est censé résoudre. Vous vous posez alors des questions telles que : « Si j'avais voulu fabriquer une machine ayant telle fonction, aurais-je réalisé cet objet précis ? » ou bien : « Cet objet pourrait-il être une machine qui a telle fonction ? »

La règle à calcul, sceptre des ingénieurs jusqu'aux années 1950, est aujourd'hui un objet aussi désuet que n'importe quel outil de l'Âge du bronze. Un archéologue des siècles à venir qui trouverait une règle à calcul et chercherait sa fonction remarquerait d'abord qu'elle permet de tracer des lignes droites ou de tartiner du beurre. Toutefois, les éléments coulissants centraux sont inutiles sur les règles ou les couteaux à beurre. En outre, les graduations logarithmiques sont disposées trop méticuleusement pour être le fruit du hasard. Il viendrait alors à l'esprit de cet archéologue du futur qu'à un âge précédant celui des calculateurs électroniques, cet objet mettait en œuvre un procédé ingénieux pour effectuer rapidement des multiplications et des divisions. Le mystère de la règle à calcul serait ainsi résolu par l'ingénierie inverse, en faisant l'hypothèse que cet objet résulte d'une conception intelligente et économe.

La fonction d'utilité, d'autre part, est un concept technique employé en économie : un individu maximise sa fonction d'utilité, laquelle représente sa satisfaction. Les économistes et les sociologues sont comparables aux architectes et aux physiciens, en ce qu'ils cherchent eux aussi à optimiser un facteur. Les utilitaristes s'efforcent de tendre vers « le plus grand bonheur pour le plus grand nombre ». D'autres, égoïstement, cherchent à accroître leur propre bonheur au détriment du bien-être général. Si vous soumettez l'attitude de tel ou tel gouvernement à une analyse par ingénierie inverse, vous conclurez parfois qu'il cherche à optimiser l'emploi et le bien-être national ; pour un autre pays, la fonction d'utilité sera, par exemple, la durée du mandat présidentiel, la richesse d'une famille gouvernante, la stabilité au Moyen-Orient ou, encore, le maintien des prix du pétrole. On peut imaginer des fonctions d'utilité variées : aussi comprend-on parfois difficilement ce que visent les individus, les entreprises ou les gouvernements.

La construction d'un guépard

Dans le cas des êtres vivants, de nombreuses fonctions d'utilité sont envisageables, mais nous verrons qu'elles se réduisent toutes à une seule. Imaginons que les êtres vivants ont été créés par un ingénieur divin et essayons de découvrir, par ingénierie inverse, ce que cet ingénieur a tenté d'optimiser : quelle est la fonction d'utilité de Dieu ?

Les guépards sont un exemple parfait de créatures qui semblent conçues pour un but précis, de sorte que

nous devrions facilement découvrir, par ingénierie inverse, leur fonction d'utilité. Tout en eux semble étudié pour tuer des gazelles : les dents, les griffes, les yeux, le museau, les muscles des pattes, la colonne vertébrale, le cerveau semblent être exactement comme si Dieu, en créant les guépards, avait voulu leur permettre de tuer le plus grand nombre de gazelles. D'autre part, l'ingénierie inverse appliquée aux gazelles révèle de façon tout aussi convaincante qu'elles sont créées pour survivre et faire jeûner les guépards. On pourrait croire que les guépards et les gazelles ont été conçus par deux divinités concurrentes. Car si l'on ne doit qu'à un seul Créateur le tigre et l'agneau, le guépard et la gazelle, à quoi joue-t-il ? Est-il un sadique qui se réjouit de jeux sanglants ? Tente-t-il d'éviter la surpopulation des mammifères en Afrique ? Ce sont là des fonctions d'utilité toutes vraisemblables... mais toutes fausses.

La véritable fonction d'utilité de la vie, ce vers quoi tout tend dans la nature, c'est la survie de l'ADN. Or, celui-ci n'est pas libre : enfermé dans des organismes vivants, il doit employer les moyens d'action qui sont à sa disposition. Les séquences génétiques présentes dans le corps des guépards maximisent leur chance de survie en poussant les guépards à tuer les gazelles. Les gènes présents dans le corps des gazelles accroissent leur chance de survie en poussant leur « machine à survie » vers un but opposé. La même fonction d'utilité – la survie de l'ADN – explique simultanément la « finalité » du guépard et celle de la gazelle.

Ce principe explique toute une série de phénomènes qui, autrement, seraient déconcertants. Par exemple, dans de nombreuses espèces animales, les mâles se livrent des combats épuisants et souvent risibles pour attirer les femelles ; leurs investissements en « beauté » semblent tout aussi superflus et pesants. Ces rituels d'accouplement font parfois penser aux concours de beauté, mais ce sont les mâles qui paradent. Les lieux de parades d'oiseaux tels que le coq de bruyère ressemblent aux podiums où l'on élit les Miss : ce sont de petits terrains qu'utilisent les oiseaux mâles pour venir se pavaner devant les femelles. Celles-ci viennent observer les démonstrations fanfaronnes d'un certain nombre de mâles avant d'en choisir un pour s'accoupler. Les mâles des espèces pratiquant cette parade sont souvent dotés

2. LA DIVERSITÉ DU VIVANT est un signe de l'inventivité de l'ADN, qui met en œuvre des techniques originales pour maximiser ses chances de survie. Par exemple, les muscles d'une patte de guépard permettent à celui-ci de poursuivre les gazelles ; de leur côté, les gazelles sont bien équipées pour échapper aux guépards. Dans ce combat mortel les deux animaux font tout pour tenter d'assurer leur survie. Les guêpes parasites maximisent les chances de survie de leur adn en devenant les prédateurs de chenilles : une guêpe femelle dépose un œuf dans une chenille préalablement paralysée à l'aide de son aiguillon et, après éclosion, la larve mange la chenille vivante. Les caractéristiques physiques utilisées dans le cadre des rituels d'accouplement sont aussi spécialisées que celles utilisées pour la chasse. Beaucoup d'oiseaux, tels que le faisan de l'Himalaya, et certains poissons, tels que le diagramme oriental, affichent des couleurs vives afin d'attirer les partenaires et d'assurer la reproduction de leur ADN. Les plantes, également, entrent en compétition afin de se ménager de meilleures occasions de se reproduire : les forêts tropicales humides s'étirent vers le ciel parce que chaque arbre cherche à obtenir plus de lumière que ses congénères, ce qui lui permettra de se propager.

d'une ornementation bizarre qu'ils affichent tout en effectuant de remarquables saluts, révérences et bruits étranges. Les termes « bizarre », « remarquable », « étrange » sont des jugements de valeur tout à fait subjectifs : le coq de bruyère mâle, qui se livre à des danses pompeuses, en faisant des bruits de bouchon qui saute, ne paraît probablement pas étrange aux femelles de sa propre espèce, et c'est là l'essentiel. Dans certains cas, les canons de beauté des oiseaux femelles coïncident avec les nôtres : cela donne le paon ou l'oiseau de paradis.

La fonction de la beauté

Le chant du rossignol, la queue des faisans, les nuances arc-en-ciel des poissons des récifs tropicaux sont des solutions au problème de maximisation de la fonction d'utilité qu'est la beauté, mais cette beauté n'est pas destinée – sauf par accident – à réjouir les Hommes. Si le spectacle de la nature nous plaît, c'est accessoire. Les gènes des mâles qui séduisent les femelles sont transmis aux générations suivantes. Une seule fonction d'utilité peut rendre compte de tant de beautés : cette grandeur dont chaque manifestation du monde vivant recherche l'optimisation, c'est toujours la survie de l'ADN ; c'est elle qui est responsable de toutes les caractéristiques que vous essayez d'expliquer.

Cette fonction rend également compte d'excès mystérieux. Les paons, par exemple, sont alourdis d'une parure si encombrante qu'elle pourrait les empêcher de travailler, pour peu qu'ils en soient tentés, ce

LE GRAND NIVELEUR

Pour les organismes multicellulaires, l'une des façons de maximiser les chances de survie de leur ADN consiste à ne pas gaspiller d'énergie pour assurer un fonctionnement prolongé de leurs organes. Les constructeurs d'automobiles agissent de même. Nicholas Humphrey, de l'Université de Cambridge, raconte qu'Henry Ford, le saint patron du rendement industriel,

« chargea un jour une équipe d'explorer les dépôts de pièces usagées de voitures dans toute l'Amérique pour vérifier s'il n'existait pas des pièces de la Ford Modèle T *qui n'auraient jamais montré de défaut. Ses inspecteurs revinrent avec des rapports sur presque toutes les sortes de pannes concernant des axes, des freins, des pistons, etc. : toutes ces pièces étaient responsables de quelques défauts de fonctionnement. À une remarquable exception près, soulignée dans les rapports : dans toutes les voitures usagées, les chevilles maîtresses auraient eu bien des années supplémentaires de bon fonctionnement. Avec une logique implacable, Ford conclut que ces pièces-là, sur la* Ford Modèle T, *étaient de trop bonne qualité pour l'usage qu'on leur demandait et exigea qu'à l'avenir elles soient fabriquées avec des spécifications moins rigoureuses. »*

Sans doute n'avez-vous, comme moi, qu'une idée assez vague du rôle technique des chevilles maîtresses, mais là n'est pas la question. Elles sont l'une des pièces nécessaires au fonctionnement des voitures, et la réaction apparemment brutale de Ford était, en fait, on ne peut plus logique. L'autre solution possible était d'améliorer toutes les autres pièces de la voiture pour les amener aux normes de qualité des chevilles maîtresses. Dans ce cas, la voiture construite par Ford n'aurait plus été un *Modèle T*, mais une *Rolls-Royce*, ce qui n'était pas le but de l'opération. Il est tout à fait respectable de construire une voiture telle qu'une *Rolls-Royce*, et il en est de même pour un *Modèle T*, mais à un prix différent. L'astuce consiste à être certain que toute la voiture est construite aux

LE GIBBON ne vit pas éternellement, et ses pièces détachées sont beaucoup plus difficiles à trouver.

qui, en fait, n'est pas le cas. Les oiseaux chanteurs mâles dépensent des quantités considérables de temps et d'énergie à chanter : non seulement leurs chants attirent les prédateurs, mais cette activité leur fait perdre de l'énergie, et du temps qui pourrait être utilisé à reconstituer cette énergie. Un étudiant en biologie, spécialiste des roitelets, racontait qu'un de ses oiseaux mâles avait chanté jusqu'à en mourir. N'importe quelle fonction d'utilité qui viserait la prospérité durable de l'espèce, ou même la survie individuelle d'un mâle particulier, mettrait un frein à tant de chants, à tant de parades, à tant de luttes.

Or, on explique facilement ces comportements lorsque l'on considère la sélection naturelle du point de vue des gènes et non plus uniquement dans l'optique de la survie et de la reproduction des individus. La survie de l'ADN étant la fonction d'utilité du roitelet qui chante, rien ne peut arrêter la transmission d'un ADN qui n'a d'autre effet bénéfique que de rendre les mâles beaux aux yeux des femelles. Si certains gènes donnent aux mâles des qualités que les femelles de leur espèce trouvent à leur goût, ces gènes survivront bon gré mal gré, même s'ils mettent en péril certains individus.

Nous avons tendance à supposer que la « prospérité » doit être celle du groupe, que le « bien-être » est nécessairement celui de toute la société, de l'espèce ou même de l'écosystème. La fonction d'utilité de Dieu, telle qu'on peut

***La Ford Modèle T*, tout comme les êtres vivants, n'était pas destinée à durer éternellement. C'est pourquoi il aurait été ridicule de gaspiller de l'argent en l'équipant de pièces indestructibles.**

normes de qualité d'une *Rolls-Royce* ou au contraire à celles d'un *Modèle T*. La pire solution est la réalisation d'une voiture hybride, dont certaines pièces ont la qualité du *Modèle T* et d'autres celle requise pour une *Rolls-Royce*, car la voiture sera hors d'usage lorsque la plus vulnérable de ses pièces lâchera, et l'argent dépensé pour la fabrication des pièces de haute qualité, qui n'auront pas eu le temps de s'user, sera gâché.

La leçon donnée par Ford est applicable avec encore plus de pertinence aux corps vivants qu'aux voitures, car, dans celles-ci, les différents éléments peuvent, dans certaines limites, être remplacés par des pièces détachées. Les singes et les gibbons, qui passent leur vie dans les hauteurs des arbres, courent en permanence le risque de tomber et de se rompre les os. Supposons que nous ayons chargé une équipe d'examiner le corps des gibbons et d'évaluer la fréquence de rupture de chacun des os principaux. S'il apparaissait, par exemple, que chaque os s'est brisé au moins une fois, sauf le péroné (ce petit os qui est situé parallèlement au tibia), qui jamais ne se serait cassé chez aucun gibbon, la consigne d'un Henry Ford de la Création aurait alors été, sans hésitation, de faire redessiner ce péroné avec une norme de qualité inférieure. C'est ce que réalise la sélection naturelle : des individus mutants, avec un péroné de qualité inférieure et des caractéristiques de croissance telles qu'une moindre quantité du précieux calcium serait fournie à cet os, pourraient utiliser le matériau ainsi économisé pour épaissir d'autres os de leur corps et atteindre alors la constitution idéale où aucun os n'a plus de chance qu'un autre de se rompre. Ou bien ces individus pourraient utiliser le calcium ainsi économisé pour produire davantage de lait et élever davantage de jeunes. L'animal peut prélever en toute sûreté une couche d'os sur son péroné, au moins jusqu'au point où ce dernier présente un risque de rupture à peu près égal au risque de rupture de celui des autres os qui a la plus grande durée de vie. L'autre solution – la « solution de la *Rolls-Royce* », qui consisterait à porter tous les autres organes aux normes de qualité du péroné – est beaucoup plus difficile à mettre en œuvre.

La sélection naturelle nivelle ainsi la qualité aussi bien vers le haut que vers le bas, jusqu'à ce qu'un équilibre satisfaisant soit obtenu entre toutes les parties du corps. Vus sous l'angle de la sélection naturelle, le vieillissement et la mort sont les conséquences peu réjouissantes de cette recherche d'équilibre. Nous sommes les héritiers d'une longue lignée d'ancêtres jeunes, dont les gènes assuraient la vitalité au cours des années de reproduction, mais pas la moindre provision de vigueur pour les années suivantes. Jeunesse et santé sont indispensables pour assurer la transmission et la survie de l'ADN. En revanche, vivre un quatrième âge en pleine forme n'est sans doute qu'un luxe, qui rappelle tout à fait les chevilles maîtresses de qualité supérieure du *Modèle T*.

la concevoir d'après l'observation des mécanismes de la sélection naturelle, semble aux antipodes de ces visions utopiques. Il existe bien des occasions où des gènes tendent vers leur prospérité personnelle en programmant une coopération désintéressée entre organismes ou même l'autodestruction de l'organisme qui les abrite. La prospérité du groupe, quant à elle, n'est jamais une orientation majeure : c'est toujours une conséquence fortuite.

Cette hypothèse de l'égoïsme des gènes explique également des excès du règne végétal. Pourquoi les arbres des forêts sont-ils si grands ? Parce qu'ils visent à dépasser les arbres rivaux. Une fonction d'utilité « judicieuse » aurait conduit à ce que les arbres soient tous de petite taille : ils bénéficieraient ainsi chacun de la même quantité de lumière solaire, avec une dépense énergétique bien moindre. Si tous les arbres étaient petits, la sélection naturelle ne pourrait faire autrement que de favoriser celui qui aurait poussé un peu plus haut que les autres. La hauteur optimale se trouvant ainsi relevée, d'autres arbres se mettraient à en faire autant : rien n'arrêterait la course à la hauteur, jusqu'à ce que les arbres soient devenus exagérément grands. Toutefois, cette croissance ne paraît exagérée et ridicule que si l'on juge avec des critères d'économie et de rationalité, en ne pensant qu'à une efficacité maximale plutôt qu'à la survie de l'ADN.

De tels effets se retrouvent dans les sociétés humaines. Dans une réception, par exemple, chacun s'égosille pour se faire entendre de son interlocuteur, mais si tous se mettaient d'accord pour chuchoter, ils s'entendraient tout aussi bien, en fatiguant moins leur voix. Malheureusement, ce genre d'accords ne s'obtient que sous la contrainte. Il y a toujours quelqu'un pour rompre égoïstement l'accord en parlant un peu plus fort, si bien que les uns et les autres finissent par en faire autant. Un équilibre stable n'est atteint que lorsque chacun crie au maximum de ses possibilités, c'est-à-dire beaucoup plus fort qu'il n'est nécessaire, d'un point de vue rationnel. Une fois de plus, une coopération avec une certaine dose de contrainte est compromise par son instabilité intrinsèque. La fonction d'utilité de Dieu est rarement le plus grand bien possible pour le plus grand nombre d'individus. Au contraire, elle trahit son origine en faisant naître une bousculade désordonnée pour un profit personnel.

Un univers d'indifférence

Revenons à notre pessimisme initial : l'optimisation de la survie de l'ADN n'est pas une recette du bonheur. Du moment que l'ADN est transmis, il importe peu que sa transmission se fasse au détriment de quelqu'un ou de quelque chose. Les gènes ne se préoccupent pas de la souffrance, parce qu'ils ne se préoccupent de rien.

Pour les gènes de la guêpe fouisseuse, il est préférable que la chenille soit vivante et fraîche, lorsqu'elle est dévorée, quelle que soit sa souffrance. Si la Nature était bienveillante, elle aurait fait au moins une concession mineure en prévoyant d'anesthésier les chenilles avant qu'elles ne soient dévorées vivantes de l'intérieur. La Nature n'est ni bienveillante ni malveillante ; elle n'est ni un adversaire ni un partisan de la souffrance. La Nature ne s'intéresse pas à une souffrance plus qu'à une autre, sauf si elle a des conséquences sur la survie de l'ADN. On pourrait imaginer, par exemple, l'existence d'un gène qui calmerait les gazelles lorsqu'elles sont en train de souffrir d'une morsure mortelle. La sélection naturelle favoriserait-elle ce gène ? Sans doute pas, à moins que le fait de tranquilliser ainsi une gazelle n'augmente les chances de transmission de ce gène aux générations suivantes. Comme il est difficilement imaginable qu'il en soit ainsi, nous devons supposer que les gazelles connaissent une angoisse et des souffrances terribles lorsqu'elles sont poursuivies à mort, ce qui est le lot de beaucoup d'entre elles.

La quantité totale de souffrance qui est vécue chaque année dans le monde naturel défie toute observation placide : pendant la seule minute où j'écris cette phrase, des milliers d'animaux sont mangés vivants ; d'autres, gémissant de peur, fuient pour sauver leur vie ; d'autres sont lentement dévorés de l'intérieur par des parasites ; d'autres encore, de toutes espèces, par milliers, meurent de faim, de soif ou de quelque maladie. Et il doit en être ainsi. Si jamais une période d'abondance survenait, les populations augmenteraient jusqu'à ce que l'état normal de famine et de misère soit à nouveau atteint.

Dans un univers peuplé d'électrons et de gènes égoïstes, de forces physiques aveugles et de gènes qui se répliquent, des personnes sont meurtries, d'autres ont de la chance, sans rime ni raison, sans qu'on puisse y déceler la moindre justice. L'univers que nous observons a très exactement les caractéristiques attendues dans l'hypothèse où aucune idée n'aurait présidé à sa conception, aucun objectif, aucun mal et aucun bien, rien d'autre qu'une indifférence excluant toute compassion. Comme l'écrivait ce poète malheureux que fut A. Housman :

La Nature, qui est sans cœur et sans esprit,
Ne veut ni se soucier ni connaître.

L'ADN, lui non plus, n'est capable ni de sentiments ni de connaissance. Il existe, c'est tout. Et c'est lui qui nous impose sa loi.

Contingence et nécessité dans l'histoire de la vie

Louis de Bonis

La complexification des formes du vivant est la règle de l'évolution. Toutefois le rythme de l'évolution vers la complexité est contingent, et les formes de la complexité dépendent de l'apparition aléatoire de niches écologiques.

Pascal a glosé sur le nez de la fameuse Cléopâtre, dont la longueur aurait pu changer le cours de l'histoire. Si son nez avait été autre, Jules César n'aurait pas été séduit ni, après lui, Marc-Antoine. Ce dernier n'aurait pas combattu à Actium, où ses galères furent détruites par la flotte d'Octave. Le futur Auguste ne serait pas sorti victorieux d'un combat qui n'aurait pas eu lieu, et n'aurait peut-être jamais fondé l'Empire romain. Le passage de la république au régime impérial aurait donc été le résultat d'une série d'événements contingents (qui auraient pu ne jamais se produire), chacun d'eux influant sur l'apparition des autres. En définitive, le changement de régime n'aurait tenu qu'aux dimensions de l'appendice nasal d'une reine d'Égypte.

Dans un déroulement historique, l'enchaînement des faits, dans une étroite relation de causalité, les rend entièrement dépendants du bon déroulement de la séquence, et l'absence de l'un ou de l'autre rompt l'unité causale et modifie la suite de la séquence. Toutefois on peut aussi se demander si, avec ou sans Cléopâtre, la république romaine n'était pas condamnée à court ou à moyen terme, si la succession de dictateurs qui a marqué ses dernières décennies n'aurait pas, de toutes manières, abouti à l'établissement définitif d'un régime despotique et que même la mort de César, au cours d'une campagne militaire en Gaule ou en Germanie, n'aurait pu empêcher l'éclosion tôt ou tard d'un césarisme analogue à celui qui vit se succéder les empereurs jusqu'à la chute de l'empire. À côté d'une histoire événementielle et contingente dans les détails, il existe un mouvement plus large qui régit l'évolution des sociétés humaines et qui possède ses propres lois. Les deux aspects ne constitueraient que deux facettes du même phénomène.

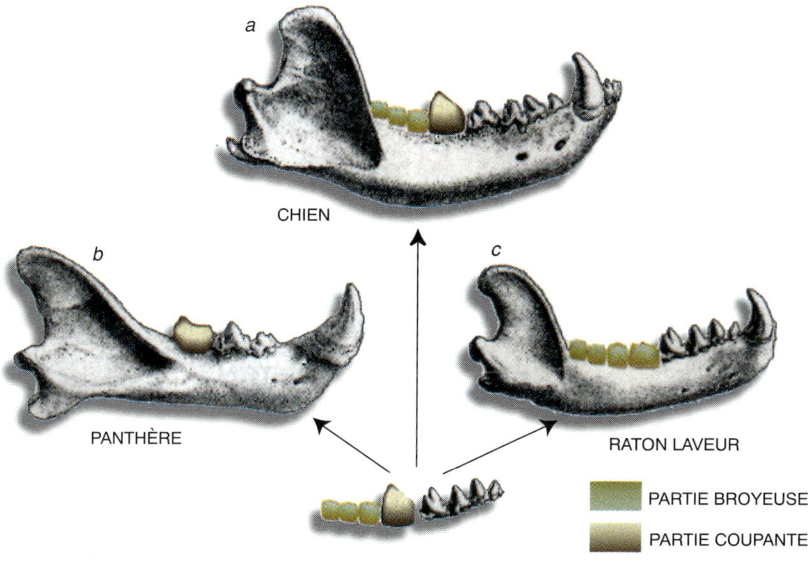

1. LES CARNIVORES sont des mammifères normalement adaptés à un régime carné. Les formes primitives possèdent une denture équilibrée entre une partie coupante destinée à trancher la viande et une partie broyeuse pouvant malaxer de la viande ou d'autres aliments. Ce type de denture se retrouve, par exemple, chez le chien *(a)*. D'autres carnivores sont plus spécialisés dans un sens hypercarnivore (alimentation uniquement carnée) et leur denture *(b)* a développé la fonction sécante (chat, lion, panthère...). D'autres enfin sont hypocarnivores (la viande ne représente qu'une faible part de l'alimentation) et la partie broyeuse de la denture est devenue prépondérante. C'est le cas de l'ours brun, du Grand Panda qui est entièrement végétarien et du raton laveur *(c)*. Les espèces très spécialisées paraissent incapables de saisir les opportunités évolutives.

Une interrogation analogue se pose lorsque l'on considère l'histoire de la vie, et la révision récente des célèbres gisements des schistes de Burgess, en Colombie britannique (Canada) rappelle la part importante du hasard dans l'évolution. Depuis les débuts de la vie sur la Terre, le monde biologique s'est continuellement transformé. Les êtres vivants ont évolué au cours des temps géologiques, certaines espèces ont peuplé la Terre avant de disparaître sans descendance ou, au contraire, ont donné naissance à de nouvelles lignées se ramifiant à leur tour pour occuper des territoires ou des niches écologiques différents. Cette succession historique des êtres vivants a été tributaire des modifications du milieu, liées à des phénomènes imprévisibles. L'échec ou le succès pouvaient dépendre, dans quelques cas, du pur hasard plutôt que de capacités spéciales : lors de certaines extinctions de masse, les rescapés ne se signalent par aucune adaptation particulière. Ainsi, à la fin du Trias (205 millions d'années), la plupart des ammonites ont été éliminées ; seules ont subsisté quelques rares espèces. Or rien ne paraît distinguer les rescapés des victimes de l'extinction. Aussi le monde vivant pourrait être fort différent.

Pourtant quelques « lois » ont été proposées pour rendre compte des phénomènes paléobiologiques. Nous allons examiner les principales lois proposées pour l'évolution et les propositions finalistes que certains ont pu en tirer ; nous examinerons les arguments qui plaident en faveur de l'importance de la contingence dans l'histoire de la vie et nous verrons que, si la contingence s'exerce à certains niveaux d'intégration, la vie manifeste, dans son évolution, une tendance générale qui ne doit rien au hasard.

Lois de l'évolution et genèse des formes

La loi d'augmentation de taille au cours du temps a surtout été établie à partir de l'étude de lignées de mammifères fossiles. L'exemple le plus célèbre est la famille des Equidae, qui contient le cheval actuel, et dont les jalons fossiles sont connus depuis le milieu de l'Éocène, il y a 55 millions d'années. Le plus lointain ancêtre du cheval ne dépassait pas la taille d'un agneau, et les dimensions de ses descendants ont augmenté de façon régulière jusqu'à l'espèce moderne. D'autres groupes de mammifères (Titanothères, Proboscidiens) suivent cette même loi, qui a été étendue à d'autres classes de vertébrés et aux invertébrés. Elle paraît aussi vérifiée chez quelques lignées d'ammonites, de foraminifères ou de rudistes. En contrepartie, dans de nombreux cas, la taille ne subit aucune modification ou diminue. À l'intérieur même du phylum des Equidae, on connaît des rameaux qui se distinguent par une diminution de la taille, comme c'est le cas pour le genre, bien nommé, *Nannippus*. De même, les îles de la Méditerranée furent, pendant le Quaternaire, le théâtre de nanisme insulaire affectant les grands mammifères : il existait des hippopotames de la taille d'un gros porc domestique et des éléphants qui dépassaient à peine un mètre de hauteur.

Selon la seconde loi, celle des relais, les grands types d'organisation se succèdent dans le temps. Lorsqu'un type nouveau apparaît, il ne tarde pas à se diversifier à l'intérieur d'un même plan anatomique. Certains rameaux s'éteignent, mais ils sont relayés par d'autres qui se développent à leur tour, avant de régresser ou de disparaître en laissant la place aux successeurs. Les vertébrés constitueraient un parfait exemple de ce type d'évolution, puisque les agnathes (vertébrés dépourvus de mâchoires) apparaissent tout d'abord, suivis des premiers vertébrés gnathostomes (pourvus de mâchoires), proches parents des requins actuels, puis des « poissons » osseux, qui seront relayés, sur la terre ferme cette fois, par les amphibiens, les reptiles et, enfin, les mammifères. Toutefois ces « relais » ne sont qu'une constatation *a posteriori* de l'apparition successive de différents groupes d'êtres vivants, les nouveaux coexistant souvent avec les anciens, sans les « relayer ».

Selon la loi d'irréversibilité, jamais un groupe disparu ne réapparaît, et jamais un organe atrophié ne retrouve sa plénitude. On connaît quelques cas de retour d'un membre disparu, mais il s'agit, soit de cas pathologiques (réapparition d'un doigt latéral chez le cheval ou remplacement d'une antenne par une patte chez la drosophile), soit d'expériences de laboratoire (réapparition tératologique du péroné du poulet). La probabilité d'un retour en arrière pour des caractères complexes, qui résultent de la sélection d'un grand nombre de mutations, est quasiment nulle, et cette loi empirique est en accord avec nos connaissances sur la génétique de l'évolution.

On a également proposé la loi de non-spécialisation des espèces souches d'un phylum et, par conséquent, celle de la spécialisation progressive des rameaux phylétiques. Les carnivores actuels présentent deux types extrêmes de spécialisation. Le type hypercarnivore, dont le meilleur exemple est celui des félins (chat, lion, panthère...), possède des dents extrêmement coupantes, surtout les dents dites carnassières (quatrième prémolaire supérieure et première molaire inférieure), mais dans le type hypocarnivore, dont le meilleur exemple est celui des ursidés (ours ou grand panda), les mêmes dents assurent une fonction broyeuse. Les ancêtres communs de ces deux groupes possédaient des dents moins spécialisées, à la fois coupantes et broyeuses, qui leur permettaient de s'adapter à une nourriture plus diversifiée. De même, les ancêtres des éléphants présentaient un développement de la région du museau analogue à celui de la plupart des mammifères. La réduction des os nasaux et le développement de la trompe

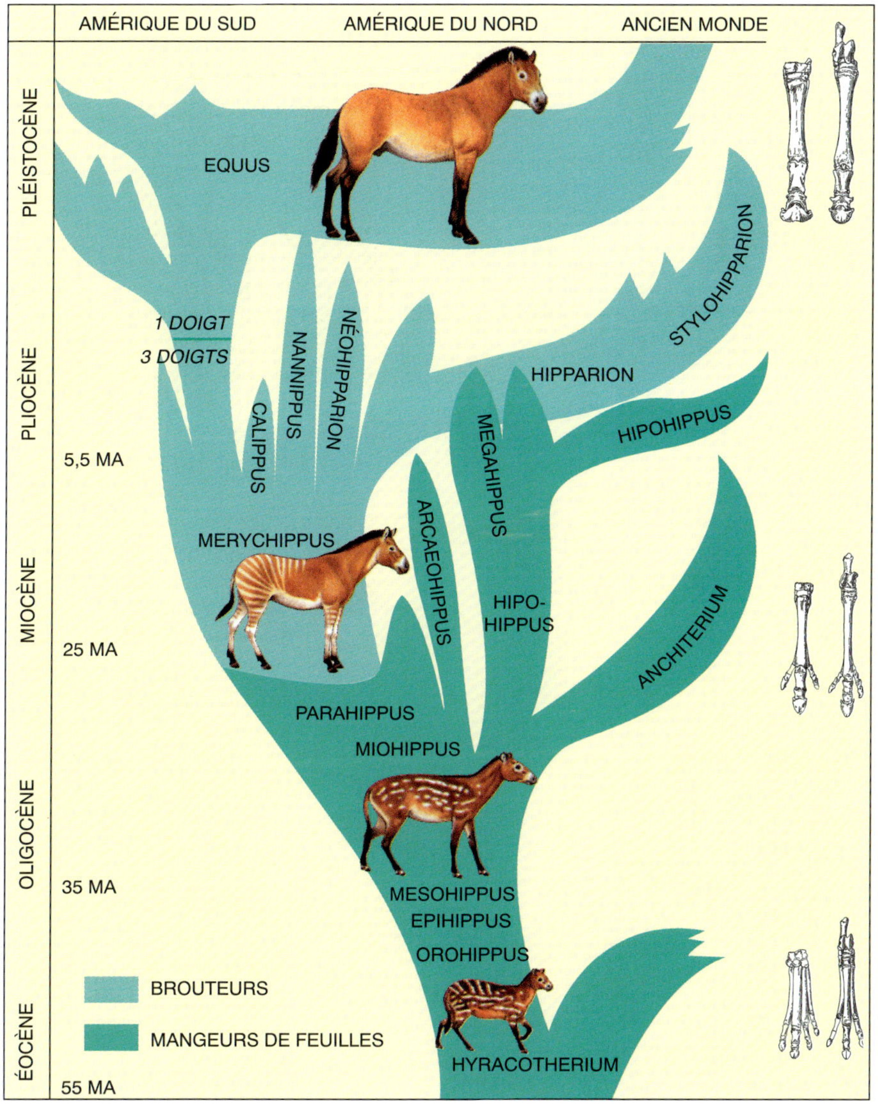

2. L'ARBRE phylogénétique des *Equidae*, c'est-à-dire des ancêtres des chevaux, ânes, hémiones ou zèbres, a parfois été présenté comme le prototype d'une évolution orthogénétique, c'est-à-dire en ligne droite. À partir de l'ancêtre *Hyracotherium*, petit et pourvu de quatre et trois doigts aux membres respectivement antérieur et postérieur, l'évolution aurait conduit par une augmentation de taille et une réduction des doigts latéraux jusqu'au cheval actuel. En fait, l'augmentation de taille peut être inversée dans certaines lignées *(Nannippus)*, la disparition des doigts latéraux n'est pas progressive et la lignée qui conduit au cheval résulte d'une bifurcation évolutive pendant le Miocène moyen ; cette bifurcation coïncide avec le développement des prairies de graminées : les équidés sont devenus brouteurs.

sont des spécialisations plus tardives de l'évolution des Proboscidiens. Cette loi signifie aussi que seuls les types structuraux restés primitifs sont susceptibles d'une évolution ultérieure importante.

L'apparition et la succession des différents groupes d'êtres vivants à travers le temps se déroulent selon un ordre qui va du simple au complexe. On a pu parler de progression ou d'évolution progressive. L'idée de « progrès », voire même de « perfection », est sous-jacente à cette loi de complexité croissante des êtres organisés. De nombreux cas ont été avancés à l'appui de cette thèse, qu'il s'agisse des premières traces de vie élémentaire qui précèdent les végétaux ou les animaux plus complexes, des flores successives depuis les algues unicellulaires jusqu'aux angiospermes ou plantes à fleurs, des insectes sans métamorphoses apparus avant les holométaboles à métamorphoses complètes, des Décapodes qui sont les crustacés les plus récents et seraient aussi les plus complexes, et de bien d'autres exemples.

Les séries qui illustrent le mieux ce phénomène, et qui sont les plus fréquemment citées, sont tirées de l'histoire des vertébrés. Depuis les agnathes du début de l'Ordovicien (500 millions d'années) jusqu'aux mammifères et à l'homme, on remarque le degré supplémentaire de complexité qui marque l'apparition, par exemple, des mâchoires chez les placodermes du Silurien ou celle des poumons chez les amphibiens du Dévonien (360 millions d'années), le développement des mammifères à partir de formes considérées comme primitives jusqu'aux marsupiaux et aux placentaires

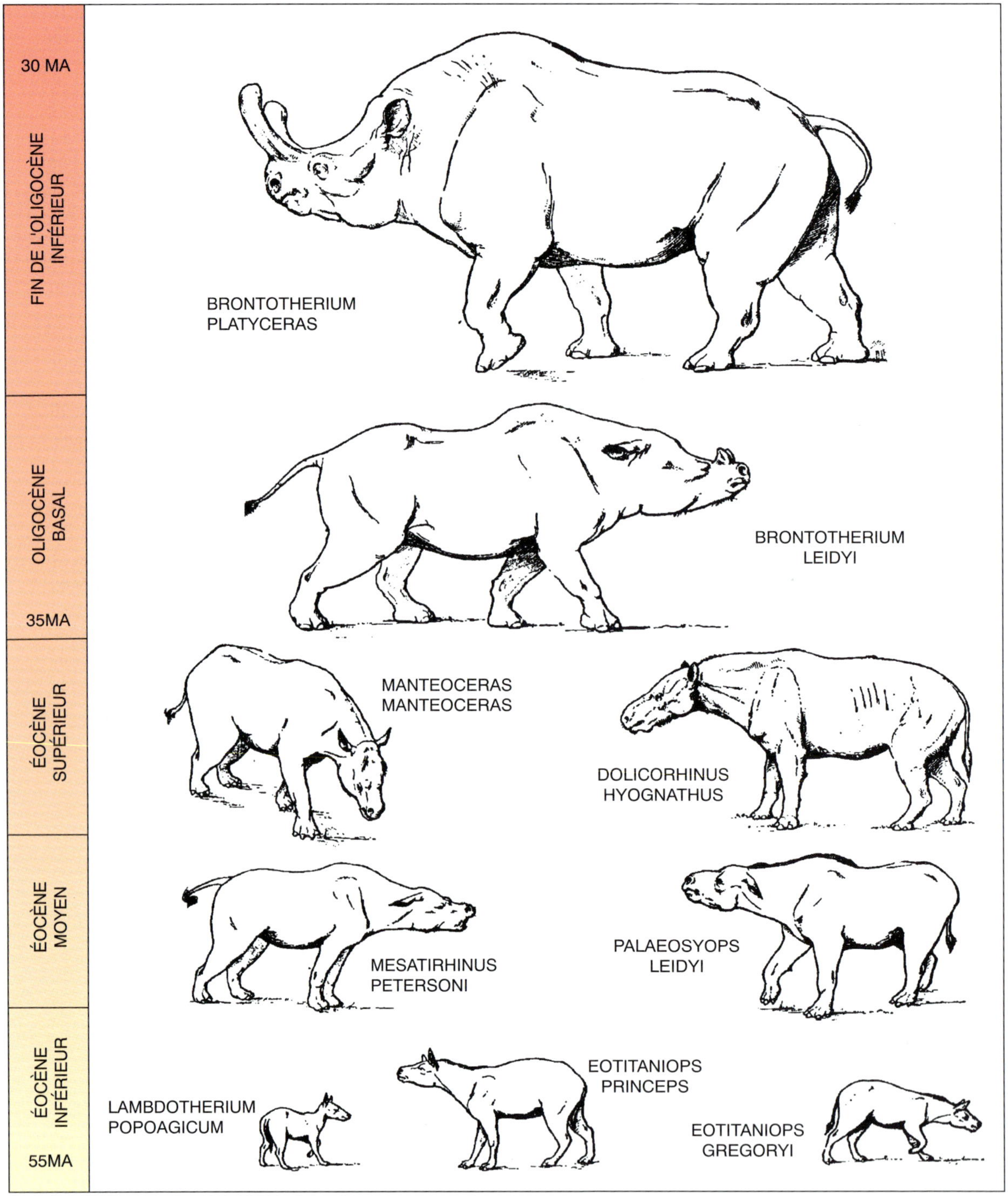

3. LES TITANOTHÈRES (OU BRONTOTHÈRES) sont des Périssodactyles, c'est-à-dire des ongulés dont l'axe du membre passe normalement par le troisième doigt, comme c'est le cas pour les chevaux, les rhinocéros ou les tapirs. L'évolution des Titanothères se déroule essentiellement en Amérique du Nord de l'Éocène inférieur à l'Oligocène inférieur (55 à 30 millions d'années). Elle est marquée par une augmentation de taille régulière depuis *Lambdotherium* (de la taille d'un épagneul) jusqu'à *Brontotherium* (plus grand qu'un rhinocéros). Cette série de croissance, qui s'accompagne du développement de deux cornes nasales, a souvent été prise pour exemple de la « loi » d'accroissement de taille. On sait aujourd'hui que cette « loi » peut être renversée.

et, finalement, jusqu'à l'homme, ce dernier étant toujours le modèle ultime de la complexité et de la perfection. L'examen de lignées particulières ne ferait que confirmer cette impression d'ensemble. Chacune d'elles, selon P. P. Grassé, « évolue sans grands à-coups; les genres successifs y suivent la même orientation jusqu'à une forme finale où la tendance évolutive s'épanouit. » Le cheval actuel serait donc l'aboutissement d'une tendance évolutive amorcée à l'Éocène par un animal qui ne possédait pas encore les traits distinctifs de l'espèce moderne, ceux-ci étant apparus de façon progressive et régulière par suite de modifications allant toujours dans la même direction et paraissant suivre un projet préétabli.

Vers une étape ultime ?

Ces constatations amènent inéluctablement la conclusion que l'évolution a un sens, qu'elle est dirigée vers un but. Sans aller jusqu'à penser, comme Bernardin de Saint-Pierre, que le melon a été prédécoupé en tranches pour être dégusté en famille, tout se passerait comme s'il existait une prédestination des êtres vivants. Ainsi, pour Teilhard de Chardin, l'évolution est, par nature, « orthogénétique », et il définit l'orthogenèse comme « une dérive fondamentale selon laquelle l'étoffe de l'Univers se comporte à nos yeux comme se déplaçant vers des états corpusculaires toujours plus complexes dans leur arrangement matériel... »

Cette complexité croissante, qui conduit la matière vivante vers des états de moins en moins probables, doit conduire à une phase ultime et la naissance de la pensée réfléchie, la conscience humaine, est une étape fondamentale dans cette voie. Elle ne peut être l'effet d'un hasard ou d'un aléa de l'évolution, mais répond à une phénomène global, car la vie n'est qu'une exagération privilégiée d'une dérive cosmique fondamentale (comme l'entropie ou la gravité) qui répond à la loi de complexité - conscience - «...sans le jeu prolongé et universel des chances, la matière manifeste la propriété de s'arranger en groupement de plus en plus sous-tendu de conscience ; ce double mouvement conjugué d'enroulement physique et d'intériorisation (ou centration) psychique se poursuivant, s'accélérant et se poussant aussi loin que possible, une fois amorcé. » Pour Teilhard de Chardin, auteur de ces lignes, la conscience est inhérente à la matière, et la vie ne fit que la concentrer à mesure que l'on approchait de l'homme. Le but final de cette montée de conscience étant la fusion avec la conscience universelle et divine.

On pourrait épiloguer sur cette notion d'évolution dirigée et d'orthogenèse et sur les exemples choisis pour l'illustrer. La fameuse lignée des Equidae, cheval de bataille des « orthogénétistes », ne correspond pas à une évolution aussi linéaire qu'ils le souhaitent. On observe plusieurs changements de direction au cours de l'histoire de cette famille et, pour ne traiter que du plus

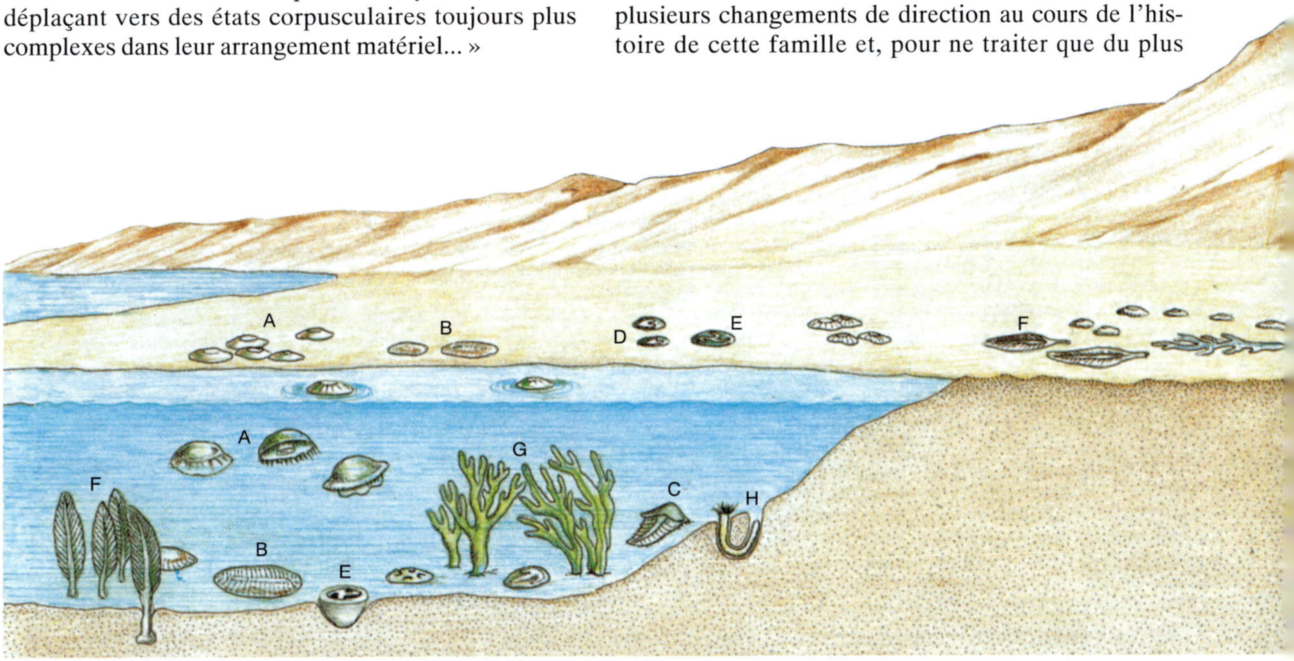

4. LA FAUNE D'ÉDIACARA : première faune connue d'êtres formés de plusieurs cellules (métazoaires), elle comporte des organismes qui rappellent les algues et les éponges *(G)*, des méduses et autres cœlentérés *(A, F)* et des vers segmentés ou non *(B, C, D, E, H)*. Quelles que soient les parentés (discutées) de cette faune, elle pourrait contenir de vrais métazoaires diploblastiques (avec deux tissus embryonnaires). La faune d'Édiacara date du Protérozoïque supérieur, il y a près de 570 millions d'années, près de trois milliards d'années après l'apparition de la première cellule.

important, on constate que les dents jugales (prémolaires et molaires) du cheval, hautes, prismatiques et protégées par du cément (hypsodontie), ne sont pas ébauchées chez les espèces les plus anciennes de la famille. Ce type de dents, permettant de mâcher une nourriture très abrasive, n'apparaît qu'au Miocène moyen à l'occasion d'un changement rapide du biotope d'élection des Equidae anciens. À cette époque, le milieu forestier originel est remplacé par des étendues couvertes d'herbe qui constitueront un nouveau milieu auquel s'adapteront certains Equidae, dont les ancêtres du cheval moderne.

Le degré de conscience de la matière inanimée est une notion difficile à appréhender d'un point de vue scientifique ; parallèlement, les connaissances sur la phylogénie humaine ont progressé depuis les derniers écrits de Teilhard de Chardin. Les données actuelles ne permettent plus de se rallier au schéma proposé par Teilhard et, en suivant son propre raisonnement, elles affectent ses conclusions relatives à l'orthogenèse de la lignée humaine.

L'idée de retrouver une image divine à travers les découvertes scientifiques n'était pas nouvelle. Un demi-siècle plus tôt, un autre paléontologue, Albert Gaudry, considérait l'harmonie de la nature et son évolution comme preuves de l'existence du grand créateur.

La contingence dans les phénomènes évolutifs

À l'opposé de cette vision finaliste du monde, d'autres travaux, notamment ceux de Stephen Jay Gould, présentent une histoire de la vie où la part du hasard et de la contingence est prépondérante. À partir d'une analyse des récents travaux sur la célèbre faune d'invertébrés à corps mou des schistes du Cambrien moyen (530 millions d'années) de Burgess, en Colombie britannique, S. Gould insiste longuement sur les groupes taxonomiques variés qui, présents dans la faune de Burgess, disparaissent aussitôt après des documents fossiles. Ces groupes d'animaux sont situés à divers niveaux systématiques ; certains appartiennent à l'embranchement des arthropodes, à l'intérieur duquel ils constituent des classes originales, d'autres semblent être les représentants de leurs propres embranchements, disparus aujourd'hui. Pour quelles raisons certaines lignées ont-elles subsisté pour donner naissance, après bien des vicissitudes, à la faune moderne, alors que d'autres allaient s'éteindre sans descendance ? Pour quelles raisons certaines des formes parvenues jusqu'à nous, tels les vers priapuliens, sont-elles maintenant confinées à un rôle fort modeste au fond des océans, alors que d'autres, tels les annélides, ont connu une expansion considérable dans le milieu marin et le domaine continental ?

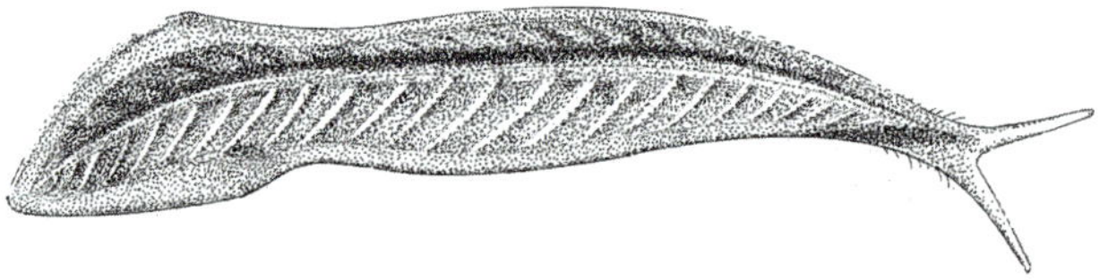

5. PIKAIA : ce fossile de Burgess a été rattaché aux Cordés (ou Chordés), embranchement auquel appartiennent les vertébrés, et donc l'homme ! Parmi les Cordés, il rappelle les Céphalocordés actuels tels que *Branchiostoma* (ou *Amphioxus*). Il possède une corde dorsale, axe squelettique plus ou moins rigide qui préfigure la colonne vertébrale, et des faisceaux musculaires faisant un angle dirigé vers l'avant.

Au milieu du Cambrien, les priapuliens n'avaient pourtant rien à envier à leurs éventuels concurrents. De façon plus générale, les potentialités évolutives des espèces de Burgess paraissent aussi bonnes pour les unes ou pour les autres, et certaines qui semblent bien avoir été parfaitement adaptées à leur biotope ont été éliminées. La seule explication raisonnable serait, pour S. Gould, une décimation au hasard provoquée par un ou des phénomènes d'origine extraterrestre. On connaît le succès remporté par l'hypothèse de l'impact d'un bolide céleste émise par L. Alvarez et ses collaborateurs pour expliquer les disparitions massives qui marquent la transition entre le Secondaire et le Tertiaire. C'est à une explication du même ordre qu'il faudrait faire appel pour comprendre ce qui s'est passé après le niveau de Burgess. Le terme de décimation ne doit d'ailleurs pas être entendu au sens littéral, mais comme l'équivalent d'hécatombe aléatoire. Aucune propriété intrinsèque des espèces en présence ne permet de savoir lesquelles seront éliminées dans ces circonstances dramatiques et particulières. La faucheuse frappe alors en aveugle, « les extinctions de masse préservent ou éliminent les espèces au hasard », et le résultat final « est contingent, en ce sens qu'il est dépendant de tout ce qui s'est passé auparavant. »

Ces conclusions ne sont pas propres à la faune de Burgess qui, malgré l'aspect spectaculaire de certains de ses représentants, ne constitue qu'une étape parmi d'autres de l'histoire de la vie. Le même problème s'est posé dans les mêmes termes à différentes époques antérieures ou postérieures à celle de Burgess. C'est le cas de la faune dite tommotienne, d'après la petite ville de Tommot, en Sibérie, au début du Cambrien, ou de la faune d'Édiacara datée du Précambrien. Dans cette dernière, si l'on suit l'interprétation d'Adolf Seilacher, paléontologue qui a revu récemment les fossiles d'Édiacara, on rencontre surtout des animaux primitifs qui n'ont aucun descendant dans les faunes suivantes. Eux aussi auraient été éliminés au hasard de catastrophes d'origine cosmique. Les arbres phylétiques se caractérisent généralement par un buissonnement initial, suivi d'une phase de réduction drastique et aléatoire du nombre d'unités taxonomiques (espèces, genres, familles).

Selon S. Gould, « L'ordre actuel n'a pas été imposé par des lois fondamentales (sélection naturelle, supériorité mécanique dans l'organisation anatomique), ni même par des principes généraux de niveau moins élevé, touchant à l'écologie ou à la théorie de l'Évolution. L'ordre est largement le produit de la contingence. » En d'autres termes, si l'on déroulait à nouveau le film de l'histoire de la vie, le résultat pourrait être entièrement différent, et notre monde serait habité par les descendants de créatures qui nous paraissent parfois étranges et non par les êtres qui nous sont familiers. L'homme lui-même ne serait que le fruit contingent d'une lignée qui a eu la chance d'échapper, pour des raisons n'ayant rien à voir avec ses qualités propres, aux chausse-trappes imprévisibles des extinctions de masse.

L'importance de l'hypothèse d'Alvarez et de ses collaborateurs, qui expliquent les crises biologiques majeures par l'arrivée sur Terre de bolides célestes (astéroïdes ou comètes), a orienté nos recherches sur les causes des extinctions, mais sa généralisation à toutes les disparitions importantes de l'histoire de la vie est-elle toujours justifiée et relègue-t-elle les processus darwiniens au placard des accessoires de l'évolution ?

Le hasard et l'origine de la vie

Quelle est la part du hasard dans l'origine de la vie ? La matière vivante est constituée essentiellement de protéines, elles-mêmes constituées d'acides aminés. Ces derniers existent en dehors de la matière vivante, et même en dehors de la Terre : on en a décelé dans certaines météorites. Les atomes de carbone, d'oxygène, d'hydrogène et d'azote peuvent donc s'associer hors du contexte biologique. Sur ces bases, la vie apparaît à la surface de la Terre il y a 3,5 milliards d'années au moins, soit guère plus d'un milliard d'années après la formation de notre planète, ce qui est relativement tôt compte tenu du temps nécessaire au refroidissement de la surface.

La facilité que montrent ces quelques atomes à constituer des chaînes aminées indique qu'il suffit de prolonger ces associations pour aboutir aux structures plus complexes des polypeptides, puis à des protéines. En fait, l'invention primordiale a été celle de l'acide désoxyribonucléique, l'ADN, qui va permettre la duplication des êtres vivants. S. Gould pense que « l'apparition de la vie sur la Terre était quasiment inévitable étant donné la composition de l'atmosphère et des océans primitifs, ainsi que les principes physiques des systèmes capables d'auto-organisation. »

Le pas évolutif suivant a été plus long, sans doute était-il plus difficile. À partir d'êtres procaryotes, cellules simples dépourvues de noyau (algues bleues et archébactéries), il a fallu franchir l'étape de la cellule complexe, dont l'ADN est protégé au sein d'un noyau, et dont les grandes fonctions (respiration, photosynthèse) sont accomplies par des organites. Ce type de cellule, nommée eucaryote, existe à l'état isolé (protozoaires tels que l'amibe, protophytes), mais c'est elle qui constitue l'unité de base des organismes pluricellulaires. Tous les chercheurs sont aujourd'hui persuadés que la cellule eucaryote, avec ses organites, s'est édifiée à partir de symbioses, d'associations entre plusieurs cellules. Cette augmentation spectaculaire de la complexité du vivant n'est pas vraiment contingente, car la même tendance caractérisera de façon quasi permanente toute l'évolution. Si le temps qui s'est écoulé depuis l'apparition de la vie jusqu'à celle de la cellule eucaryote a été si long (deux milliards d'années), c'est que le chemin à parcourir était immense pour arriver à cette usine biochimique de précision. La route a dû être tortueuse, semée d'impasses et de réalisations avortées, éteintes sans descendance. Toutefois, à travers mille sentiers barrés par des phénomènes contingents, la vie s'est frayée une voie vers une complexité croissante.

Avant d'édifier une maison, il faut accumuler les matériaux de construction. Lorsque les briques sont réunies, les murs peuvent s'élever rapidement. À partir du stade cellulaire, la vie va passer à un autre niveau de complexité en associant ces briques élémentaires, chaque cellule acquérant une tâche différente. Les éponges, que l'on nomme parfois les parazoaires, et qui forment peut-être un « règne » particulier, nous donnent un aperçu de ces premiers types d'organisation où, bien qu'il n'y ait pas de véritables tissus, les groupes de cellules sont spécialisés dans certaines fonctions.

L'apparition des premiers tissus ou feuillets embryonnaires va marquer l'étape suivante. Au nombre de deux, l'ectoderme et l'endoderme, ils consacreront la répartition des tâches à travers les différents éléments de l'organisme. Schématiquement, l'ectoderme sera au contact du milieu extérieur et jouera un rôle de protection et de relation vis-à-vis de l'environnement, alors que l'endoderme accomplira les fonctions internes. Selon l'interprétation classique de Glaessner, le paléontologue qui a le premier étudié en détail la faune d'Édiacara, ce stade, dont les hydres d'eau douce actuelles peuvent donner une idée, est atteint avec cette faune d'Édiacara, quelques centaines de millions d'années « seulement » après l'apparition de la cellule eucaryote. Le matériau de base, la brique, étant prêt, l'immeuble pouvait s'élever. Même si certains des êtres d'Édiacara appartiennent à des embranchements ou des règnes originaux aujourd'hui disparus, les métazoaires d'Édiacara offrent un aperçu de cette phase essentielle de l'évolution. On n'aura pas la naïveté de penser que la transformation de la cellule aux tissus s'est faite de façon univoque. Il est certain que, là encore, les essais ont été multiples, et que nombre d'entre eux ont été infructueux ; aussi n'est-il pas étonnant de rencontrer dans le niveau d'Édiacara des animaux aux adaptations qui nous paraissent étranges dans la seule mesure où elles ne sont pas parvenues jusqu'à nous.

La faune tommotienne de la base du Cambrien n'est pas très bien connue, mais elle contient sans nul doute des formes originales ou, plus précisément, des formes difficiles à interpréter avec les canons de la systématique moderne. Toutefois, elle montre aussi des métazoaires triploblastiques (qui possèdent trois feuillets embryonnaires). L'explosion vitale cambrienne trouve sa pleine expression avec les fossiles de Burgess. La rapidité de la mise en place et la diversité de cet ensemble, qui renferme des représentants de la plupart des phylums modernes, pourraient surprendre si l'on oubliait que la présence de trois tissus différents la place à un niveau de complexité embryonnaire de base qui ne sera pas dépassé pendant les 530 millions d'années qui vont suivre, c'est-à-dire jusqu'à aujourd'hui. Cette complexité s'exprime aussi bien par la morphologie ou l'anatomie que par la différenciation du comportement.

La faune de Burgess revisitée

Depuis l'apparition de la vie, les êtres vivants ont des relations de plus en plus élaborées avec leur milieu. La particularité de certains des plans d'organisation de Burgess a été soulignée dans les recherches récentes et elle a même peut être été un peu exagérée. Ainsi quelques animaux «extravagants» de cette faune viennent récemment de «rentrer dans le rang» et dans des embranchements déjà connus. *Hallucigenia* devait son nom à son aspect hors du commun, et son image paraissait sortir du cerveau d'un naturaliste fou plutôt que d'une banale série évolutive. Un examen attentif de nouveaux documents provenant du site du Cambrien moyen de Chengjiang, en Chine du Sud, vient de permettre à L. Ramskäld et Hou Xiangwang de replacer *Hallucigenia* dans le phylum des Onychophores. Bien que peu connus du grand public, ces modestes animalcules, qui vivent parmi les feuilles mortes ou dans le bois en cours de décomposition des forêts de l'hémisphère Sud, appartiennent bel et bien à la faune moderne. Il est probable que d'autres fossiles énigmatiques du Cambrien reviendront, lorsqu'ils seront mieux connus, dans le giron des embranchements classiques.

Il n'en reste pas moins que de nombreux groupes de la faune de Burgess disparaissent peu après le Cambrien moyen sans laisser de traces, cédant la place à des formes qui nous seront de plus en plus familières. Les premières formes occupaient chacune un territoire écologique vierge. La disparition de lignées sera par la suite compensée par l'expansion d'autres phylums qui combleront les vides laissés dans l'espace écologique, rendant ainsi plus difficile l'insertion de formes vraiment nouvelles.

Pour S. Gould, le hasard a présidé à ces disparitions. Si l'on pouvait revenir en arrière pour recommencer l'histoire de la vie, les résultats ne seraient plus les mêmes: «chaque fois que l'on déroule le film, dit S. Gould, l'évolution prend une voie différente de celle que nous connaissons... Chaque nouvelle voie empruntée est tout aussi interprétable, tout aussi explicable *a posteriori* que celle qui a été réellement suivie et que nous connaissons. Mais la diversité des itinéraires possibles montre à l'évidence que les résultats finaux ne peuvent être prédits au départ.» Cette attitude relègue au second plan la théorie darwinienne classique, qui serait incapable de résoudre, par les processus de sélection, le problème de la disparition des phylums.

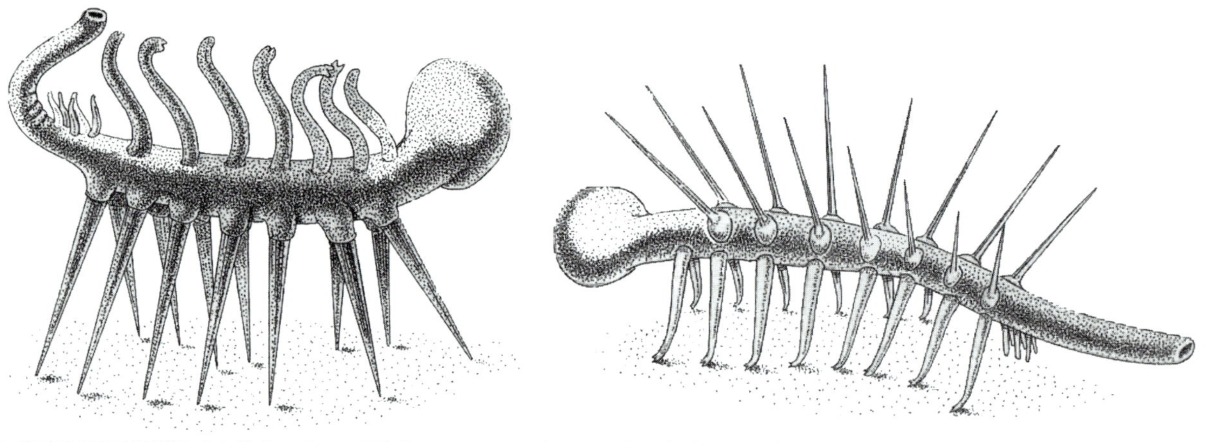

6. HALLUCIGENIA fut d'abord considéré comme un animal appartenant à un embranchement inconnu. Mais la découverte en Chine de spécimens mieux conservés appartenant au même ensemble a montré que la première interprétation était erronée. *Hallucigenia* avait été étudié à partir d'une reconstitution où les faces dorsale et ventrale étaient inversées. En remettant l'animal sur ses pieds *(dessin du bas)*, on a pu le rapprocher du groupe actuel des Onychophores.

7. COURBE REPRÉSENTANT le volume des hémisphères cérébraux par rapport à celui des centres nerveux inférieurs chez des vertébrés actuels *(axe vertical)* en fonction de la date d'apparition des groupes correspondants *(axe horizontal)*. On notera la forte augmentation de ce rapport à partir des oiseaux, et surtout des mammifères (ici représentés par les carnivores).

Les animaux de Burgess sont considérés comme également armés pour la survie et dotés de chances égales. Or on connaît bien peu de choses des conditions qui régnaient dans les biotopes de Burgess, et on sait qu'il est déjà très difficile dans la nature actuelle de reconnaître la qualité d'une adaptation. En dehors de conditions expérimentales ou de rares cas d'observation de l'évolution des populations naturelles, on en est souvent réduit à définir l'adaptation comme la faculté de survivre en entrant dans le raisonnement circulaire qui fait que ne survivent que les mieux adaptés. Il est impossible de dire quels étaient les animaux les mieux ou les plus mal adaptés dans les conditions de Burgess, ni quelles étaient leurs capacités à répondre à des modifications même légères de leur environnement.

Ces raisonnements semblent montrer qu'il n'y a pas de direction privilégiée de l'évolution : ainsi il existe dans cette faune un petit animal du nom de *Pikaia* que l'on rattache au phylum des cordés (ou chordés) auquel nous appartenons. Notre existence n'a donc tenu qu'à un fil ténu, car la disparition du malheureux *Pikaia* aurait entraîné celle de ses descendants, et l'intelligence aurait pu ne jamais apparaître sur la Terre. Remarquons d'abord que le raisonnement est légèrement outrancier car, parmi les cordés, on trouve plusieurs sous-phylums tels que les vertébrés, les céphalocordés, les urocordés et les stomocordés. C'est au deuxième de ces groupes que paraît se rattacher *Pikaia*, mais sa présence implique, même si on ne les a pas découverts, celle des deux derniers groupes, plus primitifs ; des urocordés et des stomocordés dérivent, successivement, les céphalocordés puis les vertébrés, par acquisition de caractères nouveaux. Il est à peu près certain que les cordés avaient déjà atteint un important degré de diversification, et que leur avenir n'était pas lié au seul *Pikaia* : il ne viendrait à l'idée de personne d'accrocher le portrait de ce dernier dans la galerie de ses ancêtres directs.

Après le stade des schistes de Burgess, les phylums vont se diversifier, soit en comprimant, voire en éliminant les lignées concurrentes qui occupent des niches voisines – ce pourrait bien avoir été le cas des annélides polychètes vis-à-vis des vers priapuliens –, soit en profitant des places laissées vides par des disparitions accidentelles. Pendant l'ère primaire, les phylums actuels s'implantent solidement et l'on voit apparaître tous les plans modernes d'organisation, des insectes aux vertébrés terrestres. Comment peut-on, à partir de cette époque, mesurer le degré de complexité des êtres vivants ? Au-delà d'un certain stade, les complications structurales sont extrêmement difficiles à évaluer, et les comparaisons peuvent être dépourvues de signification. On ne peut pas dire qu'une abeille est plus simple ou moins simple qu'un poisson, ou qu'un crustacé est plus compliqué qu'un poulpe.

Comment évaluer la complexité ?

Pour continuer notre estimation, il faut changer les critères utilisés. Ainsi, cherchant à quantifier l'évolution des techniques humaines, le préhistorien A. Leroy-Gourhan eut l'idée de mesurer la longueur de tranchant obtenue à partir d'un kilogramme de matière brute par les hommes préhistoriques. Il obtint alors une courbe dont la

Qu'est-ce qu'une espèce ?

Jean Génermont

Si Linné voyait dans l'espèce un type morphologique, la définition moderne de l'espèce est biologique : ses membres sont séparés des individus d'autres espèces par des barrières d'isolement reproductif.

La notion intuitive et empirique d'espèce remonte au moins au IVe siècle avant Jésus-Christ, puisqu'Aristote désignait sous le nom de *eidos* l'unité élémentaire de sa classification des animaux. *Eidos* signifie apparence, de même que le mot latin *species*, d'où dérive le mot français espèce. C'est Linné qui, 22 siècles plus tard, consacra l'espèce comme l'unité de base d'une classification hiérarchique des entités naturelles (son « système » s'appliquait en effet à l'ensemble des êtres vivants et des minéraux).

Toutefois Linné n'a pas donné une définition rigoureuse de l'espèce. Il réunissait dans une même espèce tous les individus qui se ressemblaient suffisamment pour être désignés sous le même nom. À l'époque régnait encore une conception créationniste et fixiste du monde vivant : du fait de leur ressemblance, pensait-on, les membres d'une espèce devaient constituer la descendance d'un couple, voire d'un individu (pour les organismes à reproduction uniparentale), apparu lors de la création du monde et dont ils étaient tous des copies conformes. L'espèce était ainsi caractérisée par un type : c'est le *concept typologique* de l'espèce. On admettait qu'en de rares occasions, des accidents puissent causer des écarts par rapport au type, et Linné lui-même reconnut la « variété » comme une catégorie systématique de rang inférieur à l'espèce. Toutefois, l'identification d'organismes comme membres d'une même espèce restait fondée sur la possession de caractères communs.

L'idée, énoncée par Darwin et couramment acceptée de nos jours, selon laquelle la sélection naturelle est à l'origine de transformations des espèces au cours

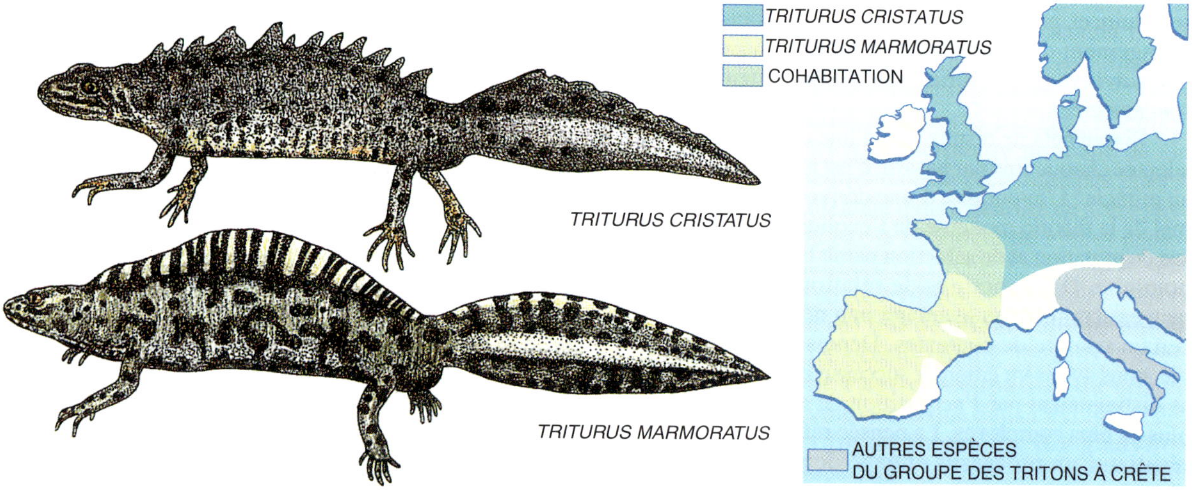

1. RÉPARTITION DE DEUX ESPÈCES DE TRITONS à crête, *Triturus cristatus* et *T. marmoratus*. À la différence des autres tritons à crêtes, isolés par des barrières géographiques, ces deux formes cohabitent sur une partie du territoire français. Toutefois, leurs parades sont différentes, et les unions mixtes arrivent rarement à leur terme. En outre, les hybrides (forme *blasii*) ont peu d'avenir : les mâles sont stériles, et les femelles donnent une descendance fragile. Ces barrières d'isolement reproductif font des formes *cristatus* et *marmoratus* des espèces distinctes.

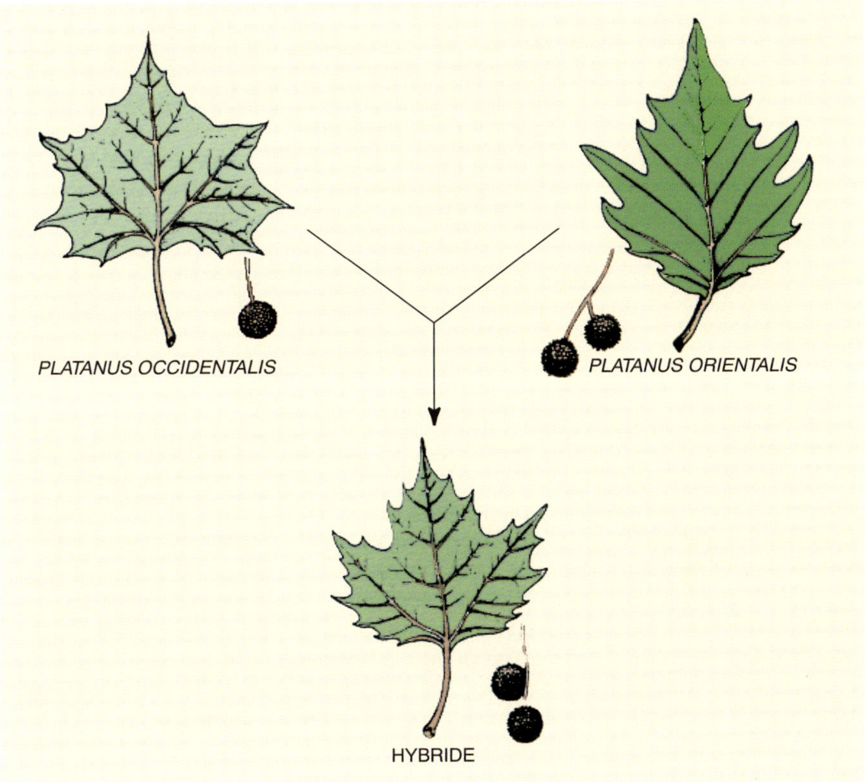

2. HYBRIDATION de deux types de platane, *Platanus occidentalis* et *Platanus orientalis*. Ces deux formes vivent sur des territoires différents, l'une en Europe orientale, l'autre aux États-Unis; elles diffèrent notamment par la découpe des feuilles et le nombre d'inflorescences portées par un même rameau. Cultivées côte à côte dans les parcs, elles donnent un hybride parfaitement fertile. Toutefois on ignore si, dans la nature, elles cohabiteraient d'assez près pour se croiser. Aussi on tend à considérer que les deux espèces sont distinctes.

du temps, est incompatible avec le concept typologique, car il n'est pas de sélection possible sans variabilité, et la sélection n'est efficace que si cette variabilité est héréditaire. La variabilité à l'intérieur de l'espèce est donc la règle et non l'exception, et c'est même un attribut essentiel de l'espèce. Par conséquent, une définition moderne de l'espèce ne peut être fondée sur la seule ressemblance.

Il est universellement admis que toutes les formes actuelles et fossiles sont apparentées, et l'on représente généralement cette parenté sous la forme d'un arbre. Celui-ci constitue par lui-même une classification, dite phylogénétique, dont les unités élémentaires sont les rameaux terminaux. Ce sont non seulement des unités de classification, mais aussi des unités évolutives vouées à diverger de façon irréversible (ou à s'éteindre). La condition nécessaire et suffisante pour qu'il en soit ainsi est qu'elles soient génétiquement indépendantes, c'est-à-dire que des échanges génétiques entre elles soient impossibles.

Ce raisonnement conduit à une définition dynamique de l'espèce dont voici, quelque peu abrégée, une formulation due à Theodosius Dobzhansky (1951) : «Des espèces se forment lorsque ce qui était jusqu'alors un ensemble de populations aptes à l'intercroisement se scinde en au moins deux ensembles génétiquement isolés. Les espèces sont donc des groupes de populations entre lesquels les échanges génétiques sont rendus impossibles par des mécanismes d'isolement reproductif. » C'est l'expression du *concept biologique* de l'espèce. La paternité en est souvent attribuée à Ernst Mayr, mais il est plus juste de dire qu'il s'inscrit dans un courant de pensée dont T. Dobzhansky et E. Mayr ont été des protagonistes majeurs. Ce concept définit non seulement l'espèce, mais aussi un processus évolutif essentiel, l'éclatement d'une espèce en deux espèces distinctes, ou spéciation.

L'espèce « biologique » existe-t-elle ?

La définition précédente, acceptée par de nombreux biologistes, ne s'applique qu'à des organismes à reproduction sexuée biparentale. Elle est fondée sur la notion de barrières d'isolement reproductif séparant les espèces, barrières dont la réalité doit être démontrée. Nous allons illustrer cette notion par un exemple.

Parmi les tritons du genre *Triturus*, on distingue le groupe dit des tritons à crête. La crête est un repli de peau dorsal qui se développe chez le mâle au printemps, époque de la reproduction. Chez le triton à crête au sens strict (forme *cristatus*), la crête est dentelée. Elle est continue chez le triton marbré (forme *marmoratus*), qui diffère également du précédent par des caractères de coloration. *T. marmoratus* vit dans une grande partie de la péninsule ibérique, ainsi que dans l'Ouest de la France, du moins au Sud de la Normandie. *T. cristatus* a une répartition bien plus vaste, couvrant une grande partie de la France, ainsi que les Pays-Bas, l'Allemagne et la Pologne. Tous deux cohabitent sur une partie du territoire français, notamment en Bretagne, où l'on a décrit, sous le nom de *blasii*, une forme de caractères intermédiaires entre ceux de *cristatus* et de *marmoratus* ; on sait aujourd'hui qu'elle est leur hybride naturel. De nombreux travaux ont été consacrés à cette situation, reposant aussi bien sur des observations de terrain que sur des expérimentations.

Les formes *cristatus* et *marmoratus* ne se côtoient pas de très près. Dans le département de la Mayenne, les collines boisées sont fréquentées presque exclusivement par *marmoratus* alors que *cristatus* est dominant dans les zones découvertes et peu accidentées. Les tritons mènent une vie terrestre pendant la plus grande partie de l'année, mais gagnent des points d'eau au printemps pour se reproduire. Dans certaines mares, les deux formes arrivent à peu près en même temps ; la reproduction des tritons à crête ne comporte pas d'accouplement à proprement parler, mais des couples se forment. Lors d'une longue « parade nuptiale », mâle et femelle échangent des signaux visuels, tactiles et olfactifs. Le mâle finit par émettre du sperme sous la forme d'une masse compacte, déposée au fond de l'eau, que la femelle fait ensuite pénétrer dans ses voies génitales.

Comme les deux formes ont des parades différentes, celles qui réunissent un partenaire *cristatus* et un partenaire *marmoratus* atteignent rarement leur terme. Par conséquent, l'hybridation est rare, même dans les mares où les deux formes viennent se reproduire simultanément. Les hybrides peuvent atteindre l'état adulte, mais les mâles sont totalement stériles. Croisées avec des mâles « purs », les femelles hybrides pondent des œufs dont beaucoup avortent, tandis que les autres donnent naissance à des jeunes très fragiles, dont les chances de devenir adultes sont faibles.

Ces obstacles font que les échanges génétiques entre *cristatus* et *marmoratus* sont, sinon interdits, du moins très fortement limités. Sur un millier de tritons de la Mayenne, on n'a trouvé qu'une dizaine d'hybrides *blasii*, une vingtaine d'animaux possédant un génome globalement *cristatus* avec une faible proportion de gènes *marmoratus*, et une vingtaine d'animaux au génome globalement *marmoratus* avec une faible proportion de gènes *cristatus* ; les autres tritons appartiennent à l'une ou l'autre des deux formes « pures ». On en conclut que les échanges génétiques entre *cristatus* et *marmoratus* sont bien trop limités pour que la divergence entre les deux formes soit réversible : ce sont des espèces distinctes.

Cette conclusion n'a été atteinte qu'au prix de longues recherches ; aussi est-il exclu de consacrer de pareils efforts à toutes les situations quelque peu délicates. Toutefois on dispose actuellement d'un corps de données suffisant pour affirmer que le concept biologique de l'espèce recouvre bien une réalité : les êtres vivants, dans leur grande majorité, se répartissent dans des espèces séparées les une des autres par des barrières d'isolement reproductif. Certaines de ces barrières sont parfaitement étanches ; d'autres ne le sont pas tout à fait, mais suffisent à maintenir une discontinuité définitive entre patrimoines génétiques.

La délimitation concrète des espèces est souvent malaisée. L'existence d'hybrides entre deux formes constitue une première difficulté. L'absence de caractère distinctif aisément décelable en est une autre, malheureusement très fréquente. Ainsi, les deux espèces *Drosophila pseudoobscura* et *Drosophila persimilis* ne sont distinguables que par l'observation des chromosomes ou encore par des caractères biochimiques : on parle alors d'espèces jumelles, dénomination due au zoologiste et généticien français Louis Cuénot.

Il est parfois impossible de savoir de façon certaine si deux formes appartiennent ou non à la même espèce. C'est le cas lorsqu'elles vivent sur des territoires géographiquement isolés. Parmi les platanes, on a décrit *Platanus orientalis*, dont la répartition géographique s'étend de la Grèce aux contreforts de l'Himalaya, et *Platanus occidentalis*, qui pousse aux États-Unis. Ces deux formes diffèrent nettement par de nombreux caractères, notamment la forme des feuilles. On les a toutes deux introduites en Europe occidentale. Cultivées côte à côte, elles produisent spontanément des hybrides parfaitement fertiles. Faut-il pour autant considérer qu'elles appartiennent à la même espèce ? La réponse n'est pas évidente, car il n'est pas certain qu'elles soient aptes, sans intervention humaine, à cohabiter d'assez près pour se croiser.

Les situations de ce genre sont assez nombreuses pour conduire certains biologistes à rejeter la définition biologique de l'espèce, comme étant inapplicable sur le terrain. On peut rétorquer, avec E. Mayr, que le fait de ne pas savoir détecter les espèces ne suffit pas à prouver qu'elles n'existent pas. L'existence de situations délicates pour le biologiste était prévisible : la séparation de deux espèces à partir d'une espèce ancestrale n'est sans doute pas toujours un phénomène brutal, mais résulterait dans certains cas de l'accumulation progressive de petites différences. Il doit exister une succession de stades durant lesquels les deux futures espèces sont encore incomplètement différenciées. Un état de spéciation incomplète est certainement un casse-tête pour un classificateur, mais il apporte des informations du plus grand intérêt au spécialiste de la spéciation !

Comment classer sous l'espèce ?

Le terme de sous-espèce n'a pas le même sens en botanique et en zoologie. En botanique, une sous-espèce est usuellement définie par la présence d'un caractère dont l'importance est jugée trop faible pour élever au rang d'espèce l'ensemble des individus qui le portent ; c'est une notion dérivée du concept typologique de l'espèce. En zoologie, deux sous-espèces diffèrent par au moins un caractère visible, mais aussi par leur répartition géographique. Par exemple, il existe en Europe deux sous-espèces de corneilles, la corneille noire, à plumage uniformément noir, au Sud-Ouest et la corneille mantelée, à plumage noir et gris, au Nord et à l'Est. Elles ne cohabitent que sur une étroite bande de territoire où elles s'hybrident librement. De même, l'isard des Pyrénées et le chamois des Alpes, qui diffèrent par des caractères discrets de coloration et de forme des cornes, sont considérés comme deux sous-espèces, cette fois sans aucune zone de cohabitation (mais on estime qu'ils s'hybrideraient s'ils venaient à se rencontrer). L'existence de sous-espèces au sein d'une espèce animale résulterait d'une fragmentation ancienne de l'aire de répartition de l'espèce, suivie d'une divergence génétique, puis de la réunification de l'aire avant l'achèvement de la spéciation.

L'expression de « race géographique » est parfois utilisée comme synonyme de sous-espèce en zoologie. On désigne aussi par « races chromosomiques » des populations qui se distinguent du reste de l'espèce par le nombre et la forme des chromosomes. La souris domestique en compte un certain nombre ; par exemple, la souris de Poschiavo (nommée d'après une localité suisse), possède 26 chromosomes, alors que le nombre habituel pour l'espèce est 40. On voit que le nombre de chromosomes est loin d'être un critère infaillible de l'espèce. Toutefois, il est préférable d'exclure le terme race du vocabulaire de la systématique. Il est en effet utilisé dans des acceptions trop variées. Les races géographiques d'animaux sauvages ne peuvent être mises en parallèle avec les races d'animaux domestiques, sélectionnées par l'homme dans un but précis.

Ces remarques soulèvent le problème plus général de la classification à l'intérieur de l'espèce. Si la définition biologique de l'espèce est considérée comme objective, il n'en va pas de même de celles des catégories de rangs inférieurs. Alors que les deux sous-espèces de corneilles sont probablement le résultat d'une longue divergence génétique, on connaît des sous-espèces qui ne diffèrent guère que par un couple d'allèles !

Une extension abusive et déplorable est la notion de race humaine, et plus encore celle de hiérarchie entre les races, scientifiquement sans fondement, implicitement admise par nombre de ceux qui parlent de races. Nul ne contestera qu'il existe une diversité au sein de l'espèce humaine, qu'il y a une liaison entre diversité morphologique et habitat, et qu'une part de cette diversification est due à l'adaptation au milieu. Toute extrapolation à des caractères tels que les composantes de comportement ou les aptitudes intellectuelles, dont le déterminisme est à peu près inconnu, mais dont on peut exclure qu'il soit seulement génétique, est tout à fait injustifiée.

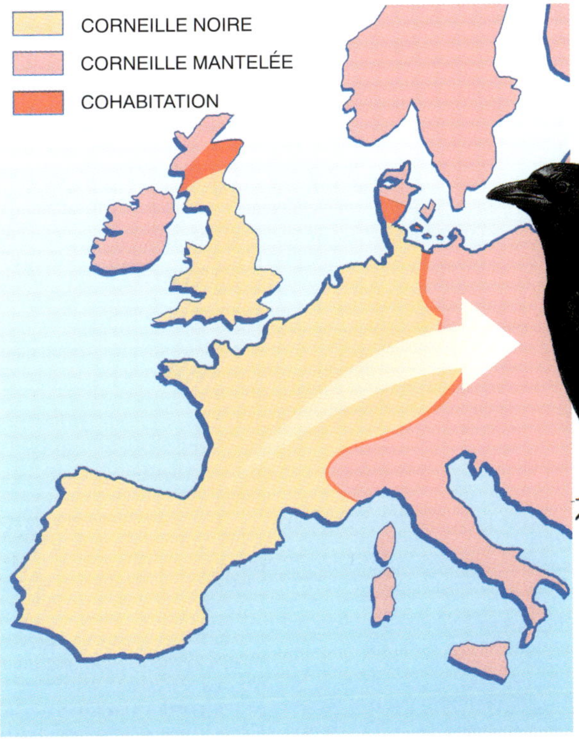

3. RÉPARTITION DE LA CORNEILLE NOIRE *(dessin)* et de la corneille mantelée. Ces deux formes, qui ne diffèrent que par le plumage, sont considérées comme des sous-espèces, car elles occupent des territoires distincts, à l'exception d'une étroite bande où elles s'hybrident *(en rouge)*.

Le finalisme revisité

Pierre Henri Gouyon

Les biologistes se sont trop longtemps satisfait de la maxime du Docteur Pangloss : « Tout est au mieux ». Le darwinisme et son interprétation moléculaire, explicitent à la fois l'optimisation des processus naturels et les limites de cette optimisation.

J. B. S. Haldane (1892-1964), l'un des principaux fondateurs de la biologie évolutive moderne, stigmatisait les idées reçues de ses collègues. Il caractérisait leur absence de réflexion par des citations appropriées, telles que « Ce que je dis trois fois est vrai » de Lewis Carroll dans *La chasse au Snark*, et surtout la fameuse expression de Pangloss, « Tout est au mieux ». Pangloss, philosophe inventé par Voltaire pour caricaturer Leibnitz, désigne volontiers le monde comme « le meilleur des mondes possibles » *(voir la légende de la figure 2)*. La science qu'enseigne Pangloss est fondée sur l'argument premier des catéchismes passés et des sectes actuelles : la patente finalité des organes appartenant aux êtres vivants. L'exemple classique est l'œil, manifestement fait pour voir. Il y a donc une finalité dans la nature, énoncent doctement les théologiens, qui poursuivent : une finalité suppose une conscience, donc Dieu existe et a créé chaque être selon ses fins.

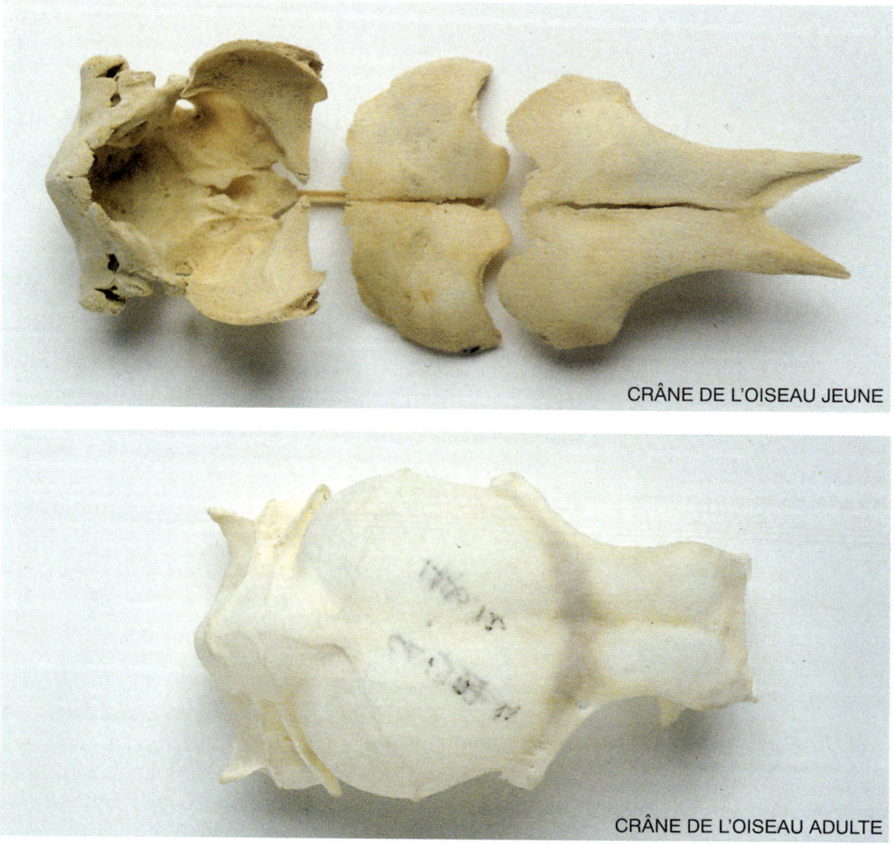

1. LES PARTIES du crâne d'un oiseau jeune se détachent le long de sutures qui ont disparu chez l'adulte. Citons Darwin : « On a pensé que les sutures du crâne des jeunes mammifères seraient une magnifique adaptation à une meilleure parturition, et il n'y a pas de doute qu'elles facilitent, ou sont peut-être indispensables à l'accomplissement de cette fonction ; mais comme les crânes des jeunes oiseaux et des reptiles sont munies de ces sutures, alors que ces animaux n'ont qu'à s'échapper d'un œuf cassé, on en déduit que ces sutures résultent des lois de la croissance, et que les animaux supérieurs en ont tiré parti. »

Aristote, Lucrèce et leurs continuateurs

La version laïque de la finalité divine est une cause finale « naturelle ». Développé par Aristote, plus de 300 ans avant notre ère dans *Les parties des animaux,* le concept de cause finale est critiqué par Lucrèce deux siècles plus tard dans le dernier chapitre *Contre les causes finales* de son ouvrage *De la Nature*. Écoutons Lucrèce :

« La clairvoyance des yeux n'a pas été créée, comme tu pourrais croire, pour nous permettre de voir au loin. [...] Interpréter les faits de cette façon, c'est faire un raisonnement qui renverse le rapport des choses, c'est mettre la cause après l'effet. Aucun organe de notre corps, en effet, n'a été créé pour notre usage, mais c'est l'organe qui crée l'usage. Ni la vision n'existait avant la naissance des yeux, ni la parole avant la création de la langue : c'est bien plutôt la naissance de la langue qui a précédé de loin celle de la parole ; les oreilles existaient bien avant l'audition du premier son ; bref tous les organes, à mon avis, sont antérieurs à l'usage qu'on a pu en faire. Ils n'ont donc pu être créés en vue de nos besoins... »

Notons que pour Lucrèce, les propositions « L'œil est fait pour voir et l'oreille pour entendre » et « la langue est faite pour parler » sont équivalentes. Lucrèce semble ignorer que si tous les yeux du règne animal servent à voir, la plupart des langues ne servent pas à parler. Quoi qu'il en soit, Lucrèce pense que l'organe précède la fonction, ce qui le rend en quelque sorte « providentiel »,

2. MALHEUREUX CANDIDE : « Le Baron... voyant cette cause et cet effet, chassa Candide du Château à grands coups de pied dans le derrière. » Voltaire présente Pangloss, le mentor de Candide, en ces termes : « Pangloss enseignait la métaphysico-théologico-cosmolo-nigologie. Il prouvait admirablement qu'il n'y a point d'effet dans cause, et que, dans ce meilleur des mondes possibles, le château de monseigneur le baron était le plus beau des châteaux et madame la meilleure des baronnes possibles. Il est démontré, disait-il, que les choses ne peuvent être autrement : car tout étant fait pour une fin, tout est nécessairement pour la meilleure fin. Remarquez bien que les nez ont été faits pour porter des lunettes ; aussi avons-nous des lunettes. Les jambes sont visiblement instituées pour être chaussées, aussi avons-nous des chausses. Les pierres ont été formées pour être taillées et pour en faire des châteaux ; aussi monseigneur a un très beau château : le plus grand baron de la province doit être le mieux logé : et les cochons étant faits pour être mangés, nous mangeons du porc toute l'année. Par conséquent, ceux qui ont avancé que tout est bien ont dit une sottise : il fallait dire que tout est au mieux. »

au sens étymologique du terme : la Nature pourvoie les organes, les animaux les utilisent.

Bernardin de Saint Pierre, éphémère intendant du Jardin des Plantes de Paris au XIXe siècle, ne dit pas autre chose dans *Les harmonies de la Nature* où il exalte la toute-puissance de la providence. On y trouve la fameuse assertion selon laquelle le melon a des dessins de tranches pour être mangé en famille, mais aussi l'affirmation qu'en plus de nos besoins physiques, la nature se préoccupe de nos jouissances morales : « Le laurier pour la victoire, l'olivier pour la paix, le palmier pour la gloire ». La nature procure ainsi les instruments de notre symbolisme !

Un demi-siècle après Candide, Bernardin pousse la logique de la providence jusqu'à l'absurde. Le problème reste entier : en l'absence de mécanisme directeur, l'adaptation des organismes est incompréhensible sans Créateur.

La finalité darwinienne

L'origine des espèces de Charles Darwin, en 1859, fournit une explication mécaniste : sur cette base, les biologistes ont élaboré, en un siècle, une science de la finalité biologique. En termes modernes, ce finalisme repose sur les erreurs de transmission de l'information génétique. Les informations contenues dans l'ADN sont reproduites de génération en génération ; ce faisant, elles varient sous l'effet des mutations et des recombinaisons et sont triées par la sélection naturelle. Ce processus, répété sur quelques milliards d'années, a donné naissance aux formes vivantes actuelles. À chaque pas, la mutation se fait « au hasard » (c'est-à-dire qu'elle n'est pas dirigée vers un résultat), la direction n'est donnée qu'*a posteriori* par la sélection.

Du point de vue microscopique, Lucrèce a raison : les structures, apparaissant au hasard des mutations, sont toujours antérieures à leur utilisation. Au niveau macroscopique, Aristote a raison : un organe complexe évolue dans le sens de l'optimisation d'une fonction.

Ainsi débarrassé de la providence nécessaire – le hasard aveugle, plus la sélection naturelle, faisait l'affaire –, les biologistes ont tenté de s'affranchir du finalisme. D'abord par décret : dans les études des lois qui régissent les êtres vivants, le finalisme est interdit de séjour ; aussi les biologistes deviennent-ils des champions de l'esquive.

Comme il n'est plus permis de dire que l'œil est fait pour voir, il faut tout de même en exprimer l'idée ! La résolution de ce dilemme passait par le concept de fonction : l'œil n'est pas fait pour voir, la fonction de l'œil est de voir. Nuance ! Cette casuistique acceptée, les biologistes purent étudier tranquillement la physiologie : Claude Bernard étudie la fonction du foie, tout le monde l'imite et obtient les succès que l'on sait.

Au prix de quelques sacrifices rhétoriques, les biologistes éliminent ainsi le problème de la finalité. Bien sur, cela les démange encore de temps en temps, mais ils se gardent d'avouer leur trouble : « le finalisme est comme une femme de mauvaise vie dont on ne peut pas se passer, mais avec qui il est interdit d'être vu dans la rue », écrit un physiologiste anglais dans les années 1950.

Pour la biologie évolutive, le problème perdure : il ne suffit pas au généticien ou à l'évolutionniste de comprendre en quoi une fonction est utile à l'organisme, il lui faut aussi comprendre la genèse de cette fonction. Et alors la causalité revient, accompagnée de notre bon Pangloss. Admettre qu'un caractère existe parce que son existence fait que l'espèce est « au mieux » est panglossien. Pour éviter l'écueil, on dit que la sélection naturelle explique la genèse des adaptations car les adaptations réussies s'accompagnent d'une prolifération (les individus meurent moins et/ou procréent plus) et, par conséquent, on évoque la finalisation des organismes vers la reproduction de leur information génétique.

Ce point de vue remettant en piste le finalisme, doit cependant éviter deux écueils : l'importance exagérée accordée à la fonction dans l'explication de l'existence des structures, et l'estimation de ce qui peut, ou ce qui ne peut pas, être du à la sélection naturelle.

Les deux manières d'être panglossien

Le premier point avait été relevé par Darwin : il remarque que les sutures des os du crâne des mammifères semblent de merveilleuses adaptations à la parturition (la tête doit pouvoir se déformer à la naissance), mais il retrouve les mêmes sutures chez les oiseaux. S. Gould et R. Lewontin explicitent sur d'autres exemples comment les contraintes du processus de développement peuvent engendrer des structures qu'il est facile de prendre pour des adaptations. Ainsi l'existence de seins chez la femme et de l'orgasme chez l'homme sont des adaptations fonctionnelles claires, alors que les structures mammaires chez les mâles et le clitoris chez la femme ne sont qu'une conséquence fortuite du développement embryonnaire commun aux deux sexes.

La recherche d'une explication fonctionnelle de ces deux traits est une attitude panglossienne et les prolongations sociales et freudiennes sont à proscrire. Les darwinistes ne devraient pas outrepasser leur domaine de compétence au delà de ce qu'explique la sélection naturelle : « Cordonnier, pas plus haut que la chaussure », disaient les Anciens.

Le second écueil panglossien est la paresse intellectuelle. Il ne serait plus nécessaire de montrer comment se fait l'optimisation des formes vivantes par la

sélection, il suffirait d'admettre que tout est optimisé, que « tout est au mieux ». Les affirmations suivantes sont ainsi panglossiennes : elles font fonctionner la sélection naturelle à un niveau qui n'est pas le bon.
– Certains individus, dans les espèces animales, ont des comportements altruistes parce que ces comportements favorisent la survie de l'espèce.
– La mort des organismes s'explique par le fait qu'il est nécessaire de laisser de la place aux jeunes.
– La reproduction sexuée s'explique par la nécessité de produire de la diversité.
– En cas d'appauvrissement du milieu, les individus (oiseaux, par exemple) réduisent leur nombre de descendants pour éviter la surpopulation.

Dans chaque cas, une nécessité supérieure (maintien de l'espèce, naissance des jeunes, diversité biologique, équilibre démographique) est invoquée. Or rien dans le fonctionnement de la sélection naturelle ne permet d'affirmer que l'information génétique suit ces impératifs.

Les réponses sur l'altruisme et la mort sont aujourd'hui satisfaisantes, mais en ce qui concerne le sexe, l'explication proposée reste débatue. Pour illustrer la démarche suivie par les évolutionistes modernes, examinons en détail le dernier cas de panglossisme, celui ayant trait aux conséquences de l'appauvrissement du milieu.

Afin de comprendre l'erreur commise en affirmant que les individus réduisent leur descendance *pour* éviter la surpopulation, interrogeons-nous sur le bénéfice du tricheur prolifique : si un tricheur (un mutant ou un migrant venu d'une autre population) arrivait dans la population, serait-il avantagé ou désavantagé du point de vue de la sélection ? Dans ce cas, la réponse est évidente : même en période de surpopulation, un tricheur qui produit plus de descendants reproduit mieux ses gènes que le reste de la population. Toutefois une importante descendance peut être pénalisante pour le tricheur : on a ainsi expliqué la baisse de fertilité chez les mésanges en milieu pauvre en montrant que les nichées trop importantes subissaient en leur sein des mortalités plus élevées que les autres. En d'autres termes, pour que les gènes du tricheur ne se répandent pas, il faut invoquer une pénalité, une mortalité plus élevée, qui leur est propre. Mais alors ce n'est plus l'évitement global de la surpopulation qui est la cause de la limitation de la fertilité, mais bien la survie de l'individu et de ses descendants, l'intérêt de ses gènes.

3. BERNARDIN DE SAINT PIERRE (1737-1814) élargit, en les caricaturant involontairement, les préceptes de Pangloss. La nature fait en sorte que les hommes vivent « au mieux » physiologiquement, mais aussi socialement. En bas, Paul et Virginie.

Dernier exemple de panglossisme : au cours des années 1970, les biologistes découvrent que le génome contient des séquences répétées, introns, transposons, etc. Instantanément, les biologistes veulent expliquer leur existence en termes de production de protéines et d'organes, et les hypothèses quant à la fonction de ces structures ont fleuri. Pangloss frappait encore : s'il est légitime de chercher la fonction d'un organe pour expliquer son existence, la même recherche appliquée *a priori* à une information génétique qui n'a pas besoin d'une autre fonction que celle de sa propre reproduction pour se reproduire, n'est pas valide. F. Crick et L.E. Orgel ont appelé ces séquences répétées l'« ADN égoïste, le parasite ultime » : leur propre reproduction justifie pleinement leur existence.

Le finalisme revenu

Si la physiologie a pu rejeter le finalisme et accepter le concept flou de fonction, la biologie évolutive ne peut se payer le luxe de cette dérobade : l'étude des causes finales en biologie est incontournable. En abordant courageusement la question de front, on évite la confusion entre les explications finalistes légitimes, qui invoquent la sélection naturelle, et les autres qui relèvent de Pangloss. L'œil est fait pour voir – la sélection a favorisé ce type de possibilité –, alors que la langue, qui préexiste au langage, n'est pas faite pour parler.

Pour répondre au « pourquoi », les sciences de l'évolution doivent expliciter le « comment » du point de vue de la sélection et en tenant compte des contraintes développementales, génétiques et écologiques. Voilà qui donne un nouvelle dynamique à la dernière réplique de Candide à Pangloss : « Cela est bien dit, mais il faut cultiver notre jardin. »

Leigh Van Valen et l'hypothèse de la Reine Rouge

Claude Combes

Pourquoi l'évolution ne s'est-elle pas bornée à produire quelques formes aux adaptations optimales ? Parce que chaque espèce, confrontée aux innovations des autres, a évolué pour rester dans la course, de même qu'Alice et la Reine Rouge courent pour rester à la même place.

En 1859, Charles Darwin publie *De l'origine des espèces au moyen de la sélection naturelle* (« *On the Origin of Species by Means of Natural Selection* »), où il réaffirme, 50 ans après le naturaliste français Lamarck, que les espèces ne sont pas fixes mais se transforment graduellement au cours des temps géologiques. En outre, il propose un mécanisme pour cette transformation : la sélection naturelle, qui agit sur les petites différences apparaissant à chaque génération au sein d'une population. Selon Darwin, qui postule la lutte entre les individus pour la survie et la reproduction *(struggle for life)*, seuls les individus les plus aptes transmettent leurs caractéristiques à leur descendance. L'espèce évolue ainsi vers des formes mieux adaptées aux conditions de leur milieu.

Bien des questions restaient toutefois en suspens, et notamment celle-ci : qu'est-ce qui pousse le vivant, depuis trois milliards et demi d'années, à devenir sans cesse plus complexe, au lieu de s'arrêter à un optimum adaptatif ? Pourquoi le ver de terre a-t-il été produit par l'évolution, alors qu'il n'est pas mieux adapté aux conditions de son milieu que l'amibe ? Pourquoi l'homme a-t-il été produit par l'évolution, alors qu'il n'exploite pas son environnement plus efficacement que le ver de terre ?

En 1973, 114 ans après la parution de *l'Origine des espèces*, un évolutionniste de l'Université de Chicago, Leigh Van Valen, propose un mécanisme explicatif de la course à la complexité dans un article intitulé « *A New Evolutionary Law* ». Il le soumet à une série de journaux scientifiques de renom, qui le refusent tous. L'article finit par paraître dans une revue que L. Van Valen crée lui-même pour la circonstance. Il semble que L. Van Valen ait eu d'autres difficultés pour faire reconnaître ses qualités de scientifique, car il termine son travail en remerciant ironiquement la *National Science Foundation* (l'équivalent du CNRS français) pour avoir régulièrement rejeté ses demandes de financement. Condamnant ses projets de recherche expérimentale, ce refus l'aurait cantonné à des recherches purement théoriques, réputées moins coûteuses.

L'article de L. Van Valen allait pourtant devenir l'un des plus importants du siècle pour les sciences de l'évolution, en tous cas l'un des plus médiatisés, et celui dont la nouveauté allait provoquer le plus de débats. Lorsqu'on lit sous la plume d'Edgar Morin que l'on ne peut compter que sur « les ratés et les exceptions dans l'énorme machine technobureaucratique pour favoriser l'innovation », et, quelques lignes plus loin, que « toute nouveauté se manifeste comme déviance », on se demande si la plus belle illustration de ces lignes au XXe siècle n'est pas l'aventure de L. Van Valen.

Les « courbes de survie »

Dans son article, L. Van Valen explique la course sans fin de l'évolution en évoquant un personnage merveilleux de notre enfance, la Reine Rouge de Lewis Carrol, qui entraîne Alice, passée *De l'autre côté du miroir*, dans une course immobile… L. Van Valen a été conduit à son hypothèse de la Reine Rouge par une réflexion sur la notion de progrès évolutif : est-on sûr que l'évolution produise des types de mieux en mieux adaptés, donc de plus en plus pérennes ?

Cette question n'est pas née de façon abstraite, mais a été suscitée par l'étonnant résultat des recherches entreprises par L. Van Valen sur les courbes de survie de diverses unités systématiques, ou taxons : espèces, genres ou familles d'organismes apparus au cours des temps géologiques.Quand les restes fossiles d'un

1. LEIGH VAN VALEN *(à gauche)* a proposé, dans un article paru en 1973, d'expliquer la complexification du vivant par une « course » entre les êtres vivants, où chaque espèce reste en deça de son optimum adaptatif en raison des innovations continuelles de ses compétiteurs. Un tel mouvement auto-entretenu ne rend pas les espèces « meilleures », ce qui explique que la probabilité d'extinction ne varie pas en fonction de l'âge de la lignée évolutive. Leigh Van Valen a baptisé son hypothèse du nom de la Reine Rouge, le personnage de Lewis Caroll qui entraîne Alice, passée *De l'autre côté du miroir*, dans une course immobile ; Alice s'étonne : «Dans notre pays, si l'on courait très vite pendant longtemps, comme nous venons de le faire, on arrivait généralement quelque part, ailleurs. » « Un pays bien lent ! », répond la Reine. « Tandis qu'ici, il faut courir de toute la vitesse de ses jambes pour simplement rester là où l'on est. Si l'on veut aller quelque part, ailleurs, il faut courir au moins deux fois plus vite que ça!»

groupe de taxons (l'ensemble des espèces d'un genre, l'ensemble des genres d'une famille ou l'ensemble des familles d'un ordre) sont suffisamment abondants sur une longue période, on peut dater l'apparition et la disparition des taxons, et connaître ainsi leur durée de vie géologique. À partir de ces données, on trace la « courbe de survie » des taxons du groupe en fonction du temps d'existence écoulé.

La figure 2 donne un exemple imaginaire d'une telle courbe. Partons du temps 0 d'existence. En ce point de la courbe, tous les taxons du groupe sont bien sûr présents, quelle que soit la date de leur apparition. En revanche, seule une fraction des taxons a vécu au delà de 1 million d'années, et, parmi ces rescapés, seule une fraction a vécu au delà de 2 millions d'années. La courbe est donc décroissante, mais son allure dépend de la constance ou de la variabilité du taux d'extinctions en fonction du temps d'existence. Dans l'exemple de la figure 2, on a adopté la première hypothèse : la probabilité moyenne d'extinction d'un taxon est indépendante de son âge, et le taux d'extinctions est constant ; on l'a ici fixé arbitrairement à 50 pour cent par million d'années. Cela signifie que, sur n taxons ayant survécu T millions d'années, il n'en reste plus que $n/2$ après $T+1$ millions d'années d'existence, et ainsi de suite *(figure 2a)*. Si l'on porte le nombre de taxons survivants en ordonnée sur une échelle logarithmique, la courbe devient une droite *(figure 2b)* ; il y a « log linéarité ».

Notons que les courbes de survie des taxons, dans leur principe, sont en tous points comparables aux courbes de survie que les écologues tracent pour les individus au sein des populations actuelles : si le taux de mortalité (équivalant ici au taux d'extinctions des taxons) est constant au cours du temps d'existence, c'est-à-dire si la probabilité de mourir est la même à tout âge (c'est le cas chez nombre de passereaux), alors la courbe de survie semi-logarithmique est une droite ; elle est concave vers le haut si la mortalité, initialement forte, se réduit par la suite (cas des espèces à œufs très nombreux telles que les grenouilles) ; elle est convexe vers le haut si la mortalité ne devient importante qu'à un âge avancé (cas de l'homme).

Revenons aux taxons de L. Van Valen. Dans notrc exemple, nous avons supposé un taux d'extinctions constant à tous les âges, mais il n'y a aucune raison même temps qu'elle, modifiant continuellement son environnement biotique. Des changements de l'environnement physique, en décimant également jeunes et vieux taxons, expliqueraient certes les courbes de survie linéaires des taxons, comme on l'a vu précédemment, mais seraient trop irréguliers pour conduire à ce mouvement adaptatif continu.

L'hypothèse de L. Van Valen s'applique de façon simple aux espèces en compétition. Supposons qu'à un moment donné, l'une des espèces qui exploitent un milieu donné évolue dans le sens d'une meilleure adaptation à ce milieu (mesurée par le succès reproductif des individus porteurs du trait nouveau). Ce faisant, elle diminue la qualité de l'adaptation des autres espèces. Pour conserver le même succès reproductif, ces espèces s'adaptent à leur tour, annulant l'avantage de la première ; ces adaptations constituent de nouveaux changements dans l'environnement de chacune des espèces, et ainsi de suite.

L. Van Valen considère que les espèces jouent un «jeu à somme nulle», parce que les ressources disponibles sont globalement invariables: si une espèce puise davantage dans les ressources du milieu, c'est aux dépens des autres. Par exemple, si deux espèces sont en compétition pour la même ressource, et si l'une acquiert par sélection un avantage quelconque dans l'accès à cette ressource, cela contraint la seconde espèce à sélectionner à son tour un avantage compensateur, sous peine de disparaître. Un autre cas de figure correspond à deux espèces qui ne concourent plus pour la même ressource, mais sont engagées dans une relation de prédation ou de parasitisme. L'hypothèse de la Reine Rouge s'y applique tout aussi bien. L. Van Valen écrit: «Il est sélectivement avantageux pour une proie ou un hôte de diminuer la probabilité d'être avalée ou parasité. Il est souvent sélectivement avantageux pour une espèce prédatrice ou parasite, et plus souvent encore pour un individu prédateur ou parasite, d'augmenter son taux de capture de nourriture... Chaque espèce fait de son mieux face à ces pressions... Les forces biotiques constituent la base d'un mouvement perpétuel et auto-entretenu de l'environnement, et par suite des espèces que cet environnement influence». Malgré ce mouvement perpétuel, l'état de la confrontation ne change pas, à l'image de la course «immobile» d'Alice et de la Reine Rouge.

En somme, l'idée essentielle de L. Van Valen est que, dans un environnement donné, les espèces exercent sans cesse de nouvelles pressions les unes sur les autres et répondent à ces pressions par la sélection de nouveaux traits. Cette «coévolution» requiert seulement que la diversité génétique de chacune des espèces soit constamment renouvelée par des mutations et/ou des recombinaisons dans les génomes. Si deux espèces (et non un grand nombre) exercent pendant une longue durée des pressions l'une sur l'autre, soit parce qu'elles se disputent la même ressource, soit parce que l'une dévore ou parasite l'autre, ou pour toute autre raison, alors la coévolution répond exactement à la scène imaginée par Lewis Carrol: l'une des espèces est Alice, l'autre est la Reine Rouge.

Dans *l'Origine des espèces*, Darwin avait déjà soupçonné une telle coévolution à deux protagonistes:

Ainsi je peux comprendre comment une fleur et une abeille pourraient lentement, soit simultanément, soit l'une après l'autre, se modifier et s'adapter l'une à l'autre de la manière la plus parfaite, par conservation des individus présentant des différences mutuelles de structures légèrement favorables.»

Ce que Darwin ne soupçonnait pas, c'est que ce mouvement n'avait pas pour terme l'adaptation d'une espèce à une autre «de la manière la plus parfaite», mais se poursuivait sans fin dans une débauche d'inventions, sans jamais culminer dans une harmonie définitive.

La course aux armements

Pourquoi courir pour rester sur place ? se demande Alice. Pourquoi les espèces ne s'entendent-elles pas au moindre coût pour arrêter ensemble la course ? La réponse est que toutes les espèces sont «égoïstes». Bien entendu, il ne faut pas entendre cette affirmation en un sens finaliste, qui conduirait à prêter aux plantes et aux animaux des intentions conscientes. Du fait que les gènes, unités d'information portées sur l'ADN, sont la véritable cible de la sélection, tout se passe comme si chaque être vivant n'avait d'autre «objectif» que de transmettre ses propres gènes, sans se soucier le moins du monde des gènes des autres. Le champ de l'évolution est le règne du «chacun pour soi» et la sélection naturelle ne fait que trier les organismes qui ont le meilleur succès reproductif... c'est-à-dire les gènes qui confèrent des traits favorables à ces individus, et s'assurent ainsi d'être présents en grand nombre de copies à la génération suivante.

L'égoïsme des espèces (et celui, sous-jacent, de leurs gènes) est particulièrement frappant dans le parasitisme. Le parasite comme l'hôte n'ont d'autre objectif que de transmettre leurs propres gènes, mais la poursuite commune de cet objectif ne peut se faire à l'amiable. Parasite et hôte sont dans une logique de guerre parce que le parasite, pour transmettre ses gènes, doit exploiter son hôte (mais aussi parfois limiter sa virulence pour ne pas le tuer), tandis que l'hôte, pour transmettre ses gènes, doit limiter au maximum son exploitation par le parasite.

Selon cette logique, la sélection naturelle retient, dans l'espèce parasite, les individus qui rencontrent et exploitent le mieux les hôtes, et esquivent le mieux leurs défenses, tandis qu'elle retient, dans l'espèce hôte, les individus qui évitent le mieux la rencontre avec les parasites et combattent le mieux les parasites infiltrés (voir *Évolution et parasitisme*, dans cet ouvrage). Les deux protagonistes, inventant des dispositifs toujours plus élaborés, sont engagés dans une véritable « course aux armements ». La « Reine Rouge » entre le système immunitaire des vertébrés et les mécanismes d'évasion immunitaire des pathogènes est l'une des plus belles qui soient...

On arrive parfois à reconstituer avec beaucoup de vraisemblance les processus de coévolution qui ont abouti aux systèmes hôte-parasite actuels. Par exemple, la sélection chez certains hôtes d'habitats refuges où ils se sont retrouvés temporairement à l'abri des parasites a entraîné la sélection, chez les parasites, d'organes ou de comportements qui leur ont permis d'atteindre malgré tout leurs hôtes. Un exemple classique est celui des chenilles qui vivent enfoncées dans le tronc des arbres, en principe à l'abri des insectes parasitoïdes. Or certaines guêpes parviennent quand même à pondre leurs œufs dans le corps des chenilles, grâce à leur longue tarière et à leur capacité de détection à distance.

Un autre exemple de coévolution chenille-guêpe illustre mieux encore la surenchère de cette « course aux armements », où la fuite de l'hôte dans un refuge apparemment inexpugnable suscite l'invention, chez le parasite, de techniques de commando.

Les lycènes sont de beaux papillons bleus (du genre *Maculinea*), qui volent en été dans les prairies des Alpes et des Pyrénées. Les chenilles de ces papillons se développent à l'intérieur de fourmilières, formidables forteresses où elles devraient être à l'abri de toute attaque de parasitoïde. Et pourtant, une espèce de guêpe possède toutes les adaptations nécessaires pour les découvrir au fond de cette incroyable cachette.

Suivons le cycle annuel des lycènes. En juillet, les papillons s'accouplent et déposent leurs œufs sur les inflorescences des gentianes bleues. Les chenilles qui éclosent se nourissent de la fleur. À la fin du mois d'août, elles se laissent tomber sur le sol puis s'immobilisent. Lorsqu'une fourmi d'une espèce particulière, du genre *Myrmica*, rencontre une chenille immobile, elle la tâte de ses antennes, la saisit et, au lieu de la mordre, l'emporte délicatement vers le nid. La raison de cette méprise est que la chenille de lycène imite la larve de fourmi par sa morphologie, et, sans doute, par son odeur. Si la chenille n'est pas adoptée par les fourmis, elle meurt un à deux jours après sa chute sur le sol. À partir de son entrée dans le nid des fourmis, la chenille de lycène est nourrie en permanence par quatre ou cinq ouvrières qui consomment en retour ses secrétions. Au bout de dix mois, devenue énorme, elle se métamorphose ; le jeune papillon gagne alors la sortie de la fourmilière et s'envole à la recherche d'un partenaire sexuel.

3. LA RELATION ENTRE LE BOURDON et l'orchidée semble harmonieuse. Le bourdon se nourrit du nectar de la fleur, et la pollinise en retour, avant de transporter son pollen sur d'autres fleurs, disséminant ainsi ses gènes. Toutefois, la reine rouge entre la fleur et l'insecte pousse chaque acteur à tirer le maximum de la relation en donnant le moins possible. C'est ainsi que l'orchidée *Dactylorhiza praetermissa (ci-dessus)* a adopté une stratégie « trompeuse » : elle présente des fleurs attractives, mais dépourvues de nectar. Cette stratégie a ses limites, car le bourdon déçu mémorise son expérience et évite ensuite ces fleurs. Jean-Baptise Ferdy, du conservatoire botanique national du Bassin Parisien, au Muséum, a modélisé l'évolution d'une population d'orchidées trompeuses parmi des plantes nectarifères. Le succès reproducteur des « trompeuses » dépend de leur fréquence parmi les autres fleurs. Lorsqu'elles sont trop abondantes, elles sont faciles à éviter. Le succès reproducteur des trompeuses est aussi augmenté par la présence de variants floraux (forme et couleur), qui compliquent l'apprentissage des bourdons. D'autres orchidées trompent les insectes au moyen de fleurs imitant un partenaire sexuel. La « triche-rie » existe aussi du côté des bourdons, qui, plutôt que d'extraire normalement leur récompense des fleurs nectarifères, en perforent la corolle pour se nourrir à moindre frais, contournant ainsi les organes sexuels de la fleur.

Au cœur de la fourmilière, la chenille n'est pas seulement protégée par une haie de mandibules, mais elle est aussi, semble-t-il, indétectable. C'est compter sans les dons de limier de la guêpe parasitoïde *Ichneumon eumerus*. Non seulement la guêpe ne s'intéresse qu'aux fourmilières de l'espèce susceptible d'héberger des chenilles, mais elle est même capable de distinguer les nids qui abritent effectivement des chenilles de ceux qui n'en contiennent pas. La discrimination entre les espèces de fourmis se fait par l'odeur, et la détection des fourmilières « à chenilles » se fait sans doute par le son, car les chenilles émettent une stridulation caractéristique. La guêpe pénètre alors dans la fourmilière en émettant une substance qui pousse les fourmis à se battre entre elles ; grâce à cette diversion, elle chemine tranquillement jusqu'à la chenille, sur laquelle elle pond son œuf.

4. CE LYCENE *(MACULINEA ALCON)* est posé sur une fleur de gentiane *(Gentiana pneumonanthe)*, plante qui héberge sa ponte. Les chenilles se nourrissent de la fleur, puis se laissent tomber au sol pour être adoptées par des fourmis *Myrmica* et mises à l'abri dans leur fourmilière. Cette adaptation a été contrecarée par la sélection de moyens de détection et d'infiltration chez la guêpe parasite *Ichneumon eumerus*, capable de pénétrer dans la fourmilière pour y pondre son œuf sur la chenille.

L'hypothèse la plus vraisemblable est que le lycène et la guêpe ont coévolué : l'ancêtre de la guêpe parasitait déjà celui du papillon, et lorsque la chenille de ce dernier a élu refuge dans les fourmilières, l'évolution a doté la guêpe des adaptations nécessaires pour l'y suivre. Malgré cette débauche d'inventions, la situation est restée au statu quo, et le succès reproductif du papillon est toujours limité par les attaques de la guêpe.

La fuite en avant du papillon et de l'orchidée

Pour que deux espèces exercent l'une sur l'autre des pressions de sélection, est-il nécessaire qu'elles soient adversaires, comme le sont les parasitoïdes et leurs hôtes ? Non, elles peuvent aussi être partenaires, tout en restant égoïstes. Même lorsque deux espèces coopèrent, chacune d'elles « cherche à obtenir » le plus d'avantages possibles de l'autre, tout en les payant le moins cher possible ! Examinons le cas de ces partenaires apparemment pacifiques que sont les plantes et les insectes pollinisateurs qui assurent leur fécondation.

Charles Darwin avait remarqué que l'orchidée malgache *Angraecum sesquipedale* possède des nectaires de « 11 pouces 1/2 » de longueur (plus de 30 centimètres !) ; l'insecte pollinisateur de cette orchidée, avait-il conclu, devait être « quelque papillon de nuit géant ».

Le nectaire des fleurs d'orchidées, glande productrice du liquide sucré nommé nectar, est située à l'extrémité d'un tube cylindrique, l'éperon, situé sous les organes sexuels. Les papillons sont friands du nectar qu'ils prélèvent au fond du tube grâce à leur trompe. La reproduction de l'orchidée, c'est-à-dire la transmission de ses gènes à la génération suivante, nécessite que les pollinies, petites masses bourrées de grains de pollen, soient transportées sur la partie femelle d'autres fleurs de la même espèce. Ce transport est assuré par des papillons : ceux-ci se chargent de pollinies dans une première fleur et les transportent sur la partie femelle d'une deuxième fleur. Précisons que les papillons ne sont pas les seuls transporteurs de pollen ; dans certains cas, ce sont d'autres types d'insectes, ou même des oiseaux.

Pour que le système fonctionne, il faut que les pollinies se collent sur la tête du papillon, ce qui advient lorsque l'insecte heurte avec une certaine force la région de la fleur située au dessus de l'éperon. L'éperon doit être assez long pour obliger le papillon à entrer franchement dans la corolle. Si l'éperon est trop court, le papillon n'insère pas sa trompe plus que nécessaire pour obtenir le nectar, et repart sans pollinies.
On devine que :
1) si la plante a des éperons trop courts, elle ne transmet pas ses gènes, de sorte que le caractère « éperons courts » est contre-sélectionné.
2) si le papillon a une trompe trop courte, il ne peut atteindre le nectar et ne se reproduit pas convenablement, de sorte que le caractère « trompe courte » est contre-sélectionné.

S'il existe une variabilité génétique de la longueur des éperons dans la population d'orchidées, et de la longueur des trompes dans la population de papillons, le mouvement auto-entretenu imaginé par L. Van Valen se déclenche. Le résultat de cette évolution, tel qu'on l'observe aujourd'hui, est que certaines espèces d'orchidées ont des éperons interminables, et certains papillons des trompes démesurées. L'orchidée *Angraecum sesquipedale*, dont nous avons évoqué les éperons dépassant 30 centimètres, sont effectivement pollinisées, comme Darwin l'avait prévu, par un papillon possédant une trompe de 25 centimètres, *Xanthopan morgani*... Le rapport longueur de l'éperon/longueur de la trompe est donc un peu supérieur à l'unité. Ce rapport se retrouve, avec des variantes de détail, dans de nombreuses autres associations plante-insecte.

Et si Alice lâche la main de la Reine ?

En appliquant indéfiniment la logique précédente, on est conduit à l'idée qu'il s'installe, entre les espèces en coévolution, un équilibre dynamique sans fin. Si tel était le cas, il n'y aurait jamais eu d'extinction d'espèces

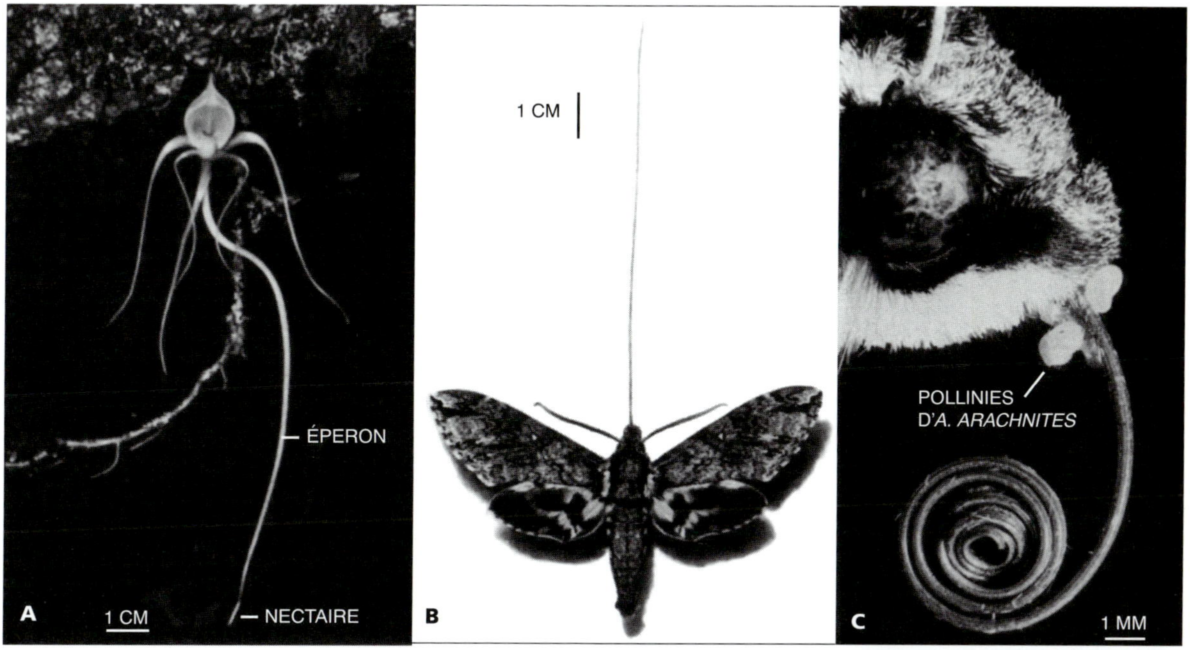

5. DARWIN AVAIT NOTÉ la longueur extraordinaire de l'éperon de l'orchidée malgache *Angraecum sesquipedale*, et en avait déduit l'existence d'un papillon à la trompe géante qui polliniserait l'orchidée en s'alimentant. Une telle relation a été démontrée par le botaniste suédois L. A. Nilsson dans le cas de l'orchidée voisine *Angraecum arachnites (A)*, exclusivement pollinisée par le papillon de nuit *Panogena lingens (B)*, dont la trompe d'une dizaine de centimètres lui permet de prélever le nectar au fond de l'éperon de l'orchidée. La trompe est en moyenne plus courte que l'éperon, ce qui oblige le papillon à enfoncer sa tête dans la fleur, dont les pollinies se fixent à la base de la trompe *(C)*. L.A. Nilsson a étudié le mécanisme sélectif responsable de cette situation chez l'orchidée européenne *Platanthera chloranta (D)*, pollinisée par plusieurs papillons de nuit *(E)*. Il a établi que les fleurs aux éperons les plus courts livrent moins de graines ; en outre, des fleurs dont on raccourcit l'éperon sont moins pollinisées, et leurs pollinies sont moins prélevées. Le papillon, en n'introduisant pas sa trompe plus que nécessaire, exerce une sélection en défaveur des plantes aux éperons courts *(F, à gauche)*. Réciproquement, les fleurs aux longs éperons défavorisent les papillons aux trompes courtes *(F, à droite)*.

et L. Van Valen n'aurait pu tracer aucune courbe de survie des taxons. Les espèces se modifieraient lentement avec le temps, mais elles seraient potentiellement immortelles ! Or, il y a eu des extinctions, et elles ont même été très nombreuses au cours des temps géologiques. Les espèces qui disparaissent sont celles qui se font distancer par la Reine Rouge, c'est-à-dire par l'espèce ou les autres espèces avec qui elles sont en « concurrence » (au sens étymologique, celui de courir ensemble, et non forcément de lutter pour le même objet).

En 1984, N.C. Stenseth et J. Maynard Smith se sont intéressés à l'écart qui existe, chez une espèce donnée, entre l'adaptation au moment considéré et la meilleure adaptation possible. Ils ont nommé cet écart *evolutionary lag* [décalage évolutif]. Lorsque le décalage évolutif grandit, l'espèce perd le contact avec son ou ses compétiteurs, comme un coureur de demi-fond qui voit l'adversaire se détacher irrésistiblement. Dans les deux cas, si l'écart dépasse une certaine valeur, il n'est jamais comblé par la suite.

L'hypothèse de la Reine Rouge donne l'image d'un mécanisme stable, réglé, où toute avancée d'une espèce entraîne par sélection des avancées compensatrices chez les autres espèces. En réalité, tout dépend de l'échelle à laquelle on se place : la stabilité peut durer des millions d'années, mais un jour ou l'autre les systèmes deviennent instables et conduisent des taxons à l'extinction.

La notion de décalage évolutif est fondamentale pour expliquer l'évolution : en effet, il est probable qu'aucune espèce vivante ne possède, à un moment donné, les traits qui lui conféreraient « l'adaptation idéale », c'est-à-dire le meilleur succès reproductif possible dans les conditions où elle se trouve. La raison en est que la sélection naturelle opère lentement, d'autant plus que le temps de génération des espèces est long, alors que les changements de l'environnement, qu'ils dépendent des autres espèces ou de facteurs physicochimiques, sont souvent rapides. Les espèces sont donc plus ou moins éloignées de l'adaptation idéale. Lorsque le décalage ne peut être comblé et va en s'aggravant, le taxon concerné est condamné à l'extinction. Certains taxons ont eu de la « chance », car leur environnement a très peu varié au cours des temps géologiques ; chez ces rescapés (le protée des grottes de Carniole, le cœlacanthe de l'Océan Indien…), qui ont donné naissance au concept d'espèces reliques, peut-être le décalage évolutif a-t-il été, par exception, gommé ?

La sexualité comme arme de guerre ?

L'article de L. Van Valen a suscité un bouillonnement des idées évolutionnistes. Comme toute réponse, l'hypothèse de la Reine Rouge appelle de nouvelles questions, dont la suivante : que faut-il faire pour « rester dans la course » ?

On a rapidement compris que l'essentiel était d'avoir une variabilité génétique importante, multipliant les occasions que soient sélectionnées de nouvelles adaptations. Or cette réponse a éclairé d'un jour nouveau un ancien problème : à la suite de J. Maynard Smith, les biologistes ont trouvé, dans cette exigence de variabilité génétique, une explication possible au maintien de la sexualité chez la plupart des êtres vivants. La sexualité a en effet un inconvénient majeur, celui de mobiliser la moitié des populations pour rien, puisque seules les femelles produisent une descendance. C'est ce que les auteurs anglais appellent le « *two-fold disadvantage of sex* » (le double coût de la sexualité). Dans les cas où les mâles investissent de l'énergie dans la reproduction, par exemple en protégeant ou en nourrissant les jeunes, le coût n'est pas tout à fait double, mais il reste supérieur à celui de la reproduction des espèces asexuées, et donc désavantageux.

Il fallait trouver à la sexualité un avantage qui compense ses désavantages, et la Reine Rouge de L. Van Valen est arrivée à point nommé : dans le cadre de l'hypothèse de L. Van Valen, la sexualité donne aux espèces des armes pour se battre, sous la forme d'innovations génétiques. Elle agit sur un premier niveau de diversité génétique, qu'engendrent les erreurs de réplication de l'ADN dans les reproductions sexuée comme asexuée, pour créer une diversité d'ordre supérieur. Lors de l'étape de la formation des cellules sexuelles nommée méïose, les chromosomes d'origine paternelle et maternelle se « recombinent » et échangent ainsi des gènes ou des fragments de gènes, ce qui n'enrichit pas les populations en formes de gènes, ou allèles, mais crée de nouvelles combinaisons d'allèles. De la sorte, les descendants d'un même couple sont tous différents les uns des autres. Cette diversité des descendants est capitale dans les courses aux armements. Si, dans un système parasite-hôte, tous les parasites avaient le même génome, l'hôte aurait tôt fait, par sélection, de trouver l'arme décisive. Et réciproquement si la population des hôtes était génétiquement monotone et celle des parasites génétiquement diverse. C'est là le risque des clones ! Il est déjà arrivé que des espèces cultivées clonées (c'est-à-dire dont tous les individus étaient génétiquement identiques) soient détruites sur une grande échelle par des pathogènes. Cloner, c'est arrêter Alice, c'est immobiliser le coureur de demi-fond sur le bord de la piste…

Bien entendu, les idées de L. Van Valen ont suscité de nombreuses critiques. La plus fréquente est que les processus du type Reine Rouge seraient exceptionnels. Dans le détail, c'est probablement vrai, car la coévolution idéale suppose un équilibre constant entre les changements évolutifs des uns et des autres. Mais L. Van Valen n'a jamais dit qu'Alice et la Reine Rouge se tenaient indéfiniment par la main en courant toujours à la même vitesse. En fait, la contribution de L. Van Valen à la compréhension du mécanisme de l'évolution biologique va beaucoup plus loin. Il nous a appris d'où vient, non pas l'adaptation (il restait peu de choses à dire après Darwin), mais la complexité : la qualité de l'adaptation des hommes aux milieux de la planète n'est pas meilleure que celle de l'amibe et du ver de terre, mais nous sommes plus complexes parce que, depuis trois milliards et demi d'années, des multitudes d'Alices et de Reines Rouges ont couru pour ne rien changer.

Les équilibres ponctués : le tempo de l'évolution en question

Simon Tillier

Dans nombre de séries fossiles, des formes stables au cours du temps se succèdent sans que l'on ait découvert de formes intermédiaires. Cette absence résulte-t-elle de lacunes de la fossilisation, ou de phases évolutives trop rapides et ponctuelles pour laisser de traces ?

L'idée que les êtres vivants se transforment est ancienne, et a nourri tout un bestiaire de métamorphoses. Au début du XIXe siècle, Lamarck, pionnier de la théorie transformiste, renonce aux métamorphoses et envisage une évolution progressive des êtres vivants au cours des temps géologiques, à partir de quelques formes simples apparues par génération spontanée. Lamarck distinguait toutefois plusieurs lignées évolutives sans relations de parenté. Dans son œuvre maîtresse, *l'Origine des Espèces*, Charles Darwin reprend l'idée que les êtres vivants évoluent par accumulation de différences par rapport à leurs ancêtres, mais il y ajoute l'hypothèse qu'ils possèdent tous des ancêtres communs ayant eux-mêmes une origine unique, et que ce sont ces relations de parenté qui expliquent la hiérarchie des ressemblances (un singe ressemble plus à un homme qu'un cheval, parce que l'ancêtre commun des singes et de l'homme est plus récent que l'ancêtre commun des primates et des chevaux). Pour Darwin, les différences entre espèces descendant d'un ancêtre commun s'accumulent à l'échelle de très nombreuses générations, lentement et progressivement. De ces idées, on tire la prédiction suivante : en remontant le temps, on devrait trouver des formes intermédiaires entre des êtres vivants appartenant à des espèces, des genres ou des familles différentes. Lors de ce voyage dans le passé, on verrait les formes des différentes lignées converger progressivement vers leur ancêtre commun en fonction inverse du temps écoulé depuis leur divergence.

Le registre fossile n'infirme pas cette prédiction, mais ne la vérifie pas aussi complètement que les darwiniens l'auraient souha ité : le plus souvent, les paléontologistes classiques qui recherchaient chez les fossiles des lignées d'ancêtres et de descendants (et non pas des groupes-frères comme les phylogénéticiens modernes) ont constaté que la vitesse d'évolution entre un ancêtre hypothétique et l'ensemble de ses descendants supposés n'est apparemment pas en proportion directe du temps. Malgré des exceptions, comme par exemple chez les foraminifères planctoniques, l'analyse de séries chronologiques d'invertébrés fossiles, tels que les trilobites paléozoïques de l'Est de l'Amérique du Nord ou les oursins des falaises crayeuses de la Manche, révèle une succession de formes à peu près constantes pendant un temps assez court, qui semblent diverger par paliers plutôt qu'à une vitesse constante de la forme supposée ancestrale, sans qu'on observe un passage progressif d'une forme à l'autre. On ne vérifie pas la thèse du « gradualisme phylétique », selon laquelle l'évolution s'effectue à l'échelle d'une espèce entière, ou d'un ensemble important des populations d'une espèce, par la variation lente, progressive et à peu près régulière de la fréquence des différentes formes en son sein : une telle évolution aboutirait à un continuum de formes fossiles qui n'a été observé qu'exceptionnellement. Le manque de formes intermédiaires n'est en aucun cas suffisant pour invalider la théorie, mais Darwin lui-même, dont le modèle de spéciation par accumulation graduelle de petites différences était inspiré de la sélection des races domestiques, ressentait la faible abondance de formes fossiles intermédiaires comme un problème. Il expliquait cette absence par les lacunes du registre fossile.

Plus d'un siècle après la publication de *l'Origine des Espèces*, la recherche des formes fossiles intermédiaires n'avait guère progressé, malgré l'accumulation de données paléontologiques nouvelles, et cette relative faiblesse était abondamment exploitée par tous les adversaires créationnistes ou téléologistes de la théorie darwinienne. C'est alors qu'en 1972, deux évolutionnistes proposèrent un changement radical de perspective.

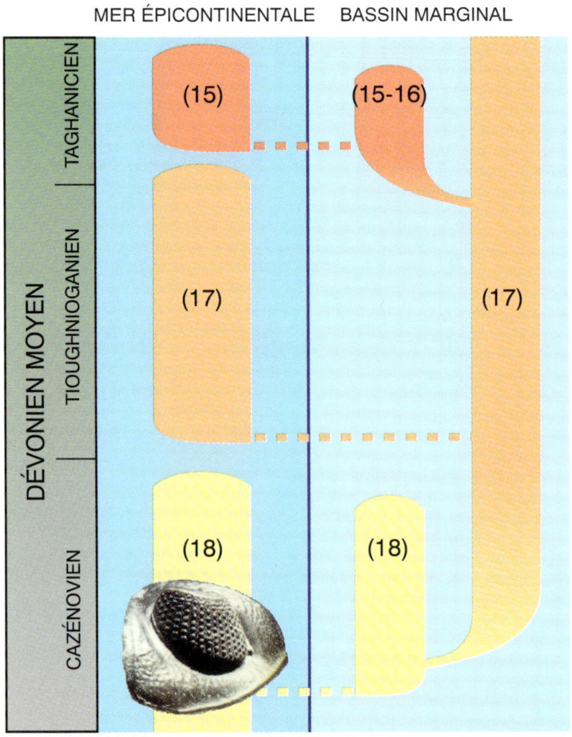

1. N. ELDREDGE ET S.J. GOULD, dans leur article de 1972, illustrent leur modèle des équilibres ponctués par l'exemple des trilobites du genre *Phacops (à gauche)*, fossilisés au dévonien moyen dans une mer qui occupait l'emplacement de l'actuel état de New York. Les paléontologues distinguent différentes formes en fonction du nombre de rangées verticales d'ocelles composant les yeux *(nombres entre parenthèses, à droite)*. La succession des formes dans la mer épicontinentale s'explique, non par une évolution graduelle *in situ*, mais par des migrations *(pointillés)* dans un bassin marginal, où des isolats périphériques subissent une évolution rapide. Les formes résultantes prospèrent et envahissent la mer d'origine à la faveur de transgressions marines qui ont provoqué l'extinction des formes ancestrales.

Niles Eldredge et Stephen Jay Gould, dans un chapitre d'un ouvrage sur les modèles en paléobiologie (*Models in paleobiology*, Freeman), introduisirent un modèle pour expliquer cette faible abondance des formes intermédiaires sans faire appel à des suppositions hasardeuses, en dehors des causes aujourd'hui agissantes (principe de l'actualisme) ; ce modèle est connu sous le nom de « modèle des équilibres ponctués » (traduction littérale de l'anglais « *punctuated equilibria* », qui aurait été mieux rendu par « équilibres interrompus »).

Les lacunes fossiles : accélération de l'évolution ou sauts évolutifs ?

Ainsi qu'ils l'ont longuement expliqué eux-même, N. Eldredge et S.J. Gould n'apportent aucun fait nouveau, mais réinterprètent les observations à la lumière de la théorie synthétique de l'évolution. Cette théorie, synthèse du darwinisme et de la génétique, a été forgée en paléontologie et en zoologie respectivement par George Simpson et Ernst Mayr dans les années 1940 et 1950. Selon E. Mayr, la formation des espèces, ou spéciation, résulte principalement de l'isolement géographique de

2. DEUX MODÈLES DE CLADOGENÈSE différents soustendent les hypothèses antagonistes des équilibres ponctués et du gradualisme phylétique. Selon le premier modèle *(à gauche)*, la spéciation se produit lorsqu'au sein d'un vaste ensemble de populations (A), une petite population se retrouve isolée géographiquement à la marge (B). Du fait de son faible effectif, elle évolue rapidement par dérive génétique sur son petit territoire, sans laisser de tracer de traces fossiles. Lorsque l'isolement géographique cesse, cette population a suffisamment divergé pour ne plus se croiser avec le reste des populations : cet isolement reproducteur définit une nouvelle espèce, qui se stabilise à mesure que son effectif croît (C). S'étendant sur un plus grand territoire, cette nouvelle forme apparaît alors soudainement dans les archives fossiles.
Selon le modèle du gradualisme phylétique *(à droite)*, deux populations d'importance comparable, isolées géographiquement, divergent graduellement en étant soumises à des forces sélectives différentes (B'). Dans chaque branche, des caractères nouveaux apparaissent et envahissent chaque ensemble de populations, créant bientôt une barrière reproductrice (C'). Les archives fossiles révèlent ici les formes intermédiaires, remontant jusqu'à l'ancêtre commun. On a représenté en bas ces deux modèles en portant le temps, l'effectif des populations et la différenciation morphologique sur trois axes. On a simplifié l'évolution de l'effectif en ne tenant pas compte que dans chaque cas, chacune des populations finales devrait représenter une fraction de l'effectif initial.

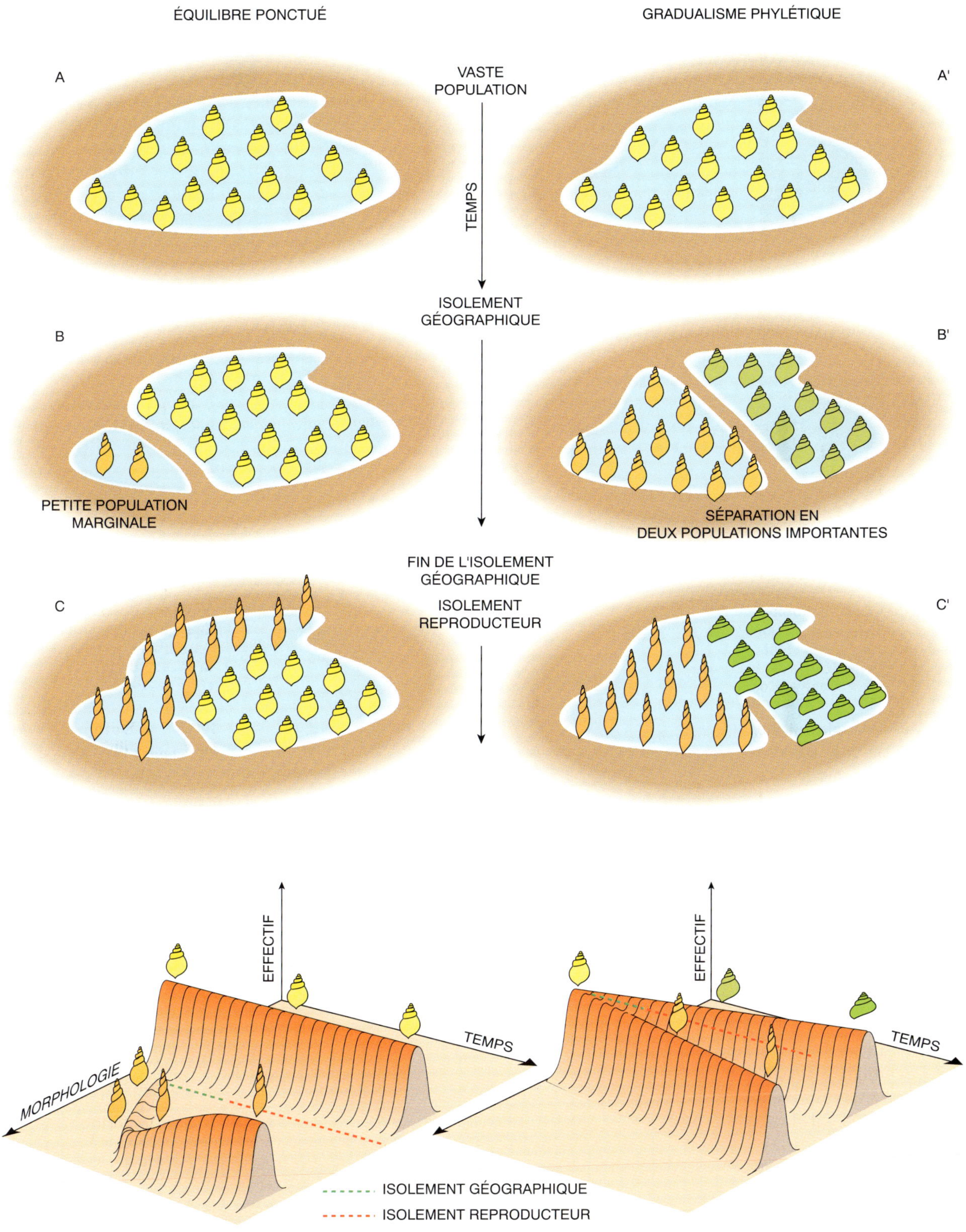
ÉQUILIBRE PONCTUÉ
GRADUALISME PHYLÉTIQUE
A
A'
VASTE POPULATION
TEMPS
ISOLEMENT GÉOGRAPHIQUE
B
B'
PETITE POPULATION MARGINALE
SÉPARATION EN DEUX POPULATIONS IMPORTANTES
FIN DE L'ISOLEMENT GÉOGRAPHIQUE
ISOLEMENT REPRODUCTEUR
C
C'
EFFECTIF
TEMPS
MORPHOLOGIE
EFFECTIF
TEMPS
ISOLEMENT GÉOGRAPHIQUE
ISOLEMENT REPRODUCTEUR

petites populations marginales. Un tel groupe, du fait de son faible effectif et de l'absence d'échanges avec le reste de l'espèce, subit une évolution rapide par dérive génétique *(voir l'article de M. Kimura, page 150)*, aboutissant à une forme nouvelle. Lorsque son effectif augmente et que son isolement cesse, cette forme entre en contact avec les autres populations issues des mêmes ancêtres, mais les différences accumulées ont rendu les croisements impossibles. L'isolement géographique est alors remplacé par un isolement reproducteur, et la nouvelle espèce se répand en gardant son individualité, tandis que son large effectif empêche désormais tout changement morphologique notable et rapide.

N. Eldredge et S. J. Gould, reprenant ce modèle, remarquent que l'effectif réduit et l'isolement de la population qui donne naissance à une espèce nouvelle ont pour conséquence logique une probabilité de fossilisation extrêmement faible. Inversement, les formes qui laissent des traces fossiles sont celles dont les effectifs et les aires de répartition sont les plus importants, et leur abondance est un frein à toute évolution rapide et massive. On doit donc s'attendre, si ce modèle de cladogenèse (apparition de nouvelles branches évolutives, ou clades) est fréquemment vérifié, à observer, dans le registre fossile, des formes à peu près stables au cours du temps, qui se succèdent sans intermédiaires apparents. Le modèle des équilibres ponctués n'implique pas de saut évolutif, mais simplement un changement de la vitesse d'évolution, entre une vitesse quasi-nulle pendant de longues périodes de stase et une grande vitesse pendant des périodes très brèves de différenciation des formes nouvelles (très brèves à l'échelle géologique, c'est-à-dire de l'ordre du millier de générations et de la dizaine de milliers d'années !).

Le modèle des équilibres ponctués, tout comme le modèle « classique » du gradualisme phylétique, explique l'absence d'intermédiaires connus par les lacunes du registre fossile. Toutefois ces lacunes sont plus difficiles à admettre dans le modèle classique, où l'on postule l'évolution graduelle des espèces sur une grande partie de leur aire de répartition ; dans une telle hypothèse, on s'attend à ce que toute découverte qui comble une lacune chronologique fournisse aussi une forme intermédiaire.

Dans le modèle des équilibres ponctués, au contraire, la divergence qui conduit à un nouveau clade (l'interruption, ou la «ponctuation», de l'équilibre) se produit dans un temps très court, et dans une population de faible effectif, qui occupe en outre une position excentrée par rapport au reste des populations du clade. Comme l'évolution se produit à la marge, avant que la nouvelle espèce s'étende, on ne s'attend donc pas à trouver des fossiles intermédiaires en compagnie des formes ancestrales dans les mêmes strates des mêmes localités.

Un modèle difficile à prouver... ou à réfuter

Dès la publication originelle de N. Eldredge et S.J. Gould, il était clair que la démonstration empirique des équilibres ponctués requerrait des séries fossiles plutôt exceptionnelles, constituées de taxons qui auraient évolué de façon perceptible au cours du temps, sans aucune lacune stratigraphique. Or aucune des diverses tentatives de démonstration ou de réfutation par les séries fossiles de métazoaires n'est à ce jour incontestable : en 1981, P.G. Williamson pensa mettre en évidence des équilibres ponctués chez les mollusques fossiles du lac Turkhana, au Kenya, mais ce résultat a été critiqué : les brusques transformations qu'il décrit pourraient résulter soit de la captation de nouveaux cours d'eau par les affluents du lac, entraînant l'immigration de formes voisines, soit de mutations dans des groupes à reproduction unisexuée, sans qu'il soit besoin de faire intervenir une évolution rapide *in situ* de populations à reproduction sexuée. Quant à l'évolution graduelle mise en évidence par P.R. Sheldon en 1987 chez des trilobites du pays de Galles, elle est loin de contredire le modèle des équilibres ponctués : elle est en effet si faible qu'on pourrait presque la citer comme un exemple de stase.

En tout état de cause, l'échelle d'observation est fondamentale pour l'interprétation des séries fossiles en termes de stase ou de vitesse de variation ; et, plus que les observations de fossiles, c'est en fait la crédibilité du modèle biologique de cladogénèse qui entraîne l'adhésion au modèle paléobiologique des équilibres ponctués. La plupart des biologistes et paléontologues l'acceptent parce qu'il repose sur un modèle simple de biologie évolutive, alors qu'un tel modèle fait défaut pour expliquer le gradualisme phylétique.

Finalement, la controverse des équilibres ponctués pose, pour employer le terme introduit par Simpson en 1944, la question du «tempo» de l'évolution par rapport aux événements de cladogénèse : la vitesse de l'évolution morphologique augmente-t-elle brutalement lors de tels événements, pour redevenir quasi nulle entre deux événements (ce que Simpson appelait «évolution quantique») ? Si c'est le cas, quelle est l'étendue des changements génétiques correspondants ? Observe-t-on le même changement de taux d'évolution au niveau moléculaire ? Enfin, si la stase morphologique est un phénomène général, résulte-t-elle de contraintes internes (physiologiques, anatomiques, génétiques et autres), ou bien de l'action stabilisante de la sélection naturelle entre deux événements de cladogenèse ? Toutes ces questions font encore, peut-être pour longtemps, l'objet de débats. L'introduction des équilibres ponctués a eu au moins le mérite de clarifier ces débats en définissant un modèle général où chaque question est plus clairement située.

LES HÉTÉROCHRONIES DU DÉVELOPPEMENT

La perspective temporelle que les paléontologues ont de l'évolution est conditionnée par la qualité du registre fossile. Le modèle des équilibres ponctués prédit de brusques variations du taux d'évolution entre des périodes de stase et des épisodes de spéciation. Cette prédiction, pour être testée, nécessite des séries sédimentaires exceptionnellement complètes, contenant des fossiles abondants. Ces conditions ne sont presque jamais réunies pour les vertébrés : en effet, la fossilisation d'un squelette, *a fortiori* en milieu terrestre, est trop aléatoire pour que les paléontologues vertébristes disposent de matériel complet et abondant.

Les paléontologues invertébristes bénéficient parfois d'un registre fossile quasi continu. En milieu marin, la fossilisation est excellente pour les invertébrés possédant un exosquelette, tels que les oursins. Les tests des oursins morts, rapidement enfouis et parfaitement préservés, sont fossilisés en abondance dans les séries géologiques et souvent omniprésents sur plusieurs dizaines de mètres de coupe. En outre, ces fossiles comportent de nombreux jeunes, ce qui donne un aperçu du mode de développement de l'individu, ou ontogenèse. Cette dernière information est essentielle pour l'interprétation de certaines lignées évolutives, où les changements dans le temps géologique reflètent ceux de la succession des phases du développement de l'individu. De tels phénomènes sont nommés « hétérochronies du développement » ; définies par S.J. Gould, elles ont notamment été étudiées par K.J. McNamara et, en France, par J.L. Dommergues, B. David et D. Marchand. On distingue deux cas symétriques : soit l'individu mature présente les caractéristiques du jeune de formes antérieures de la lignée évolutive (paedomorphose), soit il présente un aspect « hyperadulte », atteignant des stades de développement non observés chez les formes antérieures (peramorphose). Dans les deux cas, le résultat peut être obtenu par un ralentissement (respectivement une accélération) de la succession des stades de développement, ou par un raccourcicement (respectivement un allongement) de la durée de vie.

L'intérêt des hétérochronies du développement est qu'elles rendent compte de modifications parfois importantes par un mécanisme simple. Là où la simple comparaison morphologique des stades matures de formes successives d'une lignée conduirait à majorer par endroits le taux d'évolution, la prise en compte des hétérochronies du développement illustre la possibilité d'un passage plus régulier, par la seule modification progressive de la chronologie du développement. La discontinuité morphologique masque alors la continuité d'une évolution de l'ontogenèse.

Didier Néraudeau
Université de Rennes I - Laboratoire de paléontologie

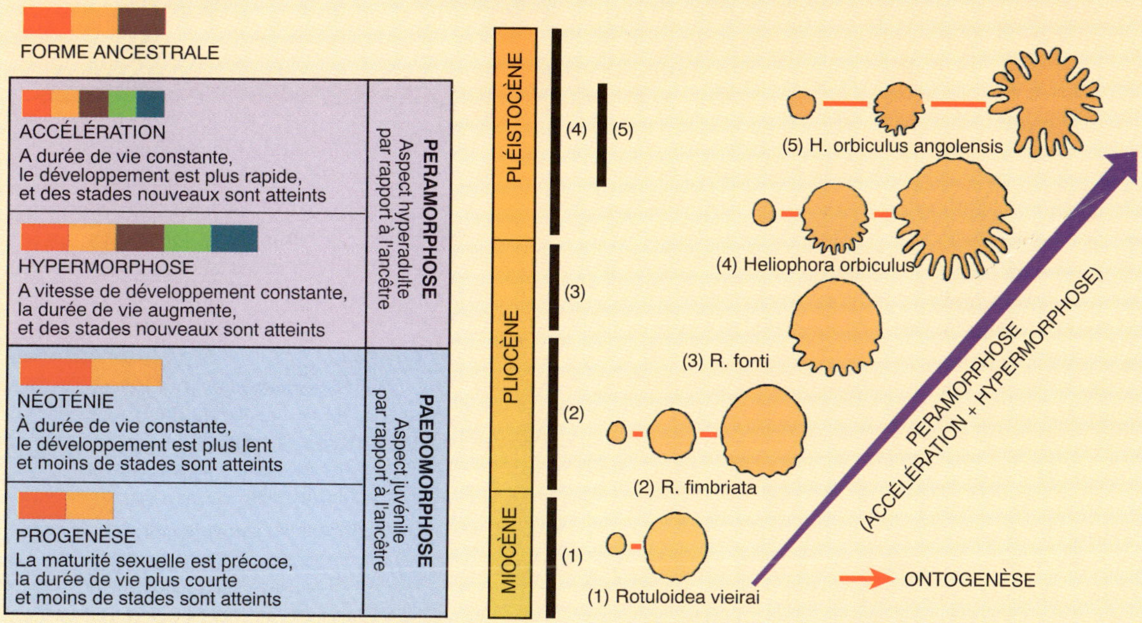

Le tableau de gauche résume les différentes formes d'hétérochronies du développement. Chaque cartouche de couleur représente un stade du développement. Le stade atteint à la maturité dépend de la durée de vie (longueur du rectangle) et de la vitesse de succession des stades. À droite, exemple de peramorphose chez des oursins rotuloïdes. L'oursin le plus récent a un aspect hyperadulte par rapport à son ancêtre du miocène (d'après

Archaeopteryx *(en vignette), dont le premier squelette (page de droite) a été découvert en 1860 dans des strates vieilles de 150 millions d'années, reste le plus ancien oiseau connu à ce jour. Toutefois de nombreux caractères des oiseaux étaient déjà présents chez les dinausores théropodes, animaux bipèdes et carnivores. On a même découvert un théropode arborant de véritables plumes. L'analyse cladistique sur l'ensemble de ces caractères conduit aujourd'hui à placer les oiseaux au sein des théropodes : les oiseaux sont des dinausores ! L'oiseau du Crétacé représenté ci-dessus, nommé* Sinornis, *est postérieur à* Archaeopteryx, *mais il conserve encore de nombreux traits de ses parents dinosauriens, tels que les dents et les doigts non encore fusionnés. Comme chez* Archaeopteryx, *la griffe arrière du pied est tournée vers l'avant, mais l'orteil est cette fois suffisamment long pour agripper les branches.*

L'ÉVOLUTION RETRACÉE

La vie a une histoire singulière et contingente : si l'on reprenait la projection depuis le début, on ne reverrait pas le même film. Pourtant les épisodes de cette histoire sont riches d'enseignements, car ils illustrent des tendances évolutives générales. Pour comprendre l'évolution, il faut en retracer le cours.

L'inventaire des espèces vivantes

Robert May

Combien d'espèces vivent-elles sur Terre ? Nul ne le sait. La préservation de la diversité biologique, la gestion de l'environnement et l'étude de l'évolution imposent un recensement des créatures du Globe.

Si un extraterrestre se posait sur la Terre, quelle serait sa première question ? Je pense qu'il aimerait connaître le nombre et la variété des organismes qui vivent sur notre planète. La Terre étant soumise aux mêmes lois que les autres corps célestes, le visiteur de l'espace aurait déjà l'expérience de milliers de mondes similaires, mais il aurait certainement envie de découvrir la multitude des créatures vivantes, fruits du hasard et de la nécessité, qui rendent notre planète unique.

Nous serions incapables de répondre, même approximativement, à ce visiteur. Après 250 années de recherches systématiques, on sait seulement que le nombre des espèces animales et végétales est compris entre 3 et 30 millions, voire davantage, et comme il n'existe pas d'archives mondiales, on ne sait même pas combien d'espèces ont déjà été décrites.

La destruction rapide des habitats sauvages rend cette ignorance intolérable. Si l'on veut élaborer un programme rationnel de conservation de la biodiversité, il est nécessaire de connaître le nombre total des espèces et leur répartition. Le gouvernement britannique l'a parfaitement expliqué dans un livre blanc publié en 1990 : « Notre gouvernement a un impératif éthique et moral : toutes nos politiques environnementales doivent avoir pour objectif de surveiller et de gérer au mieux la planète,

1. DANS SON PARADIS TERRESTRE, Bruegel de Velours a peint les espèces les plus utiles ou les plus attirantes. Les oiseaux et les mammifères sont exagérément représentés. Ce parti pris historique a pour conséquence que le recensement des espèces d'oiseaux et de mammifères est quasi exhaustif aujourd'hui, tandis que la diversité d'organismes tels que les insectes, les araignées, les champignons, les nématodes et les bactéries est très mal connue.

afin de la transmettre en bon état aux générations futures. » Pour gérer les problèmes d'environnement, les politiciens doivent se fonder sur des travaux qui montrent comment les écosystèmes évoluent à mesure que certaines espèces disparaissent et qu'elles sont remplacées par de nouvelles formes de vie. Le grand problème actuel est l'élucidation des relations fondamentales entre la diversité et la stabilité d'une communauté biologique. Sa résolution permettrait de mieux prévoir les modifications probables du climat : rappelons que l'atmosphère actuelle, riche en oxygène, fut produite par les organismes vivants, et que les fonctionnements des écosystèmes et de l'atmosphère restent étroitement liés.

Le recensement des espèces animales et végétales s'impose pour bien d'autres raisons. En particulier, de nombreux médicaments contiennent des principes actifs issus de plantes, de sorte que nous serions bien inspirés de continuer à explorer les richesses naturelles au lieu de les détruire. D'autre part, de nombreux fruits et racines nutritifs, inexploités, pourraient être cultivés pour augmenter et diversifier les ressources alimentaires de l'humanité.

Même parmi les genres de plantes cultivées qui nous sont familiers, les agronomes découvrent encore de nouvelles variétés ; en hybridant de façon sélective ces variétés ou en transférant leur matériel génétique, ils créent des plantes plus productives ou plus résistantes aux maladies. Or l'agriculture moderne, en diminuant la diversité des plantes cultivées, a augmenté leur sensibilité aux maladies et aux variations climatiques. La perspective de modifications de l'environnement global rend plus urgentes encore la préservation des richesses génétiques existantes et l'exploration des potentialités des différentes plantes.

Premières estimations

Depuis Aristote au moins, on cherche à voir dans le monde vivant un système organisé. Carl von Linné, en Suède, fut le pionnier de la description systématique des espèces et de leur classification ; il fonda la taxinomie moderne. La dixième édition de son livre *Systema Naturae*, qui décrivait plus de 9 000 espèces de plantes et d'animaux, fut publiée en 1758, un siècle après la découverte des lois de la gravitation par Isaac Newton.

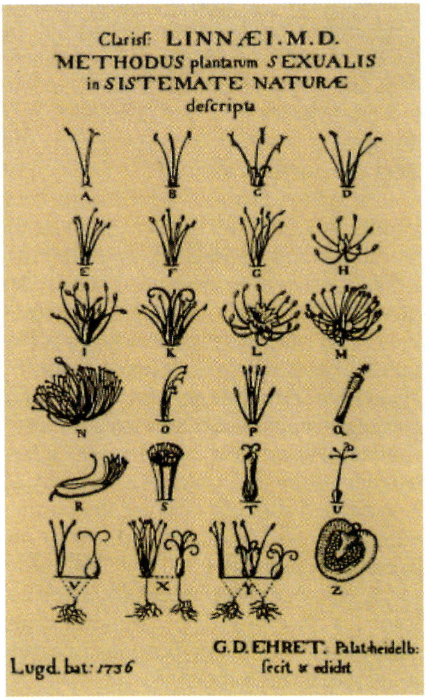

2. CARL VON LINNÉ *(ci-dessus)* a établi au milieu du XVIIIe siècle le système de nomenclature et de classification encore utilisé par les taxinomistes d'aujourd'hui. Une planche de son livre *Systema Naturae (à droite)* montre comment il a classé les plantes en fonction du nombre de leurs étamines.

Depuis, les taxinomistes ont allongé la liste de Linné à des rythmes très différents selon les catégories biologiques. Les animaux à plumes et à fourrure, les plus étudiés, sont quasiment tous répertoriés. Moins d'un siècle après la publication de l'ouvrage de Linné, la moitié des 9 000 espèces d'oiseaux connues avait été décrite, et l'on ne découvre plus aujourd'hui que trois à cinq nouvelles espèces d'oiseaux par an. La situation est identique pour les quelque 4000 espèces de mammifères, mais on identifie encore une vingtaine d'espèces et un genre chaque année ; la moitié environ sont des espèces totalement nouvelles (surtout des rongeurs, des chauves-souris ou des musaraignes), et les autres correspondent à des espèces déjà identifiées, que les méthodes biochimiques récentes permettent de reclasser correctement.

Les autres groupes sont moins bien connus. Au XIXe siècle, on a décrit beaucoup d'espèces d'arachnides et de crustacés (c'est-à-dire essentiellement des arthropodes autres que des insectes), mais cette période prospère a été suivie d'une longue accalmie ; plus de la moitié des espèces connues aujourd'hui ont été décrites au cours des dernières décennies.

Peter Hammond, au Muséum d'histoire naturelle de Londres, a montré que le nombre d'espèces d'oiseaux connues n'a augmenté que de 0,05 pour cent par an en moyenne entre 1978 et 1987, alors que les nombres d'espèces répertoriées d'insectes, d'arachnides, de champignons et de nématodes progressaient respectivement de 0,8, 1,8, 2,4 et 2,4 pour cent par an.

Ces disparités correspondent, dans une certaine mesure, aux effectifs des taxinomistes spécialisés dans l'étude des divers groupes. On connaît mal ces effectifs, mais une rapide enquête que nous avons menée avec

3. LA RICHESSE DES FORMES DE VIE SUR TERRE apparaît sous un jour surprenant quand on classe les groupes d'organismes en fonction de leur contribution à la biodiversité totale, c'est-à-dire en fonction de leur nombre d'espèces. Bien qu'ils soient encore loin d'être tous répertoriés, les insectes représentent à eux seuls la moitié de toutes les espèces décrites. En revanche, il n'existe que 4000 espèces de mammifères, soit environ 0,25 pour cent des quelque 1,5 million d'espèces décrites.

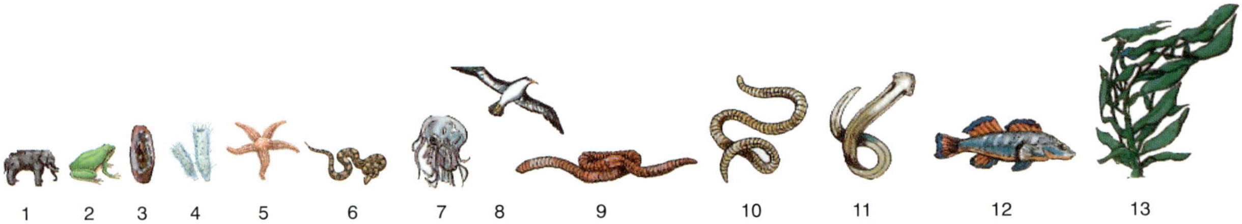

Kevin Gaston, du Muséum de Londres, auprès de chercheurs australiens, américains et britanniques, a montré que si *N* est le nombre moyen de taxinomistes qui étudient chaque espèce de tétrapodes (tous les vertébrés, à l'exception des poissons), 0,3*N* taxinomistes seulement se consacrent à chaque espèce de poissons, et 0,02*N* à 0,04*N* à chaque invertébré. On estime que le nombre de taxinomistes est de 10 000 en Amérique du Nord, et de 30 000 dans le monde. En France, il existe environ un millier de naturalistes taxinomistes, et les professionnels de la taxinomie ne sont que quelques centaines.

Dans le monde végétal, on compte en moyenne deux fois plus de taxinomistes par espèce que dans le monde animal ; alors qu'une espèce de vertébrés mobilise en moyenne dix fois plus de taxinomistes qu'une espèce de plantes, une espèce d'invertébrés en intéresse dix fois moins. La répartition des taxinomistes selon les groupes d'espèces ne correspond manifestement pas à la richesse des groupes. En outre, quatre pour cent seulement des taxinomistes travaillent en Amérique du Sud et en Afrique subsaharienne, où la diversité biologique est la plus grande.

Dépourvus d'un fichier où seraient répertoriées toutes les espèces, les taxinomistes ne peuvent en établir une liste complète. Ils ne disposent que de vieilles fiches signalétiques, dispersées dans de multiples institutions, et personne n'a encore dénombré toutes les espèces décrites. Nous en savons plus sur la systématique des étoiles (des sommes bien supérieures y sont consacrées) que sur celle des êtres vivants ; nous connaissons mieux le nombre des atomes dans l'Univers que le nombre des espèces sur Terre !

Les meilleures estimations font état de 1,5 à 1,8 million d'espèces identifiées, mais le dénombrement est clairement incomplet. Diverses estimations du nombre total d'espèces – par des méthodes expérimentales ou théoriques – ont été tentées et, au minimum, ce nombre serait de trois millions : avec les méthodes actuelles, il serait impossible de les découvrir et de les décrire toutes dans un délai raisonnable.

Plusieurs naturalistes ont estimé le nombre global des espèces à partir du rythme de découverte d'espèces inconnues. Cependant ces estimations varient beaucoup selon les méthodes statistiques utilisées. Par des extrapolations du nombre d'espèces nouvelles découvertes dans chaque grand groupe biologique, des taxinomistes ont récemment évalué à six ou sept millions le nombre d'espèces.

Un monde d'insectes

Plusieurs estimations sont fondées sur l'abondance relative des espèces dans les différentes catégories taxinomiques. Dans les groupes bien étudiés, tels les oiseaux ou les mammifères, les espèces tropicales sont environ deux fois plus nombreuses que les espèces des régions tempérées ou froides. En revanche, chez les insectes, qui représentent la majorité des espèces répertoriées, les faunes de l'hémisphère Nord sont beaucoup mieux connues que celles des tropiques, et un tiers seulement des insectes répertoriés vit sous les tropiques. Si

1. mammifères
2. amphibiens
3. bactéries
4. éponges
5. échinodermes
6. reptiles
7. cœlentérés
8. oiseaux
9. vers de terre
10. vers nématodes
11. vers plats
12. poissons
13. algues
14. protozoaires
15. champignons
16. mollusques
17. arthropodes (insectes exceptés)
18. plantes
19. insectes

échelle : 0,8 centimètre carré = 1 000 espèces

14 15 16 17 18 19

la proportion d'espèces tropicales chez les insectes est la même que chez les oiseaux ou les mammifères (ce qui n'est pas du tout établi), il existerait deux espèces non décrites d'insectes tropicaux pour chaque espèce décrite des régions tempérées et froides. Dans cette hypothèse, 1,5 à 1,8 million d'espèces décrites donnerait trois à cinq millions d'espèces au total.

Certains taxinomistes estiment aussi le nombre total d'espèces – notamment le nombre d'espèces d'insectes tropicaux – en réalisant un échantillonnage systématique des organismes qui vivent dans certaines régions mal connues, et en déterminant la proportion des espèces déjà décrites. Cette méthode est délicate, car même dans un périmètre restreint, on ne récolte pas facilement toutes les espèces d'insectes tropicaux présentes ; de surcroît, la description, l'identification et le classement des insectes capturés sont des travaux longs et onéreux. Enfin il est difficile de s'assurer que le site et le groupe considéré sont représentatifs de la répartition générale des espèces.

Ian Hodkinson et David Casson, à Liverpool, ont évalué le nombre des espèces d'hémiptères (la famille des punaises) dans une région peu étendue, au relief varié, de la forêt tropicale humide de Sulawesi, en Indonésie. Ils ont trouvé 1 690 espèces de punaises terrestres, dont 63 pour cent n'avaient jamais encore été décrites. Si cette proportion d'espèces nouvelles est valable pour l'ensemble des insectes, on en déduit que le nombre total d'espèces d'insectes atteint deux à trois millions (900 000 seulement sont connues aujourd'hui).

P. Hammond a fait une extrapolation analogue ; il remarqua tout d'abord que parmi les 22 000 espèces d'insectes de la faune britannique, bien inventoriée par des générations de pasteurs qui ont observé avec plus d'attention leurs ouailles à six pattes que celles à deux jambes, on compte 67 espèces de papillons ; d'autre part, les naturalistes accordant aux papillons le même prestige qu'aux oiseaux, les quelque 17 500 espèces décrites dans le monde représentent vraisemblablement un inventaire quasi complet. Le nombre exact n'est sans doute pas supérieur à 20 000.

Si la composition de la faune des insectes britanniques est analogue à celle de la faune globale, six millions d'espèces d'insectes (20 000 fois 22 000 divisé par 67) devraient vivre sur la Terre. Ce type d'extrapolation est toutefois affecté d'une incertitude fondamentale, car on ignore si les groupes d'insectes répertoriés ou les régions choisies sont représentatifs du peuplement des insectes à l'échelle du Globe.

Terry Erwin, du *Smithsonian Institut*, a dirigé une campagne étonnante au cours de laquelle son équipe a étudié la faune des coléoptères qui peuplent le feuillage des arbres de la forêt tropicale. Les coléoptères se distinguent des autres insectes par leurs élytres, une paire d'ailes dures et cornées qui recouvrent les ailes inférieures, fonctionnelles ; ils représentent près d'une espèce répertoriée sur cinq, ce qui a inspiré la boutade du généticien britannique J. Haldane, qui remarquait que « Dieu a un penchant pour les coléoptères ». Beaucoup vivent dans les forêts tropicales qui, bien qu'elles ne couvrent que le seizième des terres émergées, abriteraient au moins autant d'espèces que toutes les autres régions du monde.

À l'aide d'un gaz insecticide, T. Erwin et ses collègues ont recueilli les coléoptères qui vivaient sur la canopée (l'étage supérieur de la végétation) d'un arbre du Panama apparenté au tilleul, *Luehea seemannii*. En trois saisons de collecte, ils ont trouvé 1 200 espèces de coléoptères, mais ils n'ont pas encore déterminé combien d'entre elles étaient déjà répertoriées ; la méthode d'extrapolation n'a pas encore été appliquée, mais ces chercheurs ont malgré tout proposé une estimation.

Ils ont d'abord déterminé combien d'espèces, parmi celles qu'ils avaient récoltées, vivaient spécifiquement sur *Luehea seemannii*. Environ 20 pour cent des coléoptères herbivores (les plus abondants dans l'échantillon recueilli) seraient inféodés à une essence tropicale particulière. Les naturalistes en ont déduit que chaque espèce d'arbre héberge en moyenne 160 espèces de coléoptères de la canopée. Ils ont ensuite estimé le nombre de tous les insectes à partir de celui des insectes qui vivent dans la canopée : comme 40 pour cent des insectes connus sont des coléoptères, si cette proportion s'applique aussi à la canopée des arbres tropicaux, 400 espèces d'insectes de la canopée vivent sur chaque espèce d'arbres. Dans l'hypothèse où la canopée abrite les deux tiers des espèces d'insectes vivant sur les arbres, 600 espèces d'insectes occupent chaque essence tropicale ; si l'on admet, en outre, un total de 50 000 espèces d'arbres tropicaux, le nombre d'espèces d'insectes tropicaux est égal au produit du nombre d'espèces sur chaque essence d'arbre (600) par le nombre d'essences (50 000), soit 30 millions. Dans cette estimation, le nombre de toutes les espèces d'insectes qui vivent sur la Terre serait encore bien supérieur.

Bien des hypothèses du raisonnement précédent sont douteuses : je pense notamment que les coléoptères tropicaux sont moins spécialisés que ceux des régions tempérées, et que la valeur de 20 pour cent est surévaluée ; elle serait plutôt de deux à trois pour cent. En revanche, T. Erwin a probablement sous-estimé la proportion d'espèces vivant aux étages autres que la canopée et qui, selon moi, représentent jusqu'à deux tiers des espèces d'insectes vivant sur les arbres tropicaux.

Avec ces nouvelles hypothèses, le nombre de toutes les espèces d'insectes serait compris entre trois et six millions. Cette modification n'enlève rien à l'importance du travail de T. Erwin, qui renouvelle les méthodologies d'estimation du nombre des espèces et qui prouve combien la taxinomie est étroitement liée aux problèmes écologiques.

Insoupçonnés, les champignons

Si les taxinomistes cherchent à évaluer la biodiversité, c'est essentiellement pour répondre aux questions qui se posent en écologie et en biologie de l'évolution. Les listes taxinomiques sont des points de départ obligés dans l'étude de la structure des chaînes alimentaires, de l'abondance relative des espèces, du nombre total des organismes de différentes tailles, ainsi que de la répartition des différentes formes de vie. On déduit de ces diverses études des règles de calcul qui permettent d'estimer de façon indépendante le nombre des espèces.

L'une de ces méthodes dérive d'une observation faite en répartissant les espèces d'animaux terrestres dans différentes classes en fonction de leur taille. Les taxinomistes ont constaté qu'en passant d'une classe à une autre où la longueur diminue d'un facteur dix, l'effectif augmente d'un facteur 100, du moins tant que la taille reste comprise entre quelques mètres et un centimètre. Pour les animaux de longueur inférieure à un centimètre, cette relation n'est plus vérifiée, peut-être parce que les organismes minuscules sont loin d'être tous dénombrés.

Si la relation entre la taille et la densité d'espèces s'appliquait aussi aux animaux millimétriques – une limite arbitraire entre le monde macroscopique et le monde microscopique –, le nombre total d'espèces animales terrestres avoisinerait dix millions. Ce raisonnement serait plus convaincant si les taxinomistes comprenaient mieux les facteurs physiologiques, écologiques et évolutifs qui déterminent la distribution des tailles entre les différentes espèces.

La structure de la chaîne alimentaire donne aux taxinomistes une autre possibilité d'estimation du nombre d'espèces. Les plantes photosynthétiques, en fabriquant la matière organique, sont le premier maillon de la chaîne alimentaire. Si l'on pouvait évaluer précisément le nombre de formes de vie que chaque sorte de plante peut nourrir, on déduirait le nombre total d'espèces de celui des espèces végétales, mieux connu.

Bien que ce Graal taxinomique soit encore hors de portée, K. Gaston a fait progresser l'étude des chaînes alimentaires en rassemblant les données sur le nombre moyen d'espèces d'insectes inféodées à chaque espèce de plantes dans des associations très différentes, tant par la taille des insectes et des plantes que par leur localisation : en moyenne, une dizaine d'espèces d'insectes sont associées à chaque espèce de plante. Comme le nombre des espèces de plantes vasculaires atteint très vraisemblablement 270 000, K. Gaston en a déduit qu'il existerait trois millions d'espèces d'insectes.

Jusqu'à présent, on a essentiellement rapporté les estimations du nombre des espèces d'insectes terrestres, ce qui est compréhensible puisque ces créatures représentent plus de la moitié de toutes les espèces décrites, même si elles sont loin d'avoir été toutes répertoriées. Cependant d'autres groupes taxinomiques pourraient rivaliser avec les insectes, et les petits organismes ont vraisemblablement été négligés.

David Hawksworth, de l'Institut mycologique international de Kew, en Grande-Bretagne, a proposé une réévaluation du nombre total des espèces de champignons aussi radicale que celle effectuée par T. Erwin

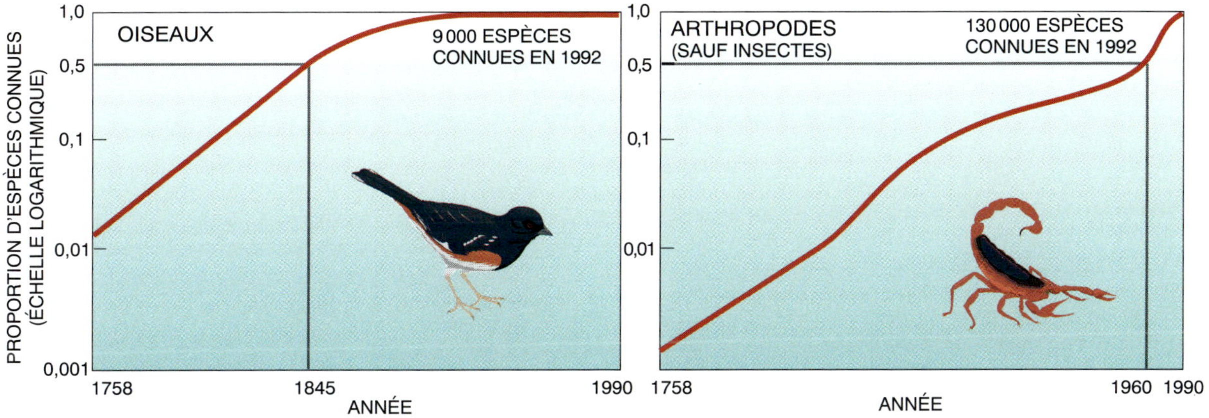

4. LE NOMBRE DES ESPÈCES répertoriées a augmenté différemment selon les formes de vie au cours des trois derniers siècles : la moitié de tous les oiseaux actuellement connus avaient déjà été découverts en 1845, et l'on n'identifie plus que quelques nouvelles espèces chaque année *(à gauche)*. En revanche, on n'a découvert la plupart des espèces d'arachnides et de crustacés qu'après 1960 *(à droite)* (l'échelle des ordonnées est logarithmique).

au sujet des insectes. Il a tout d'abord noté que les taxinomistes ont décrit 69 000 espèces de champignons. Dans diverses régions d'Europe bien étudiées, les espèces de champignons sont environ six fois plus nombreuses que les espèces de plantes vasculaires ; si ce rapport est conservé dans les autres régions du monde, les 270 000 espèces de plantes vasculaires coexistent avec 1,6 million d'espèces de champignons, plus de 20 fois le nombre d'espèces décrites aujourd'hui.

Peut-être les relations numériques observées dans les régions tempérées ne sont-elles pas transposables aux zones tropicales ; chaque espèce de champignons tropicaux est peut-être associée en moyenne à davantage d'espèces de plantes que ses homologues des régions tempérées : il faudrait alors réviser à la baisse le nombre des espèces de champignons. À l'inverse, D. Hawksworth ne comptabilise pas les espèces de champignons associés à des insectes plutôt qu'à des plantes, ce qui lui ferait sous-estimer le nombre total d'espèces de champignons. Des études récentes, réalisées en milieu tropical, ont montré que la proportion des espèces de champignons non encore décrites était comprise entre 15 et 30 pour cent, bien moins que les 95 pour cent prévus par D. Hawksworth. Cependant, ces études sont loin d'être exhaustives, et on ne doit pas s'attendre à ce qu'elles révèlent l'ensemble des espèces non encore décrites présentes sur ces sites.

Notre ignorance de l'effectif des champignons est d'autant plus embarrassante que ces organismes jouent un rôle fondamental dans la plupart des écosystèmes : ils contribuent à la décomposition des matériaux organiques et à la formation des sols, et ils ont indéniablement influé sur le développement de la diversité biologique, d'abord en aidant les plantes à coloniser les sols secs, puis en favorisant, par des relations symbiotiques, la dispersion et la diversification des plantes vasculaires, des insectes et de multiples organismes. Ces organismes essentiels à la vie méritent davantage d'attention.

De même, les nématodes sont sans doute les moins bien décrits des animaux visibles à l'œil nu. Ces petits vers vivent soit sous

UNE ESTIMATION DE LA DIVERSITÉ DES INSECTES

On a estimé le nombre total d'espèces d'insectes à partir du nombre d'espèces de coléoptères qui vivent dans le feuillage (la canopée) de certaines essences d'arbres. Le nombre des espèces de coléoptères inféodées à une essence donnée est défini comme celui des espèces qui vivent uniquement sur cette sorte d'arbres, auquel on ajoute la moitié des espèces qui vivent sur deux sortes d'arbres, le tiers des espèces qui vivent sur trois sortes d'arbres, etc.

Les insectes qui ne sont pas des coléoptères représentent environ 60 pour cent de toutes les espèces d'insectes dans le monde. Terry Erwin estime à 160 le nombre de coléoptères spécifiques du feuillage d'un type particulier de tilleul tropical. Si ces coléoptères représentent 40 pour cent des espèces d'insectes présentes, alors 400 espèces d'insectes seraient spécifiques de la canopée de ces tilleuls.

D'autres parties de l'arbre – le tronc, les racines, le sol au pied de l'arbre – hébergent également des insectes. Selon T. Erwin, les insectes vivant dans le feuillage représentent les deux tiers de tous les insectes. En appliquant ce chiffre à l'exemple du tilleul, on trouve 600 espèces d'insectes associées à chaque espèce d'arbre.

Les forêts tropicales contiennent environ 50 000 espèces d'arbres. Si, en moyenne, 600 espèces d'insectes sont associées à chaque espèce d'arbre, ces forêts abriteraient quelque 30 millions (50 000 fois 600) d'espèces d'insectes. Toutefois cette estimation semble au moins cinq fois trop élevée.

forme de parasites dans les plantes ou les animaux, soit à l'état libre, dans les eaux douces ou salées. Alors qu'on n'en avait décrit que 80 espèces en 1860, on en connaît aujourd'hui 15 000, et selon des estimations récentes du nombre de nématodes terrestres et d'eau douce, les espèces répertoriées ne seraient qu'une très petite partie de la faune totale de nématodes ; la diversité semble encore supérieure dans les environnements marins, et la plupart des taxinomistes sont d'accord avec P. Hammond pour estimer que le nombre d'espèces de nématodes est d'au moins quelques centaines de milliers.

Les créatures vivantes les plus petites – invisibles à l'œil nu – forment également un monde immense. Cinq pour cent environ des espèces décrites sont des micro-organismes, tels les protozoaires, les bactéries et les virus, mais des estimations récentes ont montré que la diversité des populations microbiennes naturelles est bien supérieure à celle des cultures réalisées en laboratoire. En étudiant les ARN extraits d'un amas de bactéries photosynthétiques vivant dans une source chaude du parc de Yellowstone, les microbiologistes ont découvert huit types de séquences génétiques, toutes différentes des séquences des douze souches de bactéries cultivées en laboratoire et que l'on pensait représentatives des bactéries de tels amas. Seule une de ces séquences ressemble un peu à celles d'un phyllum bactérien connu.

Des biologistes qui ont étudié les séquences d'ARN ribosomal dans des populations sauvages de bactéries marines ont obtenu des résultats équivalents. Ces études sont encore plus frappantes que celle des insectes de la canopée tropicale, car elles montrent à quel point les taxinomistes connaissent mal les formes de vie les plus simples et les plus répandues.

La classification des bactéries et des virus est une tâche ardue, parce que les diverses souches échangent facilement du matériel génétique et qu'un individu isolé peut engendrer un clone d'individus identiques, formant une nouvelle population. En outre, le matériel génétique de certains virus subit des mutations fréquentes, et change d'année en année. La notion d'espèce est ainsi plus vague chez les microbes que chez les vertébrés. Manfred Eigen, de l'Institut Max Planck de Göttingen, et Peter Schuster, à Vienne, estiment que les virus devraient être classés en quasi-espèces définies par des séquences spécifiques d'ARN ; la sélection naturelle n'agirait pas sur les espèces virales, mais sur la nuée des quasi-espèces.

La part des micro-organismes et des nématodes dans le monde vivant semble immense. On a supposé que chaque espèce d'arthropode et de plante vasculaire (organismes qui représentent la majorité de toutes les espèces décrites) est parasitée par au moins une espèce de nématode, une espèce de protozoaire, une bactérie et un virus. Dans cette hypothèse, le nombre total d'espèces serait obtenu en multipliant par cinq le nombre des espèces déjà décrites et dépasserait 100 millions ! Je doute cependant que le nombre d'espèces soit si grand.

Le dénombrement des espèces est utile parce que l'espèce est une unité concrète et bien définie permettant de mesurer la diversité génétique, mais diverses questions relatives à l'évolution et à la conservation des espèces menacées nécessitent l'examen de niveaux taxinomiques différents.

En remontant la hiérarchie taxinomique des espèces aux genres, aux familles, aux ordres, aux

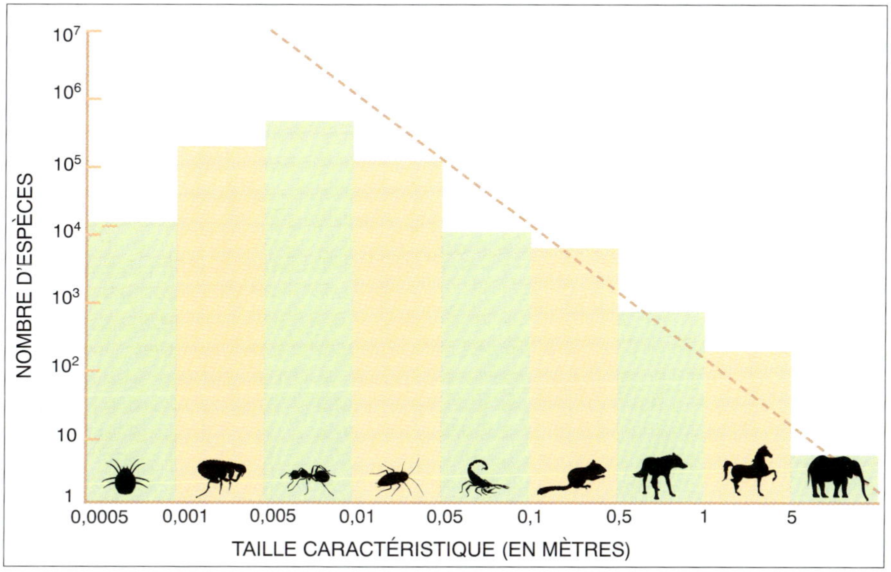

5. LA RELATION entre la taille des individus et le nombre des espèces dans un intervalle de tailles offre un moyen d'estimer grossièrement le nombre total d'espèces. Généralement le nombre des espèces de petite taille est supérieur à celui des espèces de grande taille. Cette relation ne semble plus valable pour les organismes de taille inférieure à un centimètre, peut-être parce que les animaux les plus petits ont été mal recensés. Si cette relation reste applicable aux petits organismes (de un millimètre de long), il y aurait environ dix millions d'espèces sur Terre.

classes, puis aux embranchements, on découvre des variations génétiques de plus en plus fondamentales : si moins de 15 pour cent de toutes les espèces décrites vivent au fond de l'océan, plus de 90 pour cent des classes et tous les embranchements ont des représentants marins. Les deux tiers des embranchements ne regroupent même que des organismes marins. Ainsi, si l'on considère la variété des plans d'organisation, les océans recèlent une biodiversité bien supérieure à celle des terres émergées.

De nouveaux moyens de recensement

À l'autre extrémité de la hiérarchie, les taxinomistes s'intéressent aussi aux différences génétiques entre les individus d'une même espèce. Lorsqu'une espèce est menacée d'extinction, elle perd une grande part de sa diversité génétique de façon irrémédiable ; l'étude génétique donne une mesure de cet appauvrissement. Elle nous apprend aussi si une espèce a frôlé l'extinction dans un passé pas trop lointain.

Le recensement des êtres vivants imposera un effort gigantesque et de longue haleine, mais nos sociétés n'ont pas le choix. Afin d'assurer la conservation des espèces, nous devrons de plus en plus intervenir sur les écosystèmes tout en concentrant nos efforts, ce qui imposera des choix déchirants. Ces actions nécessiteront de meilleures informations que celles dont nous disposons aujourd'hui.

Nous cherchons à comprendre la diversité du vivant – combien il existe d'espèces et pourquoi – pour les mêmes raisons qui nous font rechercher l'origine et le destin de l'Univers, ou la séquence du génome humain. Toutefois, à la différence de ces quêtes du savoir, l'étude et la conservation de la diversité biolo-

ACTUALITÉ ET URGENCES DES INVENTAIRES D'ESPÈCES

La connaissance des espèces accumulée jusqu'à aujourd'hui n'a pas été programmée ; depuis deux siècles, les systématiciens, amateurs ou professionnels, ont décrit des espèces soit à l'occasion d'une récolte, soit à l'occasion d'une expédition (explorations coloniales, campagnes océanographiques, etc.). D'autres systématiciens ont, sans aucune régularité, révisé des groupes d'espèces d'importances variées afin d'améliorer leur système de classification, en s'appuyant sur les collections des musées d'histoire naturelle dont c'est la raison d'être.

Jusqu'à présent, l'information résultante était synthétisée dans les Traités de Zoologie et de Botanique, qui résument les connaissances sur les groupes d'espèces, ainsi que dans les Faunes et les Flores, au moyen desquels on détermine le nom des espèces d'une région donnée pour un groupe particulier d'animaux ou de plantes. Cette information est fragmentaire et hétérogène : les Faunes et les Flores couvrent peu de groupes biologiques dans peu de régions du monde, leur production est sporadique et elles deviennent périmées en quelques dizaines d'années, à mesure que les classifications changent. Les Traités ont quasiment cessé de paraître, car depuis le début des années 1960, l'information biologique s'accumule plus rapidement qu'elle n'est synthétisée.

Dans une société où la biodiversité s'impose comme un enjeu politique et économique, où la Convention de Rio donne à chaque état la propriété et la responsabilité des espèces qui vivent sur son territoire, cette approche empirique devient insuffisante, et on ne peut plus se contenter de l'accumulation plus ou moins aléatoire de récoltes peu organisées qui dure depuis deux siècles. Les grands projets internationaux envisagent quatre stratégies complémentaires pour répondre aux besoins. Une première approche, à la base du projet Species 2 000 (http ://www.wdcm.riken.go. jp/sp2000/), consiste à cataloguer les noms existants pour les rendre accessibles par le réseau Internet car, comme le souligne Robert May, nous ne savons même pas combien d'espèces ont déjà été décrites. Une seconde approche, mise en œuvre par le Costa Rica, consiste à dresser l'inventaire exhaustif des espèces dans des régions de surface aussi limitée que possible contenant une proportion aussi élevée que possible des espèces de la région (ATBI, All Taxa Biodiversity Inventory, http :// www.inbio.ac.cr/). En plus de ces deux approches, l'un des sous-programmes du projet international Diversitas (http ://www.unesco. org/mab/co-prgm/diversit/dv-home.html) propose aux institutions participantes de faciliter la gestion des connaissances accumulées par l'élaboration de classifications phylogénétiques des espèces, et leur accessibilité par la recherche de nouveaux moyens informatiques.

La réalisation d'inventaires « raisonnablement » exhaustifs, même localisés, en un temps limité pose des problèmes mal résolus d'échantillonnage. En effet, chaque groupe d'organismes vivants, en fonction de la taille, du comportement et de l'écologie de ses membres, impose des techniques de récolte particulières. Les entomologistes ont parlé de « nouvelle frontière » lorsque la technique du fogging (vaporisation d'insecticide au sommet des arbres) a révélé que la richesse en insectes de la canopée des forêts tropicales est supérieure de plusieurs ordres de grandeur à tout ce qu'on avait imaginé gique sont urgentes : chaque année, entre un et deux pour cent des forêts tropicales humides sont détruites et remplacées par des champs ; à ce rythme, les forêts tropicales humides auront disparu d'ici une cinquantaine d'années.

En raison de cette urgence, les taxinomistes devront imaginer de nouvelles méthodes pour établir leurs classifications. Ils pourraient notamment recruter des amateurs qui collecteraient et classeraient les échantillons selon des méthodes rudimentaires, mais éprouvées. Ils rassembleraient l'essentiel de l'information beaucoup plus rapidement que ne l'exigeraient les canons de la taxinomie traditionnelle. Au Costa-Rica, Rodrigo Gamez et ses collègues de l'Institut de la biodiversité mènent ainsi les premiers programmes de taxinomie simplifiée. Des programmes similaires de codification des espèces sont menés en Australie.

Les techniques modernes pourraient aussi apporter une aide notable. Les chercheurs pourraient rassembler, conserver et transmettre les informations à l'aide d'ordinateurs ; des programmes pourraient faciliter la consultation des banques de données taxinomiques, afin d'accélérer le classement des espèces nouvelles. On pourrait stocker des images de référence sous forme d'hologrammes, comme cela est fait en Australie. Les techniques modernes du traitement de l'information permettraient aux chercheurs qui travaillent dans les régions tropicales d'avoir accès aux immenses collections européennes, héritées du passé colonial.

Je crains que les générations futures ne comprennent pas que Linné soit encore, à la fin du XXe siècle, à la traîne de Newton. Elles regretteront certainement que la recensement et la conservation des diverses formes de vie qui font la richesse de la Terre aient été tellement négligées.

auparavant. De même, le tri des fractions fines des sédiments des profondeurs (de calibre inférieur à deux millimètres), récoltés lors de campagnes océanographiques récentes dans le Pacifique, révèle un nouveau monde de gastéropodes : des centaines d'espèces nouvelles dont les adultes ont une taille millimétrique, alors qu'on supposait jusque là que cette fraction du sédiment contenait surtout les formes juvéniles d'espèces de plus grande taille.

Ces nouvelles techniques modifient notre vision du monde vivant à la fois quantitativement et qualitativement. Nous en tirons deux conclusions : d'une part, un nombre significatif d'espèces vivantes échappe peut-être à notre attention, parce que nous n'imaginons même pas qu'elles puissent se trouver là où elles vivent, et que nous n'avons pas encore élaboré les outils pour les récolter ; d'autre part, toute opération d'inventaire raisonnablement exhaustive exige des moyens techniques sans commune mesure avec ceux qu'on a l'habitude d'utiliser. L'investissement nécessaire concerne la nature des outils (engins de pêche, foggers, pièges...), le nombre de techniques qui doivent être mises en œuvre simultanément, et le personnel nécessaire au tri et à la préparation des espèces récoltées avant d'en commencer l'étude.

L'inventaire et la description des espèces sont souvent considérés comme des activités moins nobles que la recherche sur les phylogénies et l'évolution, probablement parce qu'ils apparaissent comme empiriques et répétitifs. Ce sont pourtant des activités fondamentales, car elles déterminent la façon dont les scientifiques perçoivent la réalité du monde vivant. Par conséquent, l'inventaire et la description ne sont pas des activités autonomes par rapport au reste de la biologie : ils se situent dans le cadre de la théorie de l'évolution, et aident à définir les unités pertinentes pour la compréhension des mécanismes qui ont façonné le monde vivant actuel.

La technique du Fogging : un nuage d'insecticide stagne dans la canopée, au dessus des bâches de récolte (Rivière Bleue, Nouvelle Calédonie).

Simon Tillier
Muséum National d'Histoire Naturelle

Le Big Bang de l'évolution animale

Jeffrey Levinton

Il y a 600 millions d'années, les espèces vivantes se sont considérablement diversifiées. Depuis, les mécanismes de l'évolution semblent s'être opposés à toute modification notable de l'organisation structurale des animaux.

Les biologistes admettent tous que les animaux, les végétaux et autres formes de vie du Globe ont évolué à partir d'organismes simples, apparus il y a plus de trois milliards d'années. Les plus vieux fossiles connus sont ceux d'algues simples et d'autres organismes unicellulaires ; les organismes pluricellulaires, animaux et végétaux, sont apparus des centaines de millions d'années plus tard. L'évolution semble avoir été très irrégulière, avec une poussée soudaine peu après l'apparition des premiers organismes pluricellulaires, il y a presque 600 millions d'années, au cours du Précambrien supérieur.

Les organisations corporelles qui se sont développées alors étaient des ébauches des formes actuelles, et peu de nouveaux plans structuraux sont apparus depuis. De même que toutes les voitures actuelles ressemblent à leurs ancêtres, avec quatre roues et un volant, les organismes vivants ont conservé la structure de base apparue au Cambrien. Il n'y a eu que des variations sur ces thèmes du Cambrien.

Pourquoi de nouvelles organisations structurales animales ne sont-elles pas sorties du chaudron évolutif au cours des centaines de millions d'années qui ont suivi le Cambrien ? Pourquoi les organisations ancestrales sont-elles si stables ?

Ces organisations fondamentales sont familières à tous les naturalistes, même amateurs. Dans le règne animal, les créatures pluricellulaires les plus simples sont les cnidaires à symétrie radiale, telles les méduses et les anémones, dont le corps est constitué de deux couches de tissu. Les vers plats, un peu plus compliqués, sont composés de trois couches de tissu ; ils ont une symétrie bilatérale, et leurs organes sensoriels sont regroupés à une extrémité. La quasi totalité des autres animaux ont trois couches tissulaires et une cavité dans la couche centrale. Ce vaste groupe des cœlomates comprend les annélides, ou vers segmentés ; les échinodermes, tels les étoiles de mer, les concombres de mer et diverses créatures à symétrie d'ordre cinq ; les arthropodes (insectes, araignées et crustacés) ; les mollusques ; les vertébrés et d'autres organismes moins connus.

Le système de classification des animaux et des végétaux qu'ont établi les biologistes repose sur ces différences structurales : chaque groupe, tel celui des échinodermes, celui des arthropodes ou celui des annélides, représente un embranchement, c'est-à-dire une division importante du règne animal caractérisée par une organisation particulière des organismes qui y sont rassemblés. Chaque embranchement se divise en classes, puis en ordres et en groupes plus petits, jusqu'aux espèces.

En 1859, Charles Darwin élucida les bases de cette hiérarchie taxinomique : l'évolution procède par ramifications successives, et chaque division de la hiérarchie représente un autre point de ramification ; les embranchements sont définis par des caractères qui reflètent les associations évolutives les plus anciennes.

Tous les embranchements animaux qui ont laissé des fossiles sont apparus au cours des 60 millions d'années du Cambrien ; on ignore exactement quand, mais à l'échelle de l'histoire de la vie, soit environ 3,5 milliards d'années, l'apparition simultanée des différents embranchements est un événement soudain et remarquable, que certains paléontologues nomment l'« explosion cambrienne ».

Même au niveau taxinomique inférieur, celui des classes, la plupart des innovations seraient apparues très tôt : après le Cambrien, les nouvelles classes ont

1. L'EXPLOSION DU CAMBRIEN, il y a presque 600 millions d'années, a été caractérisée par l'apparition soudaine et quasi simultanée de formes animales nombreuses et variées. Jamais la vie ne s'est autant diversifiée qu'à cette époque.

PLATYHELMINTHES
Vers plats

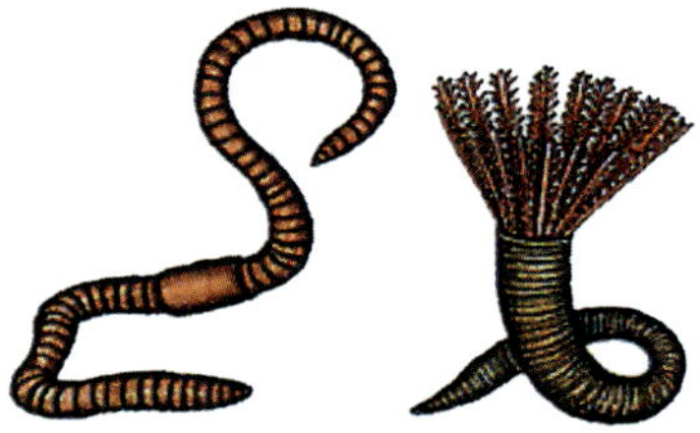

ANNELIDA
Vers segmentés

NEMATODA
Vers ronds

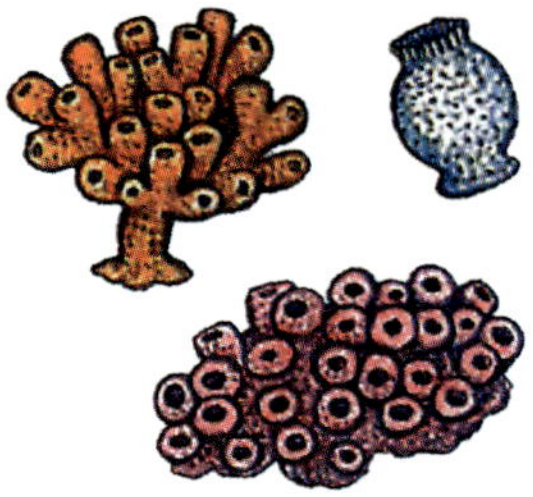

PORIFERA
Éponges

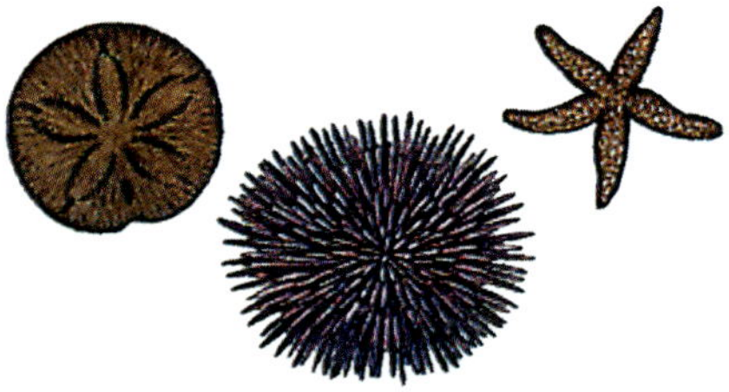

ECHINODERMATA
Étoiles de mer, oursins

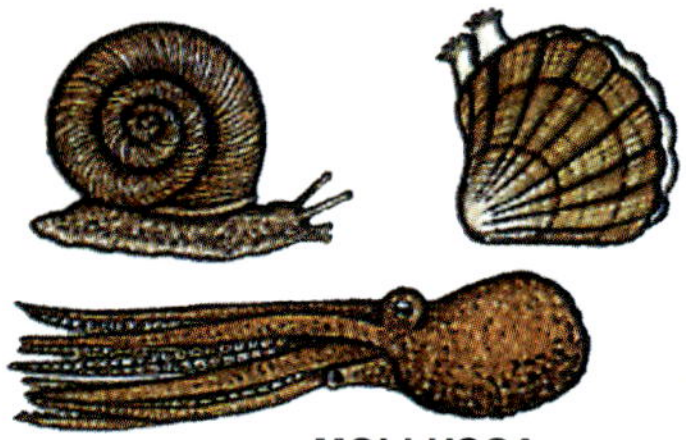

MOLLUSCA
Bivalves, gastéropodes, seiches, pieuvres

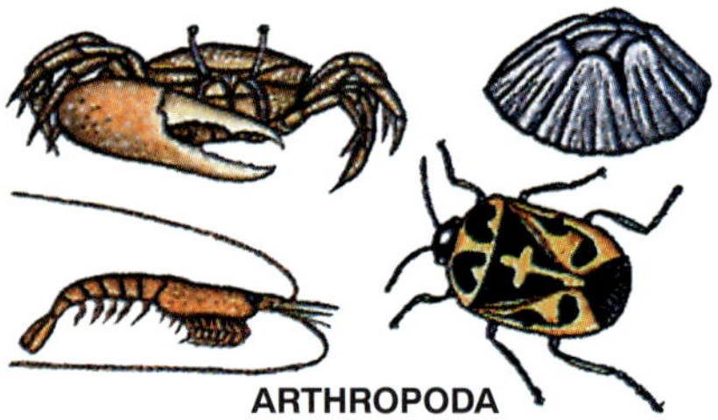

ARTHROPODA
Insectes, crustacés, araignées

CHORDATA
Poissons, amphibiens,
reptiles, oiseaux, mammifères

2. L'ORGANISATION STRUCTURALE des animaux d'un même embranchement est caractéristique, et tous ces organismes partagent certaines innovations évolutives; les divisions des embranchements en catégories taxinomiques inférieures, telles les espèces, correspondent à des variations sur une organisation structurale fondamentale. Tous les embranchements d'animaux qui contiennent des tissus durs sont apparus au cours du Cambrien. On a représenté ici quelques-uns des groupes d'animaux les plus communs.

été très rares. Le début du Cambrien semble avoir été un épisode de radiation évolutive spectaculaire.

Cependant l'explosion cambrienne reste mal connue, car les fossiles ne révèlent pas toujours la date d'apparition des embranchements : si les groupes animaux dont les plus anciens spécimens connus datent du Cambrien ont eu des ancêtres dépourvus de coquille et de squelette, les divergences évolutives ont peut-être été bien antérieures au Cambrien, et la diversification cambrienne n'aurait pas été aussi explosive qu'on l'admet généralement.

Les données sont contradictoires sur ce point : les seuls animaux dont on a trouvé des fossiles datant d'avant le Cambrien appartiennent à un groupe particulier, découvert en 1947 dans les monts Ediacara, au Sud de l'Australie, par le géologue R. Sprigg. Cependant la faune d'Ediacara, dont on a trouvé ultérieurement la trace en d'autres régions du Globe, semble avoir abouti à un cul-de-sac évolutif : on ne peut la relier facilement ni à des organismes modernes, ni même à des fossiles du Cambrien.

Une explosion amorcée avant le Cambrien

La biologie moléculaire n'a pas apporté les conclusions incontestables que l'on escomptait. On suppose que les bases nucléotidiques de l'ADN et les acides aminés des protéines changent, par mutations, à une vitesse approximativement constante : en ce cas, les séquences de l'ADN et des protéines pourraient servir d'horloge moléculaire. Bruce Runnegar, de l'Université de Los Angeles, a comparé la globine (une protéine du sang) de différents organismes vivants et en a conclu que les animaux pluricellulaires se seraient séparés il y a plus de 900 millions d'années, soit bien avant le Cambrien, en différentes lignées qui auraient précédé les principaux embranchements. En revanche, les études de l'ARN de la sous-unité 18S du ribosome (une particule faite d'ARN et de protéines qui intervient dans la synthèse des protéines) de différentes espèces semblent indiquer que la plupart des embranchements sont apparus presque simultanément, à la fin du Précambrien. L'origine des différents embranchements et leurs relations restent obscures.

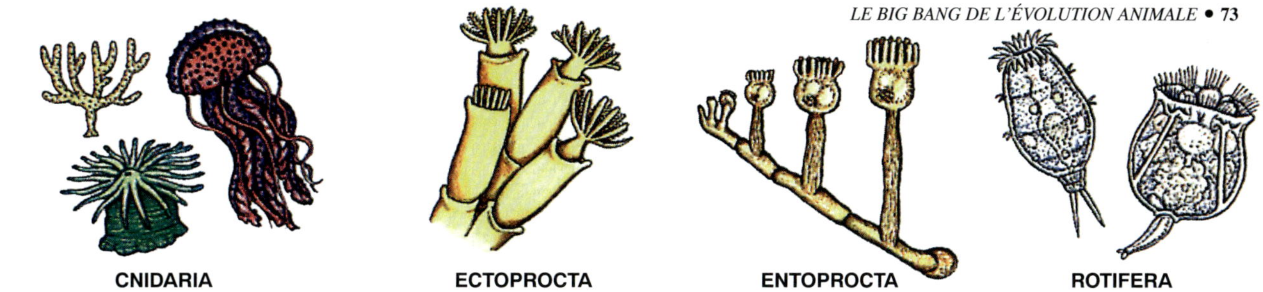

Prises ensemble, les données indiquent toutefois qu'une flambée de vie complexe a bien eu lieu au début du Cambrien ; un examen minutieux et critique des fossiles en donne la mesure. Les schistes de Burgess, en Colombie britannique (Canada), renferment la collection la plus spectaculaire de fossiles du Cambrien. Remarquablement conservés, ils furent découverts en 1809 par Charles Walcott, qui imaginait que ces étranges fossiles pouvaient être associés à des groupes encore vivants. Toutefois de nombreux paléontologues pensent aujourd'hui que les schistes de Burgess et les autres sédiments du Cambrien révèlent l'existence d'organisations structurales qui se développèrent au début du Cambrien, mais se sont éteintes depuis.

Wiwaxia, créature épineuse d'environ deux centimètres de long, décrite par le paléontologue Simon Conway Morris, de l'Université de Cambridge, est un exemple de ces étranges fossiles de Burgess. La reconstitution initiale faisait de *Wiwaxia* le représentant d'un embranchement totalement nouveau, mais Nicholas Butterfield, qui reprit l'analyse du fossile à Harvard en 1990, supputa qu'il était apparenté à un ver à écailles moderne, la souris des mers. Ses recherches ultérieures confirmèrent que *Wiwaxia* appartenait à l'embranchement des annélides : les échantillons de *Wiwaxia* présentent les crochets chitineux et aplatis, caractéristiques d'une sous-classe d'annélides vivants, les polychètes. De même, L. Ramsköld, du Muséum suédois d'histoire naturelle, et Hou Xianguang, de l'Institut de géologie et de paléontologie de Nanjing, ont récemment montré que le plus étrange des fossiles de Burgess, du nom baroque d'*Hallucigenia*, était vraisemblablement un ver péripate de l'embranchement des Onychophores.

Un autre exemple montre les difficultés d'interprétation des données fossiles. Il y a quelques années encore, les échinodermes du Cambrien semblaient répartis dans de nombreuses classes taxinomiques, et être tous apparus soudainement et indépendamment. Pourtant, des études récentes ont abouti à un arbre phylogénique classique, au lieu de l'espèce de prairie initiale dont les multiples racines remontaient à des ancêtres communs inconnus.

Ces exemples soulignent combien la reconstitution de l'histoire évolutive à partir de considérations taxinomiques est malaisée : certains fossiles rares, qui semblent correspondre à des classes particulières, sont parfois difficiles à interpréter. Afin de démontrer qu'un fossile représente une nouvelle classe, ou qu'il appartient à une classe connue, les paléontologues doivent relever les caractéristiques qu'il partage avec d'autres groupes, ou qui, au contraire, font défaut. Lorsqu'ils trouvent, pour la première fois, des fragments fossilisés d'un organisme inconnu, l'absence de caractères connus leur fait naturellement espérer qu'un nouveau groupe a été découvert. Les fossiles étant généralement fragmentaires et susceptibles d'être un jour réinterprétés, je pense, comme d'autres paléontologues, que l'on a exagéré la diversité du Cambrien.

Adaptation expéditive

En dépit de ces réserves, la diversité animale a vraisemblablement explosé au Cambrien, et les biologistes de l'évolution continuent à chercher pourquoi de nouvelles organisations structurales ne sont pas

3. *WIWAXIA (à gauche)*, un animal épineux du Cambrien, semblait appartenir à un embranchement aujourd'hui disparu, mais on a récemment découvert qu'il appartenait à l'embranchement des annélides, comme la souris des mers *Aphrodita (à droite)*.

apparues au cours des 500 millions d'années qui ont suivi le Cambrien.

De nouveaux variants sont-ils apparus et ont-ils évolué rapidement au Cambrien, en raison du grand nombre de niches écologiques libres ? Je ne crois pas que cette explication suffise : lors de la période d'extinction la plus massive de toutes, qui survint à la fin du Permien, il y a 230 millions d'années, 96 pour cent des espèces marines disparurent, mais il ne semble pas que de nouvelles organisations structurales et de nouveaux embranchements soient alors apparus pour occuper les niches laissées vacantes.

D'autre part, l'occupation de toutes les niches écologiques n'empêche vraisemblablement pas l'apparition de nouveautés évolutives. Aujourd'hui, de nombreux organismes dont l'organisation corporelle est différente vivent des mêmes ressources : les escargots, les vers et les membres de nombreux autres embranchements se nourrissent de particules organiques contenues dans la boue. Il nous faut trouver une autre explication à l'absence d'innovations biologiques après le Cambrien.

Une autre hypothèse stipule que l'évolution est plus lente aujourd'hui qu'au début de la vie sur la Terre. Si l'évolution a ralenti pour des raisons encore inconnues, aucune nouvelle organisation structurale n'a peut-être eu le temps d'apparaître.

Il y a dix ans, avec Paul Klerks, de l'Université de Louisiane, nous avons décidé de tester cette hypothèse en examinant la tolérance au métal des invertébrés de la baie de Foundry, à l'embouchure de l'Hudson. Comme les autres baies environnantes, celle de Foundry fourmille d'organismes vivants : à la surface de l'eau, des tourbillons piègent les nymphes de moucherons imprudents : des vers oligochètes et des larves d'insectes dont se nourrissent poissons, crabes et crevettes, peuplent les fonds boueux. Pourtant la baie de Foundry se singularise surtout par sa pollution considérable, sans doute unique au monde, par des composés à base de nickel.

PRAIRIE ÉVOLUTIVE OU ARBRE PHYLOGÉNIQUE ?

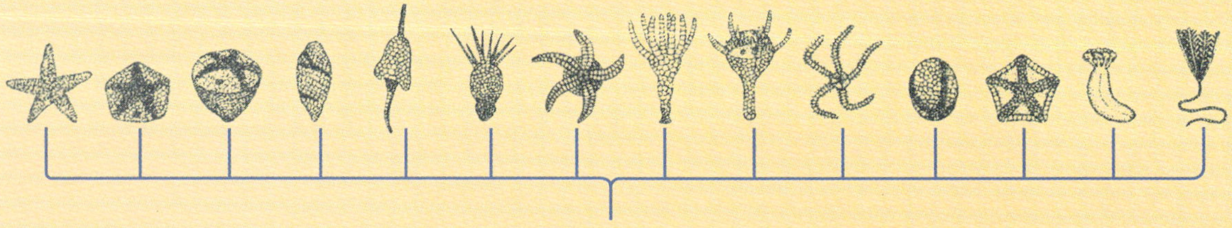

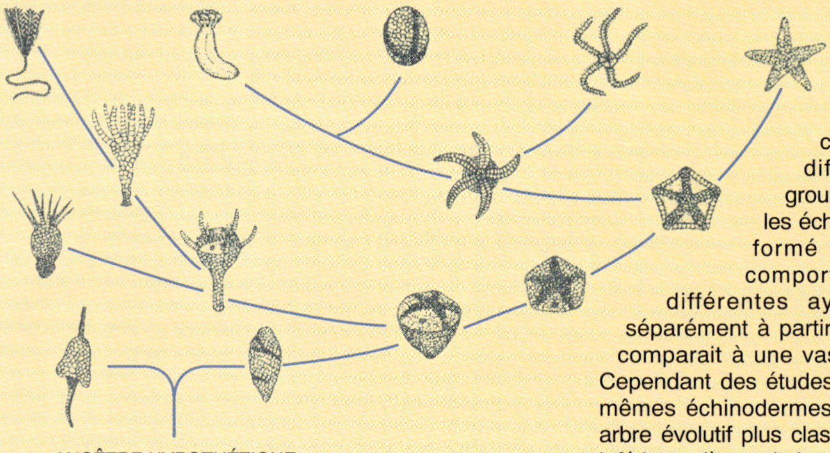

Les *a priori* sur les relations évolutives entre les espèces connues d'un groupe fossile conduisent parfois à des visions différentes de la diversité du groupe. On pensait par exemple que les échinodermes du Cambrien avaient formé un groupe très diversifié, comportant de nombreuses lignées différentes ayant évolué rapidement et séparément à partir d'un ancêtre commun : on les comparait à une vaste prairie évolutive *(en haut)*. Cependant des études ultérieures ont révélé que ces mêmes échinodermes fossiles s'organisaient sur un arbre évolutif plus classique, dont la diversité est bien inférieure *(à gauche)*.

Cette baie a une histoire : lors de la Révolution américaine, une forge située à cet endroit produisait des chaînes qui étaient tendues en travers de l'Hudson pour bloquer la flotte britannique. Pendant la guerre de Sécession, la fonderie fabriqua des munitions de guerre. Il y a environ 40 ans, une usine de batteries s'y installa. Depuis 1953, les usines ont déversé plus de cent tonnes de déchets de nickel-cadmium dans la baie et dans la rivière. Cette pollution ne cessa qu'à la fin des années 1970, après intervention des habitants.

Lorsque nous avons commencé à étudier la baie, au début des années 1980, nous avons trouvé que les sédiments contenaient 25 pour cent de cadmium ! Néanmoins les organismes invertébrés qui y vivaient étaient tout aussi abondants que dans les sédiments non pollués. Nous avons alors étudié la tolérance au cadmium de l'invertébré le plus commun de la baie, un cousin aquatique du ver de terre, *Limnodrilus hoffmeisteri*.

Nous avons observé que les *Limnodrilus* capturés dans une baie voisine mouraient ou dépérissaient quand on les plaçait dans les sédiments de la baie de Foundry, où les vers indigènes se développaient et se reproduisaient. Nous avons ensuite élevé des vers de la baie de Foundry dans de la vase non polluée et nous avons examiné leurs descendants : deux générations après, la résistance au cadmium subsistait, ce qui prouve qu'elle est génétiquement déterminée. Cette résistance au cadmium aurait été acquise en moins de 30 ans : étant donné la variabilité génétique des populations locales et la mortalité élevée, il aurait suffi de deux à quatre générations pour que cette espèce acquière la résistance au cadmium.

Pour étayer cette conclusion, nous avons élevé dans des sédiments riches en cadmium des vers que nous avions prélevés dans un site non pollué, et nous avons croisé les survivants. Dès la troisième génération, les descendants étaient presque aussi résistant au cadmium que les vers de la baie de Foundry.

Cette rapidité de l'adaptation à un environnement nouveau était surprenante, car aucune autre population de vers n'a jamais été confrontée à des conditions aussi contraignantes que celles créées par l'Homme dans la baie de Foundry. Si certaines espèces aquatiques des environs sont absentes de la baie, la plupart ont réussi à s'adapter à ces conditions difficiles.

L'adaptation rapide à des concentrations élevées en une substance toxique semble fréquente. Ainsi les nouveaux pesticides font apparaître en quelques années des souches d'insectes nuisibles résistants : de même, les bactéries deviennent progressivement résistantes aux antibiotiques (heureusement pour l'espèce humaine, les bactéries semblent avoir des difficultés à transmettre la résistance qu'elles ont acquise, et les souches résistantes à un antibiotique particulier disparaissent lorsque l'on cesse temporairement de l'utiliser).

La loi du milieu

La tolérance aux produits toxiques n'est pas la seule indication de la puissance de la sélection naturelle. John Endler, de l'Université de Santa Barbara, a montré sur des petits poissons, les guppies, la rapidité de l'évolution imposée par les prédateurs. Dans la partie du fleuve de Trinidadian où les guppies n'ont pas de prédateurs, les femelles choisissent généralement des mâles dont la nageoire caudale est particulièrement large et colorée (sans doute est-ce un critère de bonne santé) ; or les couleurs vives sont dangereuses dans les endroits où abondent les poissons prédateurs. J. Endler a évalué l'importance évolutive des prédateurs en élevant des guppies dans des réservoirs qui contenaient des prédateurs et dans d'autres qui en étaient dépourvus : dans les réservoirs à prédateurs, les mâles colorés se raréfiaient en quelques années ; au contraire, dans les réservoirs dépourvus de prédateurs, ils se multipliaient.

La sélection naturelle modifie rapidement la reproduction des espèces : dans un fleuve dépourvu de prédateurs, les guppies se reproduisent à un âge plus tardif et consacrent davantage de leurs ressources alimentaires à se développer, plutôt qu'à se reproduire. En revanche, en présence de prédateurs, la sélection naturelle favorise les guppies qui se reproduisent rapidement – avant que les prédateurs ne les attaquent –, et en toute saison.

L'étude des espèces vivantes témoigne de la puissance de l'évolution, aujourd'hui encore (voir dans ce dossier *La sélection naturelle et les pinsons de Darwin,* par Peter Grant). Était-elle plus vigoureuse autrefois ? John Sepkoski, à l'Université de Chicago, a entrepris de déterminer le rythme de l'évolution en étudiant les variations de la diversité des différents groupes fossiles au cours du temps. Ses estimations du nombre de genres, une catégorie taxinomique de rang peu élevé, donnent une bonne indication du nombre des espèces au cours du temps. Apparemment, il y eut des périodes au cours desquelles le nombre total d'espèces a été stable, et une période vers la fin de l'ère Paléozoïque où ce nombre s'est effondré ; cependant, au cours des 60 derniers millions d'années, le nombre total d'espèces semble avoir régulièrement augmenté : le fait que de nouvelles formes ne soient pas apparues n'est donc pas dû à un arrêt de la spéciation.

La vitesse de l'évolution

Pourquoi la paléontologie indique-t-elle une évolution très lente, alors que l'observation des espèces vivantes révèle, au contraire, des changements rapides ? Cette difficulté apparaît nettement quand on étudie les fossiles de la baie de Chesapeake, dans le Maryland. Dans cette baie, on rencontre de petites falaises de sable

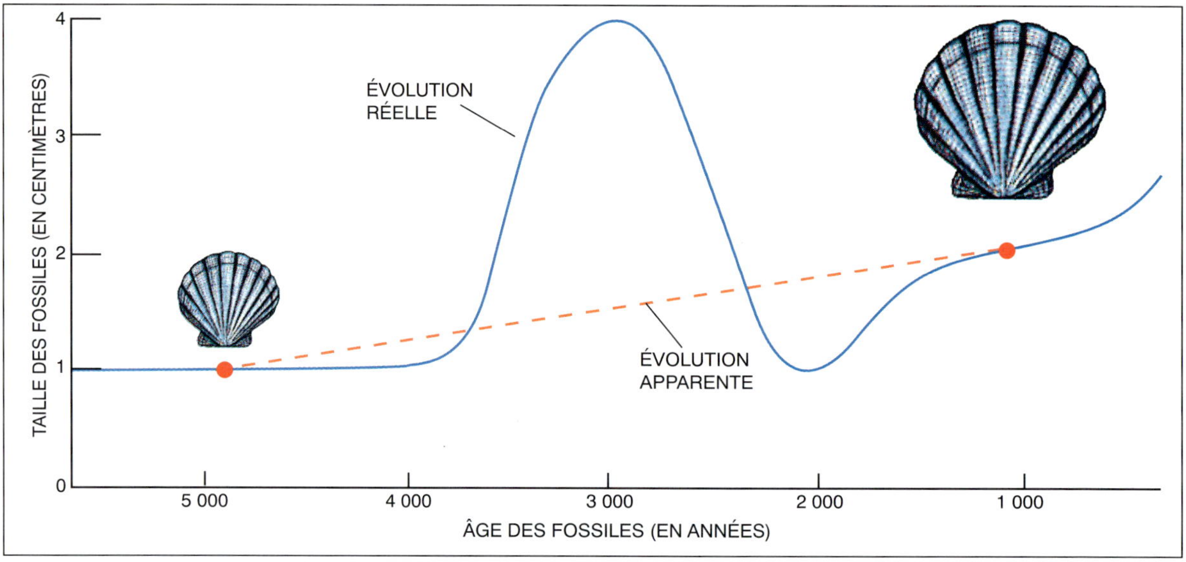

4. LES VITESSES APPARENTES d'évolution dépendent de l'échelle de temps sur laquelle on les mesure. Ce phénomène expliquerait pourquoi les changements évolutifs paraissent si lents quand on étudie les fossiles. L'alternance de périodes de stabilité et de fluctuations rapides fait apparaître une évolution moyenne *(en rouge)* plus lente que l'évolution réelle.

durci : elles contiennent les fossiles de milliers de créatures qui vivaient là, dans une mer peu profonde, il y a plusieurs millions d'années.

Dans les falaises de la baie, on trouve des fossiles de coquilles Saint-Jacques du Miocène, nommées *Chesapecten.* Ces fossiles furent les premiers décrits en Amérique du Nord, en 1687. Les plus anciens remontent au Miocène moyen, il y a 14 millions d'années, mais le groupe a disparu il y a environ trois millions d'années, laissant une séquence stratigraphique de fossiles quasi ininterrompue. L'évolution des *Chesapecten* est à la fois impressionnante et majestueusement lente.

Les animaux jeunes, dans les espèces de coquilles Saint-Jacques actuelles, sont généralement de forme triangulaire, et leur coquille est entaillée d'une profonde encoche, par où une attache filamentaire - le pied - sort pour fixer l'animal sur son substrat ; en vieillissant, elles s'arrondissent, et leur pied diminue proportionnellement à l'accroissement de leur taille. Au cours de l'histoire des *Chesapecten*, la forme adulte a suivi la même évolution, passant progressivement de formes qui ressemblaient à celle des jeunes coquilles d'aujourd'hui, à la forme des adultes contemporains. Selon J. Miyazaki, de l'Université de Stony Brook, la mer où vivaient les *Chesapecten* devint de plus en plus profonde, favorisant ainsi les coquilles libres et non plus celles qui étaient fixées sur un substrat. Quelle qu'en soit la raison, l'évolution des *Chesapecten* a été très lente.

Des modifications évolutives comparables surviennent parfois beaucoup plus rapidement chez les mollusques vivants, tels le buccin *Nucella lapillus* et le bigorneau *Littorina obtusata*. Ces mollusques sont devenus la proie des crabes littoraux européens, introduits accidentellement dans certaines baies du Maine vers le début du XXe siècle, mais, en quelques dizaines d'années seulement, leur carapace s'est épaissie et durcie, les protégeant de leurs nouveaux prédateurs.

George Simpson, l'un des grands paléontologues du XXe siècle, avait également constaté que les mammifères fossiles qu'il étudiait avaient évolué lentement : ayant observé que les opossums modernes diffèrent peu de leurs ancêtres qui vivaient au Crétacé il y a 65 millions d'années, il avait extrapolé la vitesse d'évolution des opossums et était arrivé à la conclusion que les mammifères n'avaient pu évoluer à partir d'un ancêtre reptilien en moins de 600 millions d'années, résultat qu'il jugea absurde.

L'évolutionniste J.B.S. Haldane a clairement exposé le problème après avoir examiné les résultats de Simpson sur les fossiles de chevaux : la taille d'un relief dentaire avait augmenté de 3,6 pour cent par million d'années. Cette vitesse était si lente qu'il était difficile de distinguer l'œuvre de la sélection naturelle de celle des hasards génétiques. Pourquoi l'évolution des espèces vivantes est-elle si rapide, tandis que celle des fossiles semble avoir été si lente ?

Ce paradoxe résulte de la très longue échelle de temps de la paléontologie : le calcul des vitesses évolutives sur des centaines de milliers, voire sur des millions d'années, peut fausser les résultats. Supposons que l'on veuille mesurer la profondeur de l'eau le long

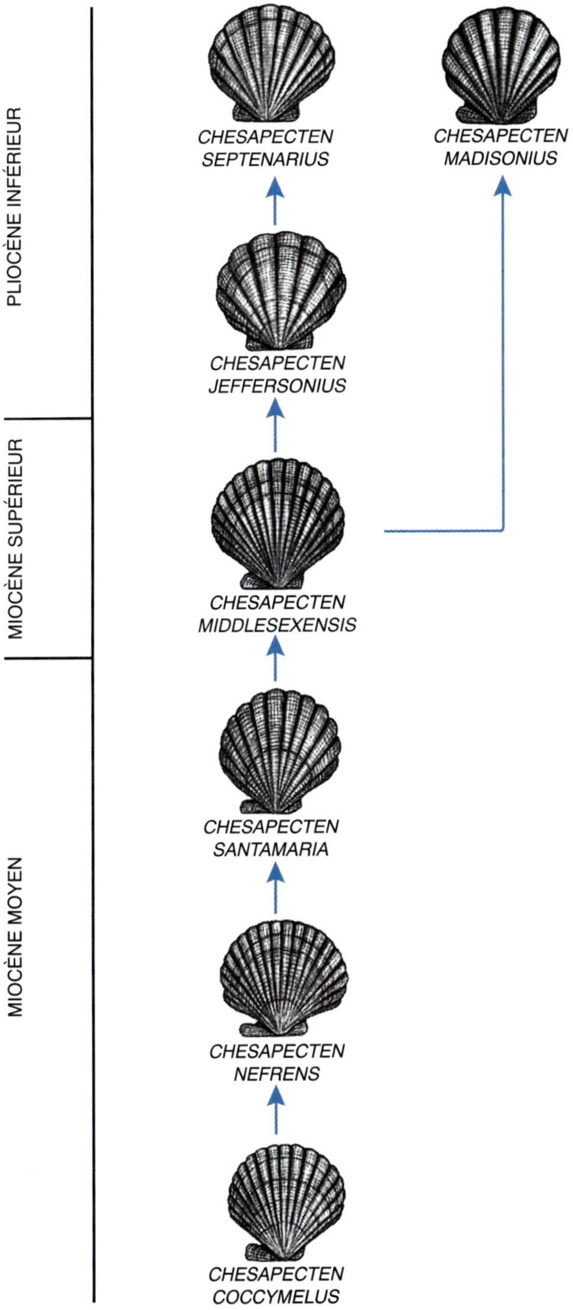

5. LES CHESAPECTEN FOSSILES témoignent d'une évolution constante, qui s'est poursuivie pendant plus de dix millions d'années. La forme de ces coquilles Saint-Jacques trouvées fossilisées dans la baie de Chesapeake, aux États-Unis, s'est progressivement arrondie, et l'encoche marquant leur point d'attache au substrat s'est progressivement atténuée. Ces modifications rappellent celles que subissent les coquilles Saint-Jacques modernes quand elles vieillissent. Dans l'une des lignées *(à droite)*, ces modifications ont finalement cessé, tandis que dans l'autre *(à gauche)*, elles se sont poursuivies jusqu'à l'extinction de la lignée.

d'une côte, le premier janvier de deux années consécutives. Même si l'on effectue la mesure à marée basse une année et à marée haute l'année suivante, la différence sera égale à l'amplitude maximale, par exemple un mètre, et la vitesse, quotient de la dénivellation par le temps écoulé, sera très faible : 0,1 millimètre par heure seulement. Au contraire, si l'on mesure le niveau de la mer toutes les six heures environ, le changement paraîtra beaucoup plus rapide : 17 centimètres par heure.

Lorsqu'un changement n'est constant ni en vitesse, ni en direction, l'échelle de temps des mesures est très importante. Les vitesses d'évolution, mesurées à l'échelle des temps géologiques, semblent étonnamment lentes, parce que de longues périodes de stabilité ont été entrecoupées d'épisodes de changements rapides et, éventuellement, d'inversions évolutives.

Le géologue Peter Sadler, de l'Université de Riverside, retrouva ce phénomène quand il mesura la vitesse de dépôt de sédiments marins à différentes périodes de l'histoire de la Terre : il trouva que la vitesse d'accumulation des sédiments était d'autant plus faible qu'on la mesurait sur des intervalles de temps plus longs. Le paléontologue Philip Gingerich, à l'Université du Michigan, mit en évidence une relation identique entre les vitesses d'évolution apparentes et les intervalles de temps considérés : aux courtes échelles de temps, les changements chez des fossiles et des espèces vivantes semblaient rapides ; en revanche, les vitesses semblaient diminuer sur des intervalles plus longs.

Les périodes de changements évolutifs très rapides et intenses, qui ont vraisemblablement alterné avec des inversions et de longues périodes de stagnation, peuvent passer inaperçues si elles tombent dans les brèches de l'échelle des temps paléontologiques. Par exemple, le biologiste Michael Lynch, de l'Université de l'Oregon, a montré que l'évolution apparemment lente des mammifères résulte probablement de la sélection de formes intermédiaires stables sur des millions d'années.

Les contraintes du développement

S'il n'y a aucune raison de penser que l'évolution était autrefois plus lente ou plus rapide qu'elle ne l'est aujourd'hui, l'explosion du Cambrien et la persistance étonnante des structures ancestrales restent inexpliquées.

Les caractéristiques qui paraissent définir le plan d'organisation d'un groupe sont parfois peu marquées, voire différentes, chez les ancêtres de ce groupe. C. Paul, à l'Université de Liverpool, et Andrew Smith, au Muséum d'histoire naturelle de Londres, ont montré que l'étoile de mer n'a pas surgi des brumes du Cambrien sous sa forme actuelle, qui serait immuable. La morphologie de l'étoile de mer telle que nous la connaissons s'est façonnée au cours du Cambrien, pendant des millions d'années. De même, la symétrie d'ordre cinq de tous les échinodermes actuels n'était pas établie dès l'origine de ce groupe : elle a été précédée par une symétrie d'ordre trois. La sélection naturelle a lentement sculpté la forme générale des squelettes et des tissus mous des échinodermes.

Les caractères distinctifs d'un groupe semblent se figer progressivement, après une longue période de plasticité évolutive. La pression de sélection finit par limiter les modes de développement possibles à quelques organisations structurales adaptées. On ignore les mécanismes génétiques qui figent ainsi le développement, mais on découvre de plus en plus de gènes qui règlent de la même façon le mode de développement précoce d'espèces différentes, même éloignées. Le Cambrien pourrait avoir été la période au cours de laquelle les programmes génétiques de l'organisation embryonnaire se sont figés, définissant les formes que nous connaissons aujourd'hui.

Les mutants qui ne se développent pas normalement n'étant généralement pas viables, de nombreux biologistes considèrent que le développement – un mécanisme extrêmement précis – ne peut être modifié radicalement sans difficulté. La théorie des contraintes imposées par le développement explique à la fois la diversification des organismes au Cambrien, et l'absence de diversification après le Permien ; elle explique aussi pourquoi la vitesse de spéciation, telle que l'a mesurée J. Sepkoski, est encore élevée aujourd'hui : les modifications qui correspondent à des différences entre espèces très proches ne sont soumises à aucune contrainte de développement.

Cependant on est en droit de se demander si les contraintes du développement expliquent réellement la stabilité des organismes sur des centaines de millions d'années. Les échinodermes sont-ils restés les échino-

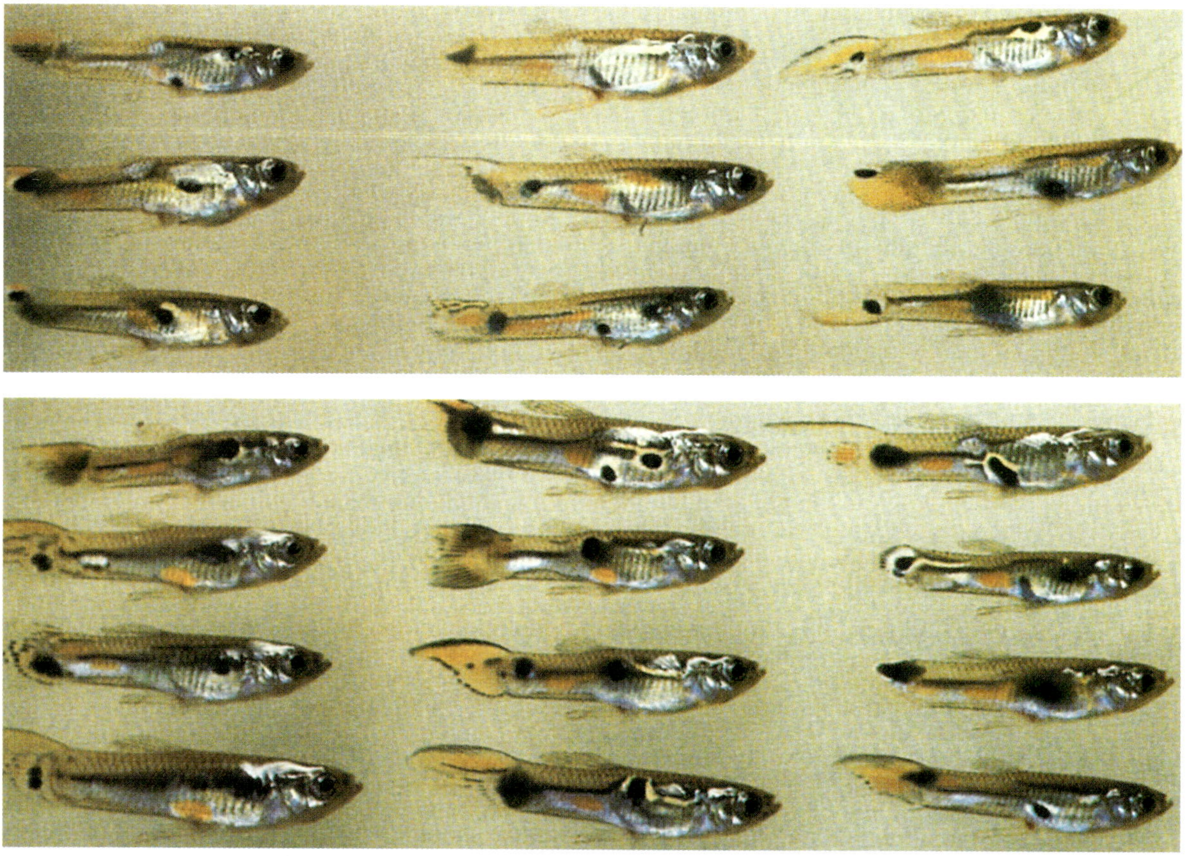

6. LES GUPPIES évoluent notablement en quelques générations, et ils s'adaptent rapidement aux modifications du milieu. Quand les prédateurs sont nombreux, la sélection naturelle favorise les guppies ternes et transparents *(en haut)*. Inversement quand les prédateurs sont rares, les guppies mâles retrouvent des nageoires caudales volumineuses et colorées, qui attirent leurs partenaires *(en bas)*.

dermes parce que leur développement ne pouvait pas être perturbé par la sélection naturelle ?

Les contraintes du développement ne sont pas absolues, et elles sont parfois contournées avec succès. Ainsi, toutes les grenouilles adultes ont à peu près la même forme, mais certaines grenouilles arboricoles ont une poche où elles placent leurs œufs, anormalement grands et riches en vitellus. Le développement embryonnaire précoce de ces espèces diffère de celui des autres grenouilles arboricoles, afin que l'embryon se développe dans un gros œuf, sur terre plutôt que dans l'eau.

Les modifications ont lieu lors de la gastrulation, une période cruciale du développement où se mettent en place toutes les futures caractéristiques des différents tissus. L'exemple des grenouilles montre que l'embryon n'est pas à l'abri d'importantes modifications de son développement, et des résultats analogues sur le développement des échinodermes ont été récemment obtenus. Gregory Wray, de l'Université Vanderhilt, et Rudolph Raff, de l'Université de l'Indiana, ont montré que les embryons d'oursins sont extrêmement variés. Les larves d'espèces proches ont parfois des formes très différentes : certaines sont adaptées à de longues périodes de nage et se nourrissent de plancton ; d'autres, au contraire, doivent résister à de courtes périodes de jeûne parce qu'elles sont dispersées par les courants. Ces spécialisations écologiques sont à l'origine de différences considérables des schémas de développement des larves, et même des régions de l'embryon qui donneront telle ou telle structure adulte. Pourtant les adultes de ces espèces sont quasi identiques : ils possèdent tous un squelette ovoïde et des piquants, se déplacent sur des pieds tubulaires et s'accrochent aux rochers avec leurs mâchoires.

Autrement dit, contrairement à la théorie des contraintes du développement, les formes adultes seraient restées les mêmes, non parce qu'elles étaient incapables de changer, mais parce qu'elles étaient bien adaptées. Bien que les contraintes de développement guident sans conteste l'évolution morphologique, la sélection naturelle semble principalement responsable de la préservation des caractéristiques de chaque embranchement.

Mutations contre sélection naturelle

L'énigme de l'explosion de la vie au Cambrien est lancinante. La persistance des organisations corporelles qui sont apparues alors est vraisemblablement un indice important sur les modalités de l'évolution. Stephen Jay Gould, de l'Université Harvard, suppose que les formes de vie étaient extraordinairement diversifiées au Cambrien, et propose que le hasard – et non la sélection naturelle – a décidé de la survie ou de l'extinction des lignées évolutives. Toutefois la faune du Cambrien n'a peut-être pas été aussi diverse que S. Gould l'admet : les arthropodes modernes, par exemple, ne seraient pas moins variés que leurs ancêtres du Cambrien.

En outre, quelle qu'ait été alors l'évolution des organisations structurales, les transformations postérieures au Cambrien ont été considérables, et l'on ne peut récuser trop vite l'idée que les animaux modernes représentent un « progrès » par rapport à leurs ancêtres.

Darwin s'est toujours opposé à l'idée d'un progrès évolutif, qui placerait l'Homme au sommet de l'échelle de la vie ; la notion de progrès au sein d'un groupe ne signifie pas qu'un organisme soit supérieur à un autre organisme contemporain, mais seulement qu'il est supérieur à ses propres ancêtres. Toutefois de nombreuses lignées évolutives présentent, plutôt que des progrès, des adaptations à l'apparition de prédateurs, aux variations du climat ou à diverses modifications de l'environnement.

Je pense que ces tendances évolutives représentent des améliorations darwiniennes progressives à des modifications de l'environnement. L'évolution des reptiles mammaliens en mammifères, par exemple, a nécessité plus de 100 millions d'années et a correspondu à une meilleure adaptation à la vie terrestre ; l'apparition d'un palais secondaire a amélioré l'efficacité de la mastication ; les dents ont évolué des simples cônes reptiliens, régulièrement renouvelés, à des formes plus complexes, remplacées une fois seulement au cours de l'existence. Même l'articulation de la mâchoire a changé : dans certains fossiles de transition, l'articulation mandibulaire reptilienne coexiste avec celle de la mâchoire mammalienne.

Si l'on comparait directement les mâchoires des reptiles et des mammifères modernes, on ne pourrait admettre le passage d'une forme à l'autre sans supposer une mutation monstrueuse, radicale, et hautement improbable, mais les fossiles nous rappellent que la mâchoire des mammifères a évolué progressivement. Loin de récuser l'importance de la sélection naturelle, comme S. Gould l'a laissé entendre, les restes fossiles confirment son influence déterminante.

Les organisations structurales, anciennes et stables, des embranchements sont-elles des solutions optimales aux problèmes de la survie et de la reproduction, atteintes après un épisode de sélection naturelle précoce et rapide ? ou bien sont-elles seulement des combinaisons aléatoires de caractères assemblés à l'occasion de péripéties évolutives ? Les deux hypothèses renferment vraisemblablement une part de vérité : l'évolution poursuit son œuvre de spéciation, mais les organisations structurales fondamentales survivantes ne semblent pas changer. La diversité animale n'augmentera sans doute plus jamais comme elle l'a fait au début du Cambrien.

La radiation des Mammifères

Jean-Louis Hartenberger

L'arbre évolutif des mammifères a longtemps été qualifié de buisson, car tous les types adaptatifs surgissent au début de l'ère Tertiaire. On connaît aujourd'hui les étapes de cette diversification.

Depuis les observations de Descartes sur la circulation des animaux à sang chaud, nous savons que nous appartenons à la gent Mammifère. Notre passé commun avec les quelques 4000 espèces de mammifères peuplant la planète fait que nous avons un intérêt particulier dans la recherche des ancêtres de cette classe de vertébrés. Cette recherche passe par la construction d'un arbre phylogénétique qui montre les relations de parenté entre les différents types actuels et prenne en compte les fossiles. Commencée il y a un siècle, cette entreprise n'a pas encore complètement abouti. L'apparente soudaineté de l'apparition des mammifères et la délicate identification de leurs restes fossiles constituent les principaux obstacles. Toutefois, depuis une dizaine d'années, la collaboration entre embryologistes et paléontologues, la découverte de nouveaux fossiles et l'apport critique des données moléculaires ont éclairé les grandes étapes de l'histoire des mammifères.

Avant même que se pose la question des relations évolutives des mammifères, on se souciait déjà de les classer. Fidèles à l'esprit encyclopédiste qui régnait au XVIIIe et au XIXe siècles, zoologistes et paléontologues rangèrent les mammifères selon leurs ressemblances et distinguèrent différents types : herbivores, carnassiers, volants, rongeants, etc.. Linné, Buffon, Cuvier et de Blainville furent les principaux artisans de ces premières classifications. Leur couronnement fut une classification d'esprit linnéen où l'on avait regroupé dans différents ordres les espèces appartenant à des modèles adaptatifs similaires. Par exemple, on rangeait dans les Artiodactyles les herbivores qui courent sur deux doigts, tel le cerf, alors que ceux dont les membres reposent sur le doigt central, tel le cheval, étaient rassemblés sous l'étiquette de Périssodactyles. On reconnut également les Chiroptères (les chauve-souris), les Rongeurs, les Carnivores, les Cétacés, etc., soit au total une vingtaine d'ordres de mammifères.

Par ailleurs, on utilisa les modalités de la reproduction pour distinguer des sous-classes. Les mammifères précédents se développent en étant reliés à leur mère par un placenta ; à côté de ces mammifères placentaires, on distingua les Marsupiaux, dont le jeune naît à l'état d'embryon et poursuit sa croissance à l'abri de la poche marsupiale de la mère, et les Monotrèmes qui, tel l'ornithorynque, pondent des œufs.

Tandis que se multipliaient les découvertes de fossiles, espèces perdues suivant l'expression de Cuvier, on chercha à retrouver dans ce passé plus ou moins proche les ancêtres des espèces actuelles. Toutefois, si l'on acquit très tôt l'assurance que tous ces animaux qui allaitent leurs petits ont eu les mêmes ancêtres et se sont détachés d'un même tronc, aucune des tentatives pour replacer ordres et sous-classes dans un arbre phylogénétique cohérent ne résista aux critiques. Plus s'accroissait notre connaissance des mammifères fossiles, de l'anatomie, de la biologie et de l'embryologie des espèces actuelles, plus l'énigme semblait s'épaissir. On en arriva même à qualifier de buisson cet arbre phylogénétique si ardu à construire ! Si l'entreprise était et reste difficile, c'est surtout parce que tous les grands types adaptatifs qui caractérisent les ordres surgissent dans les gisements du Tertiaire le plus ancien, cette ère dédiée aux mammifères. Grâce aux récentes découvertes de fossiles en Mongolie, au Kurdistan ou en Afrique, on s'achemine aujourd'hui vers la solution. On a déjà identifié les principales branches, nommées cohortes, qui donnent naissance chacune à plusieurs rameaux, ces ordres définis il y a près d'une centaine d'années.

La leçon de Cuvier

Comme leur nom l'indique, les mammifères se distinguent par la présence de mamelles. Alors que les poissons, les amphibiens et les reptiles pondent dans l'eau ou à terre des œufs qu'ils abandonnent ensuite, du moins dans la plupart des cas, les mammifères accordent à leurs petits une assistance prolongée dont l'allaitement est le corollaire. Comment les paléontologues, sans disposer de cette information, parviennent-ils à attribuer à des mammifères les maigres restes qu'ils étudient, des dents, au mieux des mandibules et des crânes plus ou moins complets ? Pour comprendre leur démarche, revenons près de 200 ans en arrière, et assistons à la célèbre démonstration que fit Cuvier en 1804, à l'occasion de la découverte de la sarigue fossile dans les Gypses de Montmartre.

Grâce aux collections du Muséum d'Histoire Naturelle, le savant a accumulé une connaissance encyclopédique des mammifères actuels et des autres vertébrés récoltés dans tous les pays du monde. Nul squelette n'a échappé à ses observations minutieuses. Il connaît aussi très bien l'anatomie des parties molles de tous ces animaux, ainsi que leur biologie et leurs mœurs. Quelques semaines auparavant, extraits des Plâtrières de Montmartre, on lui a apporté deux éclats d'un même bloc, où affleurent les parties complémentaires d'un squelette. Toutefois l'on discerne encore mal ses différents éléments, englués dans le gypse.

La méthode paléontologique

Cuvier commence alors une étude comparative minutieuse des os des membres, des mâchoires et du crâne. Ce sont surtout les dents et les os de la main du petit animal qui l'éclairent. Dans ses collections, il a eu l'occasion d'étudier la sarigue d'Amérique du Nord, ou opossum, petit marsupial aux dents aiguës fort répandu aux États-Unis et dont on ne trouve de parent proche qu'en Amérique du Sud et en Australie. Devant la ressemblance des deux squelettes, Cuvier se range à l'évidence : le petit animal de l'Éocène de Montmartre appartenait aux Marsupiaux. Ce groupe de mammifères avait donc vécu par le passé sur des territoires d'où il avait depuis disparu. Devant le scepticisme de ses collègues, Cuvier propose alors de dégager sous leurs yeux le bassin de l'animal afin d'en révéler les os marsupiaux. Ces os servent d'armature à la poche marsupiale, et sont absents chez les placentaires. Beaucoup croient à un pari, mais Cuvier, convaincu de l'existence d'une corrélation entre les différents caractères, est sûr de lui. Triomphalement, il fait apparaître le pubis marsupial de l'animal de Montmartre.

C'est une grande date pour la paléontologie, car cette approche a fait florès chez ses praticiens : depuis Cuvier, les paléontologues s'imposent des allers-retours

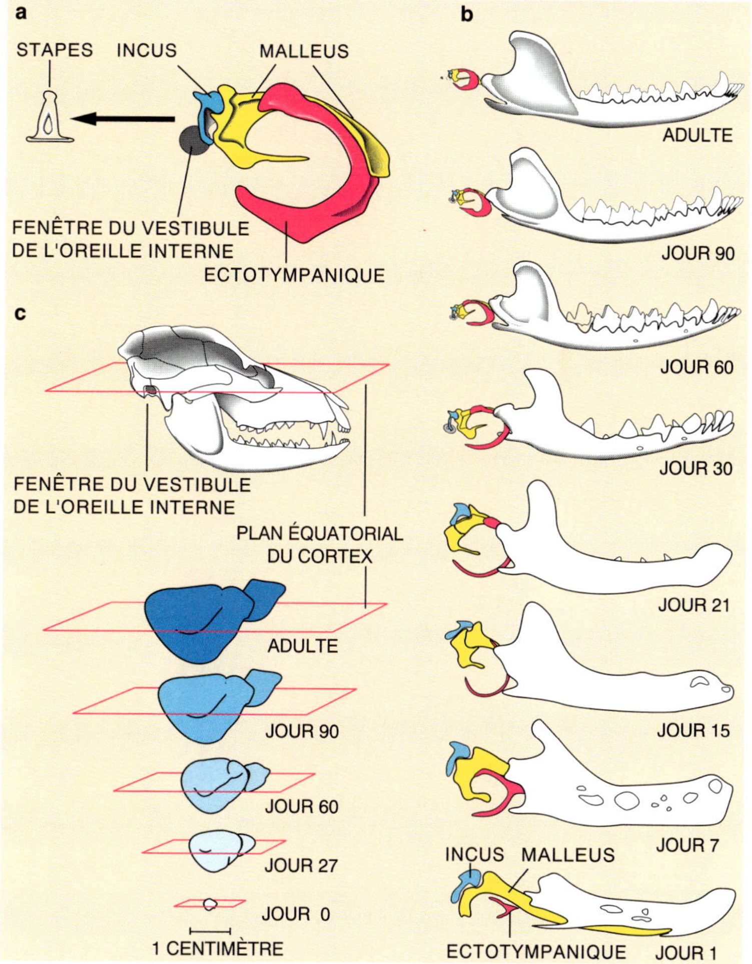

1. DÉVELOPPEMENT SIMULTANÉ DE L'OREILLE MOYENNE et du néocortex chez l'embryon de sarigue, ou oppossum, petit marsupial américain. L'oreille moyenne d'un mammifère adulte *(a)* se compose de plusieurs petits os délicatement articulés : l'ectotympanique, le malleus, l'incus et le stapes (le marteau, l'enclume et l'étrier chez l'homme). Le schéma *b* donne une vision de leur formation chez la jeune sarigue, à partir d'ébauches cartilagineuses de la région mandibulaire. Celles-ci glissent progressivement vers l'arrière du crâne, tandis que la mandibule se forme à partir d'un seul os, le dentaire *(en blanc)*, ici dessiné à la même taille aux différents âges (comptés en jours après la migration dans la poche marsupiale). Lorsque la chaîne des petits os a gagné sa position postérieure, aux environs du 30e jour, le néocortex se développe, en particulier les aires auditives *(c)*. T. Rowe a retrouvé la même séquence d'événements dans la série de fossiles qui va des reptiles mammaliens du Permien aux mammifères du Crétacé supérieur : la mandibule reptilienne composée est remplacée par une mandibule d'une seule pièce, le dentaire, tandis que les aires auditives du cerveau connaissent un développement parallèle. On vérifie une nouvelle fois que l'ontogenèse récapitule la phylogenèse.

entre les caractères des formes actuelles et ceux des fossiles qu'ils découvrent, quelle que soit l'échelle d'observation. Les dents, crânes et os que l'on exhume, si l'on sait lire les informations qu'ils recèlent, nous renseignent sur les modes de vie et les régimes alimentaires de nos ancêtres mammaliens, et bien entendu sur leurs relations phylogénétiques. Au temps de Cuvier, on ne considérait que l'anatomie à l'échelle macroscopique. Depuis les observations ont changé d'échelle, et l'on étudie aussi la structure fine des tissus osseux et dentaires. D'autres disciplines sont venues au secours des paléontologues : l'embryologie, l'anatomie fonctionnelle, la génétique et même l'écologie. Enfin les analyses à l'échelle moléculaire constituent une approche indirecte de l'histoire du vivant, dont les premiers résultats sont prometteurs.

Revenons à la découverte de Cuvier et à l'histoire des mammifères qui peu à peu se bâtit en ce début du XIXe siècle. Si la présence d'un marsupial fossile dans les terrains du Tertiaire ancien recule la date d'apparition des mammifères, on les croit encore cantonnés à cette ère géologique. Quelques années plus tard, le paléontologue anglais Buckland montre à Cuvier deux petites mandibules, manifestement mammaliennes, qu'un ouvrier a mis au jour dans les carrières jurassiques de Stonesfield : la preuve est faite que les mammifères étaient déjà présents au Secondaire et furent contemporains des dinosaures !

Aujourd'hui le plus ancien mammifère connu est *Morganucodon*, vieux de quelques 200 millions d'années. Avait-il un mode de reproduction de type placentaire ou marsupial ? ou pondait-il des œufs, comme les monotrèmes ? Avant de tenter de répondre à cette question difficile et peut-être insoluble, il nous faut définir ce qu'est réellement un mammifère par opposition à tous les autres vertébrés.

En adoptant la même approche que Cuvier, les paléontologues ont conclu, voici une quarantaine d'années, que l'on devait reconnaître comme mammifères tous les vertébrés dont la mandibule est constituée d'un os unique, le dentaire, et pourvue de dents différenciées (incisives, canines, prémolaires, molaires). On voit trop souvent dans cet énoncé une définition arbitraire de la classe des Mammalia ; il s'agit en fait d'un véritable paradigme, produit de deux siècles d'observations et des efforts conjugués d'anatomistes, d'embryologistes et de paléontologues. Les grandes étapes furent la découverte et l'étude des reptiles « mammaliens » du Permien et du Trias, les études d'embryologie sur la formation du crâne et les études d'anatomie comparée des squelettes de mammifères du Secondaire, dont certains sont très complets. Ce paradigme de la mandibule englobe non seulement l'appareil masticateur, mais aussi, implicitement, la région auditive.

L'oreille, la mandibule et la dent

Trois raisons expliquent le choix de la mandibule. Tout d'abord, c'est l'un des éléments crâniens les plus fréquemment fossilisés. Ensuite, l'on constate que des reptiles aux mammifères, mastication et audition sont modifiées. Alors que chez les mammifères, la mandibule est composée du seul dentaire, chez les reptiles, elle est formée d'un agrégat de quatre à six os, le dentaire portant seul les dents. Les autres os, situés plus en arrière, articulent la mandibule avec le crâne ou transmettent les sons. On retrouve les homologues de ces os chez les mammifères, mais le dentaire s'articule cette fois directement avec le crâne : les autres os sont soit accolés à la région articulaire, soit sertis dans un appareil auditif remanié et miniaturisé (stapes, incus, malleus), et logés tout contre le crâne. Le résultat de cette miniaturisation est la capacité de transmettre une gamme d'ondes sonores plus étendue qu'au stade reptilien.

L'embryologie a confirmé ce scénario déduit de séries fossiles. Parmi de nombreux travaux, citons la récente contribution de Tim Rowe, de l'université d'Austin. Ce chercheur a montré que la mise en place de l'appareil auditif mammalien a coïncidé avec une augmentation du volume cérébral. Cet accroissement traduirait l'exigence d'un plus grand nombre de terminaisons nerveuses pour la perception et l'interprétation des sons. Après avoir suivi cette transformation chez les fossiles, des reptiles mammaliens du Permien aux mammifères du début du Secondaire, T. Rowe l'a retrouvée, en accéléré, dans les étapes du développement de l'oreille et du cerveau de l'embryon de la sarigue moderne, suivant le vieil adage d'Haeckel « l'ontogenèse récapitule la phylogenèse ».

Un autre aspect fondamental de l'évolution des mammifères est l'acquisition de l'allaitement. Les glandes mammaires dériveraient de glandes cutanées sudoripares qui se seraient spécialisées dans la production du lait. Darwin imagina que ce mode de nourrissage était apparu chez des femelles qui protégeaient leurs jeunes en les maintenant contre elles ; l'ingestion accidentelle de sécrétions des glandes cutanées abdominales aurait débouché sur leur utilisation comme nourriture. Des études moléculaires ont conforté ce scénario : le gène qui code l'alpha-lactalbumine, l'une des protéines constitutives du lait, n'est présent que chez les mammifères et provient de la duplication du gène du lysozyme α. Or ce dernier est présent chez de très nombreux vertébrés « pondeurs » ; en outre, le lysozyme a un pouvoir bactéricide et fongicide. Les précurseurs des glandes mammaires furent probablement des glandes cutanées qui produisaient ce lysozyme afin de protéger l'œuf des infections. Il a suffi d'un bricolage génétique, une duplication, pour que les mammifères acquièrent une protéine ayant valeur nutritive.

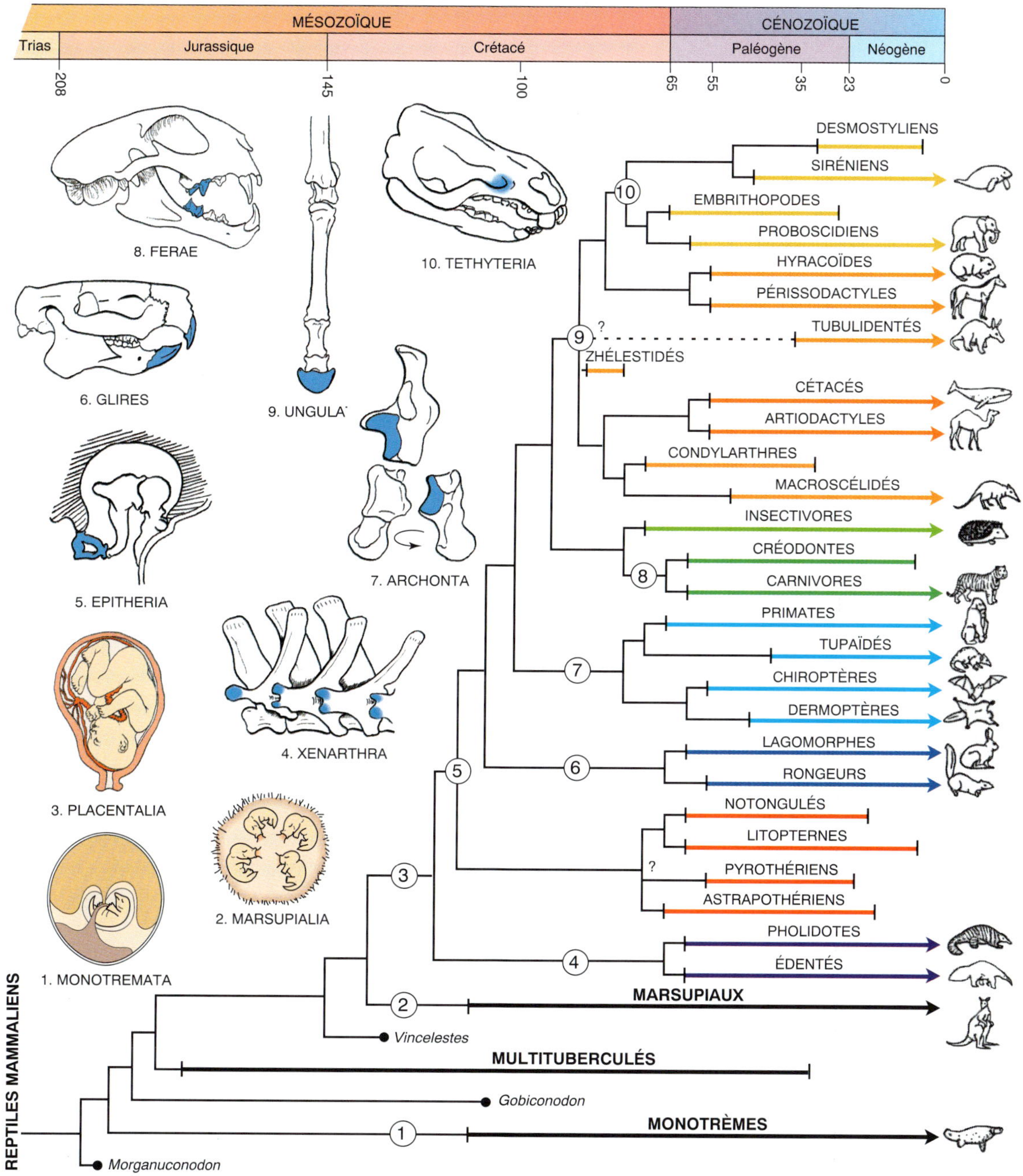

2. ARBRE PHYLOGÉNÉTIQUE DES MAMMIFÈRES **illustrant les relations évolutives entres les différentes cohortes. L'échelle temporelle commence à la fin du Trias, il y a environ 205 millions d'années, âge du plus vieux mammifère attesté, *Morganuconodon*. Les trois sous-classes de mammifères sont illustrées par leur mode de reproduction : alors que les jeunes monotrèmes se développent dans un œuf *(1)*, les embryons de marsupiaux quittent l'utérus de leur mère pour gagner la poche marsupiale, où ils agrippent une mamelle et terminent leur développement *(2)*. Quant aux jeunes placentaires, ils sont reliés à leur mère par un placenta *(3)*. Pour chaque ordre, le trait gras indique son extension temporelle déduite des fossiles. La plupart des ordres modernes apparaissent à l'Éocène inférieur (-55 millions d'années). Chez les mammifères placentaires, on a illustré les différentes cohortes par un trait caractéristique : les Xenarthra (Édentés et Pholidotes) et les apophyses de leurs vertèbres *(4)* ; les Epitheria (tous les autres ordres) et leur oreille interne munie d'un stapes en étrier *(5)* ; les incisives des Glires *(6)* ; l'articulation de l'astragale et du calcanéum qui permet la supination du pied des Archonta *(7)* ; les dents carnassières des Ferae *(8)* ; le sabot des Ungulata *(9)* ; et enfin l'orbite avancée des Tethyteria *(10)*.**

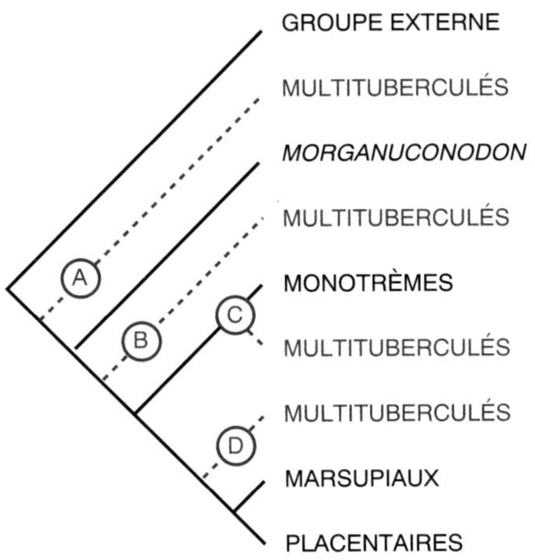

3. RELATIONS PHYLOGÉNÉTIQUES hypothétiques des Multituberculés avec les autres sous-classes de mammifères. Quatre hypothèses sont illustrées sur cet arbre : en *A*, une divergence précoce éloigne les Multituberculés de tous les autres mammifères. Ils auraient alors acquis indépendamment les traits caractéristiques des mammifères apparus chez *Morganuconodon*. Les hypothèses *B, C, D* en font des mammifères plus ordinaires.

Bien entendu, ces changements à l'échelle moléculaire durent se doubler de modifications du comportement. D'autres changements furent aussi nécessaires pour que les jeunes aient des moyens enzymatiques de digérer le liquide nutritif. En tous cas, ce mode de nutrition a fait ses preuves. Grâce aux études de phylogénie moléculaire, on arrivera peut-être un jour à dater l'apparition de l'allaitement, et à déterminer si cet événement s'est produit dans une lignée unique de reptiles mammaliens.

Les Mammifères du Secondaire étaient des animaux de petite taille, les plus gros atteignant la taille d'un lapin. La plupart devaient être nocturnes, car les crânes révèlent un développement important des aires sensorielles de l'odorat et de la vision. Les études de paléoanatomie fonctionnelle du squelette montrent qu'ils étaient très actifs : sans doute avaient-ils une température interne constante. En outre, la possession de deux dentitions successives, l'une lactéale, l'autre définitive, indique que leur développement était rapide. De nombreuses espèces fossiles ont laissé des dents comparables à celles des insectivores actuels, avec une série de cuspides très aiguës, souvent tranchantes.

Un groupe totalement éteint de nos jours, celui des Multituberculés, mérite cependant l'attention. Sa première qualité est une exceptionnelle longévité : les multituberculés ont vécu plus de 150 millions d'années, du Trias à la fin de l'Éocène *(figure 2)*, et ont franchi la célèbre barrière de la fin du Crétacé qui vit la disparition des Dinosaures et de tant d'autres espèces. Cette longévité a pour corollaire une vaste répartition, quasi mondiale. Enfin ils se sont largement diversifiés. Ils devaient ressembler aux rongeurs actuels, mais étaient, en moyenne, d'une taille supérieure. La ressemblance est accentuée par la présence d'incisives développées mais, à la différence des rongeurs, la quatrième prémolaire est très forte et coupante. Arboricoles pour la plupart, certains de ces animaux possédaient une queue préhensile. Les Multituberculés présentent suffisamment de traits originaux pour qu'on en ait fait une sous-classe particulière, au même titre que les Monotrèmes, les Marsupiaux et les Placentaires.

Si l'étude de ces animaux nous renseigne sur la faune qui vivait à l'ombre des dinosaures, elle est surtout motivée par une question qui taraude les évolutionnistes : tous les mammifères, y compris ceux du Secondaire, ont-ils un même ancêtre ? En déterminant la place des Multituberculés sur l'arbre phylogénétique des Mammalia, on espère obtenir des éléments de réponse. Or il n'y a pas de consensus à ce sujet, et quatre hypothèses ont été avancées *(figure 3)*.

Selon la première hypothèse *(a)*, les Multituberculés se seraient différenciés très tôt et constitueraient un rameau à part. Cette hypothèse est fondée sur l'étude « paléobiomécanique » du membre antérieur, qui est apparu très différent dans sa construction et dans son mode de fonctionnement de ceux des autres mammifères, Monotrèmes inclus. Il faudrait alors envisager que le trait distinctif des mammifères, cette mandibule constituée d'un os unique, soit apparu indépendamment dans différentes lignées. Les autres hypothèses *(b, c, d)* font des Multituberculés des mammifères plus ordinaires : soit les Multituberculés se sont détachés avant les Monotrèmes, soit ils en sont le groupe frère, soit enfin ils sont plus proches de l'ensemble Marsupiaux-Placentaires. Si des conclusions aussi différentes peuvent être tirées, c'est parce que les Multituberculés sont encore mal connus. De surcroît, les paléontologues se sont partagés le travail, les uns étudiant la région auditive, d'autres la mastication, d'autres encore les membres, et la synthèse de ces travaux est délicate. Pour ne rien arranger, l'évolution travaille « en mosaïque » : certains organes évoluent plus vite que d'autres, et il n'est pas aisé de concilier les points de vue des spécialistes respectifs... Toutefois ces études sont cruciales : tant qu'elles n'auront pas abouti, la question du polyphylétisme ou du monophylétisme des mammifères restera en suspens.

Au début de cette présentation des mammifères du Secondaire, l'on s'est demandé si *Morganucodon* pondait des œufs comme les monotrèmes, ou s'il avait un mode de reproduction proche de celui des placentaires et des marsupiaux. Cette question semble pour le moment insoluble. En revanche, nous sommes mieux armés pour répondre à une autre question : le mode de reproduction marsupial est-il une étape intermédiaire qui a précédé le mode placentaire, ou est-ce l'inverse qui s'est produit ?

Les trois sous-classes actuelles, Monotrèmes, Marsupiaux et Placentaires, sont reconnues par les paléontologues dans des gisements vieux de plus de 100 millions d'années. On a longtemps supposé que les modes de reproduction monotrèmes, marsupiaux et placentaires avaient été successivement acquis, dans une progression vers des modes d'élevage de plus en plus perfectionnés. L'étude de la dentition de lait de quelques mammifères du Secondaire est venue contredire ce scénario.

Comme tous les jeunes mammifères, les jeunes marsupiaux possèdent une dentition de lait, mais elle a chez eux une fonction et une morphologie très spécifique : au sortir de l'utérus, l'embryon marsupial escalade l'abdomen de sa mère pour rejoindre la poche, où il capture une tétine qu'il ne quittera quasiment plus jusqu'à sa seconde naissance. Ses dents de lait antérieures ressemblent à de minuscules crochets qui servent à agripper la tétine. Dans l'hypothèse où le mode de reproduction placentaire dériverait du mode marsupial, ces dents constitueraient un type primitif.

Thomas Martin, de l'université de Berlin, a montré que tel n'était pas le cas. Ce paléontologue étudie les mammifères de la mine jurassique de Guimarota, au Portugal. Ce gisement a livré des fossiles exceptionnels vieux de 150 millions d'années – c'est-à-dire beaucoup plus anciens que les premiers monotrèmes, marsupiaux et placentaires attestés –, et notamment des crânes de jeunes où l'on observe la dentition de lait. Or cette dentition n'est pas spécialisée comme celle des marsupiaux, mais de type placentaire. Le mode de reproduction marsupial serait donc d'acquisition plus récente qu'on l'a d'abord cru. Devant la convergence des données de la paléontologie, de l'embryologie et de la biologie de la reproduction, de nombreux chercheurs pensent aujourd'hui que cette stratégie de reproduction n'a rien de « primitive », et doit même être qualifiée de dérivée par rapport au mode placentaire.

Un petit dessin dû à la plume de Georges Gaylord Simpson *(figure 4)*, l'un des plus prestigieux évolutionnistes et paléomammalogistes du XXe siècle, résume bien le prodigieux succès des mammifères à l'ère Tertiaire : dès le début de l'Éocène, il y a environ cinquante millions d'années, on arrive à distinguer les principaux modèles adaptatifs correspondant aux différents ordres de mammifères actuels.

La radiation Tertiaire

Ce surgissement brusque à l'échelle géologique a longtemps gêné la construction d'un arbre phylogénétique des mammifères qui décrive clairement leurs relations de parenté. Pour débrouiller cette situation et faire oublier la métaphore du buisson, deux approches complémentaires ont été mises en œuvre. La première est la recherche de formes de transition qui relieraient les mammifères du Secondaire ou du Paléocène à ceux de l'Éocène. La seconde est l'analyse phylogénétique des caractères, ou analyse cladistique, grâce à laquelle on a regroupé les différents ordres en cohortes sur la base de caractères évolués communs.

La première démarche est moins aisée qu'il n'y parait, car les formes de transition sont difficiles à identifier, et elles sont souvent détrônées par la découverte d'un nouveau fossile... Une découverte récente me semble prometteuse. Lev Nessov et David Archibald ont mis à jour, dans des sédiments vieux de 85 millions d'années en Uzbekistan et au Kazhakstan, toute une série de petits herbivores possédant des dentitions étonnamment modernes. Baptisés Zhélestidés, ces mammifères seraient à l'origine des Condylarthres, eux-mêmes considérés comme le groupe-souche du grand ensemble des Ongulés, les « porteurs de sabot », foule d'herbivores de tous pieds. Cette découverte repousse au Crétacé supérieur l'acquisition du patron dentaire « ongulé primitif » que l'on croyait apparu au tout début du Tertiaire. Du coup, il est possible que les bifurcations ultérieures, qui ont donné naissance aux nombreux ordres modernes d'ongulés, des Macroscélidés aux Proboscidiens (éléphants), se soient produites dès le Crétacé supérieur.

4. CE DESSIN DE G. SIMPSON montre que les principaux types adaptatifs correspondant aux ordres de mammifères modernes sont attestés dès l'Éocène : un Insectivore *(1)* cherche sa nourriture en fouissant le sol ; un ancêtre des Primates *(2)* évolue sur l'arbre grâce à sa queue préhensile, tandis qu'un Chiroptère *(3)* chasse les insectes volants et qu'un Rongeur *(4)* casse peut-être une noisette. Un grand mammifère aquatique *(5)* annonce les Cétacés alors que plus près du bord patauge un Thétytère *(7)*. Bien évidemment les Carnivores *(6)* poursuivent les Ongulés *(8)*...

En outre, la découverte des Zhélestidés apporte peut-être la solution de l'énigme des « pseudongulés » sud-américains. Cette cohorte sans nom *(en rouge sur la figure 2)* rassemble quatre ordres d'herbivores, tous fossiles, qui se sont épanouis à la faveur de l'isolement qu'a connu l'Amérique du Sud durant presque tout le Tertiaire. Les uns, coureurs, imitaient les Périssodactyles ou les Artiodactyles ; les autres étaient des animaux lourds du type proboscidien. Aucune tentative pour les rapprocher de telle ou telle cohorte, y compris de celle des Ongulés « orthodoxes » d'Eurasie et d'Amérique du Nord, n'a vraiment réussi. Peut-être sont-ils issus des Zhélestidés du Crétacé du Kurdistan, et ont-ils été très tôt isolés sur le continent sud-américain, à la faveur de la dérive des continents. À propos des mammifères austraux, mentionnons la découverte spectaculaire de placentaires dans l'Éocène d'Australie. Ces animaux, que leur découvreur, Mike Archer, rapporte aux Condylarthres, pourraient faire le lien entre Zhélestidés et pseudongulés sud-américains. En tous cas, la découverte est d'importance, car l'on croyait jusqu'alors l'Australie dévolue aux seuls Monotrèmes et Marsupiaux, les Placentaires n'y étant représentés que par les Chiroptères.

Si l'on s'attarde maintenant sur l'ensemble des Ungulata, on voit qu'Artiodactyles et Cétacés y figurent comme groupes frères. Ce qui passa longtemps pour une thèse farfelue est devenu une quasi certitude. Jusqu'à ces dernières années, on pensait que les ordres de mammifères marins, dont les Cétacés, s'étaient individualisés tardivement, après que les formes terrestres (dont les Artiodactyles, connus dès -55 millions d'années) eurent acquis leurs adaptations. Le rapprochement opéré par Leigh Van Valen entre les Cétacés et certains grands carnassiers primitifs avait trouvé peu d'écho. Or Philip Gingerich a découvert des cétacés vieux d'environ 50 millions d'années, possédant encore quatre pattes et des dents très proches de celles des susdits carnassiers. D'autres découvertes paléontologiques et différents travaux de phylogénie moléculaire ont appuyé cette thèse, dans une remarquable synergie des deux disciplines.

Un regroupement doit beaucoup aux résultats conjuguées de l'approche cladistique et de la recherche de fossiles intermédiaires, celui qui allie Rongeurs et Lagomorphes (ou lapins) au sein de la cohorte des Glires. Linné le premier avait eu l'idée de les regrouper, mais sa suggestion avait été combattue jusqu'à paraître désuète et infondée. Son renouveau date d'un congrès qui se tint à Paris en 1984, et que Patrick Luckett et moi-même avions réuni. Nous avons alors milité en sa faveur, sur la base d'analyses phylogénétiques pluridisciplinaires. Vers la même époque, nos collègues chinois découvraient des formes intermédiaires qui donnaient une assise paléontologique à nos spéculations. Malcom McKenna, de l'American Muséum de New York, a récemment identifié des Glires dans le Crétacé supérieur de Mongolie, ce qui en fait l'une des plus anciennes cohortes attestées. Ils se distinguent par un appareil masticateur où de puissantes incisives en ciseaux sont séparées des molaires par un long diastème. En outre, ces petits mammifères ont très tôt « inventé » différents modes de mastication, et j'y vois les prémisses d'une réussite annoncée : avec près de 2000 espèces, les Rongeurs sont aujourd'hui les mammifères les plus divers.

Quelle place pour les Primates ?

Jusqu'à une époque récente, tous les arbres d'esprit évolutionniste représentaient les Primates dans les ramures les plus élevées, dominant les autres ordres de mammifères. Ils ne devaient pas cette position élevée à la possession de nombreux caractères dérivés : au contraire, on relève chez eux beaucoup de caractères primitifs. Seule notre appartenance aux Primates explique – sans la justifier – cette position privilégiée !

L'arbre actuel nous place dans une position bien différente. Avec les Tupaïdés d'une part, les Chiroptères et les Dermoptères d'autre part, les Primates forment la cohorte des Archontes. Le concept d'Archonte est fondé entre autres sur l'aptitude singulière de ces animaux à la vie arboricole : la construction de leur cheville autorise des mouvements de supination et de flexion du pied ; on a conclu de cette anatomie que les premiers archontes étaient déjà des sauteurs-aggripeurs. Il faut imaginer nos ancêtres du Paléocène comme de petits animaux arboricoles des forêts tropicales, à la vue bien développée, très éclectiques dans le choix de leur nourriture. L'avenir du groupe aurait été assuré par l'une de ces « adaptations-clés » pour reprendre un vocable cher à G. Simpson.

On peut généraliser cette remarque à l'ensemble des types adaptatifs qui surgissent au début du Tertiaire. Si l'on revient aux principales bifurcations notées sur la figure 2, estampillées du caractère majeur qui définit la cohorte, on voit que certains caractères ont du procurer un avantage adaptatif. C'est notamment le cas des dents carnassières des Ferae, des incisives des Glires, des sabots des Ungulata. Toutefois ce n'est pas le cas de tous : posséder des vertèbres de type xénarthre, ou avoir des orbites projetés vers l'avant comme les Téthytères, ne semble pas procurer de supériorité adaptative évidente.

Il ne faut pas oublier que cette explosion des mammifères s'est produite dans un contexte environnemental changeant : crises climatiques et tectoniques se sont succédées et ont probablement contribué à modeler la physionomie des faunes de mammifères. On sait aujourd'hui que les principales bifurcations se sont produites dès le Crétacé supérieur, aux deux tiers de l'histoire des mammifères. Cela ne signifie pas que tout était déjà joué... Au contraire, bien des chapitres restaient à écrire.

L'origine des plantes à fleurs

Annick Le Thomas

On sait aujourd'hui que les plantes à fleurs sont issues d'un unique ancêtre, mais on cherche encore de quel type était la première fleur.

Les plantes à fleurs, ou Angiospermes, sont tard venues dans l'histoire du monde végétal. Il y a plus de 600 millions d'années, les seuls végétaux terrestres étaient les ancêtres des mousses, encore proches du milieu aquatique. Ces plantes primitives s'adaptent lentement à la vie terrestre, et de nouvelles structures apparaissent : le tissu conducteur des plantes vasculaires, facilitant le transport de l'eau, puis les graines des spermatophytes, protégeant l'embryon végétal. À cette conquête de la terre ferme succède le long règne des fougères et des Gymnospermes (plantes à « graine nue », telles que les conifères), qui composent les forêts de l'ère Secondaire. Les premières plantes à fleurs apparaissent au moment de l'apogée des Conifères, au début du Crétacé, il y a environ 100 à 130 millions d'années. Au début de l'ère Tertiaire, elles sont devenues prédominantes.

De nos jours, les Angiospermes comprennent entre 250 000 et 300 000 espèces. Elles sont les formes végétales dominantes dans la plupart des écosystèmes terrestres actuels, à l'exception des forêts de conifères ; elles représentent aussi le plus haut degré de l'évolution végétale. Leurs adaptations innombrables expliquent l'extraordinaire diversité de leurs formes et de leurs agencements.

L'apparition des plantes à fleurs, au Crétacé inférieur, marque une rupture fondamentale avec les plantes vasculaires éteintes ou actuelles qui existaient avant elles et, en particulier, avec les autres plantes à graines, telles que les Gymnospermes actuelles : Cycadales, Ginkgo, Conifères et Gnétales *(figure 1)*.

Depuis le siècle dernier, l'origine des plantes à fleurs est considérée comme l'une des grandes énigmes de la biologie évolutive. Darwin parla même d'un « abominable mystère ». À cette époque, les plus vieux fossiles connus dataient de la fin du Crétacé, et les Angiospermes semblaient surgir sous leur forme moderne, sans aucune relation avec les groupes végétaux plus anciens. Darwin voyait dans cette brusque apparition un

1. LES GNÉTALES, gymnospermes abondantes au Crétacé, sont le groupe frère des plantes à fleurs : ces deux groupes ont un ancêtre commun proche et exclusif. Les Gnétales ne comprennent plus aujourd'hui que trois genres. *Welwitschia (à gauche),* dont les feuilles en lanières sont les plus grosses que l'on connaisse, vit dans le désert de Namibie. *Ephedra (au centre)* vit dans les régions arides et, comme les Angiospermes, réalise la double fécondation. *Gnetum (à droite)* possède des feuilles comparables à celles des Angiospermes.

défi à l'idée d'évolution, et les créationnistes continuent à l'interpréter ainsi.

Comparées aux diverses lignées de Gymnospermes, les Angiospermes s'en distinguent essentiellement par leurs organes reproducteurs, les fleurs, dont les caractères ne sont retrouvés nulle part ailleurs. Chez tous les végétaux, deux générations alternent : les sporophytes diploïdes (à deux lots de chromosomes) produisent des gamétophytes haploïdes (à un seul lot de chromosomes), qui donnent de nouveau un organisme diploïde par la fécondation. Chez les Angiospermes, les gamétophytes mâle (le grain de pollen) et femelle (le sac embryonnaire)

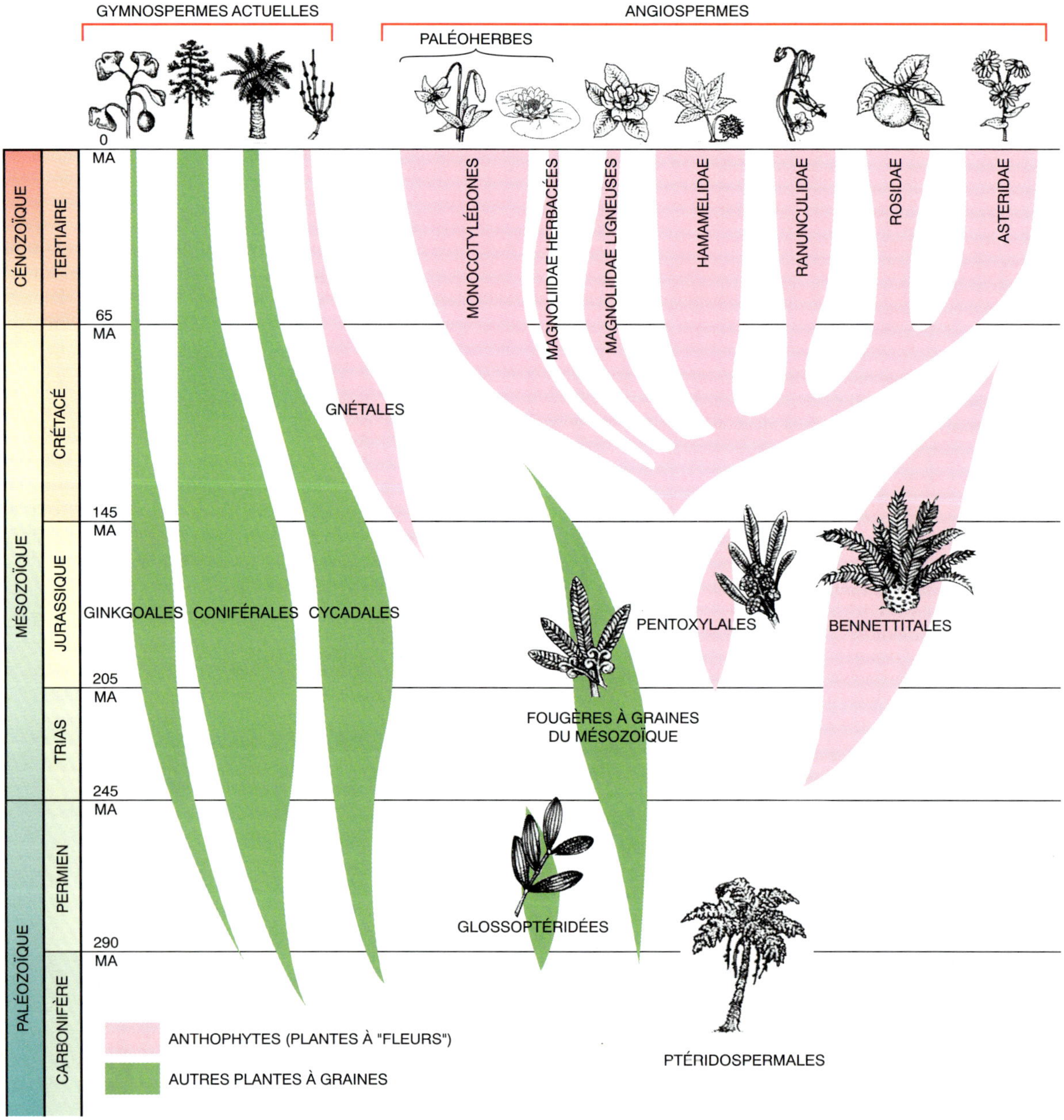

2. APPARITION, EXPANSION ET EXTINCTION des différents groupes de plantes à graines. Les Angiospermes apparaissent au début du Crétacé et se diversifient rapidement. On n'a pas cherché à représenter les relations de parenté entre les groupes. Les plantes rassemblées sous le nom d'Anthophytes – en raison de leurs structures reproductives semblables à des fleurs – formeraient un clade, c'est-à-dire un groupe issu d'un unique ancêtre. Les organes reproducteurs des Bennettitales et des Gnétales sont des candidats au titre d'ancêtre de la fleur.

sont extrêmement réduits. En outre, l'ovule, qui contient le sac embryonnaire, est enfermé dans un organe clos, l'ovaire, dont le sommet collant (le stigmate) a pour fonction de recevoir le pollen.

La troisième caractéristique des Angiospermes est la double fécondation : les deux noyaux haploïdes du grain de pollen sont libérés dans le sac embryonnaire, l'un fusionnant avec l'oosphère pour donner l'embryon diploïde, l'autre fusionnant avec deux noyaux secondaires pour former l'albumen triploïde qui sert à nourrir l'embryon.

Devant ces innovations, les botanistes se sont posé deux questions principales : de quel type était la fleur de la première angiosperme, et de quelle structure préflorale dérivait-elle ? Pour y répondre, ils ont fait appel à différentes sources d'informations : la comparaison des angiospermes actuelles, les données fossiles et l'analyse cladistique.

Jusqu'en 1960, la plupart des idées nouvelles sur l'origine des Angiospermes provenaient de l'étude comparative des angiospermes actuelles et des autres plantes à graines. Deux théories majeures s'affrontaient alors, formulées l'une et l'autre en 1907. Selon la première, due au botaniste autrichien R. von Wettstein, les angiospermes ancestrales avaient de petites fleurs unisexuées, simples, sans pétales, et pollinisées par le vent. Cette hypothèse provenait du rapprochement effectué entre certaines angiospermes et les Gnétales, gymnospermes abondantes à l'ère Secondaire dont il n'existe plus aujourd'hui que trois genres, *Ephedra*, *Gnetum* et *Welwitschia*. Ces plantes ont des structures reproductrices fonctionnellement unisexuées, qui sont toutes construites sur un même plan : un axe porteur d'une succession de verticilles de microsporanges (organes portant les microspores mâles) et d'ovules abortifs (axe mâle), ou d'ovules fertiles (axe femelle). Cet axe composé, ou strobile, était considéré par Wettstein comme l'homologue des inflorescences « en chatons » des Hamamelidae, tels les chatons du noyer *(figure 3)*.

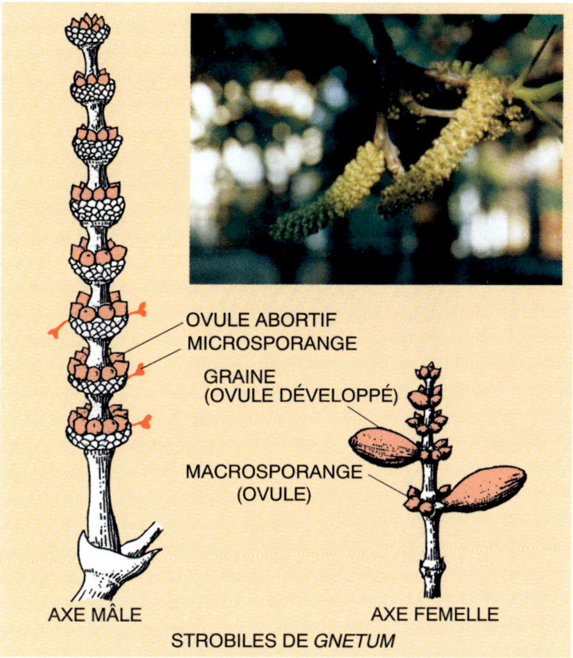

3. STRUCTURES REPRODUCTRICES unisexuées de *Gnetum*, une Gnétale actuelle. Les microsporanges (organes renfermant les spores mâles, ou microspores) et les ovules sont assemblés en verticilles autour d'un axe principal ; ils constituent un axe composé, ou strobile. Dans l'hypothèse de Wettstein, la fleur des premières angiospermes aurait ressemblé au strobile des Gnétales, que l'on a comparé aux inflorescences en chatons de certaines Hamamelidae actuelles *(en haut, des chatons de noyer)*.

4. STRUCTURE REPRODUCTRICE BISEXUÉE de *Wiellandiella*, plante du groupe des Bennettitales, gymnospermes disparues à l'ère Secondaire *(à gauche)*. Cette structure est comparée à une fleur de *Liriodendron*, plante de la famille du Magnolia *(à droite)*. Dans l'hypothèse d'Arber et Parkin, opposée à celle de Wettstein, la fleur des premières angiospermes était constituée d'un axe unique et d'appendices latéraux multiples. Cette hypothèse fait dériver les Angiospermes des Bennettitales, et place les Magnoliales à la base de l'arbre.

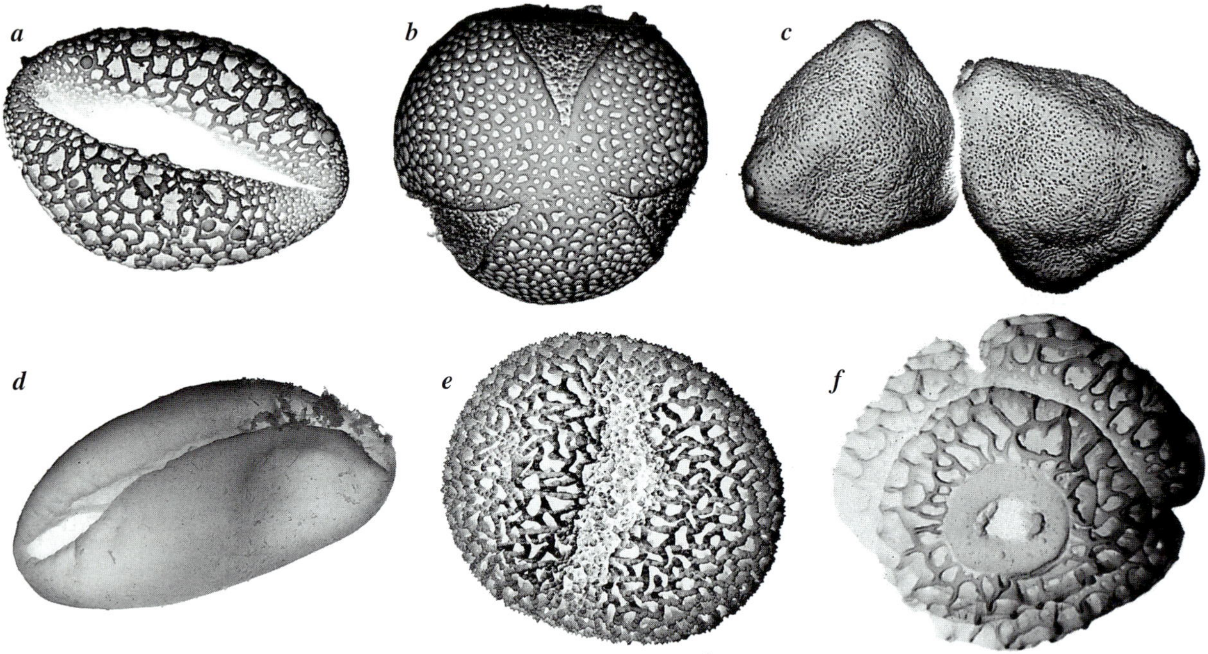

5. PRINCIPAUX TYPES DE POLLENS APPARUS au crétacé inférieur. Les trois premiers pollens correspondent aux grands types morphologiques apparus successivement : pollen à un sillon et exine réticulée *(a)*, pollen à trois sillons *(b)* et pollen à trois pores *(c)*. Les trois autres appartiennent à des Magnoliidae ligneuses actuelles : pollen à un sillon, à structure grenue, d'*Annonaceae (d)*, pollen à sillon ornementé et exine réticulée de *Chlorantaceae (e)* et pollen en tétrade, avec des grains à un pore, de *Winteraceae (f)*.

Dans la seconde théorie, émise par E. Arber et J. Parkin, la fleur des premières angiospermes était au contraire un système uniaxial, bisexué, muni d'un périanthe (pièces stériles telles que les pétales et les sépales, entourant les pièces reproductrices), et pollinisé par les insectes. Une telle structure est observée chez les Magnolia actuels et chez les Bennettitales, gymnospermes disparues au cours du Mésozoïque *(figure 4)*.

L'apport des pollens

Pendant longtemps, ces deux théories se sont uniquement appuyées sur l'étude comparative des flores actuelles. Cette situation explique le regain d'intérêt des paléobotanistes, dans les années 1960 et 1970, pour l'étude des fossiles des premières angiospermes : s'ils n'éclairent pas les relations entre les Angiospermes et les autres groupes, les fossiles permettent de dater l'apparition des différentes structures, et apportent des arguments en faveur de l'une ou l'autre des deux hypothèses.

Dans cette quête de la fleur ancestrale, la première des grandes contributions est venue de la palynologie (étude des pollens et des spores), discipline qui, à partir des années 1940, s'est rapidement développée. Les plantes produisent une grande quantité de grains de pollen qui, en raison des caractéristiques chimiques du constituant de leur paroi externe, l'exine, se fossilisent mieux que toute autre partie du végétal.

Dans les années 1970, on a entrepris l'étude des sédiments continentaux du Potomac, plaine de l'Amérique du Nord qui, au Crétacé inférieur, était recouverte de gymnospermes. Cette étude a révélé les séquences d'apparition des types polliniques angiospermiens. Les plus anciens datent du Barrémien et de l'Aptien (entre 110 et 130 millions d'années) et ont une seule aperture (ouverture) en forme de sillon. Une telle configuration est observée actuellement chez certaines Magnoliidae ligneuses et chez les Monocotylédones. Ces pollens se distinguent de ceux des autres plantes à graines par la structure de l'exine : leur paroi est constituée d'un réticule externe soutenu par de petites colonnettes (structure columellaire). Plus tard apparaissent les pollens à trois sillons, caractéristiques des angiospermes (renoncule, platane) considérées comme les plus primitives en dehors des Magnoliidae ; puis les sillons acquièrent un pore en leur centre, comme on l'observe aujourd'hui sur les pollens de la grande majorité des dicotylédones, l'une des deux grandes classes d'Angiospermes. À la fin du Crétacé apparaissent les premiers pollens à trois pores, configuration observée chez la plupart des Hamamelidae : étant donné cette apparition tardive, la fleur des Hamamelidae semble nettement dérivée, contrairement à la théorie de Wettstein.

Ce schéma a été confirmé ultérieurement par des séquences parallèles de feuilles fossiles issues du même gisement, et par la découverte de fleurs fossiles complètes grâce auxquelles on a relié directement les types polliniques aux types floraux. De telles découvertes permettent de reconstituer plus sûrement la totalité de la plante disparue, et de la comparer aux groupes actuels.

Cette séquence d'apparition, déduite des données fossiles, favorise plutôt la théorie « magnolioïde » d'Arber et Parkin ; il est possible d'aller plus loin en associant certains pollens fossiles aux différentes lignées qui constituent le groupe des magnoliidae ligneuses actuelles, généralement considérées comme les plus primitives des Magnoliidae.

Parmi les pollens des lignées apparues à l'Aptien, certains ont un sillon très large, une structure de l'exine différente, de type grenu et non columellaire, et ressemblent à ceux des Magnoliales, qui comprennent le genre Magnolia ; d'autres pollens fossiles sont arrondis, avec un sillon ornementé, une exine réticulée, et se rattachent aux Chloranthaceae. Or les fleurs de ces Magnoliideae, extrêmement réduites, sont loin de correspondre au prototype qu'est la fleur de Magnolia dans l'hypothèse d'Arber et Parkin. D'autres pollens encore sont groupés par quatre, formant des tétrades, avec un pore au centre de chaque grain, et sont identiques à ceux des Winteraceae : ces Magnoliidae ont un bois dépourvu de vaisseaux, comme les Gnétales, et des carpelles incomplètement fermés, ce qui leur avait conféré un statut primitif. On trouve enfin des pollens à un sillon avec une ornementation plus fine aux extrémités, et qui ressemblent à ceux de certaines Monocotylédones.

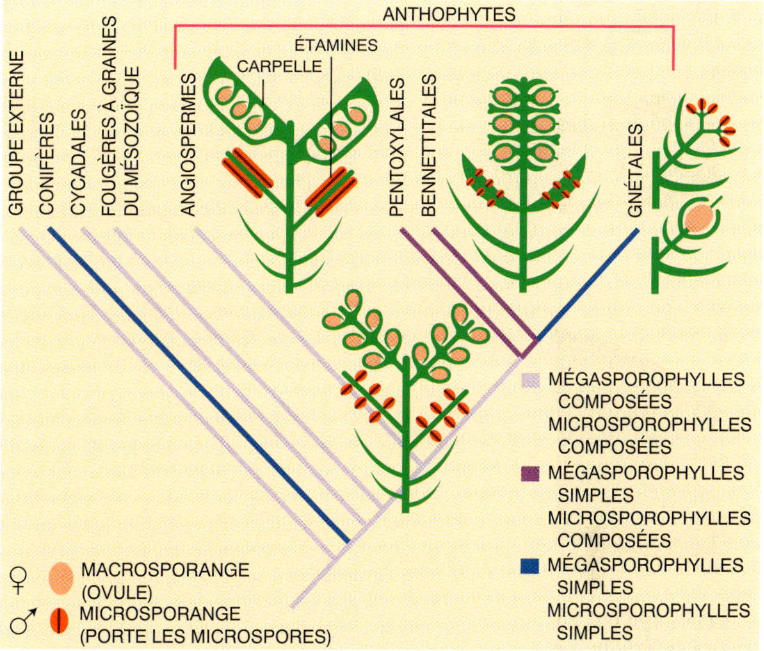

6. UN DES ARBRES PHYLOGÉNIQUES DES PLANTES À GRAINES les plus parcimonieux, construit à partir de caractères morphologiques. Les Angiospermes, les Bennettitales, les Pentoxylales et les Gnétales forment un groupe monophylétique (issu d'un même ancêtre), le clade des Anthophytes. On a représenté schématiquement les sporophylles (« feuilles » portant les sporanges) de chacun de ces groupes et de l'ancêtre commun hypothétique des Anthophytes. On distingue les sporophylles simples (organisées autour d'un seul axe) et les sporophylles composées. Par exemple, le carpelle des Angiospermes, où plusieurs ovules sont enfermés, est une mégasporophylle composée, alors que les ovules des Bennettitales et des Gnétales, chacun porté sur un axe, constituent des mégasporophylles simples (d'après J. Doyle, 1994).

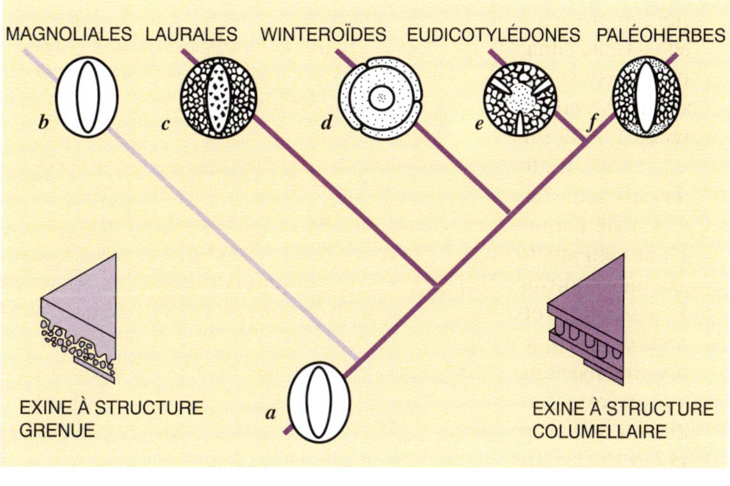

7. UN DES ARBRES PHYLOGÉNIQUES des Angiospermes les plus parcimonieux, construit à partir des caractères des pollens (ornementation, nombre de sillons, etc.). On a indiqué en couleur la structure de l'exine, le constituant de la paroi externe du grain de pollen. Cet arbre fait correspondre aux groupes d'angiospermes les plus primitives (formant des groupes monophylétiques, ou clades) les différents types polliniques apparus au Crétacé inférieur : pollen à un sillon de type Bennettitale *(a)*, pollen à exine grenue de type Magnoliale *(b)*, pollen à sillon ornementé de type *Chloranthaceae (c)*, pollen en tétrade de type *Winteraceae (d)*, pollen à trois sillons de type Eudicotylédone *(e)*, pollen à ornementation plus fine aux extrémités, de type Monocotylédone *(f)*. Cet arbre enracine les Angiospermes dans le clade des Magnoliales, dont fait partie le genre *Magnolia*.

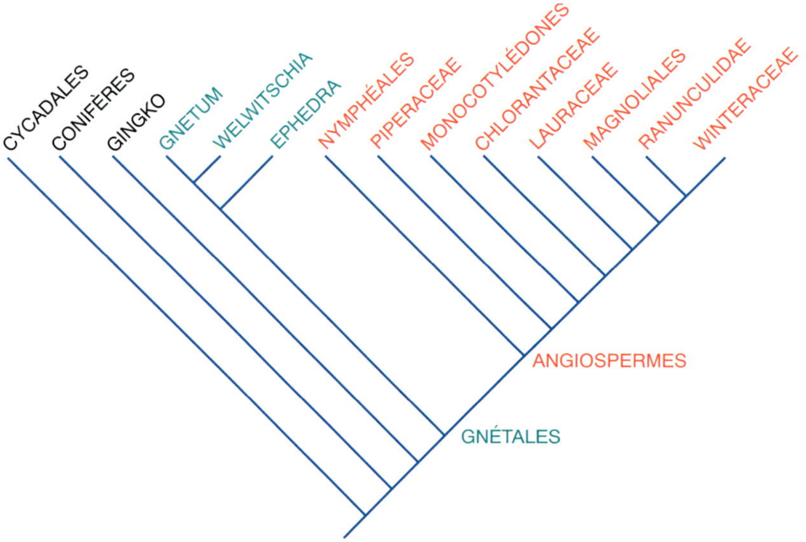

8. UN DES DEUX ARBRES LES PLUS PARCIMONIEUX des Gymnospermes et des Angiospermes, construit à partir des données moléculaires : les clades sont ordonnés en fonction du nombre de changements non ambigus dans la séquence d'un ARN ribosomique. Les clades d'angiospermes représentés sont les plus primitifs : on y trouve des paléoherbes (Nymphéales, *Piperaceae* et Monocotylédones) et des Magnoliidae ligneuses (*Chlorantaceae, Lauraceae,* Magnoliales et *Winteraceae*). Cet arbre indique qu'Angiospermes et Gnétales sont monophylétiques et constituent des groupes frères ; il place les Nymphéales à la base des Angiospermes.

Du pollen à la fleur

La plupart de ces groupes de Magnoliidae sont très primitifs, comparés à la majorité des angiospermes actuelles, mais ils sont déjà très diversifiés dans leurs formes et leurs structures florales. Sans doute ignorons-nous encore les premières phases de leur diversification. Grâce aux données fossiles, nous avons reconstitué en partie les débuts de l'histoire des Angiospermes, mais ces données sont encore insuffisantes pour que l'on sache à quoi ressemblait la première angiosperme. Nous attendons encore beaucoup de la paléobotanique pour départager les différentes hypothèses !

Une approche plus récente est celle de la cladistique. Les premières analyses fondées sur le principe de parcimonie ont utilisé les données morphologiques de l'ensemble des plantes à graines fossiles et actuelles. Elles ont montré que les Angiospermes représentent l'un des groupes monophylétiques (issus d'un ancêtre commun) les plus solides. En outre, elles soutiennent l'idée que les Bennettitales (fossiles) et les Gnétales (actuelles) sont les plantes à graines les plus étroitement liées aux Angiospermes, comme Arber et Parkin l'avaient déjà supposé.

Ces trois groupes, plus le genre fossile *Pentoxylon*, sont rassemblés dans le clade des Anthophytes (du grec *anthos*, fleur) en raison de leurs structures reproductives semblables à des fleurs ; le clade est lié au genre *Caytonia* et aux Glossoptéridées, « fougères à graines » du Trias supérieur. Ceci implique que l'ancêtre commun des Anthophytes avait des sporophylles (organes reproducteurs) mâles et femelles composées. Les mégasporophylles (organes femelles) se seraient modifiées en carpelles chez les Angiospermes, mais réduites en ovules simples chez les Bennettitales et les Gnétales. Les fleurs se seraient encore réduites chez les Gnétales, jusqu'à aboutir à un périanthe et à des microsporophylles simples (étamines) dans la fleur mâle, et à un ovule unique, entouré d'un tégument dérivé du périanthe, dans la fleur femelle. Bien que ces analyses cladistiques fournissent un schéma cohérent, différents tests ont montré qu'elles étaient loin d'être définitives, et qu'il pouvait exister de nombreux arbres phylogéniques très différents et presque aussi parcimonieux.

Par la suite, on a effectué plusieurs analyses morphologiques en prenant cette fois un échantillon d'angiospermes plus vaste, non limité aux seules Magnoliales qui étaient généralement considérées comme les plus primitives. On en a tiré deux hypothèses opposées : dans la première, les Anthophytes sont encore directement liées au genre *Caytonia* et aux Glossoptéridées, et les Gnétales se trouvent à la base des Angiospermes ; dans la seconde, le clade des Anthophytes n'est plus lié au genre *Caytonia*, mais aux Conifères. En outre, les Gnétales deviennent un groupe paraphylétique (non dérivé d'un unique ancêtre), où seuls les genres *Gnetum* et *Welwitschia* constituent un groupe frère des Angiospermes.

D'autres études portant sur les plantes actuelles soutiennent le caractère monophylétique des Angiospermes, souvent mis en doute, et leur étroite relation avec les Gnétales. On a procédé à des analyses moléculaires de l'ARN ribosomique et de l'ADN chloroplastique, ainsi qu'à des analyses combinées, morphologiques et moléculaires. Bien que toutes ces analyses appuient le concept d'Anthophytes, elles diffèrent de façon sensible dans la résolution des relations à l'intérieur de ce grand clade et des groupes les plus proches.

L'éternelle question de savoir si la fleur est dérivée d'un seul axe ou de plusieurs n'est pas encore résolue. De même, l'origine des étamines et des carpelles des

Angiospermes, ainsi que leur homologie avec les structures des autres plantes à graines, demeurent encore problématiques. Parmi les Anthophytes, on ne trouve aucun prototype du carpelle relativement complexe et original des Angiospermes, contenant plusieurs ovules courbés et entourés d'un double tégument. On a parfois interprété la cupule de *Caytonia* comme le prototype possible de l'ovule angiospermien, mais cette hypothèse s'appuie seulement sur l'interprétation de spécimens fossiles. Ces incertitudes rendent nécessaire de clarifier les homologies (caractères hérités d'un ancêtre commun) structurales et morphologiques des Angiospermes et des groupes apparentés avant de chercher d'où vient la fleur des Angiospermes.

En revanche, on a utilisé ces résultats comme base de l'analyse morphologique des Angiospermes actuelles afin de reconstituer leur filiation. Dans l'arbre résultant, les trois lignées de base sont des Magnoliidae ligneuses : les Magnoliales s'enracinent en premier, suivis des Laurales (comprenant les Chloranthaceae) et des Winteroïdes (incluant les Winteraceae). Viennent ensuite les Eudicotylédones, productrices de pollens à trois sillons, et les Paléoherbes, groupe associant les Magnoliidae herbacées et les Monocotylédones.

La piste du nénuphar

De leur côté, les analyses phylogénétiques moléculaires indiquent que les Angiospermes ne sont pas enracinées parmi les Magnoliidae ligneuses, mais plutôt parmi les Paléoherbes, avec les Nymphéales à la base.

On a tenté de résoudre les divergences entre les résultats des études précédentes par des analyses combinées, morphologiques et moléculaires. Elles indiquent qu'une attention excessive a été portée jusque là à la famille des Magnolias actuels et aux groupes apparentés. À partir de ces analyses, on a construit des modèles où les groupes de base des Angiospermes ont de petites fleurs trimères (aux pièces florales groupées par trois), comme les Monocotylédones, ou même plus simples. Toutefois, les analyses combinées ne réfutent pas totalement l'hypothèse selon laquelle la première fleur était de type Magnoliale, puisque certains arbres phylogénétiques à peine moins parcimonieux, n'ayant qu'un pas de plus (supposant une transformation évolutive supplémentaire) enracinent encore les Angiospermes parmi les Magnoliales.

Comme on le voit, il existe encore une grande lacune entre les Angiospermes et les autres groupes de plantes à graines, mais on ne la considère plus comme un gouffre. En outre, on sait à présent que les Angiospermes ne sont pas apparues brusquement sous leur forme actuelle. On observe au contraire leur radiation rapide au Crétacé inférieur. S'il est encore impossible de dire avec certitude quelle est la lignée la plus ancienne, les plus vieux fossiles sont tous de type Magnoliidae-Monocotylédones.

Pour le moment, toutes les données morphologiques et moléculaires indiquent que le groupe actuel le plus proche des Angiospermes est celui des Gnétales. Les études embryologiques très récentes ont d'autre part montré qu'*Ephedra* ressemble aux Angiospermes, non seulement par le caractère de la double fécondation, mais aussi par un développement similaire de l'embryon. En outre, il n'est plus possible de considérer les Angiospermes comme une lignée totalement isolée, puisqu'elles sont clairement liées aux deux groupes de plantes à graines les plus importants et les plus évolués de l'ère Secondaire, les Bennettitales et les Gnétales. Si l'on s'appuie à la fois sur les données fossiles et moléculaires, on est conduit à abandonner l'idée du polyphylétisme des Angiospermes, et à exclure les Hamamelidae de leur origine.

Le problème qui demeure est de savoir quels groupes sont à la base de l'arbre phylogénétique des Angiospermes, et quels sont leurs plus proches parents. Tous les résultats des analyses cladistiques indiquent que la lignée conduisant aux Angiospermes remonterait au Trias supérieur, 50 millions d'années avant la radiation des plantes à fleurs au Crétacé, puisque leurs groupes frères, les Bennettitales et les Gnétales, datent de cette époque. On a récemment décrit des structures angiospermiennes dans certains fossiles du Jurassique et du Trias supérieur, mais cette interprétation est encore loin de faire l'unanimité.

L'apport de nouvelles données fossiles et une meilleure compréhension des mécanismes génétiques de la morphogenèse de l'appareil reproducteur chez les Angiospermes et les Gymnospermes nous donnera sans doute la capacité de choisir entre toutes ces hypothèses.

9. FLEUR DE NYMPHEA. Certaines analyses cladistiques basées sur les caractères moléculaires font des Magnoliidae herbacées telles que *Nymphea* le groupe de base des Angiospermes.

L'évolution des primates

Marc Godinot

Ni l'origine, ni la phylogénie des grands groupes de primates ne sont établies. Toutefois le registre fossile, dans ses parties riches, illustre de longues séquences d'évolution, et révèle des tendances évolutives générales.

Les primates actuels comprennent des espèces aussi familières que l'homme, le chimpanzé, les gibbons, les babouins ou les macaques ; aussi pense-t-on fréquemment qu'ils sont tous bien connus. Il n'en est rien, car les primates sont en fait très divers. On y trouve de nombreuses petites espèces, difficiles à étudier, dont certaines sont fort primitives. La coexistence de formes primitives et de formes très évoluées rend l'étude de l'évolution de ce groupe passionnante.

La systématique des primates n'est pas définitivement établie : des recherches se poursuivent pour préciser le statut d'un certain nombre de genres, d'espèces et de sous-espèces. On trouve encore aujourd'hui des espèces entièrement nouvelles, par exemple deux espèces de ouistitis découvertes en 1992 et en 1994 en Amazonie. Selon les décomptes, on reconnaît entre 170 et 190 espèces de primates vivants, réparties dans une douzaine de familles, ce qui est considérable.

Une autre caractéristique remarquable des primates est la variété de leurs morphologies, de leurs adaptations et de leurs modes de vie. Le poids des primates varie presque d'un facteur 10 000 : alors que les gorilles mâles peuvent atteindre 200 kg, les adultes d'une espèce de microcèbe récemment redécouverte à Madagascar ne pèsent que 30 grammes. Deux autres espèces de prosimiens (les primates autres que les singes, les plus primitifs) ne pèsent que 60 grammes.

À cet éventail de poids correspondent des adaptations variées. Pour des raisons physiologiques, les régimes alimentaires changent avec la taille : les espèces pesant moins de 500 grammes sont à dominante insectivore, alors que les espèces plus lourdes sont plutôt végétariennes, consommant préférentiellement soit des fruits, soit des feuilles.

Le milieu arboricole où vivent la majorité des primates impose de sévères contraintes sur la locomotion. Pour grimper le long des troncs à l'aide de griffes, comme les callitrichidés d'Amérique du Sud, il faut être petit. Il est difficile de sauter de branche en branche si l'on dépasse cinq kilos. Quant au déplacement horizontal sur le dessus des branches, il peut s'effectuer lentement, en agrippant fermement le support (cas des lorisinés d'Afrique et d'Asie), ou au contraire très rapidement, en galopant ou en sautant, comme les petits singes. Toutefois la marche sur les branches devient dangereuse au delà de dix kilos, car l'instabilité augmente et les chutes sont plus risquées. Les primates plus lourds doivent adopter un autre type de locomotion arboricole, ou descendre au sol. Or chacun de ces modes de locomotion implique une anatomie différente.

Si l'on ajoute que certains primates sont diurnes, et d'autres nocturnes, et que leurs structures sociales vont d'individus solitaires à des sociétés hiérarchisées, il devient évident que les primates sont l'ordre de mammifères qui présente, et de loin, la plus grande diversité anatomique et comportementale. En raison de cette complexité, l'étude de la locomotion des primates, celle de leurs structures sociales et celle de leurs comportements sont devenues des sous-disciplines à part entière.

L'évolution qui a conduit à l'extrême variété des primates actuels est nécessairement complexe. Elle s'est déroulée pendant l'ère Tertiaire, sur plusieurs continents. Les documents fossiles, même incomplets, permettent de retracer les grandes lignes de cette histoire.

L'origine des primates

Les primates sont connus avec certitude depuis la transition Paléocène-Éocène, il y a environ 55 millions d'années. À cette époque, un fort réchauffement climatique permet à toute une petite faune tropicale de gagner des régions plus septentrionales et de passer d'un côté à l'autre de l'Atlantique par le Nord, où l'océan n'a pas encore complètement séparé les deux continents.

C'est dans ce contexte que deux ou trois genres de primates apparaissent en Europe et en Amérique du Nord, sans doute en provenance de zones tropicales d'Afrique ou d'Asie. Ces premiers arrivants sont à l'origine de radiations éocènes, assez bien connues grâce à des conditions géologiques favorables à la fossilisation.

En fait, un fossile africain, *Altiatlasius*, trouvé dans l'Atlas marocain, est plus ancien puisqu'il est nettement paléocène. Toutefois il n'est connu que par des dents isolées. Un matériel aussi fragmentaire, s'il n'est pas très proche de fossiles plus complets, reste difficile à interpréter. Les envahisseurs des continents nordiques, eux, ont des descendants très proches dont on connaît les crânes et les os des membres. Leurs caractères en font incontestablement des primates.

Ces animaux sont assez petits, leur poids variant d'environ 100 grammes à près d'un kilogramme. Par leur allure générale et leur locomotion, ils devaient ressembler au microcèbe et aux autres cheirogaléidés de Madagascar, mais une série de caractères primitifs les en séparent nettement. S'ils ne sont pas à l'origine des familles actuelles de primates, ils représentent un chapitre important de l'histoire du groupe.

L'origine de ces plus anciens primates connus n'est pas élucidée. On peut éliminer les plésiadapiformes, un ensemble de formes primitives longtemps considérées comme une première radiation de « primates archaïques ». Si les plésiadapiformes sont effectivement archaïques, ils possèdent en même temps des spécialisations marquées qui excluent une parenté proche avec les vrais primates. Les tupaiidés actuels du Sud-Est asiatique restent de bons candidats au titre de groupe-frère des primates, mais il y a un saut évolutif considérable entre les deux groupes, et cette parenté est débattue. Elle correspond à une histoire paléocène, ou même plus ancienne, qui s'est déroulée dans des régions où nous n'avons pas encore découvert de faunes de ces âges.

En raison de cette lacune dans le registre fossile, on ne connaît pas l'histoire des caractères qui définissent les primates : un pied préhensile, une barre post-orbitaire entourant de grands yeux tournés vers l'avant, et une « bulle tympanique » formée par le pétreux autour de l'oreille moyenne. Toutefois on a beaucoup progressé dans la compréhension des raisons qui les ont fait apparaître.

Les travaux de M. Cartmill, de l'Université Duke, ont montré que la vie arboricole n'explique pas, à elle seule, ces adaptations. Le développement de grands yeux et de la vision binoculaire correspondrait à un mode de vie de petit prédateur. Si le pied préhensile et le passage des griffes aux ongles sont liés à la vie en milieu arboricole, ils pourraient constituer une adaptation aux branches fines, comme l'a proposé M. Cartmill ; mais ils s'expliqueraient encore mieux par le comportement de saisie des proies en milieu arboricole : l'agrippement du support par les pieds libère la main pour saisir les proies, et les ongles ne dérapent pas comme les griffes sur la carapace des insectes.

Les primates européens et américains de l'Éocène

En Amérique du Nord, les bassins des Rocheuses livrent des fossiles dans une séquence stratigraphique quasi ininterrompue, couvrant une grande partie de l'ère Tertiaire. On peut ainsi retracer l'histoire des deux familles arrivées en Amérique au tout début de l'Éocène, les notharctidés et les omomyidés.

Chez les notharctidés, un groupe comparable aux lémuriens actuels par la structure de leur appareil locomoteur et par leurs adaptations alimentaires, mais non

1. LE MICROCÈBE, LE LORIS ET L'ORANG-OUTANG illustrent la diversité des primates actuels. Ils se sont adaptés différemment à la vie arboricole : le minuscule microcèbe de Madagascar est éclectique dans ses modes de locomotion (course, grimper, petits sauts, etc.) comme dans son régime alimentaire (insectes, fruits, bourgeons, etc.) ; le loris est un « grimpeur lent » insectivore et l'orang-outan est un « grimpeur lourd » frugivore. Tous deux habitent le Sud-Est asiatique.

2. MANDIBULES DE DEUX PRIMATES FOSSILES de l'Éocène d'Europe. Au cours des 15 à 20 millions d'années qui séparent ces deux adapiformes, une importante évolution s'est produite. La plus petite mandibule est la plus ancienne (Éocène inférieur) ; elle est effilée vers l'avant et la dernière prémolaire a une seule pointe principale. La plus grande est plus récente (Éocène supérieur) ; elle a un bord antérieur relevé, soudé à celui de la mandibule jumelle, la dernière prémolaire est complexe, et les dents ont des crêtes développées. Entre ces deux fossiles, on est passé d'un petit animal de 300 grammes, primitif et partiellement insectivore, à une espèce de 6 à 7 kilogrammes, adaptée à un régime folivore.

directement apparenté, on suit la diversification d'une première lignée, qui s'accompagne d'une augmentation de taille des individus (de un à sept kilos). On atteint le nombre de cinq lignées avant la fin de l'Éocène inférieur. Dans plusieurs de ces lignées, les dents acquièrent des caractères qui traduisent une spécialisation à un régime alimentaire à base de feuilles. Les os des membres révèlent une évolution de la locomotion où la part des sauts devient de plus en plus importante, mais sans atteindre le mode exclusivement sauteur de nombre de primates actuels. Les notharctidés étaient probablement diurnes, et leurs crânes présentent un léger dimorphisme sexuel des canines, qui trahit une structure sociale élaborée. Le genre *Notharctus* comprend l'un des primates fossiles les mieux connus, grâce à un beau matériel provenant du Bassin de Bridger, dans le Wyoming.

Dans l'autre famille, celle des omomyidés, les espèces sont plus petites, et la diversité des lignées est plus grande. Une majorité d'espèces pesaient de 50 à 500 grammes, mais plusieurs des formes les plus tardives atteignaient un à deux kilos. Parmi les espèces dont on possède le crâne, les petits *Shoshonius* ont de grandes orbites et un museau court, ce qui leur donne une certaine ressemblance avec les tarsiers actuels ; ils n'en sont pas pour autant les ancêtres. Les omomyidés étaient nocturnes.

Dans les deux familles, notharctidés et omomyidés, le nombre d'espèces diminue à l'Éocène moyen : durant cette période, les forêts s'éclaircissent et les milieux deviennent plus ouverts dans la région des Montagnes Rocheuses. Plusieurs lignées survivent un peu plus longtemps dans des zones refuges, au Texas et en Californie. Les omomyidés s'éteignent plus tard que les notharctidés.

En Europe, la radiation débute de façon assez semblable. C'est un autre groupe de notharctidés qui se diversifie, *Protoadapis* et les genres apparentés. On a trouvé dans le gisement de Messel, en Allemagne, des squelettes écrasés, en connexion, vieux de 50 millions d'années. Ils ont permis de bien reconstituer un primate, nommé *Europolemur*, qui évoque un petit lémurien de 200 à 400 grammes, mais dont les proportions se rapprochent plutôt de celles d'un ouistiti.

Vers le milieu de l'Éocène moyen, une autre famille d'adapiformes se développe en Europe et élimine assez rapidement les notharctidés. Ces nouveaux venus, les adapidés, sont à l'origine d'une petite radiation à l'Éocène supérieur. Ils étaient diurnes. Leurs crânes montrent des différences que l'on avait d'abord interprétées comme un dimorphisme sexuel marqué ; une étude approfondie a révélé que ces crânes appartenaient en fait à différentes lignées. Le plus grand des adapidés, *Leptadapis*, atteignait six à sept kilos, ce qui en fait le plus grand primate de l'Éocène. Comme les notharctidés, les adapidés ont des dents adaptées à la mastication des feuilles. Chez les notharctidés, ce sont les molaires supérieures qui présentent les changements morphologiques les plus marqués ; chez les adapidés, ce sont les molaires inférieures qui ont le plus changé.

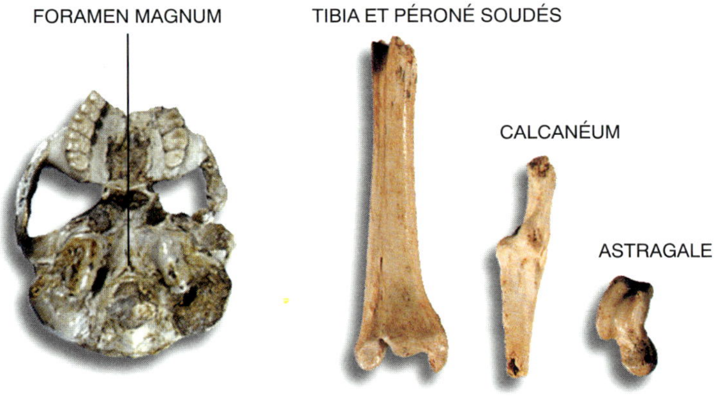

3. NECROLEMUR EST UN PETIT PRIMATE qui a vécu en Europe entre 45 et 35 millions d'années avant notre ère. Ses os des membres (tibia et péroné soudés, astragale à trochlée en poulie et calcanéum très allongé) montrent à la fois un allongement du pied et un renforcement de la cheville, qui sont typiques des sauteurs très spécialisés. Sur le crâne, le foramen magnum, trou par où passe la moelle épinière, est en position assez ventrale, indiquant des postures verticales habituelles, comme on les trouve chez les sauteurs exclusifs actuels. Le crâne montre aussi une large expansion postérieure de la bulle tympanique, qui traduit une grande acuité auditive.

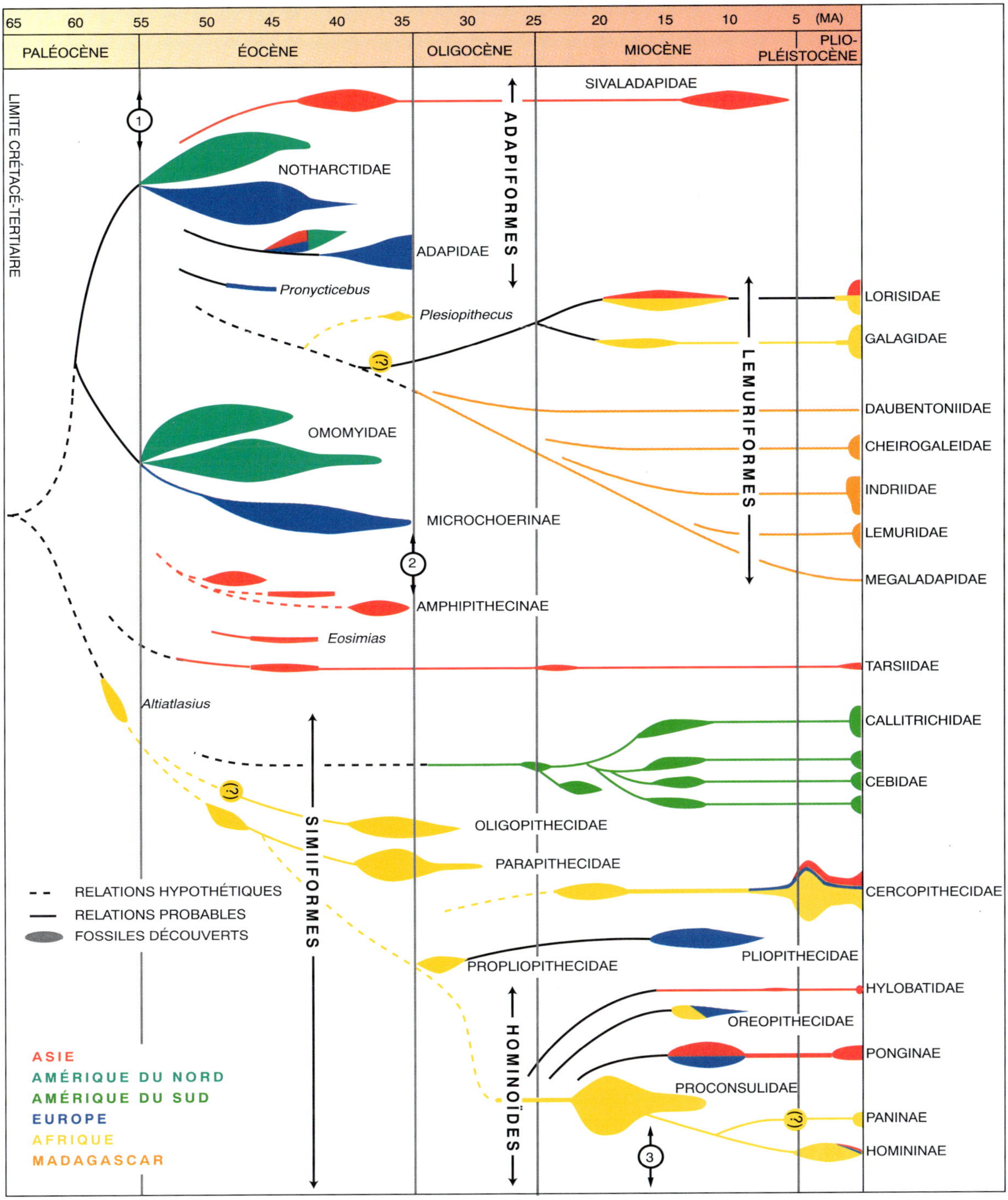

4. REGISTRE FOSSILE DES PRIMATES au cours du Tertiaire et du Quaternaire. On s'est limité aux principales familles et à quelques genres significatifs, et on a indiqué les événements géologiques qui ont affecté l'histoire du groupe. Le réchauffement climatique du début de l'Éocène (1) a permis aux primates d'atteindre l'Europe occidentale et l'Amérique du Nord ; ils s'y sont épanouis jusqu'à la transition Éocène-Oligocène (2), où la dégradation du climat provoque leur extinction. Il y a 18 millions d'années, les singes africains ont profité du contact entre l'Afrique et l'Eurasie (3) pour quitter leur continent d'origine. Des pans entiers de l'histoire sont manquants en Asie et en Afrique dans les périodes anciennes, ce qui explique que nombre de liaisons de la phylogénie restent inconnues.

La locomotion des adapidés pose encore des problèmes d'interprétation, car ils n'ont pas d'équivalent dans la nature actuelle. Certains auteurs discernent une analogie entre leurs caractères et ceux des grimpeurs lents actuels (loris, potto), mais je les considère plutôt comme des marcheurs et coureurs sur les branches, analogues à certains singes actuels.

Les tendances évolutives

Une autre famille de petits primates nocturnes, les microchoeridés, s'épanouit en même temps en Europe. Parmi eux figure *Necrolemur*, dont les os des membres sont très spécialisés : l'allongement du pied, la fusion des os de la jambe et d'autres caractères sont typiques de sauteurs exclusifs. Chez les primates actuels qui se déplacent presque uniquement par bonds – les galagos, les tarsiers et les indriidés malgaches –, les supports choisis sont le plus souvent verticaux, et les postures de repos sont des postures verticales le long des troncs, d'où le nom de sauteurs-agrippeurs verticaux donné à ces primates. Or on trouve chez *Necrolemur* un foramen magnum (le trou du crâne par où passe la moelle épinière) qui s'ouvre sous le crâne, en arrière, ce qui indique que cette espèce adoptait aussi des postures verticales, bien qu'elle n'ait aucun lien de parenté avec les sauteurs-agrippeurs actuels. La présence d'un tel caractère chez un fossile de 40 millions d'années prouve que le redressement du tronc, entraînant le positionnement vertical du crâne, s'est produit plusieurs fois au cours de l'évolution des primates. Dans le cas de *Necrolemur*, ce phénomène est une conséquence de la spécialisation au saut, devenue extrême.

Les espèces issues des deux radiations, l'européenne et l'américaine, ne survivent pas à la dégradation du climat qui marque la fin de l'Éocène, il y a 34 millions d'années. Leur histoire est donc cantonnée à l'Éocène. Sur cette période longue de 20 millions d'années, on observe que des transformations se répètent. Au début, dans de multiples lignées, un tubercule disparaît sur les molaires inférieures, alors qu'un autre se développe sur les molaires supérieures. Dans deux groupes où la taille a augmenté, les changements de morphologie dentaire indiquent une adaptation à un régime plus folivore. Dans trois lignées au moins se produit la soudure des deux mandibules, caractère qui est aussi apparu tôt chez les singes. Les travaux de W. Hylander et M. Ravosa, de l'Université Duke, ont montré que la fusion mandibulaire est une réponse à l'augmentation des forces de cisaillement engendrées par la mastication d'un seul côté, quand les espèces augmentent de taille. De telles transformations anatomiques, répétées dans de nombreuses lignées, sont souvent appelées tendances évolutives. Nous ne sommes pas encore en mesure d'évaluer la part des facteurs externes et des facteurs internes dans ces évolutions, mais il est clair que les deux sont toujours liés de façon inextricable.

Les primates éocènes euraméricains s'étant éteints sans descendance, tous les groupes de primates actuels sont issus d'autres groupes fossiles ayant vécu soit en Afrique, soit en Asie. Toutefois, sur ces deux continents, le contexte géologique est moins favorable et les recherches paléontologiques ont été beaucoup moins intensives, ce qui explique que bien des aspects de l'histoire des primates ne soient toujours pas élucidés. Un cas extrême est Madagascar, où l'histoire des lémuriens n'a pu être reconstituée, faute de fossiles anciens. Les *Megaladapis*, les paléopropithèques qui se suspendaient comme des paresseux, et d'autres subfossiles malgaches, n'ont pas plus de 6 000 ans. Comme il existe aussi des lémuriformes (les lorisoïdes) en Afrique et en Asie, on espérait y découvrir des fossiles qui donnent une indication sur leur âge. Hélas, les fossiles antérieurs au Miocène sont jusqu'ici décevants. Peut-être l'énigmatique *Plesiopithecus*, découvert récemment en Égypte, leur est-il apparenté ?

Les mystères de la phylogénie

Le tarsier actuel (petit insectivore du Sud-Est asiatique qui forme avec les singes le groupe des haplorhiniens) occupe une place centrale dans la phylogénie des primates, car il présente à la fois des caractères très primitifs et des caractères évolués. Certains auteurs ont qualifié les omomyidés éocènes de « tarsiiformes » à cause de leur ressemblance avec le tarsier, mais il est douteux qu'ils soient des haplorhiniens. Les relations entre omomyidés et tarsiidés sont conjecturales, et les dichotomies les plus anciennes de l'histoire des primates restent obscures. Nous n'arrivons pas encore à concilier les concepts simples issus de la phylogénie des formes actuelles avec la complexité des radiations anciennes, qui se sont produites sur au moins quatre continents.

En revanche, une question fort débattue a été en partie résolue au cours des dernières années, celle de l'origine des simiens, ou simiiformes. Ce groupe rassemble les singes au sens large, les platyrrhiniens (singes d'Amérique du Sud) et les catarrhiniens (singes de l'Ancien Monde, incluant les grands singes). Alors que l'on discutait âprement les solutions qui faisaient dériver les simiens des adapiformes ou des omomyidés de l'Éocène, la découverte de petites dents isolées en Algérie et en Tunisie, datant d'environ 45 millions d'années, a montré que le groupe des simiens était déjà individualisé en Afrique à cette époque. Les paléontologues ont été surpris de trouver des primates très petits à dents broyeuses, alors que la petite taille s'accompagne généralement d'un régime plus insectivore et de dents pointues.

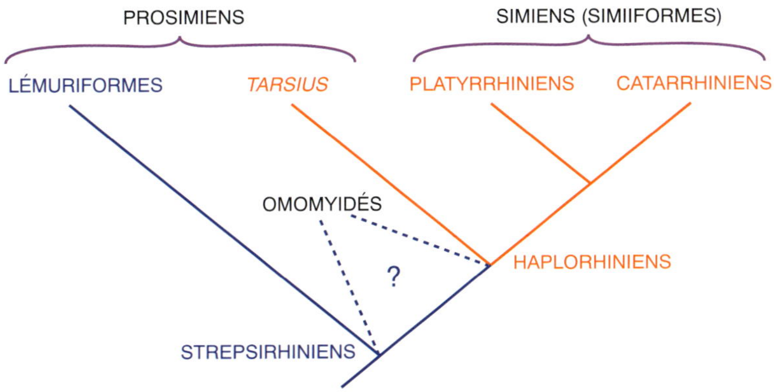

5. RELATIONS PHYLOGÉNÉTIQUES DES PRIMATES actuels et des omomyidés, primates disparus à la fin de l'Éocène. Les analyses cladistiques effectuées sur les espèces actuelles établissent clairement la parenté du Tarsier *(à droite)* avec les simiens, ou simiiformes. Cette parenté est à la base du concept d'haplorhiniens. Le groupe des haplorhiniens a une valeur phylogénétique, à la différence des prosimiens, qui constituent un groupe paraphylétique (il ne comprend pas tous les descendants de l'ancêtre commun). Le concept de prosimien reste néanmoins très utile pour désigner un grade adaptatif. Ce schéma évolutif est simple, mais si l'on prend en compte les fossiles, les choses se compliquent. Nombre d'auteurs considèrent les omomyidés comme des « Tarsiiformes », apparentés à *Tarsius,* mais on les soupçonne de ne pas être réellement des haplorhiniens. Face à la complexité de l'histoire des primates, qui comprend au moins quatre radiations anciennes sur quatre continents différents, la phylogénie fondée sur les espèces actuelles est trop sommaire, et se révèle rapidement simpliste.

La différentiation des singes est ancienne en Afrique, et leur origine reste conjecturale. Elle pourrait remonter jusqu'à *Altiatlasius* du Paléocène, qui serait alors un protosimiiforme. Dans ce cas, on exclurait *Eosimias*, décrit récemment de l'Éocène moyen de Chine, bien que C. Beard, du Carnegie Museum de Pittsburgh, le considère comme proche des simiens. Le dernier ancêtre commun au tarsier asiatique et aux simiens daterait du Paléocène inférieur, il y a plus de 60 millions d'années. Ces relations de parenté ne pourront être élucidées qu'avec un matériel fossile plus complet.

La radiation des singes d'Afrique

Les fouilles réalisées en Oman et celles continuées dans la dépression du Fayoum, en Égypte, ont révélé, entre la fin de l'Éocène et le début de l'Oligocène (36-30 millions d'années), une grande variété de primates. Il existe alors sur le continent arabo-africain trois familles de simiiformes, bien reconnaissables au septum osseux complet qui ferme leurs orbites en arrière. Le plus célèbre d'entre eux, *Aegyptopithecus*, un propliopithécidé, illustre bien les problèmes posés par un matériel fragmentaire. Alors qu'on ne possédait que des morceaux de mâchoires avec quelques dents, on comparait ces dernières à celles des grands singes actuels : leur morphologie n'en était pas très éloignée. Lorsqu'on a découvert un crâne complet, on s'est rendu compte que *Aegyptopithecus* était loin des grands singes : il possédait une boîte crânienne assez petite, et même des caractères de platyrrhinien comme l'absence de tube auditif externe ossifié. Enfin, la découverte des os des membres a révélé un appareil locomoteur analogue à celui d'un platyrrhinien tel que l'alouatte. On a même observé, sur l'humérus, des caractères primitifs inconnus chez les singes, mais connus chez des prosimiens. Alors que les dents seules orientaient les comparaisons vers tel ou tel hominoïde actuel, des restes plus complets ont montré qu'*Aegyptopithecus* avait une structure globale plus primitive que celle des hominoïdes et des cercopithécoïdes. Il est peut-être antérieur à la séparation de ces deux grands groupes. On ne s'attendait guère à ce que les restes les plus souvent découverts, les dents, soient aussi monotones et peu informatives dans le groupe qui excite le plus la curiosité générale !

Au cours du Miocène, la grande faille Est-africaine entre en activité, et les sédiments continentaux s'accumulent. En certains endroits, les mouvements ultérieurs ont ramené à la surface ces couches anciennes, offrant ainsi un contexte favorable aux paléontologues. Dans les faunes, deux groupes de singes sont présents. Des cercopithécidés (singes de l'Ancien Monde, semi-terrestres, tels que le macaque), peu nombreux, ont déjà les principaux caractères de leur famille. En revanche, chez les hominoïdes, *Proconsul* et ses cousins sont bien différents de leurs descendants actuels.

L'interprétation d'un membre antérieur assez complet de *Proconsul* a donné lieu à une belle controverse scientifique. Le grand anatomiste O. Lewis avait cru reconnaître dans l'articulation du poignet de *Proconsul* des caractères typiques des grimpeurs lourds actuels que sont gorilles, chimpanzés et orangs-outans. Pour grimper et assurer leur stabilité dans les arbres, des primates de cette taille doivent se redresser de façon à saisir les branches latéralement ou par en-dessous ; ils doivent aussi être capables de se suspendre. La différence de posture est considérable par rapport aux primates qui marchent et courent sur les branches, avec des orientations peu différentes de celles de quadrupèdes terrestres. Du marcheur au grimpeur lourd, une libération de l'épaule est nécessaire, accompagnée par un accroissement de la mobilité du poignet (la position du tronc et le port de la tête sont également modifiés).

Or, si certains détails indiquent que *Proconsul* était capable de grimper agilement comme les atèles, il a encore une structure générale de quadrupède horizontal. Le groupe auquel appartient *Proconsul*, qui comprend de nombreux genres, est à l'origine des Hominoïdes ultérieurs. On a proposé d'en faire une « famille graduelle » (fondée sur le grade évolutif), les proconsulidés, en attendant que la phylogénie de l'ensemble des hominoïdes soit correctement établie. La plus ancienne marque d'un redressement et d'une locomotion de type « grand singe » vient d'être trouvée par S. Moyà Solà, du musée de Sabadell, non pas en Afrique, mais en Catalogne, chez le dryopithèque européen, vieux de 9,5 millions d'années (âge controversé).

L'Afrique a fourni beaucoup moins de fossiles d'âge compris entre 10 et 4 millions d'années, d'où une grande difficulté pour préciser l'origine des homininés (groupe rassemblant les australopithèques et le genre *Homo*), et leurs relations historiques avec les gorilles et les chimpanzés. Certaines approches cladistiques, fondées sur les formes actuelles, font du chimpanzé un plus proche parent de l'homme que le gorille, mais elle n'indiquent ni à quoi ressemblait l'ancêtre commun, ni de quand il date. En outre, cette proximité est peut-être trompeuse, car les trois genres sont les seuls survivants d'une petite radiation adaptative. Il est difficile, à partir de trois lignées émergentes, de déchiffrer le buissonnement du groupe au Miocène.

Les australopithèques, connus depuis 4 à 5 millions d'années avant notre ère, sont remarquables : avant leur découverte, on se demandait à quoi pouvait bien ressembler un intermédiaire entre des arboricoles et des bipèdes terrestres, et même si de tels intermédiaires étaient possibles ; or Lucy et ses proches parents sont les deux à la fois, au point que deux écoles d'anatomistes s'affrontent, l'une insistant sur l'aspect bipède terrestre, l'autre sur l'aspect arboricole !

Plusieurs lignées d'australopithèques ont vécu dans une grande partie de l'Afrique. Les robustes d'Afrique du Sud *(Paranthropus)* illustrent la poursuite de l'adaptation terrestre ; leur capacité crânienne a augmenté, et selon R. Susman, ils étaient des utilisateurs habituels d'outils. Ils se sont éteints sans descendance. B. Senut et C. Tardieu, du Muséum d'histoire naturelle et du CNRS, soutiennent depuis plus de 15 ans que la lignée humaine est bien reconnaissable à Hadar, le gisement même de Lucy (3,3 millions d'années). Des os des membres y trahissent la présence d'un bipède bien plus moderne que les australopithèques contemporains, et que l'on devrait appeler *Praeanthropus*. L'évolution anatomique se poursuit à l'intérieur du genre *Homo*, au niveau du pied, de la main et du crâne ; elle est bientôt relayée par l'évolution culturelle.

Quittons les hominoïdes pour revenir aux cercopithécidés. S'ils étaient peu nombreux au Miocène inférieur, ils se sont beaucoup diversifiés par la suite. Au Pliocène supérieur, une diversité maximale est atteinte : on trouve alors en Afrique toute une série de formes de grande taille, apparentées aux babouins et aux géladas actuels, et éteintes aujourd'hui. Quant aux singes d'Amérique du Sud, la découverte de nouveaux fossiles miocènes bien différents des formes actuelles a rendu caduque l'image d'un groupe stable depuis le Miocène moyen.

Les radiations récentes

Les fluctuations climatiques du Quaternaire ont entraîné, dans les régions intertropicales, d'importantes fragmentations des forêts. Ce processus est à l'origine d'isolements géographiques qui ont joué un rôle dans la radiation des guenons (*Cercopithecus*) en Afrique, et dans celle de certains petits singes sud-américains tels que les tamarins. Les gibbons sont eux aussi en pleine spéciation dans les forêts d'Asie tropicale. Enfin les galagos, lémuriformes africains, sont sans doute issus d'une radiation récente, et le nombre de leurs espèces est d'ailleurs controversé. Ils prouvent que, de leur côté, les prosimiens ont aussi continué à évoluer. Ces événements récents sont responsables d'une partie de la diversité spécifique des primates actuels.

Globalement, l'histoire évolutive des primates révèle une série d'épisodes de diversification, lorsque les conditions climatiques subtropicales le permettaient, suivis d'épisodes d'extinction quand le climat se refroidissait et que les faunes ne pouvaient pas se réfugier dans les régions tropicales. Les diversifications à partir de formes petites et primitives ont fait apparaître régulièrement des genres, de tailles et d'adaptations variées.

Chez les primates, on observe dès les formes éocènes un accroissement du cerveau par rapport aux autres mammifères. Il est probablement lié au développement important de la vision au tout début de l'histoire du groupe. Des espèces diurnes et nocturnes coexistent depuis longtemps. C'est chez les diurnes que l'on rencontre, dès l'Éocène, un certain dimorphisme sexuel ; il indique que l'évolution des structures sociales avait déjà commencé. D'après les recherches sur le comportement et l'intelligence, cette longue histoire sociale pourrait être le facteur responsable du développement exceptionnel du cerveau et de l'intelligence dans certaines familles de primates.

L'avènement de la cladistique

Pascal Tassy

En cladistique, on établit les relations de parenté entre les espèces par la recherche de caractères évolués partagés, en supposant un minimum de transformations évolutives.

La cladistique peut être qualifiée de « science des branchements » (le terme clade vient du grec *klados*, qui signifie branche). Il s'agit bien entendu des branchements évolutifs qui ont abouti, à partir de la première forme de vie apparue sur Terre il y a plus de trois milliards d'années, à la différenciation des deux millions d'espèces vivantes répertoriées aujourd'hui (il en existe sans doute dix fois plus), sans compter les fossiles qui jalonnent cette longue histoire.

Cette science, fille de l'évolutionnisme darwinien, est plus directement issue de l'œuvre d'un entomologiste allemand, Willi Hennig (1913-1976). Hennig est l'auteur d'un corpus méthodologique de reconstruction phylogénétique : ces principes de construction des arbres évolutifs furent d'abord désignés par l'expression « systématique phylogénétique » (tirée de *Phylogenetic Systematics*, livre paru aux États-Unis en 1966), puis par les termes « cladisme » et « cladistique ».

Bien que les arbres phylogénétiques soient de conception ancienne (en 1866, le biologiste allemand Ernst Haeckel publia un arbre demeuré célèbre, montrant les relations évolutives entre tous les êtres vivants), l'œuvre de Hennig fut qualifiée de révolutionnaire. Les arbres produits par l'analyse cladistique – les cladogrammes – sont des arbres généalogiques sans ancêtres qui, pourtant, ne parlent que d'ascendance : ils montrent les relations de parenté entre les espèces sans que soient recherchés les ancêtres. Dans les milieux évolutionnistes néodarwiniens des années 1960 et 1970, une telle approche en heurta plus d'un : la science évolutionniste se focalisait alors sur les liens directs ancêtre-descendant et sur les processus de spéciation.

En quoi cette démarche était-elle révolutionnaire ? Les évolutionnistes ont toujours analysé les caractères des espèces vivantes et fossiles afin de reconnaître les homologies, c'est-à-dire les ressemblances existant entre différentes espèces en raison de leur ascendance commune. Hennig a introduit une nouvelle façon de concevoir l'homologie, offrant le moyen de reconstruire de façon explicite et testable la phylogénie. Il partit d'un double constat, simple mais lourd de conséquences. Premièrement, tous les caractères n'évoluent pas à la même vitesse. Ainsi l'homme possède cinq doigts à la main et au pied : si l'on suit, après la sortie des eaux il y a 350 millions d'années, les étapes phylogénétiques menant à l'homme, on constate que ce nombre n'a pas changé. En revanche, la bipédie de l'homme est une innovation, liée à des transformations importantes survenues chez un primate qui vivait probablement il y a cinq millions d'années.

Homologie et parenté

Deuxièmement, seul le partage par différentes espèces de caractères dont l'état est transformé (ce qu'on appelle homologie phylogénétique ou synapomorphie dans le jargon cladistique) est signe d'une parenté étroite : c'est la ressemblance due à une ascendance commune. Au contraire, les caractères restés à l'état primitif (ce que l'on nomme symplésiomorphie) ne témoignent pas d'une parenté. Jusqu'alors, dans l'approche évolutionniste « classique », il était pourtant courant, sinon de règle, de chercher des caractères communs restés à l'état primitif afin de découvrir les parentés profondes, anciennes, et d'identifier les ancêtres. Or bien des groupes identifiés par les sytématiciens et dont on cherchait les péripéties évolutives n'étaient que des artefacts taxinomiques.

Un exemple fameux est celui de la classe des Reptilia, dont les membres ne possèdent en propre que des caractères primitifs d'amniotes (vertébrés dont l'embryon est entouré d'une membrane nommée amnios). S'ils présentent aussi des caractères transformés, ils les partagent avec les oiseaux ; les reptiles ne forment pas un clade, c'est-à-dire un groupe renfermant la totalité des descendants d'une espèce ancestrale. Ainsi les crocodiles sont plus étroitement apparentés aux oiseaux qu'aux lézards, autres reptiles, bien qu'un crocodile ressemble plus par son aspect à un varan qu'à une hirondelle.

Ce principe de partition entre caractères primitifs et transformés est aujourd'hui universellement reconnu ; s'il a été aussi discuté, c'est que l'évolution se joue des axiomes des systématiciens. Si les caractères se transformaient une seule fois au cours de l'histoire géologique, la reconstruction phylogénétique serait une entreprise relativement aisée. Or il arrive que les caractères se transforment dans un même état de façon indépendante chez différentes espèces (convergence ou parallélisme), ou retournent en apparence au stade ancestral (réversion), toutes ces situations étant regroupées sous le terme d'homoplasie. Ce problème, qui a toujours rendu difficile la recherche des homologies, a été résolu dans le système cladistique par un principe d'économie. Il s'agit de construire, à partir d'un nombre quelconque d'observations, l'arbre phylogénétique qui contient le maximum d'homologies phylogénétiques et le minimum d'évolutions parallèles et de réversions. Un tel arbre minimise les transformations évolutives : c'est l'arbre « le plus court », d'où l'expression d'analyse de parcimonie. On utilise aujourd'hui l'informatique afin de traiter simultanément un très grand nombre de caractères.

Prenons un exemple concret, celui des proboscidiens – ordre de mammifères représentés dans la nature actuelle par les éléphants –, qui illustrera les notions de synapomorphie, d'homoplasie et de simplicité. La phylogénie des proboscidiens est établie au moyen d'un grand nombre de caractères morphologiques, mais nous nous contenterons d'en suivre cinq pour expliquer les différentes péripéties que peuvent subir les caractères au cours de l'évolution.

Au milieu du XIXe siècle, l'anatomiste Henri Ducrotay de Blainville proposa de classer éléphants et siréniens dans un même groupe d'animaux, qu'il nomma « gravigrades » (les siréniens, également appelés vaches marines, rassemblent les lamantins et les dugongs). Le caractère invoqué pour ce regroupement était le mode d'éruption dentaire, dit « horizontal ». Chez les lamantins et les éléphants, toutes les dents de l'arcade dentaire ne fonctionnent pas en même temps : au cours de la vie de ces animaux, les molaires se succèdent de l'arrière vers l'avant, les antérieures étant expulsées et remplacées par les postérieures. Or ce caractère est en fait une homoplasie. Tout d'abord, les dugongs ne montrent pas ce type de succession dentaire : ce n'est donc pas un trait de sirénien, mais une particularité des lamantins. Ensuite, chez les proboscidiens fossiles du Tertiaire ancien, les dents prémolaires et molaires sont toutes présentes chez l'adulte, comme chez tout mammifère non spécialisé (nous ne perdons pas nos prémolaires ou notre première molaire lorsque sortent nos dents de sagesse).

Pourtant, siréniens et éléphants sont effectivement étroitement apparentés. L'un des caractères qui soutient cette hypothèse est la position de l'orbite. Chez les proboscidiens du Tertiaire ancien, l'orbite est très antérieure, ce qui est une disposition assez rare chez les mammifères. Or on la retrouve chez tous les siréniens, actuels comme fossiles. De fait, la morphologie du crâne d'un proboscidien tel que *Moeritherium*, qui vivait à l'Éocène (il y a environ 40 millions d'années), ressemble plus à celle d'un sirénien qu'à celle d'un éléphant moderne. Cette orbite antérieure est une synapomorphie des proboscidiens et des siréniens, que l'on rassemble aujourd'hui dans le groupe des Tethytheria, un terme inventé par le paléontologue Malcolm McKenna en 1974.

Toutefois l'évolution ne s'est pas arrêtée là. Chez les éléphants modernes, l'orbite est également antérieure, mais il ne s'agit plus vraiment du même état : il y a eu réversion d'un caractère transformé chez les éléphantiformes. En effet, les proboscidiens de l'Oligocène (il y a environ 30 millions d'années), tels que *Phiomia*, ont une orbite reculée en raison de l'apparition d'une trompe qui a altéré la forme de la face et entraîné une rétraction des fosses nasales et des orbites (ce n'est pas une spécialisation de *Phiomia*, comme on pourrait le penser, car un grand nombre d'espèces fossiles, proches des éléphants et omises de cet exemple, montrent cette disposition). Plus tard, le mode de croissance du crâne éléphantin s'est transformé et a projeté vers l'avant la face et les orbites : celles-ci ont alors retrouvé une position antérieure. Le partage de ce caractère par les éléphants et par *Moeritherium* est donc une homoplasie.

1. DISTRIBUTION de cinq caractères crâniens chez les proboscidiens et les siréniens *(tableau)*. Les cases bleues indiquent l'état transformé du caractère. Il s'agit (1) du remplacement dentaire dit « horizontal » ; (2) de l'orbite antérieure ; (3) de la forme particulière de l'os tympanique ; (4) de la configuration du trou auditif externe ; et (5) des fosses nasales reculées au-dessus ou en arrière des orbites. À partir de ces caractères, on a déterminé par l'analyse de parcimonie les relations de parenté entre les espèces. Sur l'arbre résultant, on a figuré par des rectangles bleus les transformations des cinq caractères (codés par les chiffres précédents) et par un rectangle blanc la réversion de la position de l'orbite (caractère 2) survenue chez l'ancêtre des éléphantiformes ; la transformation ultérieure de ce caractère est propre aux éléphants modernes. Aux différents points de branchement, on a indiqué le nom du taxon correspondant. L'orbite est marquée en rouge sur les crânes. On voit que si *Moeritherium* ressemble aux siréniens (en raison des caractères restés primitifs), il présente une homologie phylogénétique avec les éléphants (partage d'un caractère transformé, ici la forme du trou auditif externe) qui détermine sa position de proboscidien.

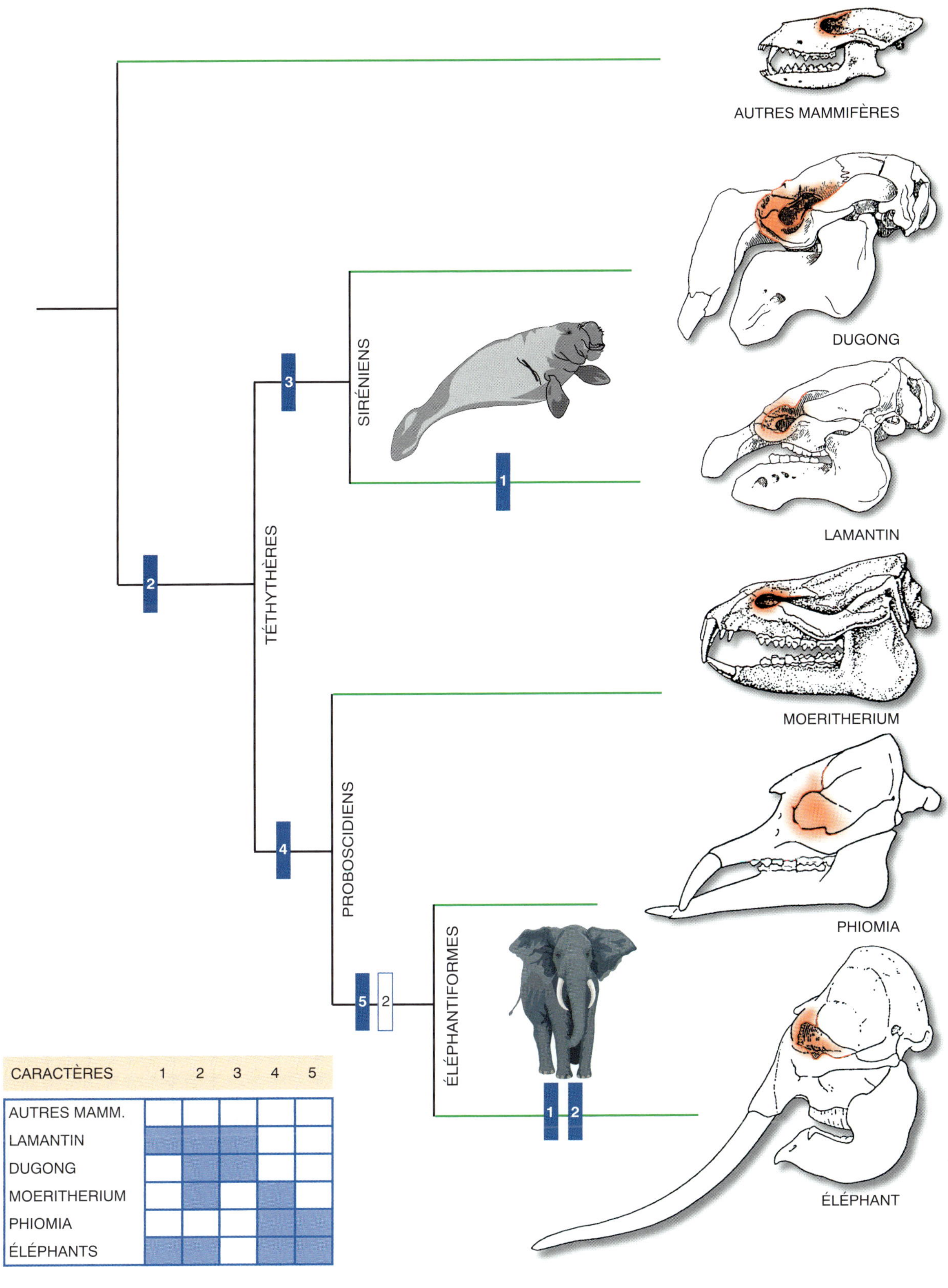
AUTRES MAMMIFÈRES
DUGONG
LAMANTIN
MOERITHERIUM
PHIOMIA
ÉLÉPHANT
SIRÉNIENS
TÉTHYTHÈRES
PROBOSCIDIENS
ÉLÉPHANTIFORMES
1
2
3
4
5
CARACTÈRES 1 2 3 4 5
AUTRES MAMM.
LAMANTIN
DUGONG
MOERITHERIUM
PHIOMIA
ÉLÉPHANTS

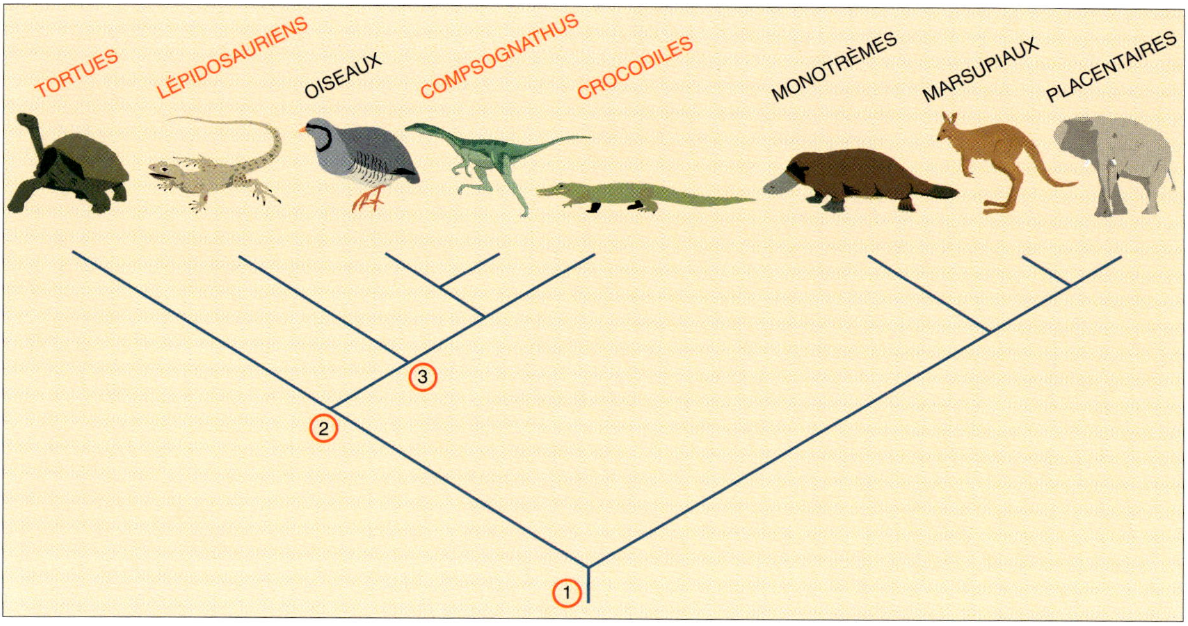

2. RELATIONS DE PARENTÉ DES AMNIOTES ACTUELS avec l'inclusion d'un fossile *(Compsognathus)*. Si un crocodile ressemble à un lézard (groupe des lépidosauriens), ce n'est qu'en raison de nombreux caractères restés primitifs (hérités des ancêtres 1, 2 ou 3) mais non en raison d'une parenté phylogénétique étroite. Au contraire, crocodiles et oiseaux sont étroitement apparentés, quoique peu ressemblants. C'est pourquoi la classe des Reptilia *(en rouge)*, faute d'inclure les oiseaux, n'est pas un concept phylogénétique. Les fossiles qu'on appelle dinosaures (ici représentés par *Compsognathus*) effacent l'hiatus morphologique qui sépare dans la nature actuelle oiseaux et crocodiles. De même que les chauves-souris sont des mammifères aériens, les oiseaux sont des dinosaures adaptés au vol. *Compsognathus* n'est pas pour autant l'ancêtre des oiseaux.

Ainsi conçue, l'étude phylogénétique des proboscidiens consiste, non à rechercher des ancêtres pris parmi les fossiles, mais à mettre en évidence des caractères ancestraux, tels que l'orbite antérieure (caractère ancestral des téthythères), l'orbite reculée (caractère ancestral des éléphantiformes) et l'orbite secondairement avancée (caractère ancestral des éléphants modernes). Cette histoire peut paraître compliquée mais c'est l'hypothèse la plus simple (la plus parcimonieuse) concernant la phylogénie des proboscidiens si l'on tient compte de l'ensemble de leurs caractères, et pas seulement des cinq choisis ici : toute autre solution implique un plus grand nombre de transformations évolutives.

Évaluer l'homoplasie

Ce parti pris de simplicité a été critiqué : l'évolution a pu se faire sans minimiser les homoplasies. Toutes les analyses de parcimonie montrent que l'homoplasie, même minorée, existe bel et bien. Dans l'exemple choisi, deux caractères sur cinq sont homoplasiques. Le constat est le même qu'il s'agisse d'analyses morphologiques ou moléculaires. La difficulté est peut-être encore plus grande en biologie moléculaire. Les caractères moléculaires sont les sites nucléotidiques dans les gènes, et les transformations associées sont des substitutions de bases, par exemple d'une adénine (A) par une guanine (G). Si de tels caractères discontinus constituent *a priori* un matériau idéal pour les analyses de parcimonie, l'information moléculaire est tellement stéréotypée que les gènes sont vite « saturés ». En effet, un site ne peut être occupé que par l'une des quatre bases de l'ADN (A, G, C ou T) et il ne peut être transformé que par la substitution, l'insertion ou la délétion d'une base. Si un site mute plus de quatre fois, il sera nécessairement saturé : l'évolution « repassera les plats », en l'occurrence le même nucléotide, et la présence en ce site d'une même base chez différentes espèces aura toutes les chances d'être une homoplasie.

La cladistique a évolué, de la systématique hennigienne aux récentes analyses moléculaires. Elle évoluera encore. Les méthodes cladistiques ont déjà transformé durablement les pratiques phylogénétiques des biologistes et des paléontologues : elles guident désormais, dans les musées du monde entier, les choix pédagogiques dans la présentation de l'évolution. Plus aucune exposition moderne de paléontologie ne montre de dinosaures sans les associer à leurs représentants actuels, les oiseaux, et à leurs proches parents, les crocodiles. De la sorte, sans s'en rendre compte, le grand public est aujourd'hui directement atteint par la « révolution hennigienne ».

Les fossiles vivants n'existent pas

Armand de Ricqlès

La notion de «fossile vivant» est trompeuse, car elle est liée à une conception dépassée des rapports entre systématique et évolution.

Le terme de fossile vivant est imagé et demeure fort employé, bien qu'il soit fondé sur un paradoxe. Il consacre un étrange rapprochement entre le fossile, témoin pétrifié d'une période révolue de l'histoire de la vie, et le vivant, apte à relever les défis de l'environnement actuel. L'origine du terme est essentiellement «historico-journalistique», et malgré sa fortune auprès du public, les biologistes ne l'emploient plus aujourd'hui sans émettre certaines réserves.

On qualifie de fossiles vivants des espèces animales ou végétales considérées à divers égards comme primitives, et qui n'ont été décrites dans la nature actuelle qu'après la découverte de fossiles qui leur sont étroitement apparentés. Ce critère purement circonstanciel, voire anecdotique, rend compte de la dimension «historique» du terme de fossile vivant. Il existe souvent un laps de temps de plusieurs millions d'années entre le dernier représentant d'un groupe connu à l'état fossile et son représentant actuel, si bien que ce groupe, tenu pour disparu, semble surgir brusquement du passé.

La fortune journalistique du terme de fossile vivant vient du caractère sensationnel de certaines découvertes. À la fin des années 1930, la capture du fameux cœlacanthe (*Latimeria chalumnae*) dans le Canal de Mozambique fut considérée comme la justification définitive du concept de fossile vivant: on tenait là un représentant vivant de la classe des «Poissons Crossoptérygiens», un groupe d'organismes entièrement fossiles, florissant au Paléozoïque et disparu au Crétacé, à la fin du Mésozoïque, il y a 70 millions d'années. Au delà de l'aspect anecdotique, et souvent séduisant, de ces découvertes, l'engouement pour les «fossiles vivants» témoigne de la fascination des naturalistes et du grand public pour les groupes «primitifs» ou «ancestraux».

La notion de fossile vivant est liée à une certaine vision de l'évolution, elle-même dépassée du fait de son enracinement dans une théorie systématique obsolète. Bien entendu, cela ne signifie pas que le cœlacanthe, le sphénodon, l'ornithorynque, le nautile, la libellule *Epiophlebia*, le *Gingko biloba* de nos parcs, et tant d'autres organismes fascinants qualifiés de fossiles vivants, n'existent plus, ou ne posent plus de problèmes évolutifs et biologiques intéressants ! Nous allons seulement montrer qu'une analyse logique dans le cadre de la théorie systématique moderne réfute en partie la validité du concept de fossile vivant.

Fossiles vivants et «groupes souches»

Pour comprendre ce que l'on entend par «fossile vivant», il faut revenir à la vision traditionnelle, encore appelée éclectique, de la systématique évolutionniste. Cette vision a dominé la pensée et la pratique de la plupart des biologistes systématiciens depuis la publication par Charles Darwin de *l'Origine des Espèces* en 1859 jusqu'au début des années 1970, soit pendant plus d'un siècle. On admettait alors que des groupes primitifs, anciens ou «ancestraux», donnaient naissance au cours des temps géologiques à des groupes plus évolués, du fait des mécanismes (mutations, recombinaisons, sélection naturelle) présidant à la transformation et au remplacement des espèces et, au dessus d'elles, des unités systématiques de rang supérieur (genres, familles, ordres, classes...). Ainsi les amphibiens dérivaient des poissons, les reptiles des amphibiens, les oiseaux et les mammifères des reptiles.

Bien entendu, les groupes les plus anciens (et primitifs) d'après la stratigraphie étaient considérés comme les formes ancestrales réelles des groupes stratigraphiquement plus récents (et évolués). Par exemple, parmi les poissons, seuls certains groupes du Paléozoïque – et non les poissons actuels – étaient considérés comme les «groupes souches», ou «stock de base», à l'origine des amphibiens. De même, seuls certains amphibiens du Paléozoïque – et non les amphibiens actuels – représentaient le stock de base d'où avaient émergé les reptiles, et ainsi de suite.

Dans la systématique évolutionniste traditionnelle, chacun de ces groupes souches est défini et reconnu par la possession d'un ensemble abondant de

1. QUATRE ORGANISMES couramment qualifiés de « fossiles vivants ». Ces espèces possèdent de nombreux caractères non transformés, ou plésiomorphes, hérités d'ancêtres lointains. Le cœlacanthe *(en haut à gauche)* vit dans les profondeurs, au large des Comores, et n'a été découvert qu'en 1938. *Gingko biloba (en haut à droite)* est une plante gymnosperme (à « graine nue »), comme les conifères, souvent plantée dans les parcs. L'ornithorynque *(en bas à gauche)* est un mammifère monotrème, qui pond des œufs. L'aire de répartition des monotrèmes est réduite à l'Australie et à la Nouvelle-Guinée. Le nautile *(en bas à droite)* est un mollusque céphalopode qui rappelle les ammonites, animaux disparus à la fin de l'ère Secondaire.

caractères anatomo-physiologiques communs et corrélés, et constitue un pallier d'organisation, ou grade évolutif. Ainsi, le palier d'organisation « poisson », défini par de nombreux caractères (présence de branchies, de nageoires, d'écailles dermiques, etc.) est à l'origine du palier d'organisation « amphibien », plus évolué du fait de la perte de caractères anciens (branchies, écailles dermiques) et du gain de caractères nouveaux (poumons, membres adaptés à la marche). On concevait d'ailleurs la conquête de nouveaux milieux écologiques comme corrélative de ces paliers d'organisation successifs. Ainsi, à partir des poissons, confinés au milieu aquatique, les Amphibiens réalisent la « sortie des eaux », prélude à la « conquête des continents » par les reptiles... Remarquons au passage que cette vision gradualiste, où la vie parcourt une série de paliers, conduit presque inéluctablement à une conception orientée de l'évolution, où le supérieur, plus complexe, dérive nécessairement de l'inférieur, plus simple.

La notion de fossile vivant s'inscrit très facilement dans ce contexte. On distinguait jadis, au sein des poissons, un groupe particulier, celui des Crossoptérygiens du Paléozoïque *(figure 2)*. En raison de la présence de certains caractères (nageoires à un seul os à la base, par exemple), on en a fait le groupe souche dont auraient dérivé les amphibiens au milieu du Paléozoïque. Supposons qu'à la suite de cet événement, tous les Crossoptérygiens non transformés en amphibiens se soient éteints : le groupe ne serait alors connu qu'à l'état fossile. Or une branche de Crossoptérygiens, les Actinistiens, a perduré sans grandes modifications jusque dans la nature actuelle, où elle est représentée par le cœlacanthe. Celui-ci apparaît alors comme un « fossile vivant » puisqu'il restitue une image à peu près fidèle de l'antique groupe souche des Crossoptérygiens dont dérivent les amphibiens (et, à travers eux, tous les vertébrés terrestres) et qui, sans le cœlacanthe, ne serait connu qu'à l'état fossile.

Dans cet exemple, le cœlacanthe n'apparaît comme un fossile vivant que parce qu'il a peu évolué et semble avoir conservé les caractères des Crossoptérygiens « ancestraux ». De tels organismes sont souvent qualifiés de panchroniques : du fait d'une évolution très lente, ils traversent sans changements spectaculaires des durées géologiques considérables. Le panchronisme est une notion complexe, mais sans doute biologiquement plus valide que celle de fossile vivant.

Les fossiles vivants détrônés par la cladistique

À partir des années 1970, un nouveau paradigme s'est imposé en systématique : celui de l'analyse phylogénétique, encore nommée cladistique. Il ne s'agit pas seulement d'une nouvelle méthode pour l'établissement des classifications, mais, plus profondément, d'une remise en cause des relations conceptuelles établies jusque là entre la recherche phylogénétique et la problématique évolutionniste.

Le principe essentiel de la cladistique est de ne prendre en considération que les groupes dits monophylétiques, constitués par l'ancêtre commun et tous ses

« FOSSILES VIVANTS » ET GROUPES PARAPHYLÉTIQUES

Les « fossiles vivants », « espèces reliques » ou autres « formes panchroniques » ne correspondent parfois à aucune réalité phylogénétique. C'est le cas lorsque ces organismes sont interprétés comme des représentants actuels de groupes fossiles non naturels. Nous allons illustrer cette situation par un exemple théorique.

Soit un groupe renfermant huit espèces actuelles et fossiles, notées de *a* à *h,* dont les relations phylogénétiques ont été établies par l'analyse cladistique *(cladogramme en haut du schéma).* Ce groupe est dit monophylétique, car il contient tous les organismes issus d'un même ancêtre.

Dans le cadre de la systématique évolutionniste traditionnelle, on distingue au sein de cet ensemble une première « famille » *A* comprenant cinq espèces, dont quatre fossiles *(notées par une croix)* et une espèce actuelle, *b.* Du fait de l'ancienneté de ces fossiles et de leur caractère archaïque, cette « famille » *A* est considérée comme ancestrale ou primitive par rapport à la famille *B,* plus évoluée, qui rassemble les trois autres espèces dont une est fossile, *g.* Pour renforcer cette opposition, la « famille ancestrale » *A* comprend une majorité d'espèces fossiles *(a, c, d, e),* et la famille *B,* évoluée, une majorité d'espèces actuelles *(f, h).*

Pour un systématicien évolutionniste, l'espèce *b,* unique survivante de la famille *A,* serait un magnifique « fossile vivant », représentant prestigieux et solitaire de cette famille primitive... à la condition toutefois que *b* ne présente pas trop de caractères évolués qui lui soient propres (autapomorphies), fortement divergents par rapport à ceux des espèces fossiles de la famille *A.* En effet, si l'espèce *b* avait, au cours de son histoire, divergé par acquisition de nouveaux caractères *(étoile),* au point de changer profondément de morphologie par rapport aux espèces fossiles *a, c, d, e,* notre systématicien serait alors tenté de classer *b* « à part » dans une nouvelle famille *C,* qui serait considérée comme descendante de *A,* au même titre que la famille *B.* Dans ce cas, l'espèce actuelle *b* ne serait plus considérée comme un « fossile vivant » de la famille *A,* bien que ses relations phylogénétiques avec les autres espèces du groupe monophylétique *a-h* n'aient nullement changé !

On voit que la décision de considérer ou non l'espèce *b* comme un « fossile vivant » provient en dernière analyse du choix de distinguer arbitrairement, au sein de l'ensemble *a-h,* deux ou trois « familles » (*A, B* et éventuellement *C*) sur des critères non phylogénétiques de morphologie générale.

L'approche cladistique clarifie la situation : en termes cladistiques, la « famille » *B* est bien naturelle (monophylétique), car elle est définie par la présence de caractères transformés propres au groupe, ou apomorphies *(flèche bleue),* et comprend l'ancêtre commun et tous ses descendants. En revanche, ce n'est pas le cas de la « famille » *A :* celle-ci n'est définie que par la présence de caractères plésiomorphes, non transformés, mais primitifs et généralisés pour tout l'ensemble monophylétique *a-h* *(flèche rouge) ;* elle renferme bien l'ancêtre commun, mais pas tous ses descendants (les familles *B* et *C,* si cette dernière est distinguée, étant exclues par définition). Par conséquent, la famille *A* constitue un groupe artificiel, dit paraphylétique. Ce groupe n'a pas d'histoire propre ou, plus exactement, son histoire est en même temps celle de *b* et de *f, g, h* (d'après Ph. Janvier, 1983).

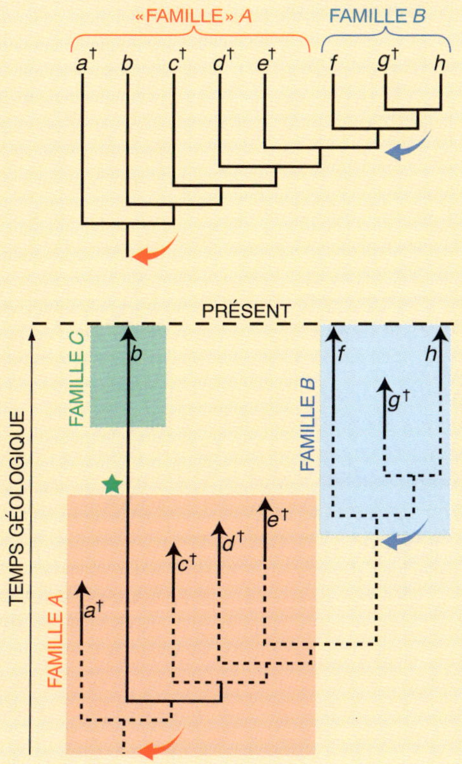

descendants. Seuls de tels groupes, ou clades, sont véritablement naturels en tant qu'entités généalogiques et évolutives. On distingue les clades par la présence d'une nouveauté évolutive (ou synapomorphie) apparue chez l'ancêtre commun et transmise à tous ses descendants. Il faut procéder à l'analyse explicite des caractères portés par les différents organismes pour reconnaître les synapomorphies et déterminer l'ordre des branchements évolutifs. La classification n'est alors plus qu'une formalisation de la phylogénie, traduisant l'ordre des branchements, et devient une pratique objective et testable. Cette méthode est générale, et s'applique aussi bien aux caractères morphologiques qu'aux caractères moléculaires.

En pratique, l'analyse cladistique est concrétisée par un cladogramme, schéma dichotomique traduisant une hypothèse sur les relations de parenté entre les taxons, déduite de la répartition des synapomorphies. Un cladogramme se présente sous la forme d'une série de groupes monophylétiques hiérarchiquement emboîtes. Chaque point de branchement est défini par l'apparition d'une nouvelle synapomorphie, et constitue la racine d'un groupe monophylétique.

La procédure cladistique, relativement simple en principe, a de profondes répercussions sur la conception des rapports entre la phylogénie (l'apparentement évolutif entre taxons), la taxonomie (les principes selon lesquels on identifie et on nomme les taxons) et l'analyse des mécanismes évolutifs eux-mêmes.

En effet, tous les groupes systématiques traditionnels ne correspondent pas, loin de là, à des groupes monophylétiques naturels. On a compris très tôt le caractère artificiel des groupes réunissant des organismes sur la base de caractères communs analogues (et non homologues), acquis par convergence adaptative : de tels groupes, nommés polyphylétiques, étaient déjà récusés par les systématiciens traditionnels. Par exemple, le fait de posséder des ailes n'est pas un caractère valable pour regrouper oiseaux et chauves-souris.

En revanche, l'analyse cladistique a révélé l'existence d'autres regroupements systématiques artificiels, très fréquents et moins flagrants que les groupes polyphylétiques : les organismes réunis dans ces groupes possèdent bien des caractères homologues (c'est-à-dire issus d'un ancêtre commun), mais ces caractères sont restés dans un état primitif, ou généralisé. Ils n'ont pas été modifiés depuis leur apparition chez un ancêtre commun lointain et « non exclusif », dont la descendance ne se limite pas aux organismes du groupe. De tels caractères, dits plésiomorphes, définissent des groupes paraphylétiques.

Remarquons que ces groupes, réunissant des organismes qui possèdent des caractères à l'état primitif ou généralisé, excluent par définition les descendants qui possèdent ces caractères à l'état évolué ou spécialisé. Les groupes paraphylétiques sont nécessairement incomplets du point de vue généalogique : ils ne comprennent pas l'ancêtre commun et tous ses descendants, mais seulement certains d'entre eux, ceux qui ont le moins évolué.

Comme ils sont amputés de certains de leurs descendants, les groupes paraphylétiques s'accordent bien à la notion de grade, « groupe souche » ou « stock de base » de la systématique évolutionniste traditionnelle. Toutefois l'analyse cladistique a révélé que ces groupes ne sont pas naturels et ne correspondent à aucune réalité phylogénétique. Ils n'ont pas d'ancêtre commun exclusif ni d'histoire évolutive propre puisque celle-ci est en même temps celle d'autres groupes *(voir l'encadré)*.

Les Crossoptérygiens, groupe paraphylétique

Reprenons à présent l'exemple du cœlacanthe, « fossile vivant » supposé représentatif des Crossoptérygiens. Quelle que soit l'analyse phylogénétique que l'on préconise dans le détail, les Crossoptérygiens apparaissent toujours comme un ensemble paraphylétique sur un cladogramme. Par conséquent, ce « groupe souche » ne figure que dans les arbres évolutifs de la systématique traditionnelle *(figure 2)*. Non seulement ce groupe masque les relations de parenté précises entre ses propres membres et les groupes monophylétiques qui en sont issus (dipneustes et tétrapodes), mais encore il semble se prolonger jusqu'à l'époque actuelle par l'intermédiaire des Actinistiens (cœlacanthes).

Or, si l'on considère la structure phylogénétique du clade des Sarcoptérygiens *(figure 3)*, on constate que l'histoire des Actinistiens n'a aucun lien avec celle des Ostéolépiformes, des Porolépiformes ou des Tétrapodes : elle n'est qu'une partie de l'histoire des Sarcoptérygiens dans leur ensemble. Les Crossoptérygiens de la classification traditionnelle ne sont définis que par des caractères primitifs (ou plésiomorphes) pour tous les Sarcoptérygiens (voire tous les poissons osseux !) : ils forment un « grade » qui n'a pas d'histoire propre ou, plus précisément, dont l'histoire est en même temps celle des Dipneustes et des Tétrapodes.

Par conséquent, les Actinistiens et leur représentant actuel, le cœlacanthe, ne peuvent témoigner de l'anatomie des animaux rassemblés sous l'étiquette « Crossoptérygiens ». Tout au plus évoquent-ils celle des Sarcoptérygiens les plus primitifs, en raison de leurs nombreux caractères plésiomorphes (non modifiés), ce qui est par ailleurs tout à fait intéressant ! Ainsi l'observation de cœlacanthes vivants a révélé qu'ils possèdent un patron locomoteur caractérisé par les mouvements alternés en diagonale de leurs nageoires paires. C'est une apomorphie ancienne des Sarcoptérygiens dans leur ensemble, qui est à la base du patron locomoteur des tétrapodes terrestres.

Comme on l'a vu dans le cas du cœlacanthe, la notion de fossile vivant n'est valide que si on l'applique à un groupe naturel, c'est-à-dire monophylétique, qui soit en outre panchronique. Les groupes panchroniques (« qui traversent le temps ») se diversifient moins que les autres sur de longues périodes géologiques, car ils évoluent lentement.

Le groupe monophylétique des lamproies est un bon exemple de groupe panchronique. Ces organismes, peu diversifiés dans la nature actuelle, sont dépourvus de mâchoires articulées et vivent en parasites des poissons. On a découvert des lamproies fossiles, telle *Mayomyzon* du Carbonifère des États-Unis, qui présentent déjà presque toutes les caractéristiques spécialisées des lamproies actuelles. Une fois mis en place, le type « lamproie » fait preuve d'une remarquable stabilité morphologique au cours des temps géologiques.

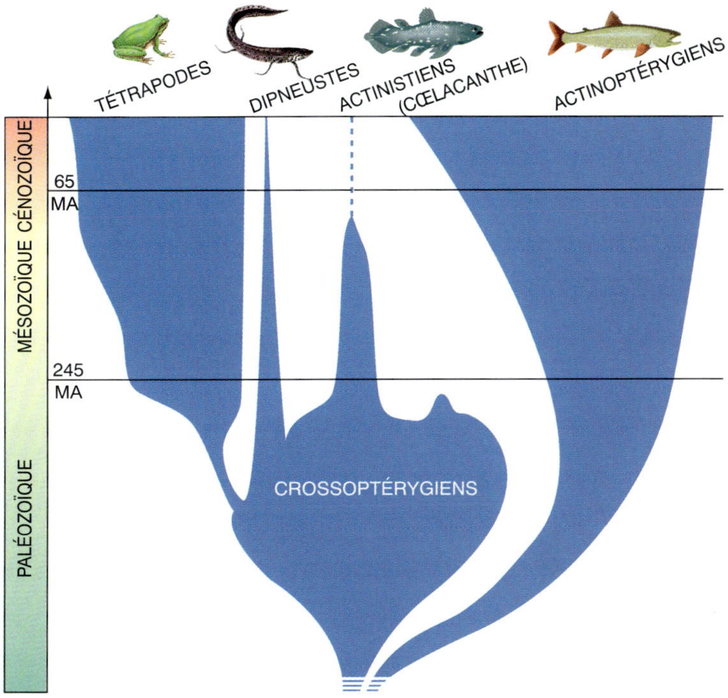

2. REPRÉSENTATION DES RELATIONS ÉVOLUTIVES du cœlacanthe avec d'autres vertébrés dans la vision systématique traditionnelle. Sur cet « arbre évolutif », le cœlacanthe apparaît comme un « fossile vivant », unique représentant du groupe fossile des Crossoptérygiens. La largeur des rameaux exprime approximativement la biodiversité de chaque groupe en fonction du temps géologique, et les pointillés indiquent un hiatus stratigraphique dans la connaissance du groupe.

Dans la plupart des cas, le panchronisme est difficile à établir, car les fossiles sont généralement incomplets. Dans ces conditions, on définit le panchronisme à partir de quelques caractères anatomiques bien conservés par la fossilisation, mais il n'est pas certain que leur immuabilité traduise le panchronisme des espèces ou des groupes systématiques eux-mêmes. En outre, l'évolution n'affecte jamais tout l'organisme de façon synchrone, mais s'exerce sur les différents organes à des rythmes différents : on parle d'évolution en mosaïque.

L'exemple des blattes, souvent considérées comme des organismes panchroniques, illustrera notre propos. On connaît une multitude de blattes fossiles dès le Carbonifère (il y a environ 300 millions d'années), dont l'aspect général ne diffère pas sensiblement de celui des blattes actuelles. Envisagé globalement à un niveau systématique élevé, l'ordre des blattes est panchronique. Pourtant, aucune famille, aucun genre ni aucune espèce de blatte du Carbonifère n'a survécu jusqu'à notre époque : le panchronisme est une notion relative, qui dépend du niveau systématique auquel on l'applique.

En outre, si certains caractères des blattes, tels que la nervation des ailes, ont assez peu changé depuis le Carbonifère, il n'en va pas de même pour l'appareil reproducteur. Toutes les blattes actuelles ont développé un système d'oothèques très spécialisé qui diffère profondément de l'appareil reproducteur des blattes du Paléozoïque.

Par conséquent, on ne doit pas considérer le panchronisme comme la conséquence d'un rythme d'évolution globalement lent de l'organisme tout entier ; il faut distinguer les vitesses d'évolution des différents systèmes, ce qui rend l'analyse du panchronisme bien plus complexe qu'il ne parait au premier abord.

En cladistique, cette constatation correspond en partie à la notion d'hétérobathmie des caractères (le fait que les caractères d'un organisme proviennent de « profondeurs différentes » dans le temps évolutif). Il y a de fortes chances pour que les caractères très anciens d'une lignée constituent pour elle des plésiomorphies (caractères à l'état non transformé, hérités d'un ancêtre lointain qui les a aussi transmis à d'autres lignées), par opposition aux apomorphies acquises ultérieurement. Dans le cas des blattes, le panchronisme apparent de la nervation alaire apparaît comme une plésiomorphie, tandis que les spécialisations de l'appareil reproducteur des blattes modernes constituent une apomorphie.

Les groupes panchroniques posent le problème général des taux d'évolution, autrement dit, des facteurs influant sur la vitesse de l'évolution dans tel ou tel groupe d'organismes. Pourquoi les mollusques monoplacophores, malgré les 400 millions d'années écoulées depuis leur apparition au Silurien, n'ont-ils subi qu'une différenciation à l'échelle du genre – l'actuelle *Neopilina* différant à peine de *Pilina* du Silurien – alors que dans le même laps de temps, les insectes et les vertébrés ont subi d'extraordinaires transformations évolutives ? Depuis 1944, à la suite de G. Simpson, on parle de bradythélie au sujet des groupes à évolution lente, mais ce terme dénote plus une description quantifiée du phénomène qu'une explication biologique de celui-ci. Comme on l'a vu, il faudrait aussi distinguer, dans le panchronisme, la vitesse d'évolution de certains caractères des organismes, qui n'est pas nécessairement celle des espèces ni celle des entités systématiques supérieures.

Parmi les formes panchroniques, certaines sont aujourd'hui confinées dans des aires géographiques restreintes ou dans des milieux écologiques rares et particuliers. Ces dimensions spatiales ne sont pas moins intéressantes à analyser que les dimensions temporelles et phylogénétiques du problème des « fossiles vivants ». On admet généralement que certains milieux écologiques sont « conservateurs », parce qu'ils permettent à des organismes panchroniques de survivre sans changements notables. Ces milieux, dits relictuels, correspondent à des habitats particuliers, limités, souvent très stables à long terme. Les espèces qui y sont adaptées seraient soumises à une concurrence moins variée, moins intense que dans les milieux plus ouverts et banals. On cite souvent les cavernes ou les abysses comme exemples de tels milieux relictuels.

On observe effectivement dans ces milieux divers organismes couramment qualifiés de fossiles vivants, mais cette relation n'a rien d'obligatoire. De nombreux zoologistes et écologistes qualifient en effet de fossiles vivants des organismes très spécialisés, adaptés par de multiples caractères morphologiques, physiologiques et comportementaux à des niches particulières et restreintes, telles que les cavernes. Même si les organismes cavernicoles sont réellement les témoins actuels de lignées naturelles (monophylétiques) très anciennes, ils ne sont pas plus des « fossiles vivants » que les organismes qui ont évolué de façon plus banale, en s'adaptant à des conditions de vie et à des milieux plus largement répandus dans la nature. Dans un cas comme dans l'autre, l'accumulation de caractères apomorphes (spécialisés) masque finalement le substrat de caractères plésiomorphes (généralisés) abondants chez l'ancêtre lointain *(voir l'encadré)*.

Enfin, l'adaptation poussée d'une espèce à un micromilieu considéré comme relictuel n'implique pas nécessairement que cette espèce appartienne à un clade ancien. Même au sein de groupes monophylétiques récents et en pleine expansion, il arrive que des organismes s'adaptent à de tels milieux : les espèces qui se sont ainsi différenciées ne sont en rien des « fossiles vivants » !

Reliques et refuges

On nomme parfois les fossiles vivants des reliques, par allusion à l'idée que ce sont les restes de groupes systématiques anciens. Toutefois ce terme a aussi une connotation biogéographique. Au cours du temps, les représentants les plus archaïques de ces groupes anciens seraient de plus en plus « déphasés », et ne se maintiendraient plus que dans des « aires relictuelles » (ou résiduelles), où les conditions écologiques sont optimales. Ces sortes d'asiles résulteraient de la contraction, voire du morcellement, de l'aire géographique bien plus vaste qu'occupait l'espèce relique (ou ses ascendants) au moment de sa plus grande extension.

On cite souvent le cas des tapirs, ongulés périssodactyles relativement plésiomorphes par rapport aux chevaux, autrefois largement répandus dans l'Ancien et le Nouveau Monde, et confinés aujourd'hui dans deux aires relictuelles disjointes : les forêts tropicales d'Asie du Sud-Est et d'Amérique du Sud. De même, le sphénodon et le cœlacanthe sont aujourd'hui limités à des aires géographiques minuscules. En fait, tous les intermédiaires existent entre des aires encore très vastes et écologiquement variées, et des milieux minuscules offrant, du fait d'un certain isolement biologique, un asile plus ou moins précaire.

Pour que ces notions d'aires résiduelles de formes reliques deviennent objectives, il faut une excellente connaissance de la répartition des formes fossiles apparentées, ce qui n'est pas toujours le cas. En outre, les hypothèses migratoires, sous-jacentes à de nombreux raisonnements sur les aires résiduelles, ne sont pas testables chez les fossiles.

On dispose aujourd'hui d'un nouveau modèle pour expliquer la répartition géographique des « fossiles vivants ». Au cours de ces dernières années, la biogéographie évolutionniste traditionnelle a été bouleversée par deux avancées significatives. La première est la tectonique des plaques : on a montré que les masses continentales se déplacent au cours des temps géologiques, et on est parvenu à reconstituer leur répartition passée.

La seconde avancée est la biogéographie de la vicariance : ce modèle, où les entités systématiques se différencient passivement en raison de la ségrégation progressive des aires géographiques qu'elles occupent, supplante celui de la biogéographie dispersive, où les migrations actives des biotes (espèces animales et végétales caractéristiques d'une zone donnée) ont un rôle essentiel.

Dans ce contexte, la signification de la biogéographie des organismes et des groupes panchroniques est renouvelée. Par exemple, on ne peut pas expliquer aisément la répartition géographique des dipneustes actuels par une contraction de l'aire initiale dont les raisons seraient biologiques (compétition), écologiques (modification du milieu) ou comportementales (migration). Le cladogramme des trois taxons actuels (où *Neoceratodus* d'Australie apparaît comme le groupe-frère du clade formé par les genres *Protopterus*, africain, et *Lepidosiren*, amazonien) s'accorde bien au schéma de la fragmentation du Supercontinent de Gondwana, aire initiale indivise, au cours du Mésozoïque. Les « asiles » actuels résulteraient de ce vaste phénomène de ségrégation vicariante.

En conclusion, les particularités des formes panchroniques (dont les ci-devant « fossiles vivants ») illustrent, comme en négatif, tous les thèmes majeurs de l'évolutionnisme.

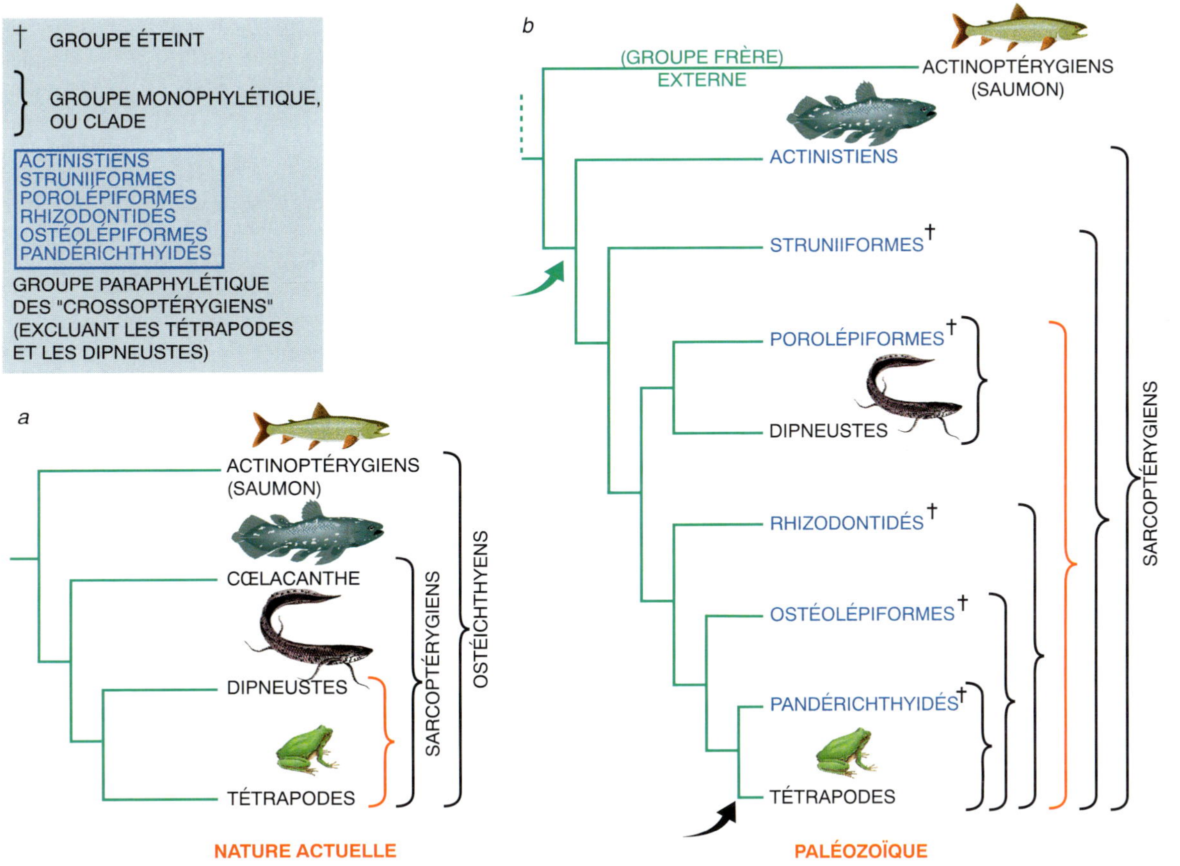

3. INTERPRÉTATION DU CŒLACANTHE dans le cadre de la systématique phylogénétique. On réunit dans un même ensemble des vertébrés aux morphologies très variées (de la forme « poisson » à celle de l'homme) sur la base de caractères homologues à l'état spécialisé, ou synapomorphies. L'un d'eux est la présence de membres pairs où un seul os s'articule aux ceintures pectorales et pelvienne, et où la musculature striée est très développée *(l'acquisition de ce caractère est indiquée par la flèche verte)*. Ces vertébrés, connus depuis le milieu du Paléozoïque, forment le groupe monophylétique des Sarcoptérygiens. En leur sein, le groupe le plus spécialisé est celui des Tétrapodes, caractérisé par une autre apomorphie : les membres pairs sont transformés en « béquilles articulées » *(flèche noire)* à partir de l'état primitif, ou plésiomorphe, du caractère (membres de type nageoire). Les Tétrapodes étant définis, on en recherche le groupe frère, c'est-à-dire le groupe qui possède avec les Tétrapodes un ancêtre commun proche et exclusif (propre aux deux groupes). Les Tétrapodes et leur groupe frère, une fois authentifiés par les synapomorphies qui les lient, vont former, au sein des Sarcoptérygiens, un clade de rang supérieur, et ainsi de suite. Dans la nature actuelle *(a)*, où la plupart des Sarcoptérygiens de grade « poisson » ont disparu, les « poissons pulmonés », ou Dipneustes, constituent le groupe frère des Tétrapodes, et ces deux clades forment un ensemble *(accolade rouge)* dont le groupe frère est représenté par le cœlacanthe. Si l'on ajoute les formes fossiles connues *(b)*, nombre d'entre elles s'intercalent dans le cladogramme entre les Tétrapodes, les Dipneustes et le cœlacanthe, ce qui justifie la création de nombreux groupes monophylétiques supplémentaires *(repérés par les accolades)*. Ces diverses formes fossiles constituaient autrefois le groupe paraphylétique des Crossoptérygiens *(en bleu)*. Plutôt que notre « ancêtre poisson », comme on le qualifie souvent à tort, le cœlacanthe représente seulement, dans la nature actuelle, le groupe frère plésiomorphe (ayant hérité de caractères non transformés) d'un ensemble monophylétique formé par les Dipneustes et les Tétrapodes.

Intérêt et limites des phylogénies moléculaires

Hervé Philippe

Les phylogénies construites à partir des caractères moléculaires complètent les phylogénies classiques, mais sont source d'erreurs nouvelles.

En 1859, dans la première édition de *L'origine des espèces*, Darwin affirmait clairement que la classification des espèces devait refléter leur phylogénie, autrement dit, qu'un groupe taxinomique devait contenir l'espèce ancestrale et tous ses descendants. Un tel groupe est dit monophylétique. Comme ce principe théorique semble la seule façon d'obtenir une classification naturelle des espèces, il a été rapidement accepté par l'ensemble des biologistes. Toutefois, l'absence de méthode pour obtenir de telles phylogénies est vite devenue problématique. Malgré la révolution darwinienne, la classification des espèces restait un « art » où seule la présentation changeait avec l'utilisation d'arborescences.

La construction des phylogénies se décompose en deux étapes principales : l'obtention de caractères comparables pour toutes les espèces étudiées et le choix de la meilleure classification possible pour cet ensemble de caractères, c'est-à-dire de la meilleure arborescence.

La première étape fut l'objet d'une lente élaboration. Le paléontologue anglais Richard Owen l'a formalisée en 1848 en s'inspirant du principe des connexions d'Étienne Geoffroy Saint-Hilaire. À l'intérieur d'un même plan d'organisation, deux organes sont comparables s'ils ont les mêmes connexions avec les organes voisins : ils sont alors dits homologues. La définition de caractères homologues est parfois délicate. Un exemple en microbiologie le montrera *a contrario* : dans les années 1930, R. Stanier et C van Niel ont voulu créer une systématique phylogénétique des bactéries, mais ils ont peu à peu renoncé à ce projet devant la quasi-impossibilité de définir des caractères homologues, ces cellules sans noyau ayant une morphologie trop simple. Cette première étape de recherche des caractères est souvent passée sous silence, mais l'exemple précédent montre son importance cruciale.

La deuxième étape n'a été formalisée que beaucoup plus tard, dans la deuxième moitié du XXe siècle. Elle a donné lieu à deux approches différentes : l'approche cladistique, élaborée par Willy Hennig, où l'on forme des groupes sur la base de la possession en commun de

	SÉQUENCES DE LA CHAÎNE β DE L'HÉMOGLOBINE	CHAT	CHIM	HOMM	AUTR	CROC	CRAP
CHAT	EKGLVNGLWGKVNVDEVGGEALGRLLVVYP	0					
CHIMPANZÉ	--SA-TA-----------------------	4	0				
HOMME	--SA-TA-----------------------	4	0	0			
AUTRUCHE	--Q-IS--------ADC-A---A---I---	9	11	11	0		
CROCODILE	--Q-IGD--H--D-AHC-----S-M-I---	12	13	13	8	0	
CRAPAUD	DRQ-I-ST---LCAKTI-Q-------WT--	15	17	17	15	17	0

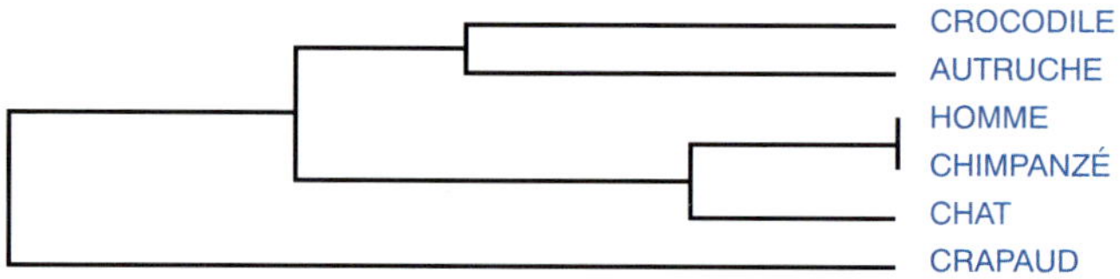

1. RELATIONS PHYLOGÉNÉTIQUES ENTRE SIX VERTÉBRÉS, établies par la méthode phénétique. Les séquences partielles de la chaîne β de l'hémoglobine des différentes espèces sont codées par des lettres, correspondant chacune à un type d'acide aminé. Les tirets indiquent un acide aminé identique à celui de la séquence du chat à la même position. Ces séquences sont très similaires : celles de l'homme et du chimpanzé sont identiques, et celles de l'homme et du crapaud, dont les lignées ont divergé depuis 400 millions d'années, ne diffèrent qu'en 17 positions sur 30. On a reporté dans une « matrice de dissimilitudes » le nombre de différences entre chaque paire d'espèces, puis on a construit une arborescence où la longueur des branches est proportionnelle aux dissimilitudes. Les phylogénies ainsi construites ne sont fiables que si la vitesse d'évolution moléculaire est la même chez toutes les espèces. Ce principe d'une « horloge moléculaire » étant rarement vérifié, les méthodes phénétiques ne sont plus utilisées.

caractères nouveaux (voir *L'avènement de la cladistique*, par Pascal Tassy, page 101), et l'approche phénétique, élaborée par P. Sneath et R. Sokal, où l'on forme des groupes sur la base de la plus grande similitude globale *(figure 1)*. Les deux méthodes ont été informatisées et utilisées par de nombreux taxinomistes dès les années 1960. Ce double apport a profondément renouvelé la taxinomie, et l'emploi de méthodes mathématiques lui a conféré un statut de « vraie » science.

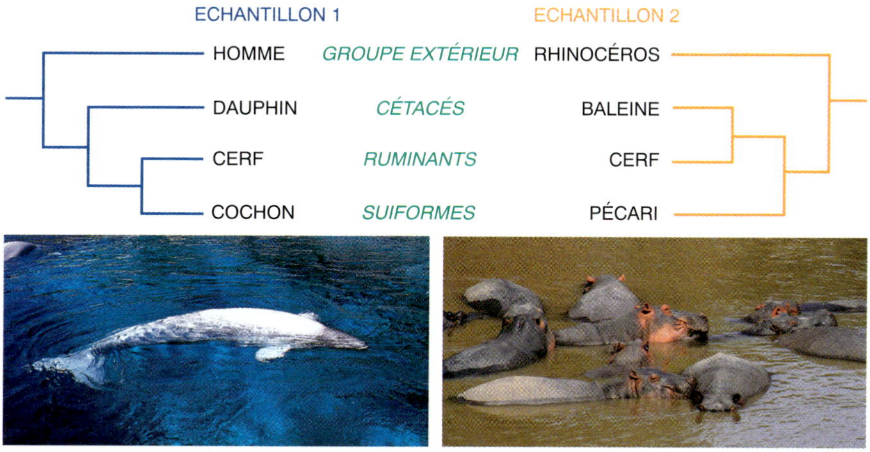

2. SELON LES ESPÈCES COMPARÉES, l'analyse moléculaire conduit à deux versions des relations phylogénétiques des cétacés avec les artiodactyles, ordre qui rassemble les ruminants (vache, cerf), les suiformes (cochon, hippopotame) et les tylopodes (chameau). L'arbre de gauche, construit à partir des séquences d'une protéine de la respiration, le cytochrome b, chez quatre espèces, fait des ruminants et des suiformes deux groupes frères ; l'arbre de droite, construit à partir de la même protéine mais avec un échantillon d'espèces différent, rapproche au contraire cétacés et ruminants. Des analyses plus exhaustives, utilisant un plus grand nombre d'espèces et plusieurs gènes, donnent un résultat plus fiable : les cétacés seraient proches parents de l'hippopotame, auquel ils ressemblent d'ailleurs par de nombreux caractères.

C'est dans ce contexte qu'en 1965, E. Zuckerkandl et L. Pauling ont utilisé pour la première fois des caractères moléculaires pour construire des phylogénies. La nouveauté de leur approche résidait dans la définition de nouveaux caractères comparables : ils ont constaté qu'il existait une très grande similitude entre les séquences de protéines exerçant les mêmes fonctions chez différentes espèces. En d'autres termes, l'enchaînement des acides aminés est à peu près le même dans les protéines des différentes espèces, ce qui prouve que ces protéines sont homologues, et les quelques positions qui diffèrent d'une espèce à l'autre fournissent des informations pour reconstruire leur phylogénie *(figure 1)*.

La phylogénie des Vertébrés établie par Zuckerkandl et Pauling à partir de données moléculaires est à peu près identique à celle obtenue à partir de données morphologiques, anatomiques et paléontologiques. L'accord de ces deux analyses indépendantes prouve que la mémoire des mêmes événements historiques a été conservée à deux niveaux d'organisation complètement différents. Ce résultat valide en même temps la reconstruction phylogénétique et la théorie de l'évolution. Deux ans plus tard, W. Fitch et E. Margoliash ont obtenu à peu près la même phylogénie des Vertébrés à partir d'un autre gène, le cytochrome *c*. En quelques années, les phylogénies moléculaires ont montré leur pertinence.

Les génomes contenant des milliers, voire des millions, de caractères homologues, on pensait disposer de suffisamment d'informations pour reconstruire l'histoire de l'ensemble du monde vivant. On espérait ainsi confirmer et affiner les résultats anciens sur des groupes déjà bien étudiés, tels que les animaux et les plantes à fleurs, et surtout établir une première classification phylogénétique de tous les autres groupes, incluant les bactéries et les eucaryotes unicellulaires.

En effet, les molécules assurant les fonctions élémentaires de la vie cellulaire, telles que la synthèse protéique ou le métabolisme central, ont gardé le même « patron » chez tous les organismes vivants. Les gènes correspondants, par exemple ceux codant les ARN ribosomiques, des composants essentiels de la machinerie de synthèse des protéines, sont parfaitement comparables entre bactéries, plantes et animaux.

La seule limitation à la perspective grandiose d'une phylogénie complète du vivant a longtemps été l'acquisition des séquences de protéines, puis d'ADN. Cette limitation a presque disparu depuis la fin des années 1980, avec l'utilisation de nouvelles techniques de biologie moléculaire telles que la PCR, et surtout avec le séquençage de génomes complets.

Au cours des années 1970, deux résultats spectaculaires ont confirmé définitivement la puissance des phylogénies moléculaires. L'équipe d'A. Wilson a conclu, grâce à l'analyse de nombreuses protéines et à l'hypothèse de « l'horloge moléculaire », que la divergence entre l'homme et les grands singes africains (chimpanzé et gorille) ne daterait que de 5 à 10 millions d'années, et non de 30 millions d'années comme le soutenaient alors la plupart des paléoanthropologues. D'autre part, l'équipe de C. Woese a mis en évidence, par l'analyse phylogénétique des ARN ribosomiques, un nouveau groupe d'organismes, les archébactéries, aussi différents des bactéries classiques que des eucaryotes (voir *À la recherche de l'ancêtre de toutes les cellules*, page 117).

Arbres contradictoires

À partir de 1985, avec la quantité croissante de séquences disponibles, on a cru que les phylogénies moléculaires allaient résoudre tous les problèmes phylogénétiques. Trop souvent, les biologistes ont abandonné tout esprit critique face à l'avalanche de nouveaux résultats. Ainsi, en 1991, D. Graur affirmait, à partir de l'analyse de quinze protéines, que les Rongeurs ne formaient pas un groupe monophylétique, et plus précisément, que la souris était plus proche parente des Primates que du cochon d'Inde. Ce résultat est en flagrante contradiction avec un riche corpus de données morphologiques et paléontologiques.

L'analyse de D. Graur était fondée sur de nombreux caractères (1998 en tout), mais sur quatre espèces seulement. Or les reconstructions phylogénétiques sont très sensibles à l'échantillonnage taxinomique et donnent facilement des résultats erronés, bien que statistiquement valides, lorsqu'on utilise peu d'espèces *(figure 2)*. En 1996, une analyse du génome mitochondrial complet (environ 16 000 nucléotides) a aussi indiqué que les Rongeurs n'étaient pas monophylétiques, mais le cochon d'Inde se retrouvait cette fois plus proche des Primates que de la souris ! On s'est aperçu que ce résultat, lui non plus, n'était pas valable.

L'approche moléculaire a ainsi fourni, en quelques années, deux résultats contradictoires et très probablement erronés, mais qui furent chacun présentés comme une certitude. Une nouvelle analyse de l'ensemble de ces données, incluant cette fois un grand nombre d'espèces, a montré que la monophylie des Rongeurs n'était pas contredite par les données moléculaires, et que le problème résidait en partie dans l'utilisation d'un trop petit nombre d'espèces.

Cet exemple illustre l'un des artefacts majeurs des phylogénies moléculaires, celui de l'attraction des longues branches. J. Felsenstein a démontré, en 1978, que si deux espèces évoluent beaucoup plus vite que les autres, alors la phylogénie reconstruite regroupe systématiquement les espèces évoluant le plus vite, quelles que soient les vraies relations de parenté. Cet artefact

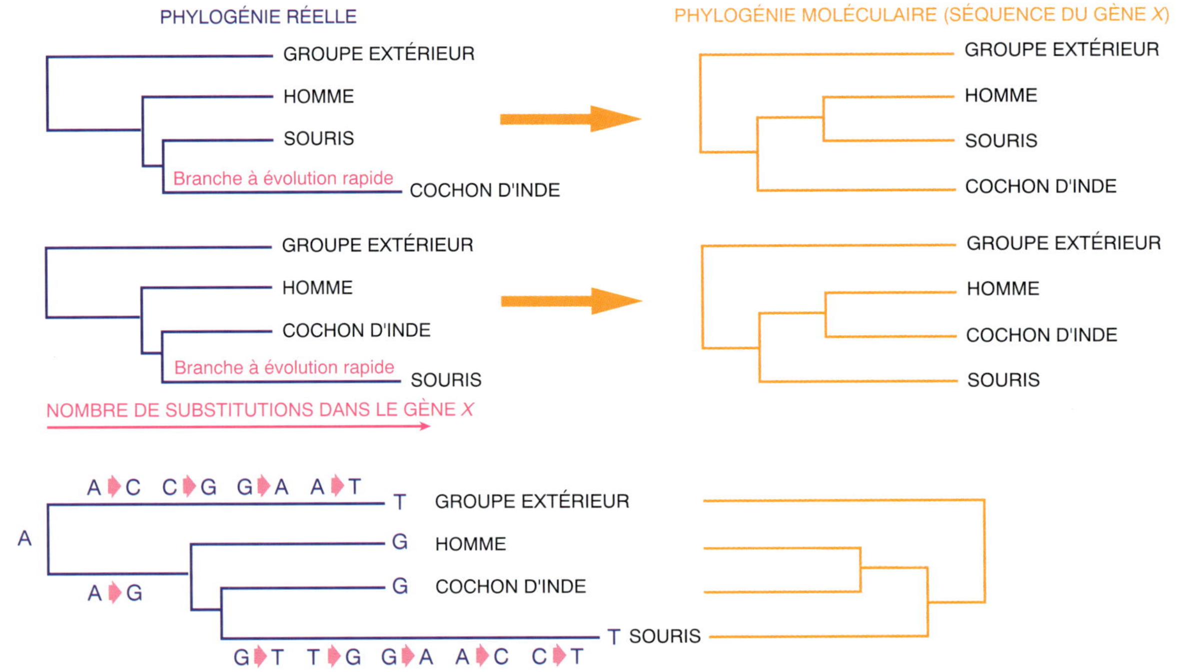

3. L'ATTRACTION DES LONGUES BRANCHES est un artefact majeur des phylogénies moléculaires. Les arbres de gauche indiquent la phylogénie réelle des espèces ; la longueur des branches est proportionnelle au nombre de substitutions dans les gènes étudiés. Dans le premier arbre, le cochon d'Inde évolue plus vite ; dans le deuxième, c'est la souris. Les arbres de droite montrent les phylogénies reconstruites à partir des séquences de ces gènes. Les espèces qui évoluent vite (cochon d'Inde et souris) émergent à la base des arbres, car leurs longues branches sont attirées par la longue branche du groupe extérieur. On conclut alors, de façon erronée, à la non-monophylie des Rongeurs, puisque l'homme devient un parent proche de l'un des deux rongeurs ! L'explication du phénomène est donnée par l'arbre du bas, où l'on a représenté les substitutions de nucléotides en une position hypothétique. La souris et le groupe extérieur ont le même nucléotide (T) uniquement par convergence. Quand à l'homme et au cochon d'Inde, ils ont conservé le même nucléotide (G) car le site n'a pas muté.

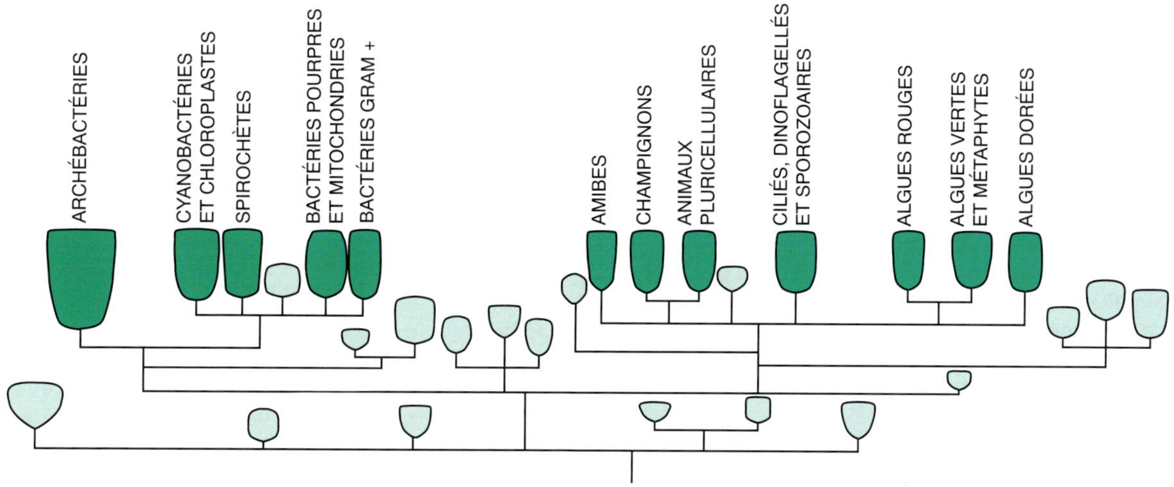

4. PHYLOGÉNIE GÉNÉRALE DU VIVANT. Cet arbre est une version très simplifiée des relations phylogéniques déduites de nombreux caractères morphologiques et de la séquence de nombreux gènes. On a représenté plusieurs lignées éteintes hypothétiques *(en vert clair)* pour indiquer que la biodiversité ancestrale était tout aussi importante que l'actuelle.

fournit l'explication du problème de la non-monophylie des Rongeurs *(figure 3)*. Les 15 gènes nucléaires considérés par D. Graur ont évolué plus vite chez le cochon d'Inde, ce qui explique son émergence précoce sur l'arbre phylogénétique « moléculaire ». À l'inverse, le génome mitochondrial a évolué plus vite chez la souris. Les phylogénies moléculaires échouent à retrouver la monophylie des Rongeurs à cause de ces différences de vitesse d'évolution.

L'augmentation de la vitesse d'évolution d'un gène correspond à la fixation d'un plus grand nombre de mutations. Quand les mutations se produisent à la même position de la séquence nucléotidique chez les différentes espèces, la probabilité pour que le signal phylogénétique soit masqué est très forte, car il y a de grands risques de réversion et de convergence. La figure 3 illustre cette situation : en une position particulière, plusieurs substitutions ont eu lieu dans chacune des deux longues branches, et aucune dans les deux autres branches. Le résultat net de cette évolution est que les deux taxons à longues branches ont le même nucléotide, T, alors que les deux autres taxons ont le nucléotide G. Au vu de cette seule position, on regroupera de façon incorrecte les deux grandes branches. De manière générale, de nombreuses positions présentent le même nucléotide chez les deux taxons à évolution lente, tout simplement parce qu'il n'y a pas eu de substitutions. Ces deux taxons, possédant des séquences très similaires, seront regroupés ; il vaudrait mieux parler d'attraction des branches courtes plutôt que d'attraction des branches longues. En utilisant un grand nombre d'espèces, on détecte les substitutions multiples, et on réduit sensiblement l'impact de cet artefact. Par conséquent, les phylogénies moléculaires construites dans ces conditions sont plus fiables.

Les méduses parentes des champignons ?

L'attraction des longues branches est la cause de la plupart des résultats aberrants tirés des données moléculaires. Par exemple, en 1988, on a conclu, à partir d'une analyse fondée sur des séquences d'ARN ribosomiques, que les Métazoaires ne formaient pas un groupe monophylétique : les animaux à deux feuillets embryonnaires, tels que la méduse ou l'anémone de mer, seraient plus proches des champignons que des animaux à trois feuillets embryonnaires, tels que les Vertébrés ou les Arthropodes. La monophylie des Métazoaires est cependant soutenue par de nombreux caractères, par exemple la présence de collagène, et par de nombreuses autres phylogénies moléculaires. Ce résultat erroné est dû à une accélération de la vitesse d'évolution de l'ARN ribosomique chez les animaux à trois feuillets embryonnaires.

L'idée qu'un gène évolue à la même vitesse chez tous les organismes, c'est-à-dire l'existence d'une horloge moléculaire, a longtemps été considérée comme une réalité et constitue un des piliers de la théorie neutraliste de l'évolution. Or, il apparaît de plus en plus clairement que l'horloge moléculaire est très souvent un artefact. Quand les données sont affectées d'un fort « bruit », c'est-à-dire quand il y a un trop grand nombre de substitutions aux mêmes positions, on observe une apparente égalité des vitesses d'évolution des deux lignées, même s'il existe une différence d'un facteur 100 entre ces vitesses. L'irrégularité des vitesses d'évolution est en fait la règle, et l'horloge moléculaire n'existe que dans quelques cas particuliers.

L'artefact des longues branches affecte la majorité des phylogénies moléculaires, et va avoir tendance à séparer certains taxons qui devraient être regroupés. En effet, il suffit qu'une espèce évolue plus vite que les autres espèces du groupe pour qu'elle en soit exclue; la non-monophylie d'un groupe est un résultat fréquemment obtenu par les phylogénies moléculaires, mais en général, il n'est pas significatif. Il faut que de nombreux gènes montrent, de manière concordante, qu'un groupe n'est pas monophylétique pour que cette conclusion soit considérée comme fiable, mais de tels résultats sont très rares.

Ces artefacts de non-regroupement constituent une limitation importante des phylogénies moléculaires. Toutefois c'est aussi un avantage majeur; dans une phylogénie moléculaire, il y a peu de risques qu'un regroupement particulier d'espèces soit artificiel, même s'il est surprenant. Les deux exemples donnés précédemment, la proche parenté de l'homme et des grands singes africains et la monophylie des archébactéries, constituent par conséquent des résultats solides. Nous verrons dans la suite plusieurs autres apports à la phylogénie générale du Vivant.

Revenons sur ce qui semble un avantage important des phylogénies moléculaires, la possibilité d'utiliser un très grand nombre de caractères. Si une position est sélectivement neutre, un grand nombre de mutations vont se produire et brouiller le message phylogénétique. À l'inverse, si une position est sous une forte contrainte sélective, un très petit nombre de substitutions se produiront, voire aucune, et cette position apportera très peu d'informations pour la détermination de l'ordre des branchements.

En réalité, le problème est plus complexe, car la pression de sélection sur une position particulière varie au cours du temps, si bien que la vitesse d'évolution de cette position varie elle aussi tout au long de l'histoire évolutive. Ce phénomène, qui affecte la grande majorité des positions, perturbe gravement les méthodes de reconstruction phylogénétique. Bien qu'il soit très difficile à modéliser, on devra le prendre en compte dans les algorithmes pour améliorer les phylogénies moléculaires.

L'arbre du vivant

À partir de l'analyse des caractères morphologiques, on a défini un ensemble de groupes distincts, tels que les Métazoaires ou les Ciliés. L'approche moléculaire a effectivement complété ces résultats: grâce à l'analyse comparée de nombreux gènes, on a établi une ébauche de phylogénie de l'ensemble du Vivant. Une vue simplifiée en est présentée sur la figure 4. On a ainsi confirmé l'origine endosymbiotique des mitochondries et des chloroplastes, organites intracellulaires respectivement responsables de la respiration et de la photosynthèse. Dans l'hypothèse endosymbiotique, ces organites dérivent d'eubactéries qui se sont intégrées à une cellule eucaryote de manière stable. En outre, on a démontré que des organismes aujourd'hui dépourvus de mitochondries, en particulier des espèces parasites telles que *Trichomonas* et *Entamoeba*, en possédaient jadis: il existe dans leur génome des gènes qui, d'après l'analyse phylogénétique, ont une origine mitochondriale. Ces espèces auraient perdu leurs mitochondries en s'adaptant à des conditions anaérobies. Plus surprenant, la même approche a révélé que l'organisme unicellulaire responsable de la malaria, *Plasmodium falciparum*, a possédé au cours de son histoire des chloroplastes. Autrement dit, ce parasite intracellulaire dériverait d'un organisme photosynthétique.

Ainsi, les phylogénies moléculaires apportent de nombreuses preuves à l'appui de la théorie de «l'évolution physiologique régressive», exposée par André Lwoff en 1943. Les micro-organismes, en particulier les parasites, évoluent souvent par perte de fonctions et dérivent par conséquent d'organismes plus complexes: tous les organismes actuels d'apparence simple ne sont pas «primitifs», comme on l'admet trop souvent.

Les phylogénies moléculaires ont montré l'importance d'un autre phénomène, celui des radiations évolutives, c'est-à-dire la diversification d'un grand nombre d'espèces nouvelles en un temps très court. Elles ont confirmé plusieurs radiations bien documentées par la paléontologie, comme celle des animaux ou celle des mammifères, et en ont révélé plusieurs autres, en particulier celles qui ont donné naissance à presque tous ou presque tous les phylums d'eubactéries, d'une part, et aux phylums d'eucaryotes, d'autre part. À grande échelle, l'évolution des espèces procède par des périodes d'intense diversification, suivies de périodes d'extinction massive. Cette théorie, soutenue par le paléontologue Stephen Jay Gould, contredit la vision classique de l'arbre du Vivant, celui d'un cône de diversité croissante.

Les phylogénies moléculaires constituent un outil supplémentaire pour l'étude de l'évolution, mais nécessitent une grande quantité de données. Si elles produisent parfois des résultats erronés, en particulier des absences de regroupement, elles ont apporté une aide précieuse à la classification des organismes à morphologie simple. Grâce à elles, on dispose aujourd'hui d'un schéma général de l'évolution du Vivant, qui souligne l'importance de deux mécanismes, celui des simplifications et celui des radiations.

À la recherche de l'ancêtre de toutes les cellules actuelles

Patrick Forterre

Avant que n'apparaisse le dernier ancêtre commun aux trois empires actuels du vivant (bactéries, archées et eucaryotes), la vie primitive est passée par plusieurs étapes, du monde à ARN au monde à ADN.

La reconstitution des premières étapes de l'évolution de la vie sur notre planète est une tâche majeure pour les biologistes du XXIe siècle. Longtemps tabou, cet objectif est ensuite apparu scientifiquement hors de portée. Les biologistes se contentaient de rechercher, parmi les différents types cellulaires connus, les formes les plus simples, qu'ils supposaient les plus « primitives ». Au nombre des candidats, figuraient les mycoplasmes, des bactéries sans paroi dont l'unique chromosome est trois à quatre fois plus petit que celui du colibacille. Selon ce scénario, des mycoplasmes ancestraux auraient donné naissance à toutes les bactéries actuelles ; les cellules avec noyaux (nommées cellules eucaryotes) seraient ensuite apparues par association de plusieurs lignées bactériennes.

Cependant, la nature des événements précédant l'apparition de la première bactérie restait totalement inconnue, de même que les relations de parenté entre tous les micro-organismes situés à la base de l'arbre du vivant.

Cette situation a duré jusqu'à la fin des années 1970. À cette époque, deux découvertes majeures ont relancé l'intérêt des biologistes moléculaires pour les débuts de la vie : celle des ARN enzymes (ou ribozymes), et celle d'un troisième groupe d'êtres vivants sur Terre, les archaebactéries. Ces découvertes ont conduit, d'une part à l'hypothèse d'un monde à ARN qui aurait précédé notre monde à ADN, et d'autre part à de nombreuses spéculations sur la nature du dernier ancêtre commun à tous les êtres vivants actuels. Nous baptiserons cet ancêtre LUCA (acronyme pour le terme anglo-saxon *Last Universal Common Ancestor*).

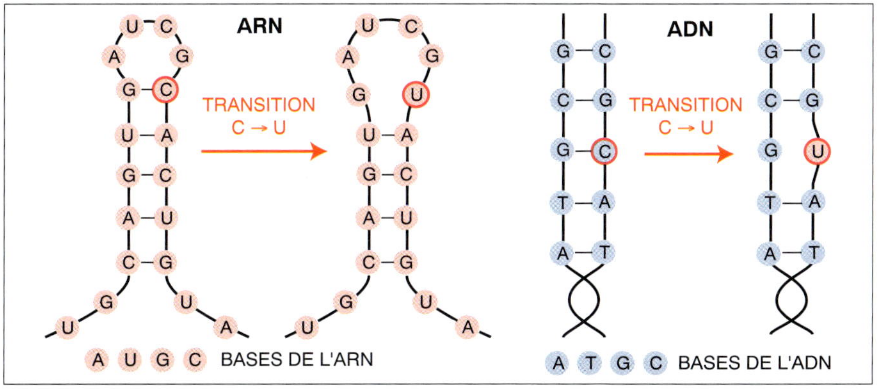

1. STRUCTURES DE L'ARN ET DE L'ADN. L'ARN est un polymère formé par l'association de quatre types de ribonucléotides comportant chacun une base aminée différente, l'adénine (A), l'uracile (U), la guanine (G) ou la cytosine (C). Lorsque des parties de sa séquence sont complémentaires (appariements AU et GC), le brin d'ARN se replie sur lui même pour former des «épingles à cheveux». Dans le cas des ARN catalytiques, ou ribozymes, la structure résultante est parfois aussi compliquée que celle d'une protéine. La molécule d'ADN, quant à elle, est formée de deux chaînes de déoxyribonucléotides comportant les bases A, G, C et T (thymine). Ces deux brins sont liés sur toute leur longueur par des appariements entre les bases A et T, d'une part, G et C, d'autre part, et s'enroulent en une double hélice. La transformation spontanée de C en U passe inaperçue dans la séquence d'un ARN, mais sera repérée (et réparée) dans celle d'un ADN. Pour cette raison, l'ADN est plus adapté à la conservation de l'information ; il aurait d'ailleurs remplacé l'ARN dans cette fonction.

Le monde ancestral à ARN

La découverte de l'activité catalytique (enzymatique) de certains ARN par les biochimistes Américain Thomas Cech et Sydney Altman en 1980 leur a valu le Prix Nobel. Avant cette percée, on admettait que toutes les enzymes étaient des protéines. Rien d'étonnant à cette croyance : pendant longtemps les biologistes ont pensé que les

2. LE MICROBIOLOGISTE WOLFRAM ZILLIG récolte des échantillons sur l'île volcanique de White Island, en Nouvelle Zélande, afin d'isoler des archées hyperthermophiles. Ces cellules sans noyau constituent le troisième empire du vivant, à côté des bactéries et les eucaryotes.

gènes eux-mêmes étaient de nature protéique. La découverte des enzymes à ARN a retourné complètement la situation au profit des acides nucléiques : elle a amené une nouvelle vision, celle d'un monde à ARN, une biosphère primitive sans protéines (et sans ADN), étape intermédiaire entre l'apparition de la vie sur notre planète et celle de LUCA.

Cette hypothèse résout, en particulier, un paradoxe du type « l'œuf ou la poule ? » qui embarrassait les quelques biologistes moléculaires intéressés par le problème des origines de la vie : « Qu'est-ce qui est apparu en premier, les protéines ou l'ADN ? » En effet, s'il faut des protéines pour fabriquer et répliquer la molécule d'ADN, c'est le message génétique porté par l'ADN qui va dicter la séquence des protéines, responsable de leur individualité et de leur fonction. Dans le monde à ARN, on suppose que celui-ci jouait les deux rôles à la fois, celui de matériel génétique (fonction qu'il assure toujours chez certains virus) et celui d'enzyme, rôle aujourd'hui tenu essentiellement par les protéines.

Le monde à ARN a-t-il réellement existé ? Il semble à peu près certain que l'ARN à précédé l'ADN au cours de l'évolution. L'argument le plus fort en faveur de cette hypothèse est sans conteste le fait que dans les cellules actuelles, le métabolisme produit tout d'abord les ribonucléotides, ces monomères qui s'assemblent pour former l'ARN ; ceux-ci sont ensuite réduits (élimination d'un oxygène) par une protéine-enzyme, la ribonucléotide réductase, pour donner les précurseurs de l'ADN, les déoxyribonucléotides.

L'ADN est en quelque sorte un ARN modifié qui se serait spécialisé dans la conservation de l'information génétique. En effet, la perte de l'un des oxygènes du ribose (le sucre présent dans l'ARN) rend la molécule d'ADN beaucoup plus stable que celle d'ARN. Dans la molécule d'ARN, cet oxygène chimiquement actif peut attaquer la liaison qui relie deux ribonucléotides voisins, conduisant à la rupture de la molécule. Parallèlement, l'ADN a perdu les capacités enzymatiques de l'ARN, qui sont précisément liées à cet oxygène.

Le remplacement de l'uracile (U), l'une des quatre bases de l'ARN (AUGC), par la thymine (T) dans l'ADN (ATGC), correspond également à une adaptation spécifique. En effet, la cytosine (C), présente à la fois dans l'ARN et dans l'ADN, peut se transformer spontanément en uracile *(voir la figure 1)*. Cette « mauvaise » uracile (absente du message original) ne pourra pas être reconnue dans un ARN ; en revanche, dans l'ADN, où l'uracile ne fait pas partie de l'alphabet, elle sera immédiatement détectée, puis éliminée par les mécanismes de réparation de la cellule. La conservation du message génétique est donc plus fidèle dans l'ADN que dans l'ARN, ce qui a permis l'augmentation de la taille des génomes à ADN (et du nombre de protéines codées par ces génomes).

À quoi ressemblait le monde à ARN ? certains chercheurs imaginent l'apparition de la vie sous forme de molécules d'ARN barbotant dans la soupe primitive. C'est certainement aller trop loin. L'ARN est une molécule complexe, impossible à fabriquer en laboratoire par des méthodes « prébiotiques ». De nombreux auteurs, tels Stanley Miller et Christian de Duve, supposent donc l'existence d'une étape qui aurait précédé le monde à

ARN. Nous ne saurons sans doute jamais quelles molécules étaient alors présentes ; elles devaient certainement posséder des activités catalytiques déjà très variées, et nombre d'entre elles ont dû disparaître à jamais de la surface du globe. On suppose également que la membrane s'est formée très tôt : en délimitant un milieu intérieur, la cellularisation donne des individus, qui vont évoluer par une sélection de type darwinien.

Il est également probable que les protéines telles que nous les connaissons n'existaient pas à cette époque. En effet, dans les cellules actuelles, la formation des liaisons entre acides aminés pour constituer une chaîne protéique semble catalysée par un ARN-enzyme présent dans les ribosomes, ces organites cellulaires responsables de la synthèse des protéines. Cette conclusion est fondée sur des expériences réalisées au début des années 1990 dans le laboratoire de Harry Noller. Si elle est confirmée, il sera possible de distinguer deux étapes dans l'évolution du monde à ARN : un premier âge (avant l'invention des protéines « modernes ») et un deuxième âge (après cette invention).

L'apparition de l'ADN (c'est-à-dire celle des protéines-enzymes nécessaires à la réduction des ribonucléotides et à la synthèse de la thymine) se serait donc produite au cours du deuxième âge du monde à ARN. Cette prise de contrôle de la machinerie cellulaire par un génome à ADN marque le passage vers le monde à ADN. Quelle est la pression de sélection qui a conduit à l'apparition de l'ADN ? Il se pourrait que l'ADN soit apparu en tant que sous-produit de la guerre biologique que devaient déjà se livrer les organismes de cette époque. L'ADN aurait été initialement un ARN modifié, résistant aux enzymes fabriquées par certains organismes pour détruire le génome à ARN de leurs concurrents. Cette stratégie est encore aujourd'hui utilisée par certains virus qui modifient la structure de leur ADN pour contourner les défenses des cellules qu'ils attaquent. Quand cet événement (l'invention de l'ADN) s'est-il produit ? En particulier, a-t-il eu lieu avant ou après la séparation entre cellules procaryotes et eucaryotes ? Pour répondre à cette question, revenons sur la nature de LUCA.

La réflexion sur ce dernier ancêtre commun a récemment progressé grâce à l'application des méthodes de la phylogénie moléculaire à l'étude des relations de parenté entre micro-organismes. À la fin des années 1970, le biologiste américain Carl Woese a mis en évidence par ce moyen un troisième groupe d'êtres vivants, celui des archaebactéries (ou archaea, selon la terminologie introduite par cet auteur en 1990, que nous traduirons ici par archées). On utilisera désormais le terme d'empire pour désigner les trois divisions du monde vivant : les bactéries, les archées et les eucaryotes.

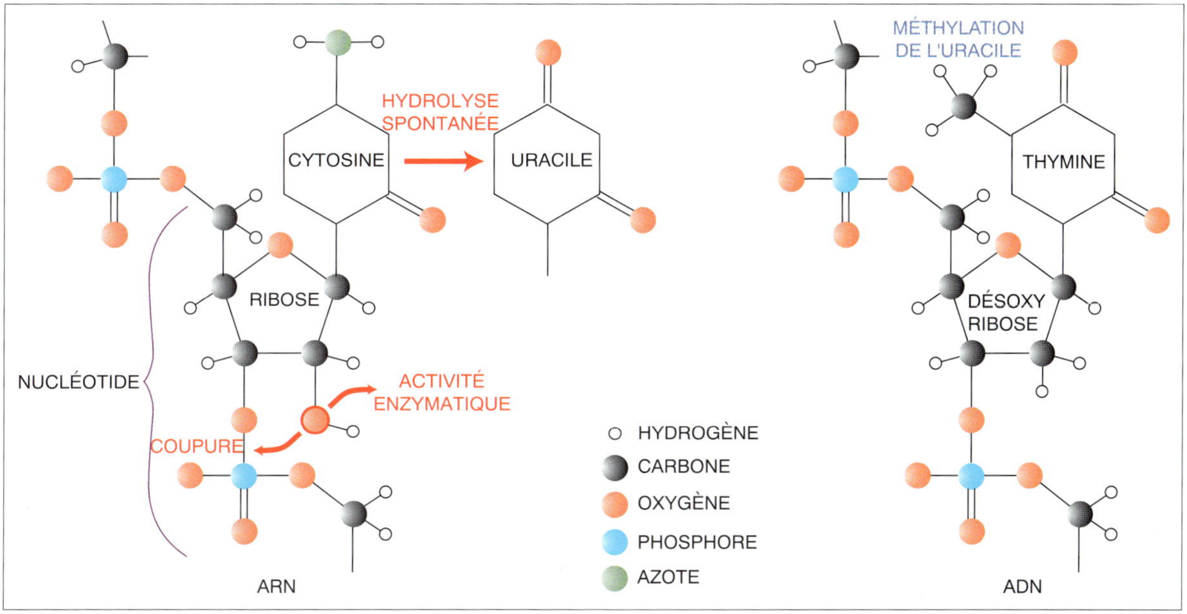

3. STRUCTURE DES NUCLÉOTIDES, les briques élémentaires des acides nucléiques. Chaque nucléotide est formé par l'association de trois éléments : une base azotée, un sucre (ribose ou désoxyribose) et un acide phosphorique. Dans l'ARN, l'un des oxygènes du ribose est réactif, ce qui explique à la fois l'instabilité de la molécule (coupure de la liaison à l'acide phosphorique) et son activité catalytique. Dépourvu de cet oxygène réactif, l'ADN est plus stable, ce qui convient à sa fonction de stockage de l'information. L'autre particularité de l'ADN est le remplacement de l'uracile par la thymine, une base qui correspond à une uracile méthylée : grâce à ce nouvel alphabet (ATGC), la transformation de la cytosine en uracile par hydrolyse spontanée ne risque plus d'introduire d'erreur dans le message génétique.

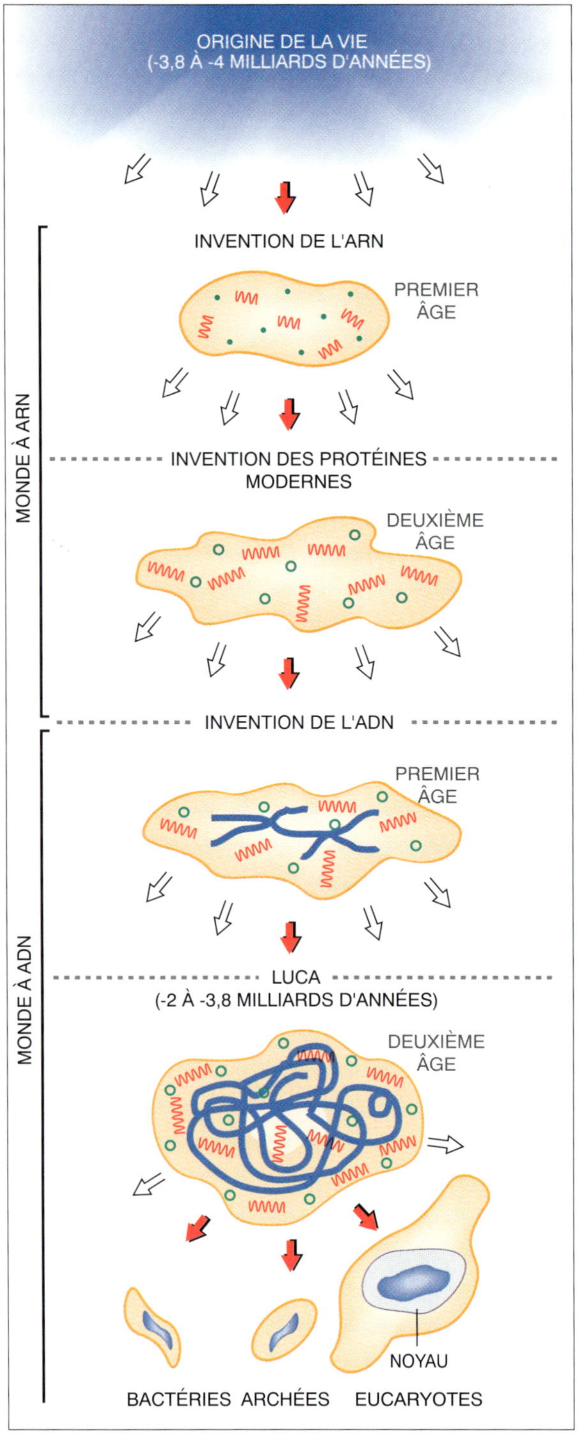

4. ÉTAPES POSSIBLES de l'évolution biologique, des origines de la vie à LUCA, le dernier ancêtre commun aux trois empires (bactéries, archées et eucaryotes). À chaque étape, les flèches suggèrent une diversification, suivie de la sélection d'une lignée dont les descendants passent à l'étape suivante.

Les trois empires du monde vivant

Les archées sont des procaryotes (des cellules sans noyau, tout comme les bactéries classiques), et sont très répandues sur notre planète. On les trouve aussi bien dans les mers froides que dans nos intestins, dans les lacs salés et dans les sources chaudes.

En apparence, elles ressemblent aux bactéries, mais au plan évolutif, elles en sont aussi éloignées que des eucaryotes. Elles présentent même, à l'échelle moléculaire, un certain nombre de caractéristiques qui les rapprochent de nous (les eucaryotes). Par exemple, notre équipe vient de découvrir que les archées possèdent une enzyme apparentée à celle qui, dans les cellules sexuelles, casse les chromosomes parentaux pour les recombiner et donner de nouvelles combinaisons à la génération suivante. Cette protéine semble absente chez les bactéries classiques. De nombreux autres exemples ont été rapportés précédemment. En se fondant sur des données issues de la phylogénie moléculaire, Carl Woese propose même d'enraciner l'arbre universel du vivant dans la branche des bactéries : dans ce cas, nous serions (nous les eucaryotes) le groupe frère des archées.

Cette conclusion est toutefois controversée. Il n'est pas du tout évident que les séquences des macromolécules aient conservé suffisamment d'informations pour permettre de déterminer des liens de parenté aussi anciens. En outre, les archées possèdent également des caractères « bactériens » classiques ; par exemple, les mécanismes de la division cellulaire semblent très proches de ceux que l'on vient de découvrir chez le colibacille. En l'absence d'un quatrième empire, il est malheureusement impossible d'appliquer la méthode cladistique au problème des relations de parenté entre bactéries, archées et eucaryotes.

Cela étant, le fait de disposer de trois « empires » est quand même très utile pour une analyse comparative visant à établir le portrait-robot de LUCA. Ce dernier devrait en effet posséder plus ou moins l'ensemble des caractères présents aujourd'hui dans les trois empires à la fois (si l'on exclut toutefois la possibilité d'un transfert massif de caractères d'un empire vers un autre après leur divergence !)

Il semble que LUCA possédait déjà un génome à ADN. En effet, la plupart des enzymes essentielles du monde à ADN sont non seulement présentes dans les trois empires, mais aussi homologues de l'un à l'autre, c'est-à-dire qu'elles dérivent toutes d'un ancêtre moléculaire commun qui devait être présent chez LUCA. C'est le cas des enzymes qui synthétisent l'ADN au moment de la réplication, de la réparation et de la recombinaison (les ADN polymérases), de celles qui modifient le nombre d'entrelacements entre les deux brins de la double hélice (les ADN topoisomérases), ou encore de la ribonucléotide réductase, déjà mentionnée, qui fabrique les précurseurs de l'ADN.

Certaines de ces enzymes existent en plusieurs exemplaires dans les cellules actuelles et appartiennent à différentes familles qui se sont formées par duplication d'un gène ancestral commun. Les représentants des différentes familles existant dans les trois empires, les duplications de gènes qui ont donné naissance à ces familles se seraient produites avant même l'époque de LUCA *(figure 6)*. Nous sommes donc amenés à imaginer une période évolutive comprise entre l'apparition du premier organisme à ADN et celle de LUCA, période que j'ai proposé d'appeler le premier âge du monde à ADN.

LUCA était-il capable de reproduire son matériel génétique avec la même fidélité que les organismes actuels ? Un fait semble l'indiquer : les ADN polymérases des trois empires possèdent le même mécanisme élaboré de correction de leurs erreurs, par relecture et édition de l'ADN qu'elles viennent de synthétiser.

De même, il est remarquable que des mécanismes homologues de réparation des mauvais appariements survenus après la réplication (A avec C au lieu de A avec T, par exemple) soient présents chez les bactéries et chez les eucaryotes. Miroslav Radman et ses collaborateurs, à l'Institut Jacques Monod, ont montré que ces mécanismes déterminent les barrières génétiques entre espèces au niveau moléculaire. Les mécanismes de spéciation se seraient mis en place avant même l'apparition de LUCA, contrairement à une vue assez répandue selon laquelle LUCA était une collection de cellules échangeant sans contrainte leur matériel génétique.

Il est frappant de constater que le code génétique, ainsi que tous les mécanismes qui assurent l'expression des gènes et toutes les grandes voies du métabolisme, sont homologues dans les trois empires. Ceci nous apprend que LUCA était déjà un organisme complexe sur le plan moléculaire, et unique, en ce sens qu'il représentait un aboutissement particulier d'une longue évolution de type darwinien (compétition-sélection) entre différentes biologies moléculaires possibles.

LUCA était-il hyperthermophile ?

De nombreux auteurs, en particulier Carl Woese, pensent que LUCA ressemblait beaucoup aux procaryotes actuels, bactéries et surtout archées (d'où leur nom). Carl Woese et d'autres microbiologistes, tels que Carl Stetter et Norman Pace, imaginent plus précisément LUCA sous les traits d'une archée hyperthermophile, ces micro-organismes fascinants qui vivent dans les sources chaudes terrestres ou sous-marines, à des températures allant jusqu'à 110 degrés.

D'un LUCA hyperthermophile à une origine chaude de la vie, il n'y a qu'un pas que de nombreux auteurs n'hésitent pas à franchir. Il est vrai que certains modèles d'atmosphère primitive impliquent des températures élevées, dues à un effet de serre produit par l'oxyde de carbone. Une nouvelle théorie de l'origine de la vie, proposée par le chimiste Gunter Wachtershäuser, fait aussi intervenir des réactions chimiques à haute température. Stanley Miller et moi-même avons toutefois fait remarquer qu'il était difficile de concilier ce scénario d'une origine chaude de la vie avec l'hypothèse du monde à ARN, vu l'extrême instabilité de cette molécule à haute température (toujours à cause de son oxygène très réactif).

Les partisans d'un LUCA hyperthermophile s'appuient également sur la phylogénie moléculaire. Dans les arbres établis par la comparaison des séquences des ARN ribosomaux, les branches conduisant aux organismes hyperthermophiles sont généralement plus courtes que celles conduisant aux organismes mésophiles (vivant à des températures « normales » pour nous). D'autre part, ces branches sont regroupées à la base des arbres. Ces observations indiquent que la vitesse d'évolution des ARN ribosomaux est plus faible chez les hyperthermophiles. Pour des chercheurs tel que Carl Woese, Carl Stetter ou Norman Pace, cela signifierait que les hyperthermophiles ont conservé plus de caractères communs avec LUCA que ne l'ont fait les autres organismes. Il me semble que c'est aller un peu vite en besogne : comment savoir si ce sont les ARN des mésophiles qui ont accéléré leur vitesse d'évolution, en s'adaptant au froid, ou si ce sont les ARN des hyperthermophiles qui ont ralenti leur vitesse d'évolution, en

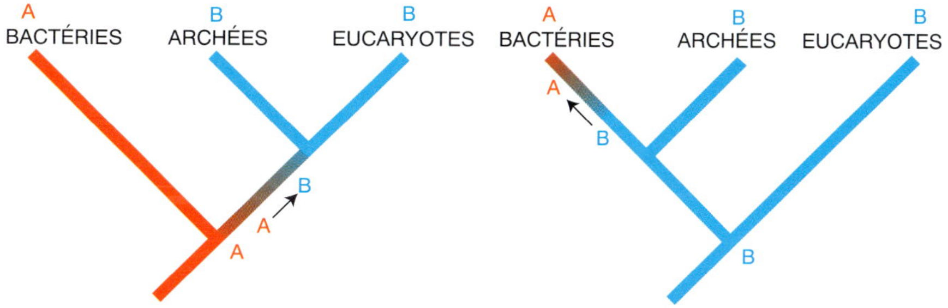

5. LE PROBLÈME DE LA RACINE. Des chercheurs, impressionnés par la présence de caractères eucaryotes chez les archées, favorisent un arbre universel enraciné dans la branche des bactéries *(à gauche)*. Toutefois, seule une analyse cladistique permettrait de résoudre la question en déterminant si le caractère commun B était déjà présent chez LUCA, le dernier ancêtre commun aux trois empires, car on ne peut pas éliminer *a priori* l'arbre de droite, qui regroupe archées et bactéries. Malheureusement, une telle analyse est impossible, puisque nous ne connaissons pas de quatrième empire du vivant, qui permettrait d'orienter la transition A vers B ou B vers A.

s'adaptant au très hautes températures ? Le maintien de la structure correcte des ARN à haute température passe par la stabilisation des appariements en « épingle à cheveux », ce qui impose des contraintes au niveau de la séquence (accumulation des paires de bases G-C, plus stables que les paires A-U). Ces contraintes limitent les variations possibles des séquences, et leur vitesse d'évolution. Du coup, le groupement des hyperthermophiles à la base de l'arbre universel du vivant pourrait n'être qu'un artefact : il est bien connu que les méthodes de construction d'arbre ont tendance à regrouper les organismes ayant des vitesses d'évolution similaires.

Enfin, les hyperthermophiles actuels sont loin d'être primitifs ; au contraire, ils possèdent des mécanismes très élaborés permettant à leurs macromolécules de résister aux températures extrêmes. Nous avons ainsi montré, en collaboration avec l'équipe de Michel Duguet à Orsay, que les bactéries et les archées hyperthermophiles possèdent toutes une enzyme particulière, la gyrase inverse, qui introduit un excès d'entrelacements dans la molécule d'ADN. Ces enroulements ont sans doute pour fonction de contrecarrer l'effet de l'élévation de température sur la cohésion de la double hélice d'ADN. Or cette enzyme est apparue par la fusion de deux gènes codant des protéines qui exercent, chez les organismes mésophiles, des fonctions plus générales. Il s'agit d'une enzyme « moderne », dont l'invention a sans doute été nécessaire pour qu'émergent des organismes hyperthermophiles.

LUCA était-il un procaryote ?

Finalement l'idée d'un LUCA de type procaryote est elle-même discutée. Hervé Philippe et moi-même pensons que les bactéries et les archées ont subi un processus de miniaturisation à partir d'un ancêtre plus complexe ; elles se seraient ainsi adaptées de façon optimale à leur mode de vie. Le « rêve » d'une cellule procaryote (pour reprendre une expression de François Jacob) est de se diviser le plus vite possible, dès que les conditions de milieux sont favorables. Par exemple, le système enzymatique qui recopie la molécule d'ADN avance dix fois plus vite chez les procaryotes que chez les eucaryotes.

Les cellules eucaryotes ne semblent pas autant obsédées par la vitesse ; elles ont investi au contraire dans une augmentation de taille et de complexité. Elles s'associent pour former des organismes multicellulaires et/ou elles se nourrissent d'autres cellules, procaryotes ou eucaryotes.

Je pense que l'évolution réductrice qui a donné naissance aux procaryotes est irréversible. En fait, les bactéries ont connu un tel succès évolutif qu'elles n'ont sans doute pas évolué depuis des milliards d'années, sinon pour des détails (rappelons au passage que les estimations de l'âge de LUCA varient entre 2 et 4 milliards d'années).

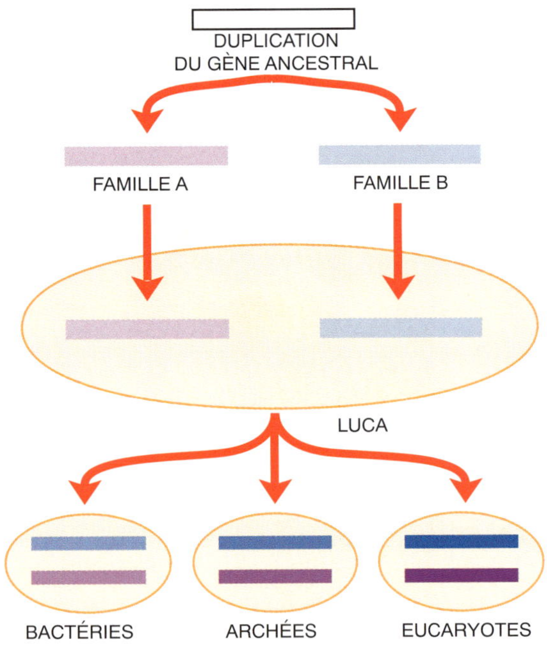

6. LES ORGANISMES ACTUELS possèdent parfois deux gènes homologues entre eux, et homologues au même couple de gènes présent dans les organismes des deux autres empires. De tels gènes sont dits paralogues, et descendent tous d'un gène ancestral commun qui s'est dupliqué avant l'apparition de LUCA. L'étude de tels couples de gènes permettra peut être de reconstituer les événements qui ont précédé cette apparition. Elle indique d'ores et déjà que le monde à ADN est apparu avant LUCA. Certains auteurs essayent également d'enraciner l'arbre du vivant en utilisant ces couples de gènes ; d'après eux, la racine serait dans la branche des bactéries, mais ce résultat est très controversé, étant donné l'ancienneté de ces liens de parenté.

Au contraire, les eucaryotes, qui ont du survivre à de graves crises environnementales (par exemple la production d'oxygène par les bactéries), ont connu une évolution continue vers une complexité toujours plus grande (jusqu'au cerveau humain !). Il me semble plus réaliste d'imaginer LUCA comme un organisme totipotent, capable de donner à la fois naissance aux procaryotes et aux eucaryotes, selon les stratégies évolutives choisies par ses descendants. Quoi qu'il en soit, un fait est certain : ceux-ci ont éliminé tous leurs petits camarades, c'est-à-dire les descendants des organismes qui ont vécu en même temps que LUCA. Pour quelle raison ? Est-ce un avantage sélectif décisif (lequel ?) ou un hasard lié à une catastrophe écologique ? Certaines cellules primitives de l'ère pré-LUCA ont-elles survécu de nos jours sous d'autres formes, par exemple virales ? Autant de questions que la plupart des biologistes jugent aujourd'hui encore inabordables. Cela étant, qui aurait prévu, il y a vingt ans le monde à ARN et l'empire des archées ?

LES MÉCANISMES DE L'ÉVOLUTION

Darwin a montré que le moteur de l'évolution est la sélection naturelle, qui favorise certaines variations individuelles, mais il ignorait l'origine de cette variabilité. La théorie moderne de l'évolution a intégré l'apport de la génétique : on connaît désormais les mécanismes qui font naître ces variations au sein d'une population.

Mutation et nouveauté

Jacqueline Laurent

Il existe de nombreuses sources de mutations qui contribuent au maintien de la variabilité au sein des populations. En conjonction avec d'autres facteurs, notamment écologiques, des mutations peuvent déterminer l'apparition de nouvelles espèces.

Les mutations sont source de nouveauté... En un sens, c'est un truisme, car une mutation est une modification du matériel génétique d'une cellule. Le même terme désigne aussi le résultat de cette modification du génotype, quand elle se traduit, après expression de l'information génétique, par un phénotype différent. Toutefois, plusieurs conditions doivent être réunies pour qu'un changement mutationnel soit source de nouveauté biologique.

Réglons tout de suite son sort à l'idée reçue qui associe la notion de mutant à un caractère défavorable. Une mutation peut être neutre, c'est-à-dire ne pas donner prise à des pressions de sélection, et même favorable : dans certains cas, les organismes mutants survivent dans des conditions devenues néfastes pour les organismes non mutants.

A priori, une mutation, puisqu'elle affecte le matériel héréditaire, est héritée par les cellules issues de la cellule initialement modifiée ; toutefois cela n'implique pas que cette modification va se maintenir au fil des générations. Dans une population d'organismes unicellulaires, ou chez un organisme pluricellulaire à reproduction végétative, une mutation touchant une cellule qui se multiplie ne fera apparaître un caractère nouveau que si la mutation ne provoque pas la mort de la cellule, ou de l'individu avant qu'il se soit reproduit, c'est-à-dire n'est pas défavorable dans les conditions où ils se trouvent.

Chez un organisme pluricellulaire à reproduction sexuée, le changement doit se produire dans une cellule reproductrice de l'individu pour être héritée par ses descendants. En revanche, si c'est une cellule somatique (non reproductrice) qui est mutée, la modification n'affectera que l'individu, et non sa descendance. Dans une perspective évolutive, une mutation somatique n'a pas d'avenir et disparaît avec l'individu qui la porte. Par conséquent, dans le cas d'organismes pluricellulaires à reproduction sexuée, seules les mutations germinales, touchant les cellules reproductrices, sont sources de nouveauté.

1. ENTRE LE PREMIER MOUTON DOMESTIQUE d'il y a 8 000 ans, dont le mouflon de Corse *(à gauche)*, est le descendant direct, et le mouton à laine mérinos, race apparue au Moyen-Âge *(à droite)*, une série de mutations a transformé la fourrure primitive, mélange de jarres grossiers et de fin duvet, en toison laineuse, aux fibres de diamètre égal. De telles mutations sont source de diversité intraspécifique.

Toutefois, il faut prendre en compte d'autres aspects des mutations pour comprendre les relations entre mutation, nouveauté et évolution.

Mutation et changement

La structure en double hélice de l'ADN, matériel génétique commun à toutes les cellules, et la complémentarité des quatre bases nucléiques qui en constituent l'alphabet (l'adénine s'apparie à la thymine, la cytosine à la guanine) sont la base du mécanisme de réplication conforme ; par ce mécanisme, une cellule donne naissance à deux cellules identiques, aux accidents mutationnels près.

Ces mutations, dues à des erreurs de réplication ainsi qu'à plusieurs autres causes que nous examinerons

LES DIFFÉRENTS TYPES DE MUTATIONS : EXEMPLE DU GÈNE β DE L'HÉMOGLOBINE

L'hémoglobine est une protéine constituée de quatre chaînes polypeptidiques de deux types, deux chaînes α (ou globine α) et deux chaînes β (ou globine β), chacune associée à un groupement contenant du fer (hème).

Les séquences en acides aminés des globines α et β sont très homologues, et sont codées par des gènes appartenant à deux familles situées sur deux chromosomes différents. On considère que tous les gènes de globine dérivent d'un même gène ancestral par des duplications suivies de mutations. La séparation entre les familles α et β a dû se produire par une translocation chromosomique.

La famille des gènes β comporte cinq gènes fonctionnels, exprimés à différents stades du développement, et un gène inexprimé, ou pseudogène. Elle a valeur de modèle par son évolution de type duplication-divergence. En outre, elle a été étudiée intensivement, et l'on y a trouvé pratiquement tous les types de mutation possibles, souvent à l'origine de pathologies humaines.

La drépanocytose, par exemple, résulte d'une mutation ponctuelle qui se traduit par le changement d'un acide aminé. L'hémoglobine résultante, ou hémoglobine S, est moins soluble et provoque des anomalies des globules rouges.

D'autres maladies, les β thalassémies, correspondent à l'absence de chaîne β complète. Elles sont causées par des substitutions de nucléotides qui font apparaître un codon STOP (interruption de la synthèse de la chaîne protéique), par des délétions de nucléotides qui décalent le cadre de lecture, ou par la perte de fragments du chromosome 11 par recombinaison de séquences homologues des gènes de β globine.

MUTATIONS PONCTUELLES

SUBSTITUTIONS

Hémoglobine normale	β^A										
Site	Init	1	2	3	4	5	6	7	8	9	10
Codon	AUG	GUG	CAC	CUG	ACU	CCU	GAG	GAG	AAG	UCU	GCC
Acide aminé		Val	His	Leu	Thr	Pro	Glu	Glu	Lys	Ser	Ala

Mutation silencieuse	β^{A*}											
Site	Init	1	2	3	4	5	6	7	8	9	10	...
Codon	AUG	GUG	CAC	CUG	ACU	CCU	GAA	GAG	AAG	UCU	GCC	...
Acide aminé		Val	His	Leu	Thr	Pro	Glu	Glu	Lys	Ser	Ala	...

Drépanocytose	β^S											
Site	Init	1	2	3	4	5	6	7	8	9	10	...
Codon	AUG	GUG	CAC	CUG	ACU	CCU	GUG	GAG	AAG	UCU	GCC	...
Acide aminé		Val	His	Leu	Thr	Pro	Val	Glu	Lys	Ser	Ala	...

β thalassémie	β^0 thal										
Site	...	33	34	35	36	37	38	39	40	41	...
Codon	...	GUG	GUC	UAC	CCU	UGG	ACC	UAG	AGG	UUC	...
Acide aminé	...	Val	Val	Tyr	Pro	Try	Thr	STOP			

DÉLÉTIONS

β thalassémie	β^0 thal														
Site	...	5	6	7	8	9	10	11	12	13	14	15	16	17	18
Codon	...	CCU	G-GG	AGA	AGU	CUG	CCG	UUA	CUG	CCC	UGU	GGG	GCA	AGG	UGA
Acide aminé	...	Pro	Gly	Arg	Ser	Leu	Pro	Leu	Leu	Pro	Cys	Gly	Ala	Arg	STOP

β thalassémie	β^0 thal										
Site	...	38	39	40	41	42	43	44	45	...	59
Codon	...	ACC	CAG	AGG	UU----G	AGU	CCU	UUG	GGG	...	UGA
Acide aminé	...	Thr	Gln	Arg	Leu	Ser	Pro	Try	Gly	...	STOP

REMANIEMENTS

DÉLÉTIONS ET ADDITION PAR CROSSING-OVER INÉGAL

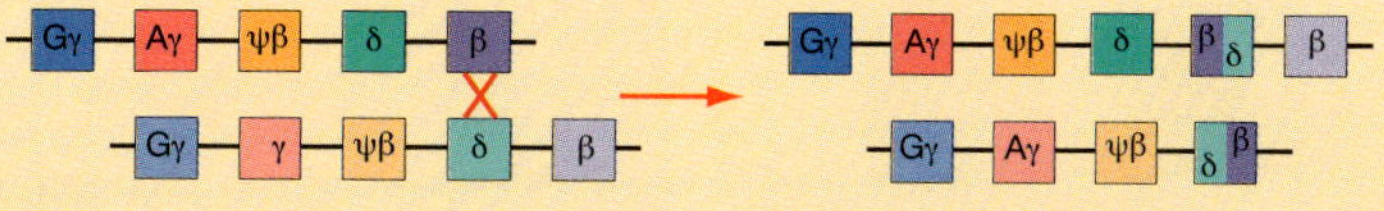

INVERSION

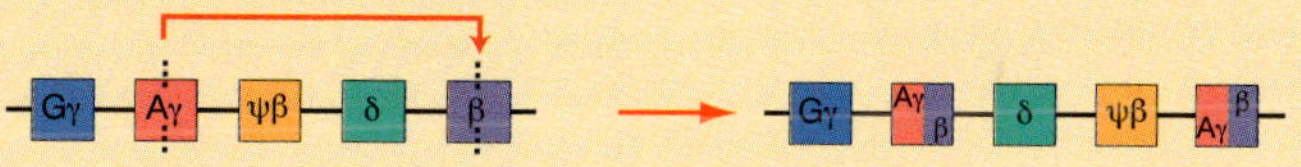

dans la suite, vont produire de la diversité, pour autant que les cellules et les individus mutants soient viables dans les conditions de leur environnement. Certaines mutations touchant un gène sont « silencieuses », d'autre affectent en une seule position la séquence de la protéine codée par le gène, d'autres encore décalent le cadre de lecture où se déroule la traduction du message génétique en protéine, ou interrompent cette traduction *(voir l'encadré page 125)*. Il existe aussi des mutations qui affectent l'expression des gènes.

Paradoxalement, une source importante de mutations spontanées est la réplication elle-même. Chez les organismes actuels, la précision de la réplication est étonnante, et s'explique par la présence de mécanismes de correction ; par exemple, le taux moyen d'incorporation erronée d'un nucléotide au cours de la réplication de la bactérie *Escherichia coli* n'est que 10^{-8} à 10^{-10}, alors que, d'après les données physicochimiques sur la spécificité de l'appariement entre les bases nucléiques, on s'attendrait à un taux de 10^{-2}. Cependant, malgré les mécanismes de correction, des erreurs d'incorporation subsistent. Si le mésappariement n'est pas corrigé avant la réplication suivante, une mutation, résultant de la substitution d'un nucléotide par un autre, sera fixée. Il est probable que dans les cellules primitives, et même chez les organismes multicellulaires ancestraux, le taux d'erreur était beaucoup plus élevé que chez les organismes actuels. La diversification résultant de ces mutations aurait permis la colonisation progressive de différentes niches écologiques.

Un cas particulier d'erreur de réplication est l'incorporation de nucléotides contenant des analogues des bases nucléiques. En raison d'une instabilité chimique, ces analogues sont capables de s'apparier à deux bases nucléiques différentes.

Indépendamment des erreurs de réplication, des modifications chimiques spontanées se produisent dans l'ADN : elles aboutissent également au remplacement d'une paire de nucléotides (CG, par exemple) par une autre paire de nucléotides (TA, dans cet exemple). Le taux de mutation spontané (nombre de mutations par organisme et par génération) varie de 10^{-5} à 10^{-8}, mais les agents mutagènes augmentent significativement ce taux *(voir l'encadré page 125)*. Ainsi, des agressions chimiques (acide nitreux, hydroxylamine, éthylméthane sulfonate, acridine orange, proflavine, acriflavine) et physiques (rayons d'origine cosmique ou géologique tels que les ultraviolets, les rayons X, α, β, γ) perturbent l'intégrité du matériel génétique en altérant une base nucléique, en modifiant l'espacement entre les paires de bases ou en provoquant des cassures des filaments d'ADN. Il en résulte des modifications du message génétique par substitution de nucléotides, mais aussi par addition ou perte d'un ou deux nucléotides.

Les cassures de l'ADN, notamment provoquées par les rayonnements, entraînent des délétions, des duplications et/ou des remaniements plus ou moins importants de la structure des chromosomes par le rapprochement de segments d'ADN, voire de morceaux de chromosomes, auparavant éloignés (translocation, inversion, fissions et fusions de chromosomes). Les délétions et les additions sont aussi favorisées par la présence de séquences répétées dans le génome : ces séquences homologues sont le support de phénomènes de recombinaison qui aboutissent au brassage des parties codantes des gènes, ou exons (voir *Les domaines des protéines, témoins de l'évolution*, page 124).

Il ne faut pas non plus négliger le rôle des transposons dans l'apparition de mutations créatrices de nouvelles fonctionnalités dans la cellule ou l'organisme. Ces éléments génétiques se déplacent au sein du génome, ou se propagent par l'insertion d'une copie de leur séquence en d'autres positions du

2. LA COMPARAISON DES CARYOTYPES du chimpanzé et de l'homme révèle que les deux espèces diffèrent par le nombre de chromosomes, ainsi que par plusieurs remaniements chromosomiques. On dénombre une fusion (le chromosome 2 humain correspond à la fusion de deux chromosomes existant séparés chez le chimpanzé), neuf inversions péricentriques (retournement d'un segment du chromosome incluant le centromère) et une addition de matériel sur le chromosome 1 humain et sur le chromosome 13 de chimpanzé. Toutefois, il arrive que deux espèces apparentées ne montrent aucune différence chromosomique.

STRESS, MUTATIONS ET ÉVOLUTION

Chez les bactéries, les systèmes de réparation des mésappariements jouent un rôle important dans le maintien de l'intégrité du génome. On a découvert l'existence de ces systèmes en constatant les désordres qu'entraîne leur inactivation, due à des mutations dans les gènes codant leurs protéines constitutives : en biologie, il arrive souvent qu'une fonction soit ainsi révélée par les conséquences de son absence. Ces souches mutantes, incapables de réparer les erreurs, sont aussi mutatrices : elles présentent un taux de mutations « spontanées » très supérieur à celui des souches de référence. Des phénotypes mutateurs transitoires existent également au sein d'une population : le taux de mutation augmente pendant une ou deux générations, puis reprend une valeur « normale ». Ces phénotypes s'expliquent par des erreurs de transcription ou de traduction des gènes impliqués dans les systèmes de réplication ou de réparation ; ils contribuent à augmenter la variabilité au sein d'une population.

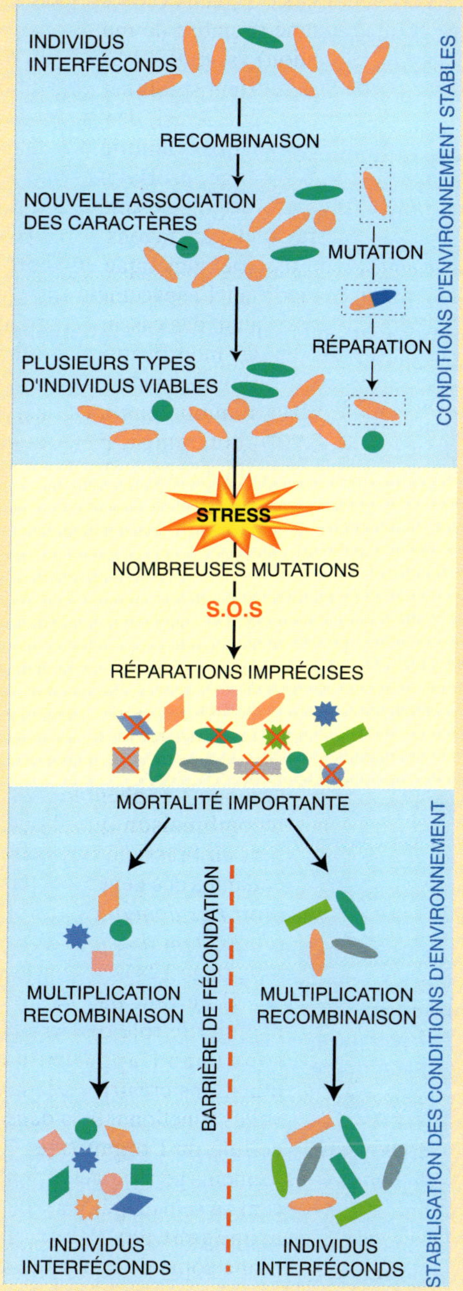

Si un brin d'ADN est cassé, la réparation peut se faire par copie d'un brin d'une autre origine, du moment qu'il est suffisamment semblable au brin lésé : ce phénomène, nommé conversion génique, est fondé sur la recombinaison entre régions homologues, seul moyen de réparer une molécule d'ADN dont les deux brins sont endommagés. Bien qu'il existe un mécanisme de contrôle vérifiant qu'il n'y a pas une trop grande divergence entre les séquences à recombiner, la conversion génique est susceptible d'augmenter la variabilité génétique au sein d'une population ; la recombinaison peut même s'effectuer avec des molécules exogènes.

Les bactéries possèdent un deuxième système de réparation de l'ADN, qui intervient dans des circonstances différentes : ce système de réponse au stress, nommé système SOS, détermine la capacité de réaction à des modifications de l'environnement. Toute agression qui endommage sérieusement l'ADN engendre une réponse SOS par la dérépression d'une vingtaine de gènes responsables de la synthèse de protéines de réparation de l'ADN. Le premier effet de cette réponse est la survie des cellules mais, dans l'urgence, toutes les vérifications ne sont pas faites et le taux de mutation augmente ; le stress induit également la transposition des éléments transposables, jusque là inertes. Tous ces effets concourent à augmenter la variabilité génétique de la population bactérienne, et avec elle la probabilité d'apparition de cellules mieux adaptées à leur environnement.

Les systèmes de réparation des mésappariements, gardiens de l'intégrité du génome, sont pleinement actifs dans des conditions normales, mais ils sont inhibés en cas de perturbations importantes. Au contraire, le système SOS, activé dans des conditions de stress, est à l'origine d'un polymorphisme qui s'accroît d'autant plus que son activation se prolonge. Quand la population est finalement adaptée à son nouvel environnement, le système de réponse au stress est inhibé et les systèmes de réparation des mésappariements sont réactivés. Les nouveaux génomes se trouvent alors sous leur surveillance attentive, ce qui va limiter très fortement, voire même empêcher, les échanges entre des individus ou des sous-populations : ce processus peut donner naissance à de nouvelles espèces, ce que l'on a représenté schématiquement ci-contre. Des systèmes analogues, sinon homologues, aux systèmes de réparation des mésappariements et SOS, ont été mis en évidence chez d'autres organismes, en particulier chez les vertébrés.

génome. De telles transpositions peuvent entraîner des délétions, mais aussi modifier l'expression des gènes voisins (voir *Séquences d'ADN mobiles et évolution du génome*, page 139).

Diversité et spéciation

Au vu des sources de mutation énumérées précédemment, il apparaît que les conditions qui régnaient au début de l'histoire de la vie (en particulier l'impact des rayonnements, plus important qu'aujourd'hui) étaient propices à l'accumulation de mutations dans les cellules primitives. Or le génome de ces cellules devait déjà contenir des séquences répétées, issues de duplications. Dans une cellule où certains gènes assurant des fonctions essentielles existent en plusieurs exemplaires, le risque qu'une mutation entraîne la mort cellulaire par l'inactivation d'un de ces gènes est moindre. La duplication de séquences génomiques offre la possibilité d'accumuler les modifications dans l'une des copies, qui peut ainsi acquérir une nouvelle fonction, tout en préservant la fonction assurée par l'autre copie. Si la nouvelle fonction n'est pas défavorable, et *a fortiori* si elle avantage la cellule ou l'organisme qui l'acquiert, le génome mutant se perpétuera au cours des générations, et le processus de duplication-divergence se poursuivra. Des organismes de plus en plus divers vont ainsi cohabiter dans un même environnement. Toutefois, diversité et nouveauté sont-elles synonymes ? Si non, en quoi la diversité contribue-t-elle à l'apparition de la nouveauté ?

Au plan évolutif, la diversification consiste à broder sur un même thème, sans introduire de réelle innovation ; en revanche, la nouveauté correspond à l'apparition de quelque chose de vraiment différent, qu'on ne peut plus considérer comme une variante de ce qui existe déjà. L'apparition d'une nouvelle espèce est un exemple de nouveauté manifeste : dans la définition biologique de l'espèce, le critère déterminant est l'interfécondité, c'est-à-dire la possibilité d'obtenir, par croisement de deux individus, une descendance fertile. Par conséquent, une espèce est assimilable à un ensemble de gènes qui sont transmis de génération en génération sans interférence avec d'autres ensembles de gènes (c'est-à-dire d'autres espèces), du fait de l'isolement reproductif.

La spéciation résulte-t-elle d'un type particulier de mutation ? Est-il nécessaire d'accumuler de nombreuses mutations avant qu'une nouvelle espèce apparaisse ? Des différences géniques suffisent-elles à expliquer la spéciation, ou faut-il des remaniements importants des chromosomes, inversions, translocations, voire l'apparition ou la perte de chromosomes ? L'étude des organismes actuels a montré que toutes les situations existent.

Chez des individus d'une même espèce, le nombre de chromosomes peut être différent : c'est le cas du mollusque gastéropode marin *Thais lapillus*, dont le nombre de chromosomes varie de 26 à 36. Les lots chromosomiques des deux formes renferment toutefois le même contenu informatif, car la variation du nombre de chromosomes est produite par de simples fusions centromériques, où deux chromosomes à un bras forment un chromosome à deux bras.

À l'inverse, des individus appartenant à des genres différents peuvent présenter un nombre identique de chromosomes ; c'est le cas, chez les primates, pour le chimpanzé, le gorille et l'orang-outan. En revanche, on connaît de nombreuses autres espèces de primates qui diffèrent par des inversions, des translocations ou des fusions, avec ou sans modification du nombre de chromosomes : c'est le cas de l'homme et du chimpanzé. Enfin, chez certaines espèces d'insectes diptères, on n'a détecté aucune différence dans la structure et le nombre des chromosomes : des mutations géniques seraient seules en cause dans la différenciation de ces espèces.

Mutation, sélection... adaptation : trois mots-clefs pour expliquer les processus évolutifs. Ils rappellent que la valeur évolutive d'une mutation dépend des conditions de l'environnement. Ainsi, l'accessibilité de nouvelles niches écologiques donne aux organismes mutants l'opportunité de prospérer sans subir la concurrence de l'espèce souche. À un niveau plus vaste, l'isolement géographique facilite, en conjonction avec l'accumulation de mutations, l'isolement reproductif et, par ce mécanisme, la naissance de nouvelles espèces, la nouveauté.

Aujourd'hui, il est surtout question des espèces qui disparaissent ; est-il raisonnable d'imaginer que de nouvelles espèces puissent apparaître ? La permanence d'un certain taux de mutations, spontanées ou provoquées par des mutagènes « naturels », joue certainement un rôle important dans le maintien de la diversité intraspécifique ; ce mécanisme améliorerait les espèces actuelles, voire même assurerait leur pérennité. Par ailleurs, il existe d'autres sources de variabilité, non encore évoquées, comme le transfert de gènes d'un organisme à un autre par des virus ou des plasmides.

Malgré l'énorme quantité de connaissances accumulées par les naturalistes, les espèces vivant actuellement sur notre planète sont loin d'être toutes répertoriées, et de nombreuses régions restent pratiquement inexplorées. Aussi, lorsqu'on rapportera l'existence d'une nouvelle espèce, s'agira-t-il de la découverte d'une espèce préexistante ou d'une espèce nouvellement apparue ? Des analyses phylogénétiques, en établissant la nature primitive ou dérivée des caractères de l'espèce, apporteront la réponse à cette question.

Les domaines des protéines, témoins de l'évolution

Russel Doolittle et Peer Bork

La structure de nombreuses protéines montre l'enchaînement d'un petit nombre de domaines indépendants. On retrace la dissémination de ces domaines au sein d'une même protéine, d'une protéine à une autre, et même d'une espèce à une autre au cours de l'évolution.

Au cours des dernières décennies, les biochimistes ont découvert que la plupart des protéines, molécules qui accomplissent l'essentiel des fonctions cellulaires, sont organisées en blocs caractéristiques d'acides aminés, ou domaines. Nombre de ces domaines ont des fonctions bien définies qui contribuent à l'activité globale de la protéine. En outre, certains se sont fréquemment déplacés durant l'évolution, d'un emplacement à un autre dans une protéine, ou d'une protéine à une autre. Des domaines ont même été transférés entre divers organismes, notamment entre les animaux et les bactéries.

Comme la partie des gènes qui code les protéines – la séquence codante – est souvent morcelée le long de la molécule d'ADN, de nombreux biologistes ont supposé qu'il existait une organisation parallèle des gènes et des protéines, et que chaque segment du gène codait un domaine protéique spécifique. Toutefois nous soutenons un point de vue différent : selon nous, la subdivision des gènes en sections codantes séparées serait apparue au cours de l'évolution beaucoup plus récemment que la subdivision des protéines en domaines.

Les protéines sont de longues molécules formées par l'enchaînement de petites sous-unités, les acides aminés. Les protéines naturelles ne comportent que 20 types d'acides aminés différents, caractérisés chacun par une structure et par des propriétés chimiques spécifiques. Toutes les propriétés d'une protéine sont déterminées par sa composition en acides aminés et par l'ordre d'enchaînement (ou séquence) de ces acides aminés. Cette séquence détermine notamment le repliement de la chaîne protéique en une structure tridimensionnelle fonctionnelle.

De la séquence à la conformation

La longueur de la chaîne protéique joue un rôle important dans l'établissement de la structure. Une protéine comporte souvent plusieurs milliers d'acides aminés, le record de longueur étant à ce jour détenu par une protéine musculaire nommée titine, qui est composée de plus de 30 000 acides aminés. Les courtes chaînes d'acides aminés n'ont pas une taille suffisante pour que les forces intramoléculaires fixent une conformation moléculaire unique : elles changent sans cesse de forme. Les chaînes protéiques doivent comporter au moins 30 à 40 acides aminés pour que les forces de cohésion internes établissent une conformation prédominante ; en outre, la stabilisation de la conformation active nécessite parfois des liaisons à des ions métalliques et des liaisons covalentes entre deux cystéines, ou ponts disulfure (la cystéine est un acide aminé dont le groupe latéral contient un atome de soufre).

Dans un milieu stable, toute protéine qui comporte un nombre suffisant d'acides aminés adopte toujours la même conformation. Ce milieu peut être une solution saline diluée, comme la plupart des fluides biologiques ; une double couche lipidique, comme celle des membranes biologiques ; un ensemble de protéines adjacentes ; enfin, ce peut être aussi un ensemble de parties d'une même protéine lorsque celle-ci est très longue.

Un domaine est une séquence d'acides aminés qui, dans un milieu donné, adopte spontanément une conformation spécifique ; toutefois cette définition rigoureuse et expérimentale du domaine est peu usitée. On utilise plutôt ce terme pour désigner toute partie d'une protéine qui apparaît structurellement distincte du reste de la protéine, et dont on suppose *a posteriori* qu'elle s'est repliée de façon autonome. Quelques petites protéines se réduisent à un domaine unique, mais la plupart des protéines comportent deux ou trois domaines ; quelques-unes, enfin, sont constituées de nombreux domaines dont les conformations peuvent être très semblables – c'est le cas de longues protéines à la structure répétée –, ou très différentes.

Pour identifier un domaine, les biochimistes cristallisent la protéine et déterminent sa structure par diffraction des rayons X, ou bien effectuent une analyse par résonance magnétique nucléaire (RMN). Après avoir établi la séquence en acides aminés d'un domaine, ils identifient d'autres domaines apparentés sans effectuer d'étude structurale : ils se contentent de rechercher les séquences d'acides aminés analogues à celle du domaine connu. Ce raccourci est très utile, car on détermine bien plus facilement les séquences en acides aminés que les structures par diffraction des rayons X ou par RMN. En l'absence d'informations biophysiques, il est souvent possible de déduire la structure d'un domaine de sa seule séquence. En comparant ainsi les structures et les séquences des protéines, on obtient de précieux renseignements sur leur évolution.

L'évolution des protéines

Jusqu'au début des années 1970, la plupart des biologistes pensaient que les protéines évoluaient principalement par un mécanisme de « duplication-divergence ». Le gène codant une protéine est parfois dupliqué par des processus de recombinaison génétique, où deux chromosomes échangent des fragments de leurs brins d'ADN. La copie du gène subit ensuite un certain nombre de modifications, ou mutations, jusqu'à coder une nouvelle protéine accomplissant une nouvelle fonction. L'ADN est parfois dupliqué en tandem, ce qui ne crée pas une nouvelle pro-

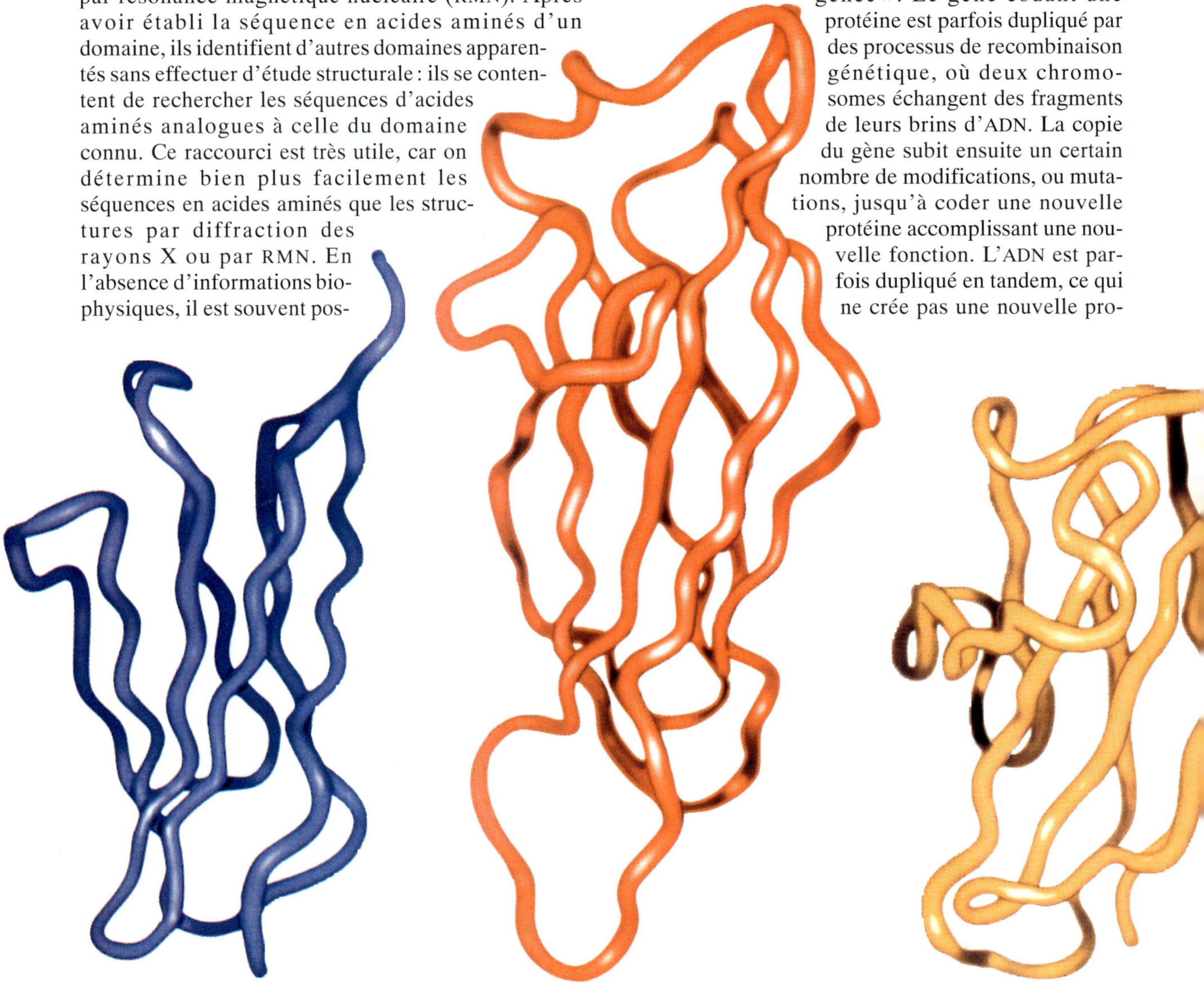

1. DES MODULES GÉNÉTIQUEMENT MOBILES, ou domaines, ont été retrouvés dans de nombreuses protéines. Il s'agit de parties des chaînes d'acides aminés constitutives des protéines, qui se replient de façon indépendante pour former des structures compactes, aux propriétés biochimiques spécifiques. Au cours de l'évolution, ces domaines sautent parfois d'une protéine à une autre via le déplacement de la séquence codante correspondante sur l'ADN. Cette mobilité favorise

téine mais allonge la protéine initiale et modifie éventuellement ses propriétés. La comparaison des séquences en acides aminés montre que ce mécanisme de duplication interne est à l'origine de nombreuses protéines, des petites ferrédoxines bactériennes, qui n'ont que 56 acides aminés, jusqu'aux grosses protéines comme la bêta-galactosidase bactérienne, qui en comporte plus de 1000.

Il y a une vingtaine d'années, Michael Rossmann, de l'Université de Purdue, révéla un nouvel aspect de l'évolution des protéines. Il venait de déterminer, par diffraction des rayons X, la structure tridimensionnelle de l'enzyme nommée lactate déshydrogénase. Une partie de cette protéine ressemblait beaucoup à d'autres protéines déjà connues : notamment, une région qui se liait à un cofacteur – une petite molécule non protéique nécessaire à l'activité de l'enzyme – présentait des analogies frappantes avec d'autres déshydrogénases.

Le plus remarquable était que le domaine analogue ne se trouvait pas toujours au même endroit dans les protéines : au cours de l'évolution, le segment commun semblait s'être déplacé le long des séquences d'acides aminés sans perdre sa fonction de liaison à un cofacteur. M. Rossmann émit alors l'hypothèse que les protéines sont constituées de modules – aujourd'hui nommés domaines – qui seraient apparus assez tôt dans l'histoire de la vie et se seraient assemblés selon diverses combinaisons.

Une telle hypothèse mettait en lumière un nouveau mode d'évolution des protéines, qui augmentait considérablement les possibilités offertes par le seul mécanisme de duplication-divergence. Autrement dit, la création de nouvelles protéines par la recombinaison de domaines issus d'autres protéines aurait permis une croissance explosive de la diversité biochimique.

DIXIÈME DOMAINE Fn3

l'apparition de nouveaux types de protéines. Les domaines ici représentés proviennent de deux types de protéines : CD2 et PapD appartiennent aux immunoglobulines, alors que GHR et Fn3 sont des modules de type III de la fibronectine.

Domaines vagabonds

L'interprétation de M. Rossmann était exacte. On connaît aujourd'hui les séquences en acides aminés de nombreuses grosses protéines : beaucoup montrent la structure répétitive attendue dans l'hypothèse d'une suite de domaines mobiles. Par exemple, la fibronectine est une grande protéine extracellulaire, constituée de deux longues chaînes qui contiennent chacune plus de 2000 acides aminés. On a découvert que ces chaînes sont formées par la répétition de trois types de séquences (Fnl, Fn2 et Fn3), qui contiennent respectivement 45, 60 et 100 acides aminés (ces répétitions sont imparfaites : tous les exemplaires d'un type donné ne sont pas strictement identiques). On suppose que chaque séquence répétée, conformément à la définition du domaine, se replie sur elle-même indépendamment, si bien que la protéine tout entière doit ressembler à un long collier fait de trois types de perles.

On trouva par la suite des séquences semblables aux domaines Fn1, Fn2 et Fn3 dans de très nombreuses autres protéines animales, et l'on constata la même ubiquité pour divers autres domaines. Le facteur de croissance épidermique (EGF), par exemple, est une petite protéine formée d'un unique domaine (long de 53 acides aminés chez l'homme), fortement replié sur lui-même et stabilisé par trois ponts disulfure ; or l'on connaît des domaines similaires au domaine de l'EGF dans plus d'une centaine de protéines, où ils sont parfois présents en plus de 30 exemplaires.

Nous ne connaissons pas encore les fonctions de tous ces domaines. Beaucoup reconnaissent des molécules particulières auxquelles ils se lient : ainsi les lectines possèdent un domaine qui se lie à des glucides (des sucres) divers. De même, le domaine des immunoglobulines, caractéristique des anticorps et d'autres molécules du système immunitaire, est capable de se lier spécifiquement à d'autres molécules (antigènes). Certains domaines seraient des

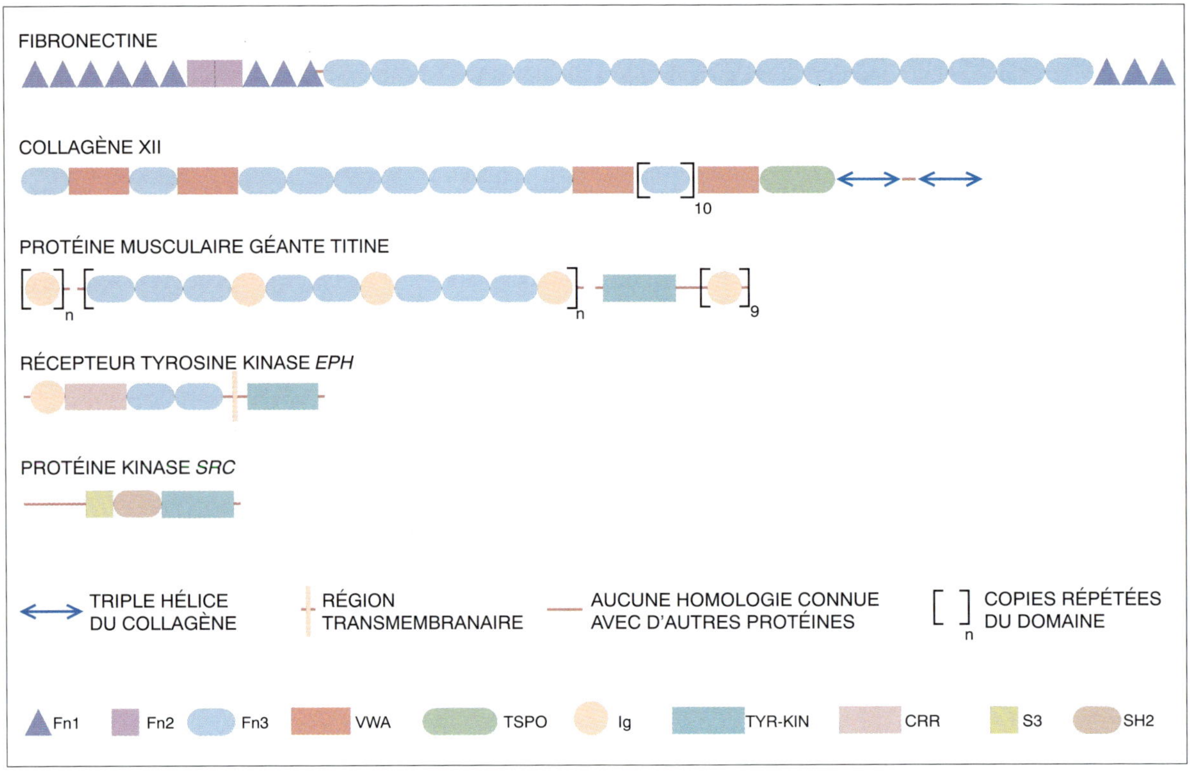

2. TELLES LES PERLES D'UN COLLIER, les domaines s'enchaînent dans les protéines modulaires, constituant des sous-unités distinctes. Certaines protéines comme la fibronectine, le collagène XII et la titine, représentées schématiquement sur cette figure, comportent de nombreuses répétitions d'un petit nombre de domaines.

« marques » qui révéleraient l'appartenance d'une protéine à un tissu ; beaucoup semblent être de simples traits d'union qui relient de façon neutre les domaines fonctionnels des protéines ; enfin quelques uns n'ont apparemment aucune fonction.

Il semblerait donc qu'au cours de l'évolution, de nombreux domaines se soient déplacés à l'intérieur des protéines et entre différentes protéines. Tant que le déplacement d'un domaine ne perturbe pas la fonction d'une protéine, le « coût évolutif » du maintien de la nouvelle configuration est insignifiant, conformément à la théorie neutraliste de l'évolution proposée par Motoo Kimura (voir *La théorie neutraliste de l'évolution moléculaire* par M. Kimura, page 150).

Lorsque M. Rossmann proposa que certains domaines protéiques se déplacent à l'intérieur des protéines ou d'une protéine à une autre, personne n'avait idée des mécanismes génétiques permettant ces réarrangements. Peu après, les biologistes moléculaires découvrirent une surprenante caractéristique des gènes, qui semblait fournir une explication. Depuis le travail de James Watson et de Francis Crick, en 1953, on sait que l'information génétique est codée dans les molécules d'acide désoxyribonucléique (ADN), constituées de deux brins enroulés l'un autour de l'autre en une double hélice. De même que les protéines sont des chaînes d'acides aminés, chaque brin d'ADN est une chaîne de nucléotides. Dans les cellules, les séquences nucléotidiques de l'ADN sont copiées, ou transcrites, en séquences complémentaires d'acide ribonucléique (ARN) messager ; puis des usines miniatures, les ribosomes, fabriquent les protéines en décodant le message inscrit dans l'ARN : chaque séquence de trois nucléotides de l'ARN, ou codon, détermine l'addition d'un acide aminé spécifique sur la protéine en cours de synthèse.

La découverte des introns

La découverte qui a conforté l'hypothèse de M. Rossmann, au milieu des années 1970, était celle de la fragmentation des séquences codantes d'ADN : celles-ci sont parfois interrompues par des séquences d'ADN auxquelles ne correspond aucune séquence d'acides aminés dans la protéine finale. Ces séquences non codantes, ou introns (pour *intervening sequences*, « séquences intermédiaires »), sont éliminées avant que l'ARN messager soit traduit en protéine.

Walter Gilbert, de l'Université Harvard, proposa alors que les introns favorisent les échanges entre les régions codantes des gènes, nommées exons (pour *expressed sequences*, « séquences exprimées »). L'insertion des introns entre les exons augmenterait la probabilité des recombinaisons génétiques, qui résultent de cassures aléatoires de l'ADN, et la présence de séquences semblables dans différents introns induirait en erreur le système de recombinaison de l'ADN, provoquant des réarrangements de gènes. On ne disposait alors d'aucune preuve de l'existence de telles séquences similaires, mais des travaux ultérieurs révélèrent la présence de nombreux éléments génétiques mobiles dans les introns : les séquences similaires de ces éléments favorisent les erreurs de recombinaison durant la méiose, le processus de division cellulaire qui aboutit à la formation des ovules et des spermatozoïdes.

Cependant de nombreux êtres vivants se reproduisent sans méiose. Perdent-ils ainsi un moyen efficace de produire de nouvelles protéines ? L'immense majorité des introns interrompent les gènes dans l'ADN des cellules munies d'un noyau, ou cellules eucaryotes. Les gènes bactériens n'en contiennent quasiment pas : si l'on part du début de la séquence codante d'un de ces gènes, chaque groupe de trois bases correspond à un acide aminé de la protéine (en fait, certaines bactéries comportent de rares introns, mais ils sont d'un autre type que ceux examinés ici).

Ford Doolittle, de l'Université Dalhousie, et James Darnell, de l'Université Rockefeller, ont émis indépendamment l'hypothèse que les bactéries possédaient jadis des introns dans leurs gènes, mais qu'elles les auraient ensuite perdus. Leur génome se serait progressivement simplifié pour être répliqué plus efficacement. L'existence des introns remonterait à l'origine de la vie, et les exons auraient été créés indépendamment.

Cette hypothèse est encore controversée : les introns sont-ils apparus très tôt dans l'histoire de la vie, jouant un rôle clef en étant à l'origine de toutes les protéines ? Ou, au contraire, sont-ils apparus bien plus tard ? Thomas Cavalier-Smith, de l'Université de Colombie britannique, défend cette dernière hypothèse, dite de « l'intron tardif » : les ancêtres des introns seraient de courts fragments d'acides nucléiques très mobiles, ou transposons, qui proviendraient de bactéries ayant jadis infecté les ancêtres des cellules eucaryotes avant de se transformer en organites tels que les mitochondries ou les chloroplastes.

Tous les exons sont-ils mobiles ?

Les séquences d'ADN qui spécifient les domaines mobiles sont souvent (mais pas toujours) entourées d'introns : en d'autres termes, les domaines structuraux de nombreuses protéines sont codés par des exons. De cette observation, on a conclu un peu vite que tous les

TAILLE DE QUELQUES DOMAINES MOBILES

La taille des domaines mobiles est variable. Certains gardent une conformation stable en partie grâce aux ponts disulfure qui relient deux cystéines. D'autres sont stables en l'absence de ponts disulfure.

DOMAINES CONTENANT DES PONTS DISULFURES	NOMBRE APPROXIMATIF D'ACIDES AMINÉS	NOMBRE DE CYSTÉINES
Somatomédine B	40	8
Complément C9	40	6
EGF	45	6
Fn1	45	4
Fn2	60	4
βGP26	61	4
Ovomucoïde	68	6
VWF-C	72	8
Kringle	80	6
Kunitz	80	6
Link	~ 100	4
Récepteur des phagocytes	110	6
Domaine apparenté au fibrinogène	250	4 ou 6
DOMAINES SANS PONT DISULFURE		
Collagène	18	
Domaine riche en leucines	25	
« Gla »	35	
Domaine de liaison au collagène	50	
Domaine semblable à la lectine	100	
Fn3	~ 100	
SH2	100	
SH3	100	

exons se déplacent au cours de l'évolution et codent les domaines qui constituent les protéines.

Nous pensons que cette idée est fausse pour deux raisons. La première est que, même si tous les exons sont capables de se déplacer, seuls quelques uns pourront être correctement traduits en protéines dans leur nouvelle position. Lorsqu'un intron s'insère dans une séquence génétique codante, il peut occuper trois types de positions : entre deux codons (type 0), entre le premier et le deuxième nucléotide d'un codon (type 1) ou entre le deuxième et le troisième nucléotide d'un codon (type 2). Lorsque cet intron et l'exon adjacent se déplacent de nouveau, l'intron doit retrouver le même type de position pour que les codons déplacés soient correctement traduits, sinon il se produit un décalage du cadre de lecture des codons qui aboutit à la synthèse d'une séquence non fonctionnelle d'acides aminés. Si les introns étaient insérés au hasard dans les gènes, un tiers seulement des nouvelles combinaisons d'exons seraient en phase après un réarrangement. Curieusement, la plupart des séquences codant des domaines qui se sont fréquemment déplacés au cours de l'évolution sont flanquées par des introns de type 1.

La seconde raison pour laquelle seuls quelques exons sont mobiles au cours de l'évolution est que seuls les vrais domaines, c'est-à-dire les séquences protéiques capables de se replier complètement et indépendamment, peuvent subsister dans les protéines « hôtes ». Les séquences plus courtes et moins autonomes, incapables de se replier correctement, perdraient leur identité. En outre, si une séquence mobile s'insérait entre deux exons qui ne codent pas eux-mêmes des domaines, le produit du gène résultant serait incapable de se replier correctement.

Ces deux arguments, l'un génétique et l'autre structural, expliquent pourquoi les différents domaines mobiles sont si souvent retrouvés ensemble dans les protéines. Les protéines qui contiennent un domaine mobile en contiennent assez souvent d'autres ; certaines sont même des mosaïques de cinq domaines mobiles différents. Ce type de protéine résiste généralement bien aux événements de déplacement de domaines.

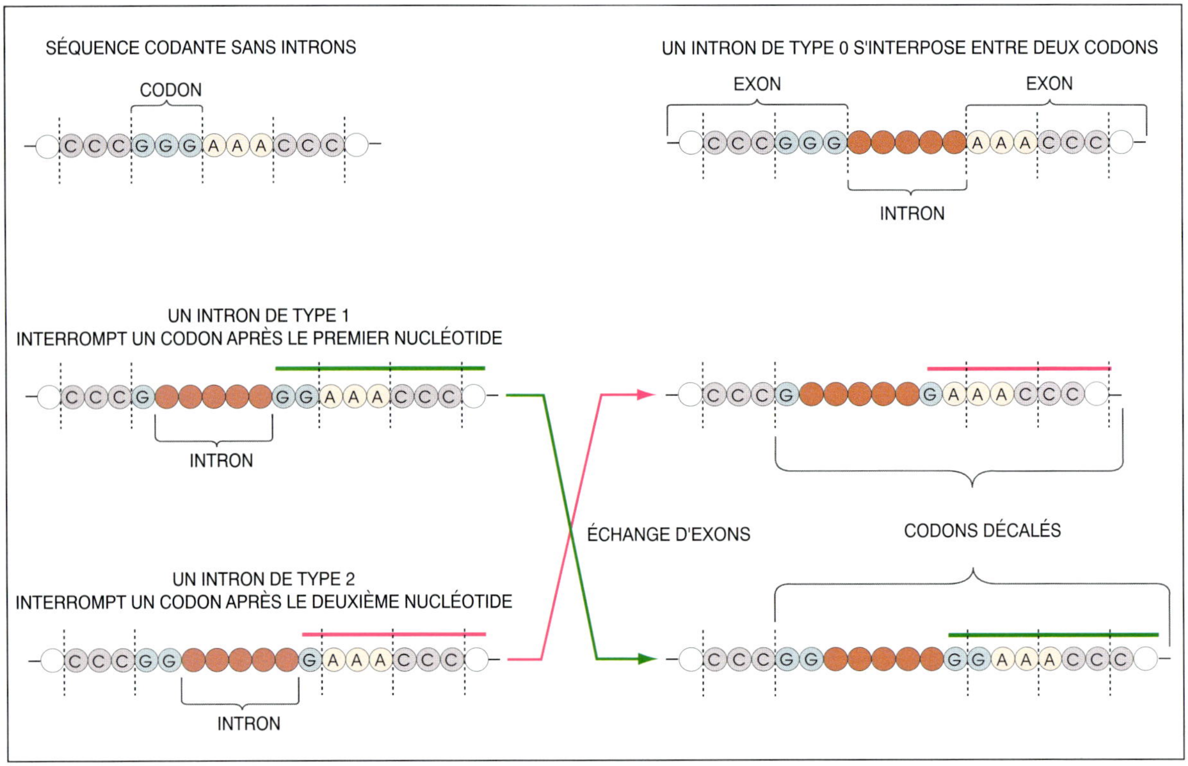

3. NOMBRE DE GÈNES CODANT DES PROTÉINES sont divisés en exons (ou séquences codantes) et en introns (ou séquences non codantes). Les triplets de nucléotides des séquences codantes, ou codons, sont traduits en acides aminés, dont l'enchaînement forme les protéines. Les introns peuvent interrompre les séquences codantes en trois positions différentes. Si les introns et les exons se déplaçaient au hasard au cours de l'évolution, les échanges entre des introns de types différents provoqueraient des mutations par suite du décalage des codons. Ce problème constitue une objection majeure contre l'idée que tous les exons codent des domaines mobiles.

La découverte de nombreux domaines protéiques codés par des exons a conduit certains biologistes à supposer que les organismes primitifs ont assemblé toutes leurs protéines à partir d'un stock d'exons codant des éléments structuraux primitifs. Cependant plusieurs observations infirment cette hypothèse. Tout d'abord, les exons primitifs auraient été trop petits pour produire des domaines protéiques capables de se replier par eux-mêmes. Dans les génomes des vertébrés actuels, la taille moyenne des exons est de 135 nucléotides, ce qui correspond à 45 acides aminés seulement ; des polypeptides aussi courts requièrent généralement une stabilisation auxiliaire pour se replier en une conformation stable.

Des introns précoces ou tardifs ?

Par ailleurs, les partisans de la théorie de « l'intron précoce » admettent que des introns sont constamment perdus au cours de l'évolution. En effet, les introns semblent répartis au hasard dans le génome des différentes espèces. Cette répartition sporadique pourrait résulter de gains ou de pertes d'introns ; toutefois, si les introns étaient présents dès l'origine, leur nombre ne peut qu'avoir diminué. Par conséquent, les séquences codantes primitives auraient été interrompues par de plus nombreux introns et les premiers exons auraient été encore plus petits que les exons actuels : ils auraient probablement produit des polypeptides trop courts, incapables de se replier par eux-mêmes pour former des domaines.

Une autre observation contredit l'idée que les protéines en mosaïque actuelles dérivent de l'assemblage de domaines mobiles primitifs : la plupart des domaines mobiles connus à ce jour sont retrouvés exclusivement dans des protéines animales. On ignore encore où et quand ces domaines sont apparus. Existe-t-il chez les plantes, les champignons et les protozoaires des domaines apparentés dont les relations évolutives auraient été brouillées par d'importants changements de séquence ? En étudiant les structures tridimensionnelles, qui sont plus conservées que les séquences en acides aminés au cours de l'évolution, on pourra peut-être répondre à cette question.

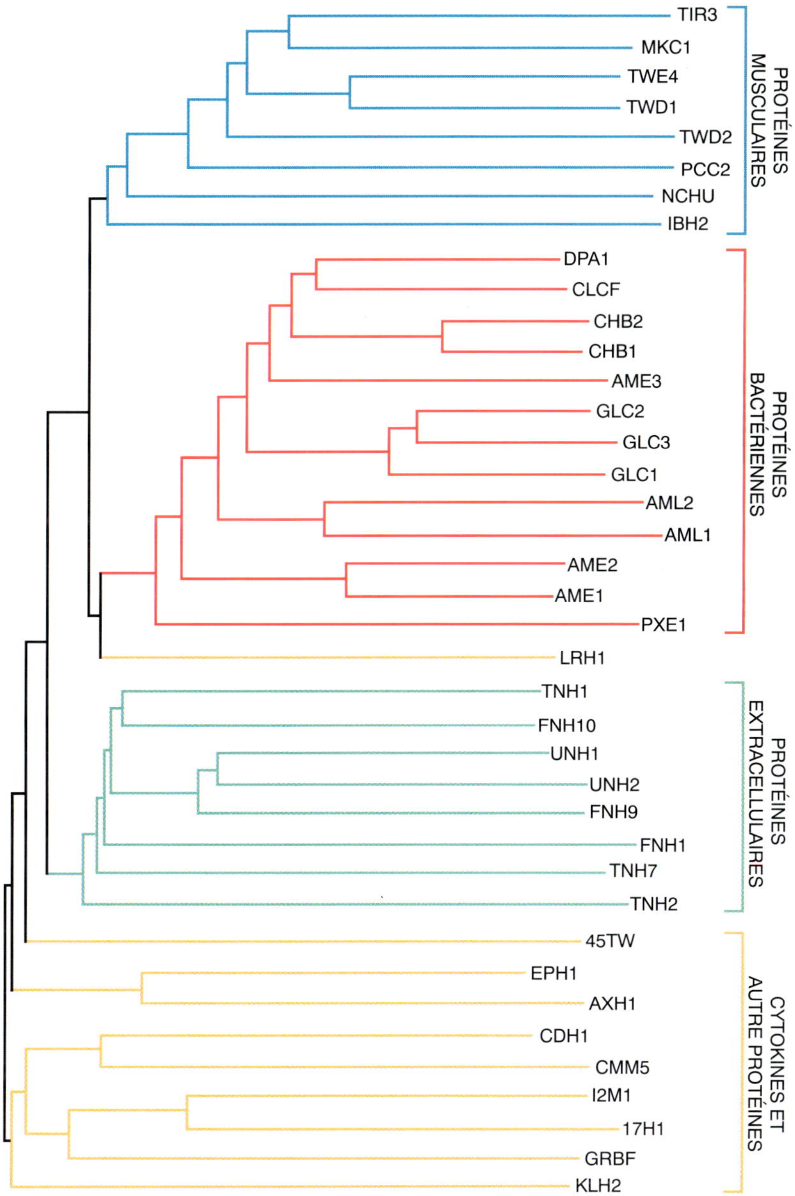

4. ARBRE PHYLOGÉNÉTIQUE des relations évolutives entre 39 domaines Fn3 trouvés dans diverses protéines. Les auteurs ont construit cet arbre en comparant à l'aide d'un ordinateur les séquences de domaines Fn3 d'animaux et de bactéries. Les domaines bactériens ressemblent étonnamment à certains domaines animaux, ce qui indique que les bactéries ont probablement récupéré les séquences génétiques de ces domaines chez des animaux.

Les exons entravés

Non seulement la plupart des exons ne sont pas mobiles au cours de l'évolution, mais certains domaines protéiques mobiles ne sont pas codés par un unique exon. C'est le cas d'un grand domaine de 250 acides aminés, découvert dans la molécule de fibrinogène des vertébrés, mais qui existe également dans d'autres protéines. La séquence qui code ce domaine est parfois interrompue par de nombreux introns, mais on n'a encore jamais trouvé un exon de ce domaine séparé des autres : aucun de ces exons ne semble s'être déplacé indépendamment. Par conséquent, la présence d'introns dans un gène ne semble pas suffisante pour rendre les exons mobiles. Le fait que la grande majorité des exons connus ne sont trouvés que dans une seule configuration plaide contre une mobilité indifférenciée et généralisée des exons.

On connaît d'autres domaines mobiles dont la séquence codante est interrompue par des introns. L'un des premiers domaines mobiles connus a été nommé kringle, parce qu'il ressemble à une pâtisserie danoise du même nom (le craquelin, en français). Constitué d'environ 80 acides aminés, il comporte trois ponts disulfure caractéristiques et ressemble beaucoup au domaine Fn2, dont il ne diffère que par le nombre d'acides aminés compris entre les cystéines (certains biologistes ne distinguent d'ailleurs même pas ces deux domaines). Dans certains cas, le gène codant le domaine kringle est interrompu par un intron, mais on n'a encore jamais trouvé de domaine kringle incomplet dans une protéine.

La théorie de « l'intron tardif » est également confortée par le fait que les introns sont beaucoup plus abondants chez les plantes et les animaux que chez les eucaryotes inférieurs. Aucun intron n'a jamais été trouvé chez les eucaryotes primitifs tels que *Giardia lamblia* (un parasite intestinal unicellulaire dépourvu de mitochondries, qui ressemble à certaines amibes). De surcroît, on a identifié chez certaines plantes des protéines à domaines qui n'ont pas d'équivalent chez les animaux, et réciproquement : ces domaines sont apparus après la différenciation des plantes et des animaux. Enfin l'assem-

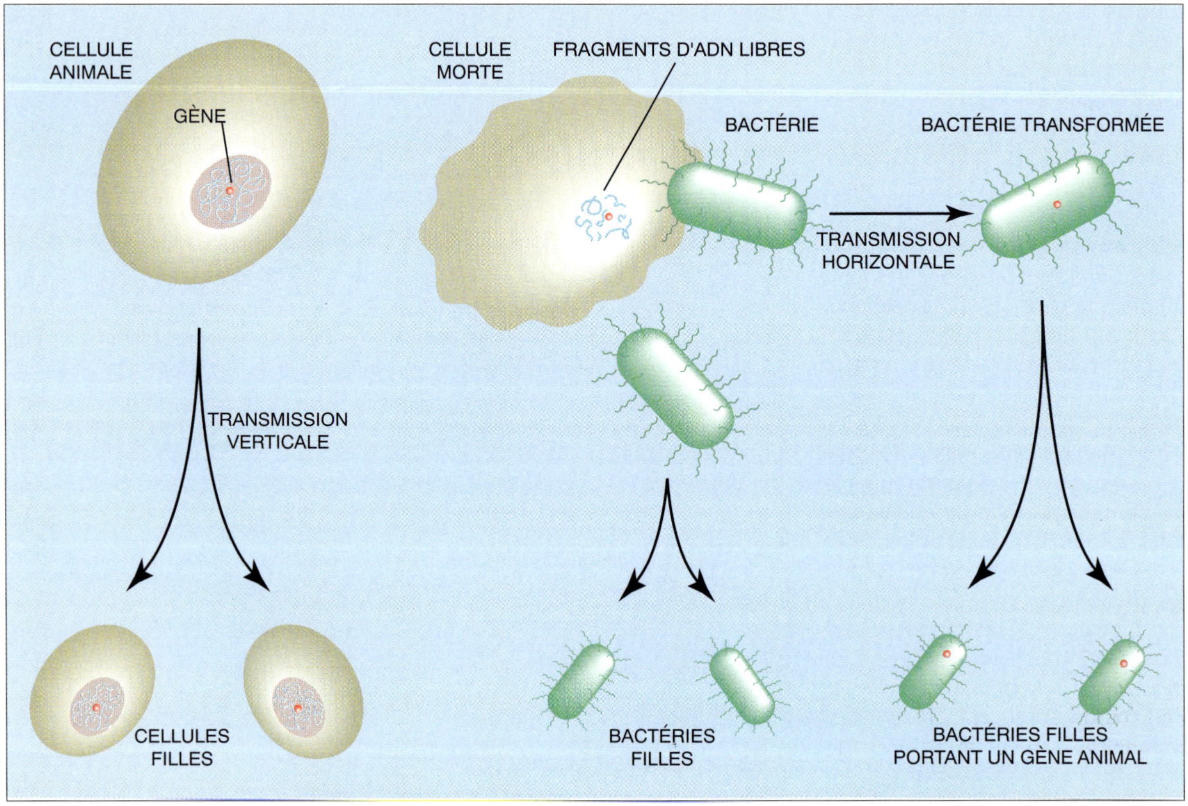

5. LA TRANSMISSION HORIZONTALE DES GÈNES expliquerait le passage de certains domaines protéiques des animaux aux bactéries. Les gènes sont normalement transmis verticalement d'une génération de cellules à la suivante. Toutefois les bactéries sont parfois transformées par de l'ADN présent dans leur environnement. Lorsqu'une bactérie prélève sur une cellule morte un fragment d'ADN codant un domaine protéique, il arrive qu'elle transmette ce gène à sa descendance.

blage des domaines de certaines protéines bactériennes semble si récent que ces protéines ont dû évoluer sans l'aide d'introns, que les bactéries en aient ou non jadis possédés. Toutes ces observations indiquent que les introns sont probablement apparus après les eucaryotes.

En résumé, si certains exons codent des domaines, ce n'est pas le cas de la plupart. Ceux qui codent des domaines sont capables de se dupliquer et de se déplacer, mais l'on se demande encore laquelle de ces deux caractéristiques est la cause de l'autre. L'évolution des introns adjacents a-t-elle facilité le brassage d'exons ? Ou ces introns sont-ils plus fréquemment accolés à des exons qui codent des domaines mobiles parce que cette localisation favorise leur propre propagation ? Un intron qui s'intercale dans une séquence codant un domaine mobile sera peut-être conservé s'il ne perturbe pas l'expression des exons adjacents (c'est-à-dire s'il ne provoque pas un décalage du cadre de lecture, comme on l'a montré précédemment) ; toutefois il ne se propagera pas, car les exons qui l'entourent ne peuvent rester isolés ni se déplacer indépendamment. En revanche, un intron qui s'insère entre des séquences codant deux domaines indépendants peut gagner d'autres sites en suivant les exons. Le déplacement des exons ne serait alors qu'une conséquence de la propagation des introns.

Afin de mieux connaître l'évolution des domaines mobiles, nous avons décidé d'étudier la structure et la diffusion d'un domaine en particulier. Notre choix s'est porté sur Fn3, le domaine de type III de la fibronectine. Tout comme les séquences kringle, les séquences Fn3 sont parfois interrompues par un intron, mais on n'a jamais observé de domaine Fn3 plus court que les 90 à 100 acides aminés du domaine complet. Pendant plusieurs années, nous avons traqué chacun de notre côté le domaine Fn3 dans diverses protéines : au terme des premières recherches, il semblait exclusivement localisé dans les protéines animales, mais, en 1990, des biologistes de l'Université de Niigata, au Japon, l'ont découvert dans une protéine bactérienne.

Les pérégrinations du domaine Fn3

En 1991, nous avons décidé d'unir nos efforts pour recenser les protéines qui comportent un domaine Fn3. Nous avons tout d'abord passé au crible une banque de données où étaient stockées les séquences de nombreuses protéines en employant différentes méthodes, et notamment un algorithme de recherche de séquences mis au point par l'un de nous (P. Bork) et par Christian Grunwald, alors à l'Institut de biologie moléculaire de Berlin. Nous avons ainsi trouvé plus de 300 exemplaires de la séquence Fn3 dans 67 protéines différentes (sans compter les protéines semblables issues d'espèces différentes). Parmi ces protéines, 60 étaient d'origine animale et 7 provenaient de bactéries. Nous n'avons trouvé aucun domaine Fn3 dans des protéines de plantes, de champignons ou d'eucaryotes unicellulaires.

Ces découvertes soulevaient au moins deux questions : les bactéries et les animaux tiennent-ils ce domaine d'un ancêtre commun, ou bien l'un de ces groupes l'a-t-il transmis à l'autre ? Par ailleurs, si ce domaine préexistait chez un ancêtre commun aux procaryotes et aux eucaryotes, pourquoi ne l'a-t-on pas retrouvé chez les champignons et chez les plantes ? À l'aide d'un ordinateur, nous avons aligné les séquences Fn3 connues, puis nous avons construit un arbre phylogénétique sommaire en nous fondant sur leurs similitudes. Comme il aurait été très fastidieux de construire un tel arbre à partir des 300 séquences Fn3 recensées, nous l'avons établi à partir des séquences bactériennes et d'un sous-ensemble de séquences animales particulièrement divergentes les unes des autres.

Nous avons rapidement compris que les séquences bactériennes ressemblaient beaucoup trop à certaines séquences animales pour provenir d'un ancêtre commun ayant vécu il y a deux milliards d'années. L'ensemble des données – arbres phylogénétiques inclus – favorisait plutôt l'hypothèse selon laquelle les bactéries ont acquis le domaine Fn3 d'une protéine animale.

Plusieurs observations vont dans ce sens. Tout d'abord, il est courant que le domaine Fn3 soit présent dans une enzyme chez une espèce bactérienne donnée, alors qu'il est absent de la même enzyme chez une espèce voisine : ce domaine est donc facultatif, en termes de structure et de fonction, et il a probablement été transmis tardivement à des bactéries spécifiques. D'autre part, les séquences Fn3 apparaissent sporadiquement et sous une forme répétée, mais toujours dans un ensemble spécifique d'enzymes extracellulaires ; si les bactéries avaient perdu des copies de la séquence Fn3 au cours de l'évolution, on devrait trouver les exemplaires restants de cette séquence dans un ensemble plus varié de protéines.

Enfin, bien que les espèces de bactéries qui possèdent des domaines Fn3 soient variées, elles partagent quelques propriétés communes : toutes sont des bactéries du sol, qui se nourrissent de biopolymères tels que la cellulose et la chitine, issus de la décomposition d'autres organismes. Parmi les nombreuses autres espèces de bactéries examinées, aucune ne possédait de domaine Fn3 dans quelque protéine que ce soit. Par exemple, on connaissait en 1996 plus des trois quarts du génome de la bactérie *Escherichia coli*, mais on n'y a pas découvert la moindre trace d'une séquence Fn3.

Il en est de même pour les nombreuses séquences génétiques de champignons et de plantes qui ont été étudiées. Si le domaine Fn3 avait préexisté chez un ancêtre commun aux procaryotes et aux eucaryotes, il devrait aujourd'hui subsister dans les principales branches issues de cet ancêtre primitif.

La transmission « horizontale » des gènes

Il peut sembler étonnant que la séquence génétique codant ce domaine protéique ait pu migrer entre des organismes peu apparentés. Classiquement, les gènes se transmettent verticalement, c'est-à-dire d'une génération à la suivante, mais il arrive que certains gènes soient transmis horizontalement, non seulement entre deux espèces proches, mais aussi entre des espèces appartenant à des groupes très différents. Par exemple, certains virus emportent des gènes de petite taille en sautant d'un hôte à un autre ; les gènes ainsi transmis s'insèrent parfois dans l'ADN du nouvel hôte. Les bactéries captent parfois de l'ADN présent dans leur environnement, issu notamment des cellules animales en cours de décomposition qu'elles infectent. Enfin de nombreuses bactéries possèdent des gènes dans de petits anneaux d'ADN nommés plasmides, qu'elles échangent avec d'autres bactéries. Tous ces mécanismes constituent théoriquement des voies de transmission horizontale des gènes.

S'il y a effectivement eu capture par une bactérie d'un gène animal codant un domaine Fn3, quand ce transfert s'est-il produit ? L'arbre phylogénétique indique seulement qu'il a eu lieu au cours du dernier milliard d'années, après la différenciation des animaux, des plantes et des champignons. Pour préciser la date du transfert, on doit connaître la vitesse moyenne d'évolution de l'ADN bactérien et de l'ADN des cellules animales.

On estime la vitesse d'évolution de l'ADN codant les protéines animales en comparant les séquences protéiques de différentes espèces, dont la divergence est datée à partir de fossiles. Malheureusement on ne dispose pas d'une telle information pour les séquences des bactéries (on a découvert quelques microfossiles de bactéries, mais on est loin de connaître la hiérarchie évolutive des bactéries aussi bien que celle des animaux). Nous disposons toutefois d'une autre indication : l'étude des protéines animales et bactériennes montre que les séquences Fn3 ont tendance à être disposées en tandem : dans toute protéine contenant plus d'un domaine Fn3, les séquences de ces domaines sont souvent adjacentes et similaires. Cette configuration indique que la duplication de l'ADN du domaine Fn3 est assez récente.

Pour comprendre comment les gènes des domaines mobiles se propagent entre les espèces, nous devons établir la chronologie de leur transmission horizontale et de leurs duplications. Les bactéries actuelles sont presque totalement dépourvues d'introns dans les séquences génétiques qui spécifient des protéines – toutefois Jean-Luc Ferat et François Michel, du Centre de génétique moléculaire du CNRS à Gif-sur-Yvette, ont découvert des introns interrompant des séquences codantes dans diverses espèces bactériennes. En admettant que de nombreux introns bactériens aient jadis existé, quand ont-ils disparu ? À moins que cette disparition ne soit très récente, les gènes du domaine Fn3 ont dû se répandre sans l'aide d'introns.

Une possibilité serait que le domaine Fn3 se soit disséminé parmi les bactéries du sol par l'intermédiaire d'un bactériophage (un virus bactérien) ou d'un plasmide. Nous espérons trouver une trace de cette transmission en découvrant un bactériophage qui porterait le gène d'un domaine Fn3. Connaissant maintenant certaines séquences bactériennes du domaine Fn3, nous pouvons synthétiser de courts fragments d'ADN qui se lient spécifiquement aux séquences génétiques du domaine Fn3. Nous utiliserons alors ces fragments d'ADN pour amplifier d'éventuels segments d'ADN de bactériophages ou d'autres vecteurs qui coderaient le domaine Fn3.

L'origine du domaine Fn3 reste inconnue. Est-il d'abord apparu chez des animaux, ou sommes-nous incapables d'identifier ses formes ancestrales en comparant les séquences protéiques ? L'étude des structures tridimensionnelles indique que la structure du domaine Fn3 ressemble étonnamment à celle du domaine spécifique des immunoglobulines. En analysant le domaine des immunoglobulines par cristallographie aux rayons X et par RMN, on a découvert sa parenté avec certaines protéines de procaryotes, telles que la protéine PapD (une protéine « chaperon » qui favorise le repliement d'autres protéines), ainsi qu'avec une enzyme bactérienne qui digère la cellulose. Le domaine des immunoglobulines comporte un pont disulfure, mais ses formes anciennes, qui subsistent encore chez certains vertébrés, en sont dépourvues. Ces formes primitives sont celles qui ressemblent le plus au domaine Fn3.

On découvrira sans doute bientôt d'autres exemples de domaines ainsi « piratés ». Selon nos recensements, le domaine Fn3 est présent dans une protéine animale sur 50 environ : nous l'avons retrouvé dans 50 séquences parmi les 2 500 séquences animales connues en 1993 (sans tenir compte des répétitions d'une espèce à l'autre). Nous estimons que 25 domaines environ sont aussi répandus que le domaine Fn3 parmi les protéines animales ; on connaît plus d'une centaine d'autres domaines présents dans plus d'un type de protéines, mais qui sont moins répandus que ceux du premier groupe. L'étude de la transmission et de la répartition de ces domaines mobiles devrait fournir des renseignements précieux sur tous les aspects de l'évolution des êtres vivants.

Séquences d'ADN mobiles et évolution du génome

Claude Bazin, Pierre Capy, Dominique Higuet et Thierry Langin

La découverte d'éléments transposables dans le génome de tous les êtres vivants a révélé une nouvelle source de diversité génétique, condition de l'évolution.

Selon Darwin, le moteur de l'évolution est la sélection naturelle, qui opère sur les variations individuelles apparaissant au sein d'une population. Comme ces variations sont héréditaires, les traits sélectionnés se retrouvent à la génération suivante. Darwin ne pouvait expliquer cette variabilité, faute de connaître le support de l'hérédité. Nous savons aujourd'hui qu'il s'agit de molécules d'ADN qui, empaquetées dans le noyau des cellules, forment les chromosomes.

La variabilité décrite par Darwin, affecte les caractères visibles (le phénotype) ; elle reflète une variabilité au niveau du génome, l'ensemble des séquences d'ADN constituant un lot chromosomique. À l'origine de cette variabilité, on trouve des modifications locales de l'ADN, les mutations, ainsi que le brassage des gènes – les unités codant les caractères héréditaires – assuré par la sexualité. En dehors de ces mécanismes, le génome paraissait relativement stable, et l'on a cru que l'organisation linéaire des gènes sur le chromosome était immuable.

La découverte de séquences d'ADN mobiles chez le maïs, due à Barbara McClintock dans les années 1940 *(figure 1)*, a considérablement modifié cette vision du génome. L'existence de séquences capables de se déplacer et de se multiplier indiquait une autre source possible de diversité génétique. On considère aujourd'hui que ces éléments génétiques, par la nature et la fréquence des modifications qu'ils provoquent dans le génome, sont des acteurs majeurs de l'évolution.

Depuis la découverte de McClintock, on a caractérisé une grande variété de séquences mobiles chez les bactéries et chez les

1. LES ÉLÉMENTS TRANSPOSABLES provoquent des mutations instables dans les gènes de pigmentation du maïs. C'est en étudiant de telles mutations que Barbara Mc Clintock a découvert les « gènes mobiles » dans les années 1940. Dans cet exemple, l'insertion de l'élément *Spm* dans un gène commandant la synthèse du pigment a rendu des grains incolores. Dans certaines cellules des grains en développement, l'élément *Spm* s'excise de son site d'insertion, ce qui entraîne la réversion de la mutation et l'apparition de bigarrures sur le grain.

eucaryotes (l'ensemble des champignons, des plantes et des animaux). Ces séquences, nommées éléments transposables, représentent une part considérable du génome des eucaryotes ; par exemple, elles constituent 10 à 12 pour cent du génome de la drosophile. Ce sont généralement de courtes séquences d'ADN (de 5 000 à 10 000 paires de bases, les lettres de l'ADN) qui codent un petit nombre de protéines, parfois une seule. Les gènes portés par un élément transposable servent à sa transposition, c'est-à-dire à sa propagation dans le génome.

Les éléments transposables sont répartis en deux classes selon leur structure et les mécanismes utilisés lors de leur transposition. Les éléments de classe I (ou rétrotransposons) se propagent par un intermédiaire ARN (l'acide ribonucléique, molécule jumelle de l'ADN et produit de sa transcription), qui est ensuite « rétro-transcrit » en ADN. Les éléments de classe II utilisent quant à eux un intermédiaire ADN. Les éléments de classe I sont subdivisés en deux groupes : les rétrotransposons à longues répétitions terminales (LTR) et les rétrotransposons sans LTRs.

Le nombre d'exemplaires d'un élément transposable donné à l'intérieur d'un génome varie de quelques copies à plusieurs centaines, voire plusieurs milliers. Chez l'homme, les séquences Alu sont présentes en plus de 500 000 copies. En outre, plusieurs types d'éléments coexistent dans un organisme donné. On dénombre ainsi chez la drosophile plus d'une trentaine de familles d'éléments transposables.

On a émis plusieurs hypothèses pour expliquer la distribution des éléments transposables au sein des espèces. Trois mécanismes sont actuellement envisagés : origine *de novo* à partir de séquences génomiques (ce serait le cas des séquences Alu chez l'homme) puis envahissement du génome ; présence de l'élément transposable avant la différenciation des espèces et transfert vertical d'une génération à la suivante, comme n'importe quelle autre séquence chromosomique ; ou enfin transfert horizontal, c'est-à-dire passage d'une espèce à une autre, par l'intermédiaire d'un vecteur (l'élément P serait ainsi apparu chez la drosophile). Dans le cas d'un transfert horizontal, l'élément peut emporter avec lui d'autres séquences d'ADN et assurer ainsi le transfert de gènes d'une espèce à une autre ; cet événement est toutefois rare. Quel que soit leur mode d'acquisition, les éléments transposables représentent une part importante du génome, et contribuent à son évolution.

Des facteurs de variabilité génétique

Les éléments transposables sont générateurs de variété génétique, soit directement par leur transposition, soit indirectement par leur présence en plusieurs copies dans le génome, celles-ci servant de matrice pour des événements de recombinaison homologue. De ce fait, ils contribuent à la modification du génome et à son évolution. Ces modifications affectent aussi bien les gènes que la structure des chromosomes.

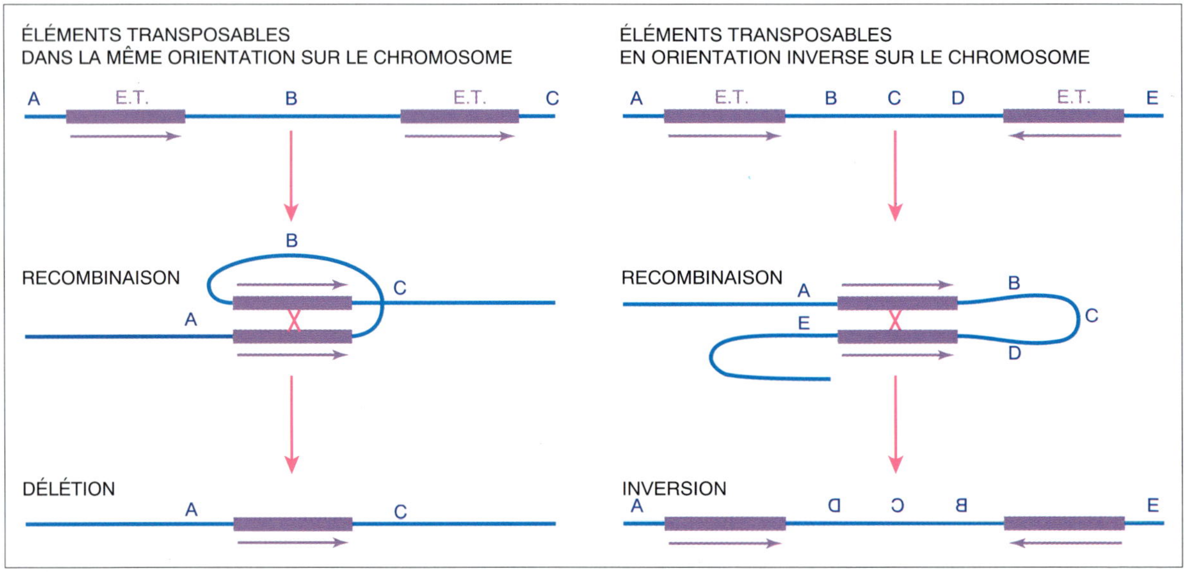

2. REMANIEMENTS CHROMOSOMIQUES causés par la présence d'éléments transposables dans le génome. Un événement de recombinaison entre les séquences homologues de deux éléments transposables entraîne, selon leur orientation respective, la délétion ou l'inversion des séquences qu'ils encadrent. En modifiant l'environnement des gènes, une inversion peut altérer leur expression.

On a ainsi trouvé, dans certaines inversions et délétions chromosomiques, des éléments transposables au point de cassure ; on les soupçonne d'être à l'origine de ces événements par un mécanisme faisant intervenir la recombinaison génique *(figure 2)*. Une délétion incluant plusieurs gènes est généralement délétère, et la sélection naturelle l'élimine. Les inversions affectent un ensemble de gènes et peuvent avoir des conséquences à plusieurs niveaux : en premier lieu sur la séquence qui chevauche le point de cassure, mais aussi sur l'expression et la ségrégation des gènes présents dans l'inversion. Une inversion chromosomique provoque la dérégulation d'un gène quand ce dernier est rapproché d'une région d'hétérochromatine (partie condensée de la molécule d'ADN, qui ne subit pas de transcription), ou d'une séquence régulatrice étrangère : son expression (sa transcription en ARN) est alors modifiée.

Un bel exemple est donné chez la drosophile par la mutation dominante *Antp73b*, qui se traduit par la formation d'une paire de pattes à la place des antennes (voir *Les gènes du développement*, par W. McGinnis et M. Kuziora, *page 163*) : cette transformation, dite homéotique (une partie du corps se transformant à l'image d'une autre) est due à une inversion qui a placé le promoteur du gène *antennapedia* sous le contrôle du promoteur du gène *rfd (responsible for dominant phénotype)*. Or cette inversion résulte d'un événement de recombinaison entre les deux copies de l'élément transposable *Doc* présent dans le premier intron de chacun des deux gènes.

Au-delà de ces effets sur l'organisation des gènes, les éléments transposables contribuent à l'organisation des chromosomes. Ils constituent d'ailleurs la composante majeure de l'hétérochromatine. En outre, O. Danilevskaya et ses collègues ont montré en 1994 que chez la drosophile, les extrémités des chromosomes, ou télomères, étaient essentiellement constituées de séquences répétées, dont les rétrotransposons *Het* et *TART*. La transposition de ces éléments renouvelle en permanence les extrémités des chromosomes et les protège de l'érosion, car les télomères raccourciraient à chaque cycle de réplication de l'ADN. Les rétrotransposons ont ici une fonction comparable à celle des télomérases présentes dans d'autres espèces. On voit que des éléments transposables peuvent jouer un rôle fondamental.

À l'échelle du gène, la transposition a d'autres effets. Les éléments transposables peuvent s'insérer indifféremment dans les régions codantes (exons), non codantes (introns), ou dans les régions régulatrices en amont du gène, avec des conséquences variables sur son expression.

Transcrits chimères

D'une manière générale, l'insertion d'un élément transposable dans une région d'ADN transcrite modifie la structure de l'ARN prémessager, la molécule qui n'a pas encore subi l'excision des séquences introniques, ou épissage. L'élément transposable peut notamment provoquer l'interruption de la transcription, ce qui donne des ARN messagers tronqués. Quand l'insertion a eu lieu dans un intron, plusieurs cas de figure sont possibles : selon la façon dont l'élément interfère avec le mécanisme d'épissage, on obtient des transcrits chimères (comprenant les séquences de l'intron non épissé et de l'élément transposable) et des transcrits raccourcis, avec maintien ou non des transcrits classiques du gène *(figure 3)*.

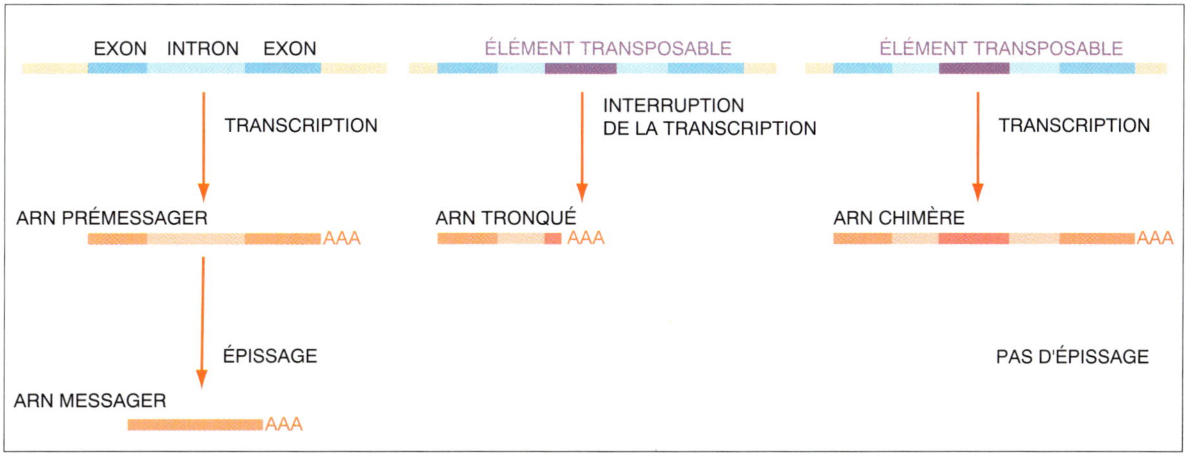

3. EFFETS DE L'INSERTION D'UN ÉLÉMENT transposable sur l'expression d'un gène. Le gène normal est d'abord transcrit en une molécule d'ARN prémessager, qui subit ensuite l'épissage de la séquence intronique. Inséré dans l'intron, l'élément transposable peut interrompre prématurément la transcription (production d'un ARN tronqué) ou empêcher l'épissage de la séquence ARN intronique (production d'un ARN chimère).

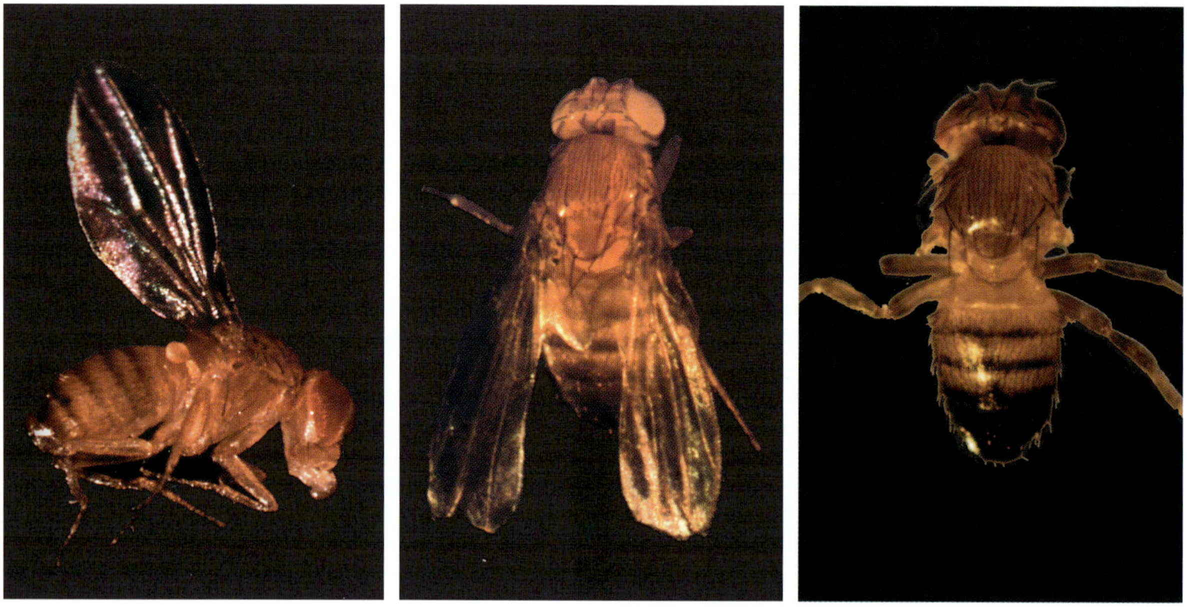

4. L'INSERTION DE L'ÉLÉMENT TRANSPOSABLE *HOBO* de drosophile dans un intron du gène *vestigial* provoque l'apparition d'encoches aux extrémités des ailes *(au centre)*, arrondies chez la mouche normale. Ce phénotype est partiel, car l'inactivation totale du gène se traduit par l'atrophie des ailes. Une des hypothèses est la présence résiduelle d'ARN messagers correctement épissés. L'insertion gigogne d'un second élément *hobo* dans le premier entraîne la réversion vers le type sauvage *(à gauche)*, tandis que l'insertion d'un second élément en 5' du premier entraîne la délétion des séquences intermédiaires et l'apparition d'un phénotype extrême *(à droite)*.

Parmi les nombreux exemples décrits, citons le cas de l'insertion du rétrotransposon du tabac *Tnt1* dans le gène de la nitrate réductase (*NR*) : cette insertion provoque l'arrêt prématuré de la transcription au niveau des LTR de *Tnt1* si ce dernier est orienté dans le même sens que le gène *NR*, alors que la transcription se poursuit au travers de *Tnt1* s'il est en sens inverse. Quand l'insertion d'un élément transposable dans un intron interrompt la transcription du gène et produit un phénotype mutant, l'insertion « gigogne » d'une nouvelle séquence dans cet élément est capable de restaurer le phénotype sauvage. Chez la drosophile, par exemple, l'insertion de l'élément de classe II *hobo* dans un intron du gène *vestigial* provoque une altération de la forme des ailes, alors qu'une nouvelle insertion dans la première séquence *hobo* fait réapparaître des ailes normales *(figure 4)*.

Les éléments transposables peuvent s'insérer dans les régions non-codantes des gènes, et plus particulièrement dans leur partie 5', en amont de la séquence codante (on oriente le brin d'ADN dans le sens de la transcription, et on note ses extrémités amont et aval respectivement 5' et 3'). Outre les changements qu'ils causent dans les séquences régulatrices des gènes, les éléments transposables portent eux mêmes des signaux susceptibles d'interférer avec les signaux de régulation des gènes adjacents. C'est le cas des LTR des rétrotransposons, qui contiennent les signaux de régulation nécessaires à la synthèse et à la maturation des ARN messagers.

Trafics d'influences

Plusieurs exemples illustrent l'impact des éléments transposables sur l'expression des gènes. On a découvert que les différences d'expression de certains gènes d'une espèce à une autre résultaient de l'insertion d'éléments transposables. C'est le cas du gène *Slp (sex-limited-protein)* de souris, qui appartient au complexe d'histocompatibilité (les déterminants du « soi », responsables du rejet des greffes) et qui dérive d'une duplication du gène *C4* codant l'une des protéines du complément. Contrairement au gène *C4*, le gène *Slp* est exprimé en présence d'hormones androgènes. Cette différence est due à la présence d'une LTR 5' d'un ancien provirus en amont du gène. L'insertion de cette séquence serait postérieure à la duplication du gène *C4*, car cette duplication est constatée chez de nombreux vertébrés, en particulier le rat et l'homme, alors que la régulation par les androgènes n'existe que chez la souris.

On connaît un exemple similaire chez l'homme : les gènes des familles *amy1* et *amy2*, qui codent des enzymes digestives nommées amylases, sont exprimés dans des tissus différents. Les deux gènes *amy2* sont exprimés dans le pancréas, alors que les trois gènes *amy1* sont actifs uniquement dans la glande parotide (la plus volumineuse des glandes salivaires). Chez tous les gènes codant des amylases, on constate la présence d'un pseudogène (copie inactivée d'un gène) γ-*actin* en amont du premier exon. D. Robins et L. Samuelson ont montré en 1992 que la spécificité tissulaire des gènes *amy1* était due à l'ancienne insertion d'un provirus à l'intérieur de ce pseudogène. L'amylase des glandes salivaires est produite chez les primates, les rongeurs et les lagomorphes (le groupe des lapins), mais pas chez toutes les espèces de ces ordres. Cette discontinuité entre espèces apparentées suggère que la spécificité tissulaire aurait été acquise plusieurs fois au cours de l'évolution, de façon indépendante.

Des recherches effectuées dans les banques de séquences génomiques révèlent que ces cas ne sont pas isolés, et que les éléments transposables ont eu un impact sur l'évolution de nombreuses séquences responsables de l'expression et de la régulation des gènes. S. White et ses collègues ont utilisé la séquence protéique d'un nouveau rétrotransposon nommé *Hopscotch* (à l'origine d'une mutation dans le gène *waxy* du maïs) pour effectuer une recherche systématique dans les banques de données. Ils ont découvert dans la région 5' de vingt-et-un gènes de plantes un « vestige » plus ou moins conservé de l'insertion ancienne de *Hopscotch*. Les LTR de ce rétrotransposon ont dû fournir un promoteur additionnel qui aurait modifié l'expression des séquences adjacentes. T. Bureau et S. Wessler ont réalisé le même type d'étude avec les éléments *Tourist* et *Stowaway* et obtenu des résultats identiques. L'ensemble de ces travaux montre que plus de 100 gènes de plantes contiennent des « vestiges » plus ou moins importants d'éléments transposables (*Hopscotch*, *Tourist* et *Stowaway*) dans des régions régulatrices en 5'. Les éléments transposables auraient donc joué un rôle fondamental dans l'évolution et la mise en place des réseaux de régulation des gènes des plantes.

La transposition : une activité régulée

Nous venons de voir que les éléments transposables engendrent de la nouveauté génétique, soit en modifiant la structure des gènes et de leurs transcrits, soit en modulant leur expression. Qu'apportent-ils aux modèles classiques de l'évolution, où la diversité génétique résulte de mutations ponctuelles ? Si l'on ne compte que les substitutions de nucléotides, on trouve un taux de mutation très faible (de l'ordre de 10^{-6} par gène et par cycle de réplication), alors que le taux de mutations induites par les éléments transposables est beaucoup plus élevé (entre 10^{-3} et 10^{-4}). En outre, si le taux de mutations par substitution apparaît relativement constant au cours du temps, le taux de transposition des éléments transposables augmente de temps à autre de façon importante.

Plusieurs études ont montré que le nombre de copies d'un élément transposable dans une population donnée est à peu près constant. Cette stabilité résulte d'un équilibre entre la transposition et des mécanismes de régulation propres à l'élément et/ou au génome de l'hôte. Dans certaines conditions, cet équilibre est rompu, et la transposition augmente.

Deux causes de rupture d'équilibre ont été décrites : les stress environnementaux et la dysgénèse hybride. Les premiers sont capables de moduler la transcription et la transposition d'éléments transposables. Différentes natures de stress ont été étudiées, tels que le milieu nutritif et la température. Ainsi, chez la levure, la transcription de l'élément *Ty1* est diminuée quand le glycérol est substitué au glucose dans le milieu de culture ; chez la drosophile, les taux de transcription des éléments *copia* et 1731 augmentent avec la température. Quant aux effets sur la transposition, celle des éléments *Tn3* chez *Escherichia coli* et *tam3* chez le muflier est plus élevée à faible température. Enfin, chez les plantes, les stress causés par des infections virales peuvent augmenter l'expression du rétrotransposon *Tnt1*.

Chez la drosophile, on observe la dysgénèse hybride lorsqu'on croise des mâles possédant un type d'élément avec des femelles qui en sont dépourvues. Dans l'œuf fécondé, où la part du spermatozoïde est minime, les éléments apportés par le mâle ne sont plus régulés par des facteurs cytoplasmiques, comme ce serait le cas si la femelle possédait des éléments transposables, et cette dérégulation induit une forte transposition. T. McKay a prouvé que de tels croisements augmentent la variabilité génétique.

L'existence de ces mécanismes indique qu'un certain nombre de familles d'éléments transposables doivent connaître des périodes de forte activité de transposition. C'est le cas chez la drosophile, dont les populations naturelles étudiées dans les années 1960 se sont révélées très instables génétiquement. Cette période correspond à l'arrivée des éléments *P*, *I* et *hobo* dans le génome de ces mouches. À l'échelle des temps géologiques, l'activité sporadique des éléments transposables se traduirait par l'existence de périodes où le taux de mutation augmente brusquement, entraînant une accélération de l'évolution des populations. Si les éléments transposables influent sur la macroévolution, ils ont aussi un impact sur la microévolution (les changements à l'échelle de siècles, voire de décennies) en permettant une accélération ponctuelle de l'évolution du génome.

Chromosomes, systématique et évolution

Vitaly Volobouev

Grâce à l'étude des chromosomes, on reconstitue les relations de parenté entre les espèces et on en détecte de nouvelles. L'analyse chromosomique est parfois le seul moyen d'observer en détail le processus de spéciation.

La recherche de limites nettes entre les espèces reste un des problèmes majeurs de la biologie évolutive. En pratique, cette recherche est fondée sur l'identification de caractères qui permettent la détermination sûre d'une espèce. L'urgence d'une telle tâche est devenue évidente récemment, lorsqu'on s'est aperçu que les espèces recensées à ce jour ne représentent, dans le meilleur des cas, que la moitié des espèces existantes. On sait par ailleurs qu'un grand nombre de ces espèces risque de disparaître dans un

QU'EST-CE QU'UN CHROMOSOME ?

Les chromosomes sont des structures en forme de bâtonnet observées dans le noyau des cellules ; chaque chromosome est constitué de protéines et d'une molécule d'ADN sur laquelle les gènes sont disposés linéairement. Cette molécule, normalement déployée, se condense au moment de la division cellulaire et est « empaquetée » par diverses protéines. Elle devient alors visible, après coloration, au microscope optique.

Un autre événement a lieu avant la division : la réplication, c'est-à-dire la duplication de chaque molécule d'ADN. Les deux brins d'ADN résultants forment dans les chromosomes à ce stade deux branches jumelles, ou chromatides. Les chromatides sont reliées en une seule région, nommée centromère. Lors de la division, ce lien est rompu et les chromatides partent chacune de leur côté dans une cellule fille. Par commodité, dans la suite de l'article, on ne représentera pas les chromatides. Les extrémités des chromosomes sont nommées télomères.

Dans la plupart des organismes, les chromosomes existent en double (diploïdie). Les chromosomes d'une paire, dits homologues, sont normalement identiques par leur taille, leur forme et surtout par l'ensemble des gènes qu'ils portent (toutefois ils ne portent pas nécessairement les mêmes versions de ces gènes).

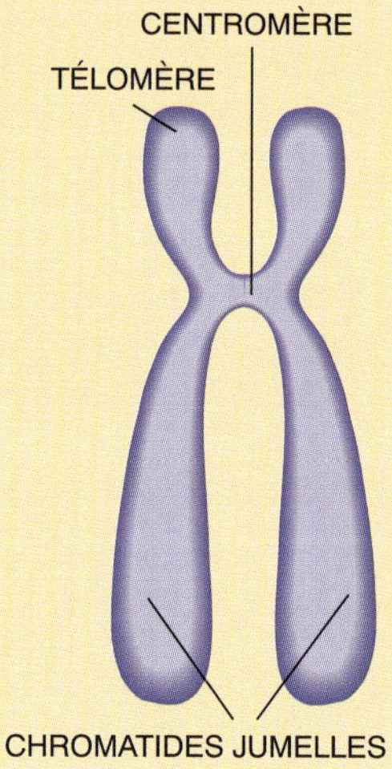

La seule exception est la paire de chromosomes sexuels qui, chez les mammifères, sont identiques chez la femelle (XX) et hétéromorphes chez le mâle (XY). On les oppose à l'ensemble des autres chromosomes, les autosomes.

Les cellules sexuelles, qui possèdent un seul lot chromosomique, sont produites par la méiose. Lors de cette division, les chromosomes homologues s'apparient, leurs centromères placés en vis à vis, échangent des segments, puis se séparent pour constituer le lot chromosomique des cellules filles.

La formule chromosomique est caractéristique de l'espèce : elle comprend à la fois le nombre de chromosomes, noté $2N$ (où N est le nombre de paires) et leur forme, exprimée par le nombre de bras de part et d'autre du centromère. On ne distinguera ici que deux types de chromosomes, acrocentrique (un bras) et métacentrique (deux bras).

Toutes ces caractéristiques sont visibles sur le caryotype, montage photographique où les chromosomes sont réunis par paires, numérotées de 1 à N *(voir la figure 3)*.

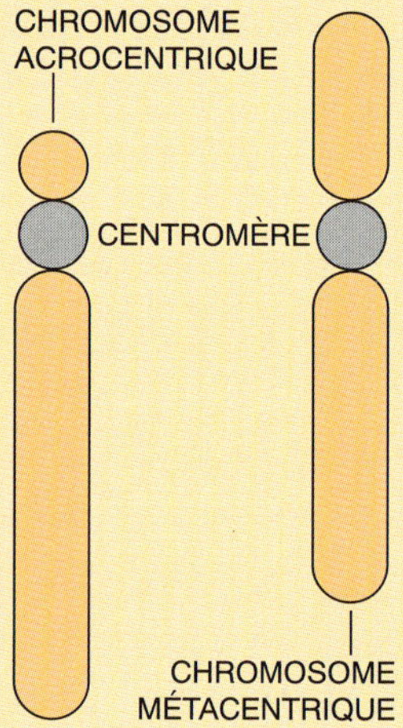

avenir proche. Nos connaissances des caractères génétiques et même biologiques (écologiques et éthologiques) des espèces répertoriées sont, à de rares exceptions près, très incomplètes, même en ce qui concerne les mammifères, pourtant beaucoup plus étudiés que tout autre groupe d'animaux.

Si la contribution de la systématique « classique » à notre connaissance du monde animal et végétal est indiscutable, les critères morphologiques de définition des espèces sont apparus insuffisants depuis le développement d'autres approches, parmi lesquelles, en premier lieu, la cytogénétique, c'est-à-dire l'étude des chromosomes sous tous leurs aspects.

Par exemple, l'analyse chromosomique de populations naturelles de certaines espèces de drosophiles, effectuée dans les années 1930, a montré que d'une population à une autre, les mouches présentaient des différences du nombre et/ou de la forme des chromosomes, qui les rendent incapables de s'hybrider avec succès. Ces populations sont alors considérées chacune comme une véritable espèce. Grâce au développement ultérieur des techniques moléculaires, on a montré que deux espèces morphologiquement semblables, ou espèces jumelles, peuvent être aussi différentes génétiquement que deux espèces morphologiquement distinctes. L'incapacité à s'hybrider des espèces jumelles peut être due à des différences chromosomiques aussi bien que génétiques; parfois, ces différences portent sur un ou quelques gènes seulement.

Le développement de la cytogénétique évolutive doit beaucoup au choix des drosophiles comme organismes d'étude. Dans les glandes salivaires de ces insectes, on trouve des chromosomes particuliers, devenus géants par suite de la multiplication de leurs chromatides qui restent soudées (les chromatides vont par deux dans les chromosomes normaux, conséquence de la duplication de la molécule d'ADN avant la division cellulaire). Ces chromosomes géants, dits polytènes, présentent naturellement une séquence de bandes claires et sombres, caractéristiques de chaque paire chromosomique. Une telle particularité était connue bien avant le développement des techniques moléculaires; on l'a exploité pour faire les premiers pas dans la localisation précise des gènes sur les chromosomes.

La détermination des espèces jumelles

Tous les autres groupes animaux et végétaux étant dépourvus de cette qualité opportune, il a fallu attendre près de 40 ans la mise au point des techniques de marquage chromosomique pour étudier leurs chromosomes. Le principe de base de ces techniques consiste à faire apparaître sur le chromosome une séquence de bandes claires et sombres (par traitement chimique, thermique, enzymatique ou par coloration avec des fluorochromes), de tailles différentes et spécifiques de chaque paire, comme les bandes des chromosomes polytènes de drosophile.

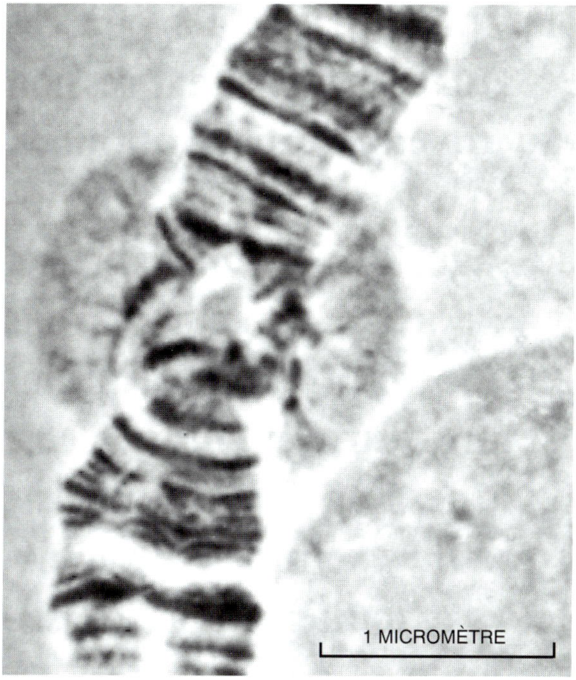

1. CHROMOSOME POLYTÈNE de la glande salivaire d'un insecte diptère, le moucheron *Chironomus tentans*. De tels chromosomes géants, formés de nombreuses chromatides, montrent clairement une série de bandes claires et sombres, caractéristique de chaque paire de chromosomes. Tous les diptères, dont les drosophiles, possèdent des chromosomes polytènes.

Depuis, l'analyse chromosomique, seule ou couplée avec d'autres techniques moléculaires, est devenue un outil de choix, parfois irremplaçable, pour la caractérisation et l'étude de l'évolution des espèces.

Nous allons illustrer cette démarche par l'étude chromosomique d'un rat des savanes africaines, le rat roussard *Arvicanthis niloticus* (la seule espèce reconnue dans ce genre à l'époque). En traitant les échantillons d'animaux provenant d'Égypte, de République Centrafricaine et du Burkina Faso, nous avons révélé trois formes caryotypiques, nommées par commodité ANI-1, ANI-2 et ANI-3. Par l'analyse du marquage chromosomique, nous avons établi la nature des différences entre ces formes, c'est-à-dire le nombre et le type des remaniements survenus. En comparant les formes deux à deux, on observe de 6 à 8 remaniements : des inversions, des translocations réciproques et robertsoniennes *(voir l'encadré page 146)*.

Or ces types de remaniements, à l'état hétérozygote (c'est-à-dire lorsqu'ils affectent un seul chromosome

2. LE RAT ROUSSARD, muridé africain, illustre l'insuffisance des critères morphologiques de définition de l'espèce. On ne distinguait jusqu'à récemment qu'une seule espèce, *Arvicanthis niloticus*, réunissant les populations disséminées sur le territoire africain. Toutefois la comparaison du caryotype d'individus capturés dans trois pays africains révèle des différences dues à des remaniements chromosomiques. Ces différences sont assez importantes pour dresser des barrières d'isolement reproductif entre ces populations, qui acquièrent le statut d'espèce.

d'une paire), ont un impact sur le déroulement de la méiose (la division que subissent les cellules productrices de gamètes, au cours de laquelle les chromosomes d'une paire sont répartis de façon aléatoire dans les cellules filles). Dans le cas du rat roussard, l'ensemble des remaniements identifiés est plus que suffisant pour perturber la méiose : autrement dit, les hybrides issus du croisement éventuel de deux formes seraient sans doute stériles. Un tel isolement postcopulatoire aurait eu pour conséquence d'arrêter les échanges géniques entre les trois formes. Nous en avons conclu que ANI-1, ANI-2 et ANI-3 représentent, malgré leur similarité morphologique, trois espèces différentes : ce sont des espèces jumelles.

L'étude chromosomique du rat roussard n'était pas terminée pour autant, car nous voulions préciser la distribution des espèces jumelles, et surtout éclaircir les relations entre différenciation chromosomique et différenciation génétique. Dans ce but, J-F. Ducroz a complété l'analyse cytogénétique par une analyse moléculaire, après avoir séquencé le gène mitochondrial du cytochrome *b* chez les différentes formes. Nous avons aussi procédé au croisement de ces formes en captivité afin de savoir s'ils pouvaient s'hybrider.

Les données moléculaires indiquent que le degré de différenciation des formes ANI-1, ANI-2 et ANI-3 est très élevé ; par exemple, il est nettement plus élevé qu'entre espèces appartenant à un même genre chez d'autres rongeurs muridés (en particulier au sein des genres *Mastomys* et *Mus*). Par la comparaison des séquences du cytochrome *b*, on a établi les relations phylogénétiques entre ces formes. Les expériences de croisement en captivité, quant à elles, ont montré que les couples constitués à partir d'une même forme chromosomique se reproduisent bien, tandis que les couples mixtes restent sans descendance, en raison de l'agressivité (parfois mortelle !) des partenaires sexuels.

L'ensemble de ces données ne laisse pas de doute sur le statut spécifique indépendant de chaque forme chromosomique, et la procédure d'attribution des noms scientifiques est d'ailleurs en cours. Or ce statut d'espèce était déjà évident d'après la seule analyse chromosomique (toutefois, tous les systématiciens classiques ne partagent pas cette opinion). Cet

LES REMANIEMENTS CHROMOSOMIQUES

Toute mutation d'un chromosome qui modifie la séquence linéaire habituelle de ses gènes est nommée remaniement. Parmi les remaniements chromosomiques, on distingue :

(a) les inversions, retournements d'un segment du chromosome. Une inversion peut transformer un chromosome acrocentrique en chromosome métacentrique en ramenant le centromère à l'intérieur.

(b) les translocations réciproques, échanges de segments chromosomiques entre deux chromosomes.

(c) les translocations robertsoniennes, fusions de deux chromosomes acrocentriques en un chromosome métacentrique.

(d) les translocations en tandem, fusion de deux chromosomes en un seul par la jonction des télomères, ou par celle d'un télomère au centromère de l'autre chromosome, si ce dernier est acrocentrique.

La fréquence d'apparition des remaniements chromosomiques varie de $0{,}4 \times 10^{-4}$ à $1{,}3 \times 10^{-4}$ par gamète et par génération ; la fréquence exacte dépend du type de remaniement.

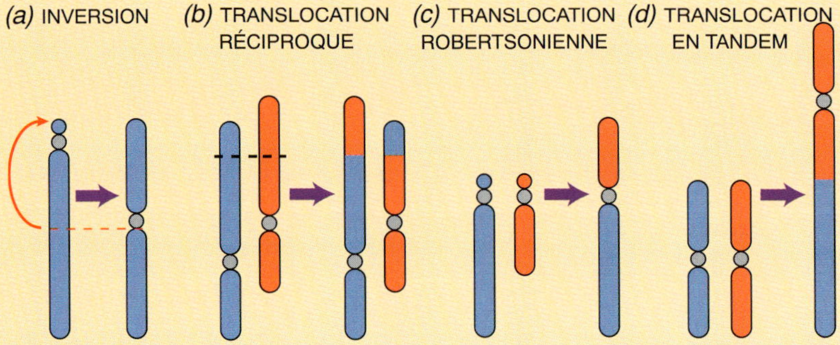

exemple, choisi parmi de nombreux autres, démontre pourtant que le caryotype est un caractère taxinomique très solide ; en outre, il constitue dans certains cas un marqueur génétique plus aisément accessible que les marqueurs moléculaires.

Chromosomes et phylogénie

La comparaison des caryotypes d'ANI-1, ANI-2 et ANI-3 a montré que certaines paires de chromosomes sont identiques chez les trois espèces, alors que d'autres sont modifiées chez l'une ou l'autre des espèces. Si on considère les états différents d'un chromosome comme des caractères, il est possible de reconstruire la séquence des événements chromosomiques en appliquant le principe de parcimonie : retenir la solution qui implique le minimum de transformations. De cette séquence d'événements, on déduit les relations de parenté entre les trois espèces.

Afin d'établir quels sont les états chromosomiques primitifs et dérivés, nous avons comparé le marquage chromosomique des trois espèces jumelles d'*Arvicanthis* avec celui du rat rayé *Lemniscomys macculus*, le genre *Lemniscomys* étant unanimement considéré comme phylogénétiquement proche d'*Arvicanthis*. Nous avons effectivement constaté que les quatre caryotypes sont très semblables, de nombreux chromosomes ou segments de chromosomes étant totalement conservés. Cette analyse montre clairement que *Lemniscomys macculus* est plus proche de l'espèce ANI-1 que des deux autres, car il ne présente aucun remaniement caractéristique de ANI-2 et ANI-3. Par conséquent, l'espèce ANI-1 serait la plus proche du caryotype ancestral, ce que confirme la forme de ses chromosomes, essentiellement

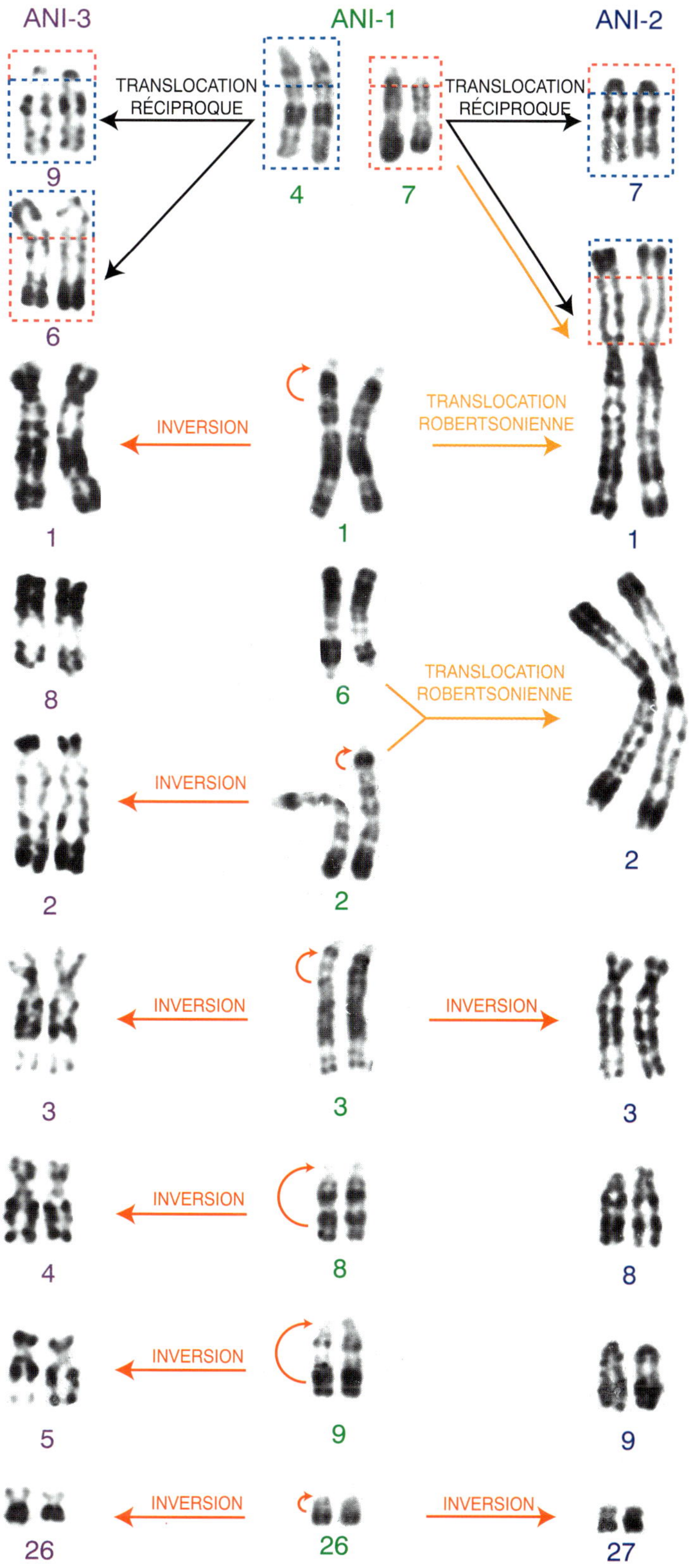

3. CARYOTYPES PARTIELS des espèces jumelles ANI-1, ANI-2 et ANI-3 du rat roussard (seuls les chromosomes remaniés chez une ou deux des trois formes sont présentés). Les numéros indiquent la place occupée par le chromosome dans le caryotype complet de l'espèce. Les flèches indiquent les différents remaniements chromosomiques, et les cadres en pointillés soulignent les régions échangées dans les translocations réciproques. La translocation robertsonienne qui donne le chromosome 1 D'ANI-2 implique un chromosome dérivé d'une translocation réciproque.

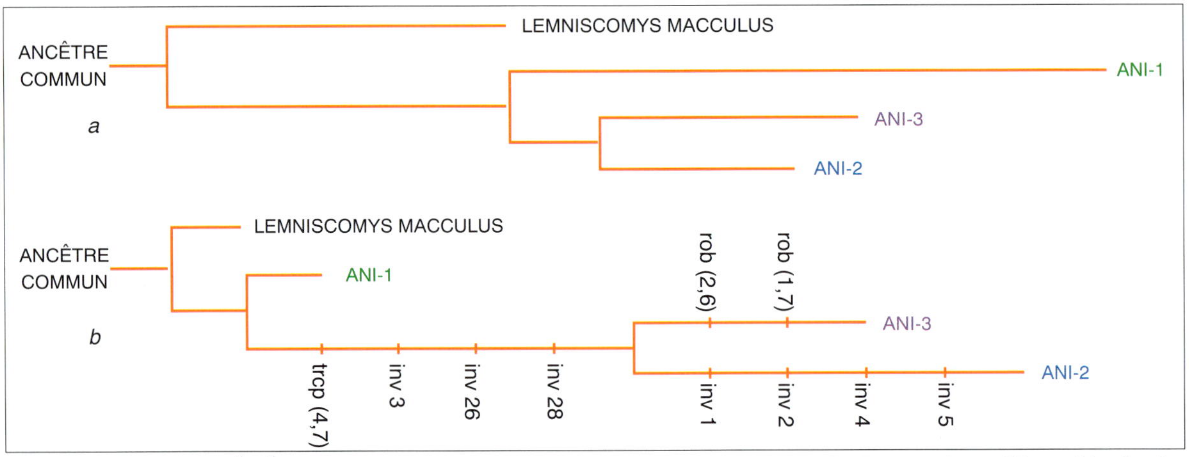

4. ARBRES PHYLOGÉNÉTIQUES des espèces jumelles ANI-1, ANI-2 et ANI-3 du rat roussard *Arvicanthis*, construits à partir des données moléculaires *(a)* et chromosomiques *(b)*. Le premier arbre est issu de la comparaison des séquences complètes du gène du cytochrome *b* ; outre les relations de parenté, il indique la distance qui sépare les trois espèces. Le second arbre représente l'hypothèse la plus parcimonieuse en termes de remaniements chromosomiques. « inv » désigne les inversions, « trcp » les translocations réciproques et « rob » les translocations robertsoniennes. Dans les deux cas, l'espèce *Lemniscomys macculus* est utilisée comme groupe externe.

acrocentriques : comme ces chromosomes sont fréquemment transformés en chromosomes métacentriques par les remaniements, il est plus simple de faire dériver ANI-2 et ANI-3 de ANI-1 *(figure 3)*. Ce raisonnement nous a conduit à un schéma évolutif montrant la séquence des événements chromosomiques ainsi que les relations de parenté entre ANI-1, ANI-2 et ANI-3 *(figure 4)*.

Si l'on compare cet arbre « chromosomique » avec l'arbre « moléculaire » déduit de la comparaison des séquences du gène du cytochrome *b*, on constate qu'ils sont identiques en ce qui concerne les événements majeurs, c'est-à-dire les points de bifurcation et le groupement des taxons. Une faiblesse des arbres chromosomiques est l'impossibilité de mesurer une distance génétique entre les taxons, comme on sait le faire à partir de l'analyse biochimique ou moléculaire. Pourtant, nous pensons qu'il est possible d'établir une distance cytogénétique en fonction de la probabilité de fixation des différents remaniements chromosomiques (cette probabilité est liée à leur impact plus ou moins grand sur le bon déroulement de la méiose) : on disposerait alors d'une sorte d'horloge chromosomique. Nous tentons actuellement de résoudre ce problème.

La principale conclusion à tirer de l'analyse chromosomique des espèces jumelles d'*Arvicanthis*, qui sont parmi les mieux étudiées à l'échelle moléculaire, est que les chromosomes sont de bons caractères, utiles tant pour la détermination systématique que pour la phylogénie à l'échelle du genre, voire même entre les genres. Évidemment, l'application de toutes les possibilités qu'offre la cytogénétique moléculaire moderne (marquage chromosomique de haute résolution, « peinture » chromosomique, hybridation *in situ*) va augmenter les capacités de l'analyse chromosomique dans la résolution de problèmes systématiques et phylogénétiques.

Chromosomes et spéciation

L'espèce de mammifères la plus variable à l'échelle chromosomique est la musaraigne commune d'Europe, *Sorex araneus*. Sur son immense aire de répartition, qui va de l'Europe de l'Ouest jusqu'au lac Baikal, le nombre d'autosomes varie de 18 à 30 en raison d'un polymorphisme robertsonien. Plus impressionnant encore, cette espèce renferme plus de 50 races chromosomiques différentes : d'une race à une autre, certains chromosomes métacentriques ne sont homologues que par un seul bras, car ils ont été produits par des translocations robertsoniennes différentes *(figure 5)*. En cas d'hybridation entre les deux races, cette homologie monobrachiale sera un obstacle très sérieux à la ségrégation correcte des chromosomes lors de la méiose, et risque d'empêcher la formation de gamètes équilibrés. La fertilité même des hybrides est mise en cause par ce processus.

Cette situation exceptionnelle (on a découvert par la suite un cas d'évolution chromosomique similaire chez les souris domestiques, aujourd'hui intensivement étudiées) a fait de la musaraigne commune d'Europe un modèle de choix pour étudier le rôle des remaniements chromosomiques dans l'établissement de barrières d'isolement reproductif. En interrompant le flux génique, l'apparition de ces barrières constitue les prémices de la spéciation. Depuis 1987, des chercheurs de

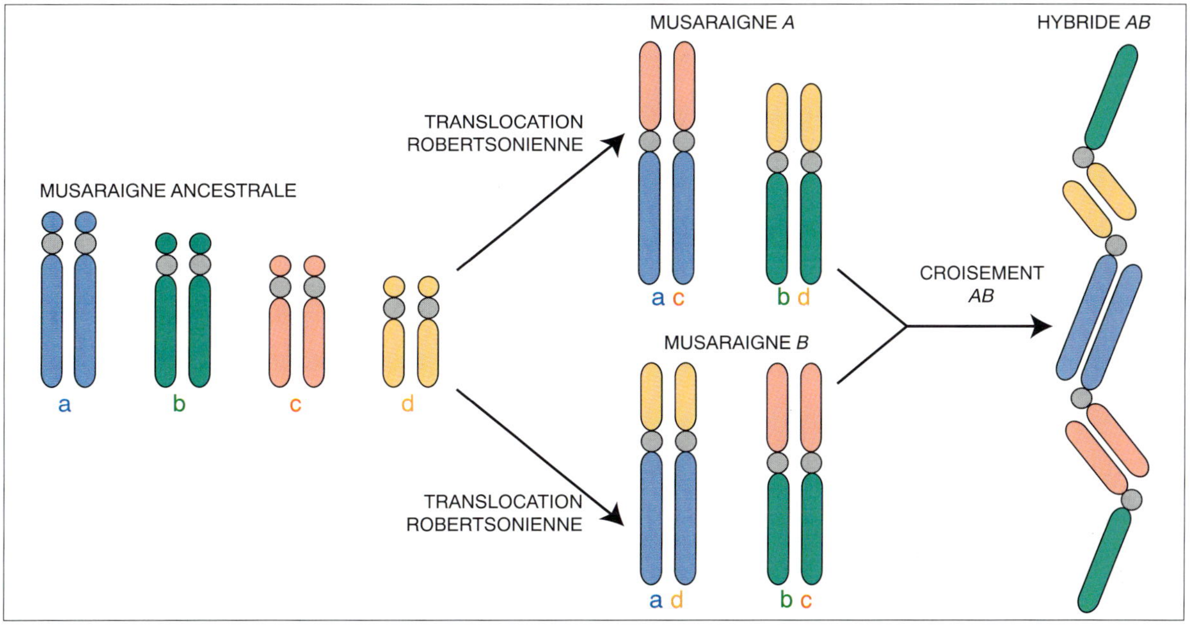

5. HOMOLOGIES MONOBRACHIALES chez un hybride issu du croisement de deux races chromosomiques de la musaraigne *Sorex araneus*. On a représenté les chromosomes homologues appariés, comme ils le sont pendant la méiose. Dans les races *A* et *B*, les chromosomes acrocentriques ont subi des translocations robertsoniennes différentes. En supposant qu'il n'existe pas d'isolement pré-copulatoire entre *A* et *B*, ils pourront donner un hybride *AB*. Toutefois, celui-ci risque d'être stérile : au moment de la méiose, ses chromosomes ne seront appariés deux à deux que par un bras, et formeront une structure en anneau (ici représenté ouvert), ce qui entravera le processus de formation des gamètes.

presque tous les pays compris dans l'aire de répartition de *Sorex araneus* mènent des recherches communes et se réunissent tous les trois ans pour faire le bilan de l'étude de cette petite musaraigne.

Les données paléontologiques et biogéographiques indiquent que les races chromosomiques de *Sorex araneus* se sont formées dans des zones refuges isolées lors de la dernière glaciation, c'est-à-dire entre 20000 et 15000 ans avant notre ère. Afin de calculer la distance génétique moyenne entre 20 races chromosomiques, on les a soumis à une analyse électrophorétique, où l'on mesure les différences de migration de leurs protéines dans un champ électrique. La valeur obtenue n'est pas significativement différente de zéro : il est impossible de distinguer les races chromosomiques par cette méthode. Le séquençage du gène de cytochrome *b*, effectué pour six races chromosomiques, n'a pas non plus révélé de différences génétiques spécifiques entre les races étudiées. Il ressort de ces études que l'analyse chromosomique reste le seul moyen de matérialiser l'isolement reproductif des populations de musaraignes.

Sauf dans certains cas où les populations sont isolées par des barrières géographiques infranchissables, la majorité des races de *Sorex araneus* ont des aires de répartition qui se côtoient ou se chevauchent ; elles sont dites parapatriques. Cette situation offre l'occasion de vérifier la robustesse de l'isolement chromosomique. Les études des zones de contacts entre les races, bien qu'encore incomplètes, prouvent l'existence d'une relation directe entre le niveau de divergence chromosomique et la possibilité et le succès de l'hybridation. Par exemple, dans la zone de contact entre deux races chromosomiques vivant en Suisse, il n'y pas d'hybrides. Or les différences chromosomiques sont maximales entre ces deux races, au point qu'on les considère aujourd'hui comme deux espèces solides. Un autre exemple est la zone de contact entre deux races sibériennes, où la quantité d'hybrides détectée est beaucoup plus faible que celle attendue théoriquement. Ce déficit peut être dû à la viabilité réduite des hybrides, ou à une forme d'isolement pré-copulatoire, par exemple une incompatibilité de comportement. En outre, on ne trouve dans cette zone que des hybrides de première génération. Étant donné la nature de leur caryotype, ces hybrides doivent avoir du mal à produire des gamètes équilibrés, et cette zone de contact n'a probablement aucun avenir évolutif.

Une grande partie des études actuelles sur les remaniements chromosomiques en tant que mécanismes d'isolement génétique portent sur *Sorex araneus* et sur la souris domestique *Mus musculus domesticus*. Toutes les techniques moléculaires sont utilisées dans ces travaux, mais le marquage chromosomique reste le meilleur moyen de surveiller précisément chaque étape de la différentiation en espèces jumelles.

La théorie neutraliste de l'évolution moléculaire

Motoo Kimura

Au niveau moléculaire, la plupart des changements évolutifs résulteraient non de la sélection, mais de la dérive aléatoire de gènes mutés, sélectivement équivalents.

La théorie darwinienne de l'évolution par la sélection naturelle est admise par la plupart des biologistes. Selon cette théorie, l'évolution résulte de l'interaction entre la variation et la sélection. À chaque génération, un grand nombre de variations apparaissent au sein d'une espèce, par mutation des gènes et par leur brassage aléatoire lors de la reproduction. Les individus dont les gènes déterminent les caractères les mieux adaptés à l'environnement sont les plus aptes à survivre, à se reproduire et à laisser une descendance qui survive et se

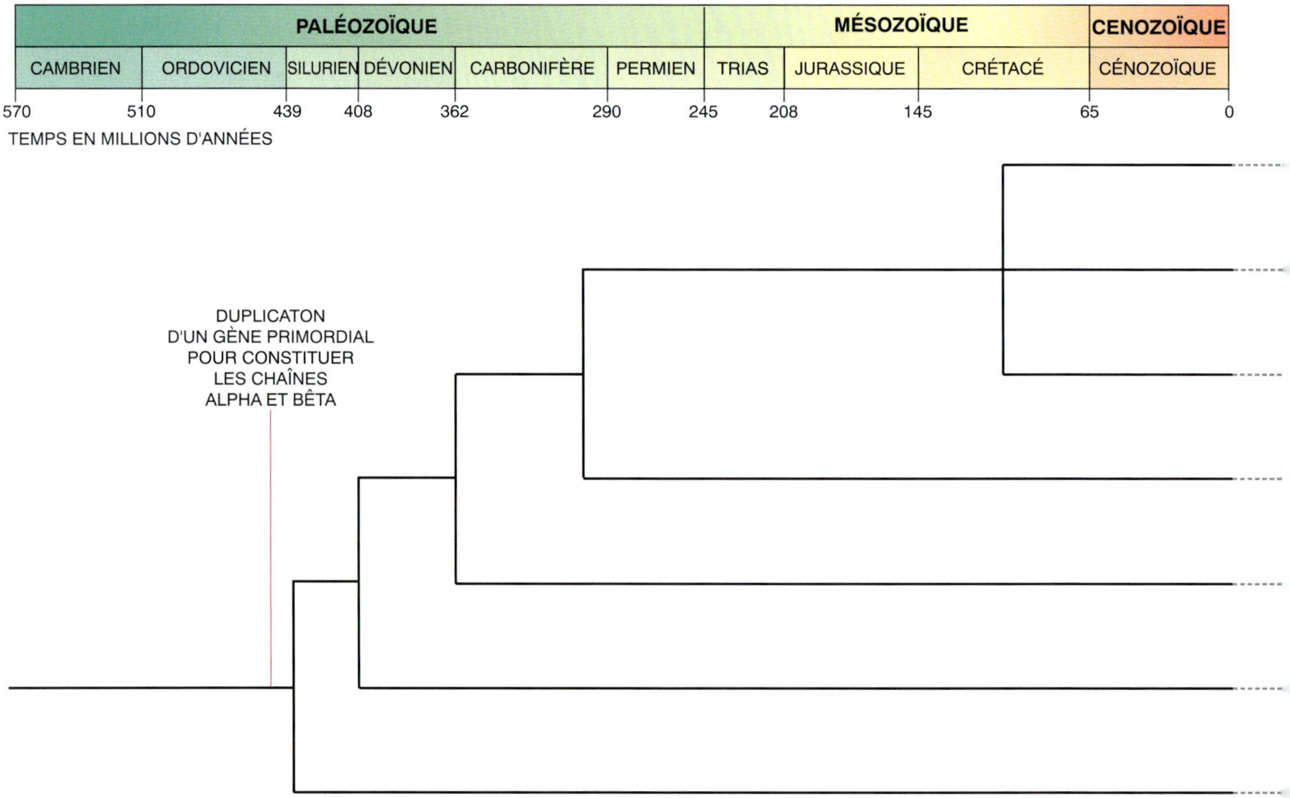

1. ARBRE PHYLOGÉNÉTIQUE illustrant les relations évolutives entre sept vertébrés. Le tableau de droite montre comment une protéine importante, la chaîne α de l'hémoglobine, diffère chez ces animaux ; au croisement de deux bandes, on a indiqué le nombre de différences entre les séquences d'acides aminés des chaînes de deux animaux. Les chaînes α et β de l'hémoglobine se sont formées par duplication d'un gène unique il y a 450 millions d'années. Le tableau reflète l'unifor-

reproduise à son tour. Les espèces évoluent ainsi par accumulation de gènes mutants adaptés et des caractères correspondants.

Dans cette optique, n'importe quel allèle mutant, ou forme mutée d'un gène, est soit plus adapté, soit moins adapté que l'allèle dont il provient. Il ne se propage dans la population que s'il réussit à passer le crible de la sélection naturelle. Je soutiens un point de vue différent depuis des années ! Je crois que la plupart des gènes mutants détectés par les seules techniques biochimiques de la génétique moléculaire sont sélectivement neutres, c'est-à-dire que du point de vue de l'adaptation, ils ne sont ni plus ni moins avantageux que les allèles qu'ils remplacent ; au niveau moléculaire, la plupart des changements évolutifs résultent de la « dérive aléatoire » de gènes mutants sélectivement neutres.

La controverse entre le point de vue neutraliste et l'hypothèse « pansélectionniste » provient de la manière dont la théorie « synthétique » moderne de l'évolution a

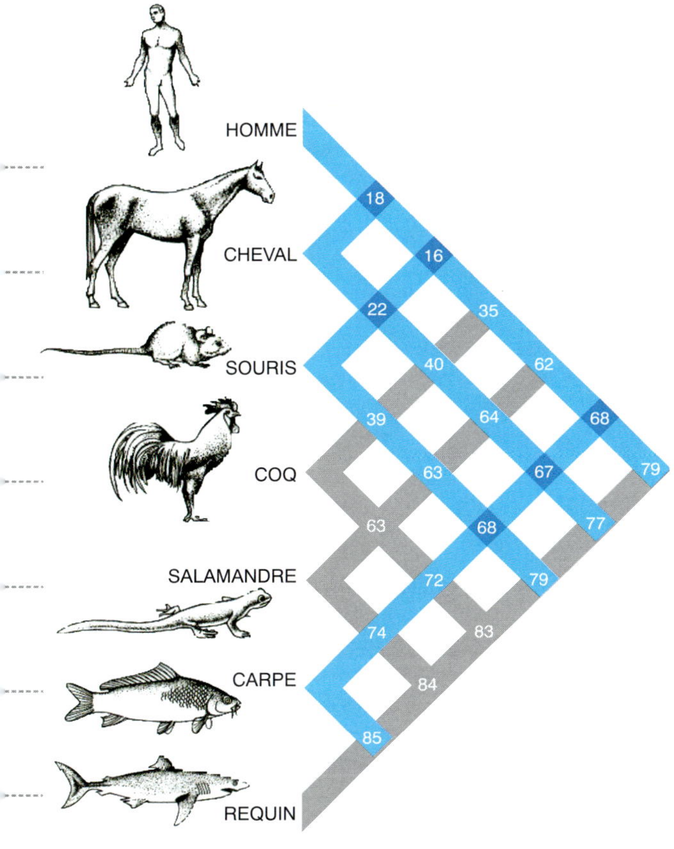

mité approximative du taux d'évolution d'une même protéine chez des organismes différents. Le nombre d'acides aminés différents reste proche de 20 entre deux des trois mammifères, et proche de 70 entre la carpe et chacun d'entre eux.

elle-même évolué. Lorsque Darwin formula sa théorie originale, les mécanismes de l'hérédité et la nature des variations transmissibles étaient encore inconnus. La redécouverte, au début du siècle, des lois de la génétique énoncées par Mendel 40 ans plus tôt a fait naître l'espoir qu'on pourrait grâce à elles expliquer les idées de Darwin. Après la découverte par H. Muller de la nature élémentaire du gène, et à l'aide des méthodes de la génétique des populations, développées principalement par R. Fisher, J. Haldane et S. Wright, on a pu relier l'évolution et la génétique. À partir de ces travaux, les études ultérieures de Theodosius Dobzhansky sur les populations dans la nature, les analyses paléontologiques de George Gaylord Simpson, « la génétique écologique » de E. Ford et de son école et d'autres recherches ont fait de la théorie néodarwinienne un monument solide et impressionnant. Au début des années 1960, l'accord était général : tout caractère biologique pouvait être interprété à la lueur de l'adaptation par la sélection naturelle et pratiquement aucun gène mutant n'était neutre sélectivement. Ainsi Ernst Mayr affirmait en 1963 : « Je considère... qu'il est hautement improbable qu'un gène quelconque puisse rester sélectivement neutre sur une longue période de temps. » De nombreux chercheurs avaient étudié les mécanismes de l'interaction entre gènes, l'organisation d'ensembles de gènes à l'intérieur des espèces et les modifications des fréquences géniques dans les populations au cours de l'évolution. Toutefois ces types de déductions étaient uniquement fondées sur l'observation du phénotype, c'est-à-dire de l'ensemble des caractères et des fonctions d'un individu qui résultent de ses déterminants héréditaires (le génotype). Il n'existait alors aucun moyen de savoir ce qui s'était passé, au cours de l'évolution, à l'échelle de la structure interne du gène.

Les progrès ultérieurs de la théorie mathématique ont fait de la génétique des populations un édifice d'une grande complexité. Un outil de travail remarquable a été forgé à partir d'équations aux dérivées partielles, nommées équations de diffusion : les modèles de diffusion permettent de suivre le devenir des allèles mutants dans une population en considérant simultanément les changements aléatoires résultant de l'échantillonnage des gamètes (cellules germinales) lors de la reproduction, et les changements déterministes causés par mutation et sélection. Bien que cette méthode comporte des approximations, elle permet de répondre à des questions importantes et trop complexes pour être résolues par d'autres méthodes. À titre d'exemple, on peut se poser la question suivante : quelle est la probabilité de fixation d'une mutation qui apparaît isolément dans une population et possède un avantage sélectif donné ? Autrement dit, quelle est la probabilité pour que l'allèle correspondant se propage dans la population toute entière ?

Pendant longtemps, les possibilités d'appliquer ce type de méthodes à l'étude des changements géniques au cours de l'évolution sont restées plutôt limitées. La raison en est que la génétique des populations s'occupe des fréquences des différentes formes des gènes, ou allèles, alors que les études conventionnelles relatives à l'évolution étaient conduites au niveau phénotypique ; il n'existait alors aucun moyen de relier ces deux ensembles de données sans ambiguïté. Cet obstacle disparut avec les progrès de la génétique moléculaire. Il devint alors possible de comparer, entre organismes voisins, les molécules d'ARN (les produits immédiats des gènes) et les protéines (les produits finis), et d'estimer ainsi le taux de substitution des allèles au cours de l'évolution ; il devint également possible d'étudier la variabilité des gènes à l'intérieur d'une espèce. On pouvait désormais utiliser la théorie mathématique de la génétique des populations pour essayer de comprendre la façon dont les gènes évoluaient. On s'attendait à ce que le principe de la sélection darwinienne s'appliquât à ce niveau élémentaire ; en fait, de nombreux biologistes de l'évolution n'y trouvèrent que ce qu'ils voulaient découvrir et furent tout naturellement tentés d'étendre le sélectionnisme au niveau moléculaire.

L'image des changements évolutifs qui se dégage en fait des études moléculaires me semble être tout à fait incompatible avec les prédictions du néo-darwinisme. Mes recherches sur l'évolution ont abouti à un certain nombre de résultats importants : tout d'abord, dans une protéine donnée, le taux de substitution des acides aminés (les constituants des protéines) est à peu près le même dans de nombreuses lignées évolutives distinctes ; ensuite, les substitutions semblent plus aléatoires qu'ordonnées. Enfin, le taux global du changement au niveau de l'ADN, le véritable matériau génétique, est très élevé : il est égal à la substitution d'au moins un nucléotide (constituants de l'ADN) par génome (lot génétique complet hérité d'un des parents de l'individu) tous les deux ans, dans le cas des mammifères. Quant à l'importance des variations à l'intérieur d'une espèce, les techniques d'électrophorèse (par lesquelles on détecte de petites différences entre les protéines) ont révélé une formidable variabilité génétique : chez divers organismes, les protéines codées par la plupart des gènes sont polymorphes, c'est-à-dire qu'elles existent sous des formes variées. Dans de nombreux cas, le polymorphisme des protéines n'a pas d'effets phénotypiques visibles et n'est corrélé de façon évidente avec aucun des paramètres du milieu.

TYPE DE CHANGEMENT	CHAÎNES HUMAINES ALPHA ET BÊTA	CHAÎNE ALPHA DE CARPE ET CHAÎNE BÊTA HUMAINE
PAS DE CHANGEMENT	62	61
UN NUCLÉOTIDE	55	49
DEUX NUCLÉOTIDES	21	29
DISCONTINUITÉ	9	10
TOTAL	147	149

2. LE NOMBRE DE DIFFÉRENCES entre les séquences d'acides aminés de la chaîne alpha et de la chaîne bêta de l'hémoglobine de l'homme est comparé au nombre de différences entre les séquences de la chaîne alpha de la carpe et la chaîne bêta de l'homme. Dans la colonne de gauche, on a réparti les sites génétiques déterminant chaque acide aminé (les codons, des séquences de trois nucléotides) en catégories : pas de changement, un changement dû à une ou deux substitutions de nucléotide, ou une « discontinuité » : l'addition ou la délétion d'un acide aminé dans l'une des deux chaînes. Les nombres sont du même ordre, que l'on compare les chaînes d'une même espèce ou de deux espèces, ce qui suggère que les chaînes alpha des deux lignées ont accumulé des mutations au même taux pendant 400 millions d'années.

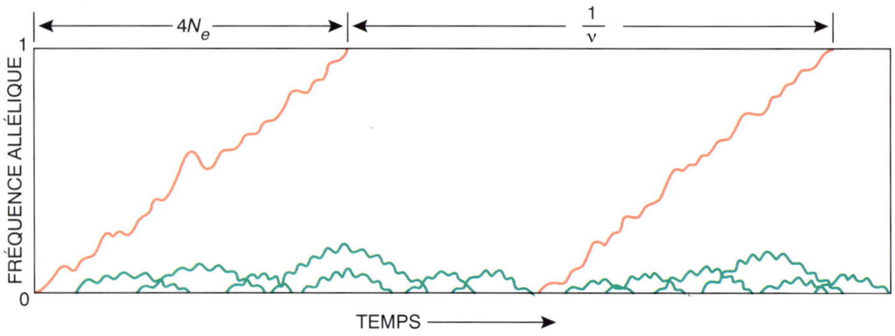

3. DES ALLÈLES MUTANTS (GÈNES VARIANTS) apparaissent au hasard dans une population. Leur fréquence fluctue dans le temps ; la plupart sont éliminés *(courbes vertes)*, mais certains se répandent dans la population et se fixent : leur fréquence atteint alors 100 pour cent *(courbes rouges)*. Les études de génétique des populations montrent que, pour un allèle neutre qui va effectivement se fixer, le nombre moyen de générations qui se succèdent jusqu'à la fixation est égal à quatre fois l'effectif efficace de la population, soit $4N_e$. Le nombre de générations entre deux fixations est égal à l'inverse du taux de mutation v.

En 1967, après avoir longuement réfléchi sur ces données troublantes, j'en tirais deux conclusions : d'abord, que la majorité des substitutions de nucléotides au cours de l'évolution devaient résulter de fixations aléatoires de mutants neutres, ou presque neutres, plutôt que d'une sélection darwinienne positive ; ensuite, que de nombreux polymorphismes devaient être sélectivement neutres, ou presque, et devaient être maintenus dans les populations par un équilibre entre leur taux de production par mutation et leur élimination aléatoire. J'ai présenté ces hypothèses lors d'une réunion du *Genetics Club* à Fukuoka en novembre 1967 et dans un court article qui parut dans *Nature* en février suivant. En 1969, un article de *Science* de Jack King et de Thomas Jukes vint corroborer cette théorie. Ces auteurs étaient arrivés aux mêmes conclusions sur l'évolution moléculaire (mais pas sur les polymorphismes protéiques), et ils présentaient des résultats convaincants tirés de la biologie moléculaire.

Ces articles furent sévèrement critiqués par les évolutionnistes qui croyaient que les nouvelles données moléculaires ne pouvaient être comprises qu'à la lueur des principes orthodoxes du néo-Darwinisme ; en fait la controverse neutraliste-sélectionniste continue encore de nos jours. On peut apprécier la différence essentielle entre ces deux écoles en comparant leurs explications différentes du processus évolutif par lequel des gènes mutants prennent la place d'autres gènes au sein d'une espèce. Chaque substitution suppose une suite d'événements : un allèle mutant rare apparaît, puis se répand dans la population, et atteint finalement une fréquence de 100 pour cent, autrement dit se fixe. Les sélectionnistes soutiennent que, pour qu'un allèle mutant se propage dans une espèce, il doit offrir un avantage sélectif (bien qu'ils admettent qu'un allèle neutre puisse éventuellement se propager en même temps qu'un gène avantageux auquel il serait lié étroitement, et atteindre par ce moyen une fréquence élevée).

Les neutralistes soutiennent au contraire que certains mutants sans aucun avantage sélectif peuvent se répandre d'eux-mêmes dans une population. Le sort d'un allèle mutant sélectivement équivalent aux allèles déjà existants est purement affaire de chance : sa fréquence fluctue dans le temps, diminuant ou augmentant de façon aléatoire, parce que seul un nombre relativement petit de gamètes est « tiré au sort » dans l'ensemble des gamètes mâles et femelles produits à chaque génération, et se trouve représenté chez les individus de la génération suivante *(voir la figure 4)*.

Au cours de cette dérive aléatoire, une écrasante majorité d'allèles mutants est perdue, mais une minorité résiduelle se fixe finalement dans la population. Si les mutations neutres sont fréquentes au niveau moléculaire et si la dérive aléatoire se poursuit longtemps (disons pendant des millions de générations), la composition génétique de la population changera notablement. La probabilité de fixation d'un mutant neutre quelconque est égale à sa fréquence initiale. La durée moyenne écoulée avant la fixation (en excluant les allèles éliminés) est quatre fois l'effectif « efficace » de la population, soit $4N_e$ (l'effectif efficace d'une population est approximativement égal au nombre d'individus participant réellement à la reproduction à chaque génération ; il est d'ordinaire très inférieur au nombre total d'individus de l'espèce).

La théorie neutraliste ne postule pas que les gènes neutres n'ont aucune fonction, mais seulement que des allèles différents peuvent être aussi efficaces les uns que les autres pour assurer la survie et la reproduction d'un individu. Si l'allèle mutant code une protéine où des acides aminés diffèrent de ceux de la protéine normale, il suffit, pour qu'il soit neutre, que la protéine modifiée fonctionne aussi bien que l'originale, sans être absolument équivalente. Chez les organismes supérieurs en particulier, l'homéostasie contrebalance les changements du milieu externe tout comme les changements physiologiques internes : les modifications de l'environnement n'entraînent pas nécessairement des fluctuations comparables de l'avantage sélectif procuré par les gènes mutants.

Certaines critiques de la théorie neutraliste proviennent d'une définition incorrecte du terme « sélection naturelle ». Cette expression devrait être utilisée dans le sens strictement darwinien : la sélection naturelle agit à travers – et doit être mesurée par – la survie et la reproduction différentielle des individus. La seule existence de différences fonctionnelles visibles entre deux formes moléculaires ne suffit pas à prouver que la sélection naturelle puisse s'exercer ; la sélection ne peut être établie que par la mesure des taux de survie et de fécondité.

En outre, une distinction nette devrait être faite entre sélection positive (darwinienne) et sélection négative. Cette dernière (H. Muller a montré qu'elle était la plus fréquente) élimine les mutants délétères ; elle n'a pas grand chose à voir avec les substitutions de gènes au cours de l'évolution ; l'existence d'une sélection négative ne contredit pas la théorie neutraliste. Finalement, il faut toujours garder à l'esprit la distinction entre mutation génique chez l'individu et substitution allélique dans la population : seule cette dernière concerne directement l'évolution moléculaire. Le taux de substitution des mutants avantageux est en grande partie dépendant de l'effectif de la population, de l'importance de l'avantage sélectif (comme je le montrerai plus loin) et du taux de mutation.

Deux découvertes importantes sur l'évolution moléculaire montrent de façon particulièrement claire qu'elle est tout à fait différente de l'évolution phénotypique. Nous avons déjà mentionné la première : pour chaque protéine, le taux d'évolution mesuré par le nombre de

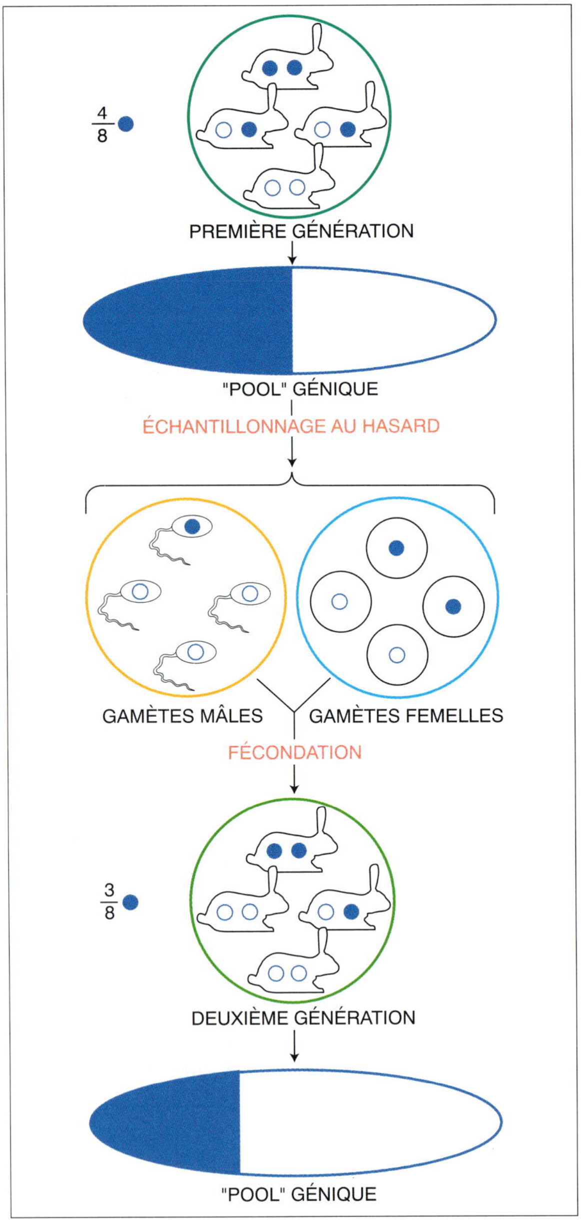

4. LES CHANGEMENTS AU HASARD de la fréquence génique résultent de l'échantillonnage aléatoire des gamètes (cellules germinales) au cours de la reproduction, comme nous l'avons représenté ici pour une population hypothétique de quatre individus *(lapins)*, possédant chacun deux copies d'un même gène *(cercles)* héritées de leurs parents mâles et femelles. Ce gène existe sous deux formes alléliques *(en bleu et en blanc)*. À la première génération, la fréquence de l'allèle bleu est de 4/8 et ainsi le « pool » génique est bleu à 50 pour cent. Sur les nombreux gamètes produits à chaque génération, seuls quelques-uns sont prélevés, au hasard, lors de la reproduction : ici, seul un allèle bleu est présent parmi les quatre gamètes mâles de la première génération qui participent à la reproduction, de sorte que la fréquence de l'allèle bleu descend à 3/8 dans la deuxième génération, et par conséquent dans le pool génique.

substitutions d'acides aminés par an est à peu près constant, et il est le même pour toutes les lignées. Le deuxième point important est que les molécules (ou leurs parties) soumises à des contraintes fonctionnelles relativement faibles évoluent plus rapidement (en termes de substitutions alléliques) que celles soumises à des contraintes plus importantes.

L'évolution moléculaire

La constance du taux d'évolution est nette dans le cas de la molécule d'hémoglobine qui, chez les poissons osseux et les vertébrés supérieurs, est un tétramère (molécule possédant quatre sous-unités) composé de deux chaînes identiques alpha et de deux chaînes identiques bêta. Chez les mammifères, la séquence en acides aminés de la chaîne alpha, qui en possède 141, change au taux approximatif d'une substitution tous les sept millions d'années. Cela correspond approximativement à une substitution tous les milliards d'années (soit 10^{-9} substitution par an) par site d'acide aminé. Ce taux ne semble pas dépendre de facteurs tels que le temps de génération (c'est-à-dire l'âge qui sépare deux adultes de deux générations successives), les conditions de vie ou l'effectif de la population. La relative constance de ce taux de substitution devient évidente lorsque l'on rapproche, sur l'arbre phylogénétique de la figure 1, le nombre de différences entre les chaînes alpha de deux espèces de vertébrés, de l'époque à laquelle ces espèces ont divergé.

Les chaînes alpha et bêta ont approximativement la même structure, sont de longueur à peu près identique et présentent des taux de substitution d'acides aminés voisins. Elles se sont formées, il y a environ 450 millions d'années, par duplication génique, puis se sont différenciées indépendamment par accumulation de mutations. Si l'on compare la divergence des chaînes alpha et bêta de l'homme avec celles des mêmes chaînes chez la carpe, il est évident que les différences entre chaînes alpha et bêta sont à peu près du même ordre. Comme la chaîne alpha de l'homme et celle de la carpe diffèrent pour la moitié de leurs acides aminés, il semble bien que ces chaînes de deux lignées distinctes, l'une menant à la carpe, l'autre à l'homme, ont accumulé des mutations de façon indépendante et pratiquement au même taux pendant environ 400 millions d'années. En outre, ce taux de substitution est très proche de ceux que l'on mesure en comparant deux à deux les chaînes alpha de différents mammifères.

Les taux d'évolution ne sont, bien sûr, pas aussi invariables qu'une constante de désintégration radioactive. Nous avons, avec mon collègue Tomoko Ohta, montré en 1971 que la variance (le carré de l'écart-type) du taux d'évolution de l'hémoglobine et du cytochrome *c* dans différentes lignées de mammifères est 1,5 à 2,5 fois plus grande que la variance que l'on observerait si le phénomène était aléatoire. Dans une analyse plus élaborée, Charles Langley et Walter Fitch ont combiné les données sur les chaînes alpha et bêta de l'hémoglobine, le cytochrome *c* et le fibrinopeptide *A* : ils ont trouvé une variation des taux de substitution environ 2,5 fois plus grande que la variance attendue dans le cas d'un phénomène purement aléatoire, et ils conclurent que cette mesure allait à l'encontre de la théorie neutraliste. Cependant, ils ont aussi montré qu'en portant sur un graphe le nombre estimé de substitutions entre des branches divergentes d'un arbre phylogénique en fonction de la date de la divergence, on obtenait une ligne droite, ce qui suggère une grande uniformité des taux évolutifs. Il me semble incorrect de mettre l'accent sur des fluctuations locales pour réfuter la théorie neutraliste et de ne pas s'interroger sur la question cruciale : pourquoi le taux de substitution reste-t-il approximativement constant ?

Les taux d'évolution

Examinons maintenant les relations quantitatives qui déterminent les taux d'évolution et considérons d'abord les nucléotides formant un génome. Chez un être humain, ce nombre de nucléotides est très grand, de l'ordre de trois milliards et demi. Comme le taux de mutation par nucléotide est faible (peut-être 10^{-8} par génération, soit une mutation tous les 100 millions de générations), on peut considérer qu'à chaque fois qu'un mutant apparaît, c'est en un site différent. C'est ce qu'on appelle, en génétique des populations, le modèle du « site infini ».

Soit v le taux de mutation par gamète et par unité de temps (la génération). Comme chaque individu possède deux lots de chromosomes, le nombre total des nouvelles mutations qui apparaissent à chaque génération dans une population de N individus est égal à $2Nv$. Soit u la probabilité pour qu'une simple mutation soit fixée. Dans ce cas, dans un système stable où le processus de substitution se poursuit sur une très longue période, le taux k de substitution d'allèles mutants dans la population par unité de temps est donné par l'équation $k = 2Nvu$. En d'autres termes, $2Nv$ nouveaux mutants apparaissent à chaque génération, parmi lesquels une fraction u pourra être fixée, et k est le taux d'évolution en termes de substitutions alléliques. Cette équation s'applique non seulement au génome entier mais aussi, avec une bonne approximation, à un seul gène constitué de plusieurs centaines de nucléotides, ou à une protéine codée par un gène.

La probabilité u de fixation définitive est une quantité bien connue en génétique des populations. Si le mutant est sélectivement neutre, u est égal à $1/2N$. La raison en est que, sur une longue période de temps, n'importe lequel des $2N$ gènes de la population est aussi susceptible qu'un autre de se fixer ; aussi le nouveau mutant a une chance sur $2N$ d'être ce gène chanceux. Si l'on remplace u par $1/2N$ dans l'équation du taux d'évolution ($k = 2Nvu$), on obtient $k = v$. Le taux d'évolution en termes de substitutions d'allèles mutants dans la population est donc simplement égal au taux de mutation par gamète, et est par conséquent indépendant de l'effectif de la population.

Cette relation remarquable n'est applicable que dans le cas des allèles neutres. Si le mutant possède un petit avantage sélectif s, u est alors égal à $2s$ avec une bonne approximation, et l'équation du taux d'évolution devient $k = 4Nsv$. En d'autres termes, le taux d'évolution par fixation de gènes sélectivement avantageux dépend de la taille de la population, de l'avantage sélectif et du taux d'apparition des mutants avantagés à chaque génération. On s'attendrait dans ce cas à ce que le taux d'évolution dépende fortement du milieu, c'est-à-dire qu'il soit élevé pour des espèces profitant de nouvelles conditions de vie et faible pour celles vivant dans un environnement stable. Il est à mon avis très improbable que le produit Nsv soit le même dans les différentes lignées de vertébrés, certaines d'entre elles ayant eu une évolution phénotypique très rapide (celle de l'homme par exemple), tandis que chez d'autres (celle de la carpe par exemple), cette évolution a pratiquement cessé depuis longtemps ; cependant les taux d'évolution moléculaire observés montrent une constance remarquable. Il me semble que cette constance s'accorde mieux avec les prévisions de la théorie neutraliste, c'est-à-dire avec l'équation $k = v$, qu'avec la relation sélectionniste $k = 4Nsv$.

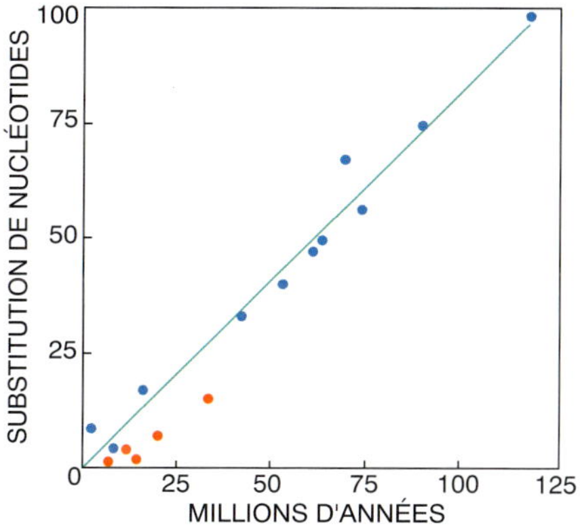

5. LE NOMBRE DE SUBSTITUTIONS de nucléotides, estimé à partir du nombre total d'acides aminés différents dans sept protéines de 16 paires de mammifères, est représenté en fonction du temps écoulé depuis la divergence des espèces de chaque paire. À l'exception des comparaisons incluant des primates (cercles rouges), les points sont presque alignés, ce qui suggère de nouveau une approximative constance du taux d'évolution moléculaire. Ces données ont été calculées par Walter Fitch, de l'École de médecine du Wisconsin.

La deuxième caractéristique majeure de l'évolution moléculaire est encore plus frappante que la constance du taux d'évolution : plus la contrainte fonctionnelle sur une molécule, ou une partie de molécule, est faible, plus le taux de substitutions est élevé. Il existe des régions de l'ADN situées entre les gènes et, chez les organismes supérieurs, à l'intérieur même des gènes, qui ne participent pas à la formation des protéines et qui sont donc moins soumises à la sélection naturelle. D'après des recherches récentes, les substitutions de nucléotides sont particulièrement fréquentes dans ces régions non codantes !

La contrainte fonctionnelle

La relation entre une relative absence de contrainte sélective et un taux d'évolution moléculaire élevé a été bien établie pour certaines protéines. Parmi celles étudiées à ce jour, le taux le plus important a été découvert chez les fibrinopeptides qui, une fois séparés du fibrinogène pour permettre la formation de fibrine (protéine intervenant lors de la coagulation du sang), ne semblent avoir qu'une fonction très limitée, voire inexistante. On observe le même phénomène dans la chaîne *C* de la molécule de proinsuline, un précurseur de l'insuline. La chaîne *C*, dont le clivage permet la formation d'insuline active, évolue à un taux plusieurs fois supérieur à celui des deux autres chaînes formant la molécule active. On a remarqué un effet similaire de la contrainte sur le taux évolutif pour différentes parties de la molécule d'hémoglobine. La structure précise de la surface de la protéine semble avoir moins d'importance que celle des cavités internes qui contiennent les hèmes, molécules liant le fer. Nous avons estimé que les régions superficielles dans les chaînes alpha et bêta évoluaient environ dix fois plus vite que celles associées à l'hème.

Dans la molécule d'ARN messager, chaque groupe de trois nucléotides, ou codon, spécifie un acide aminé particulier dans la chaîne protéique correspondante. Ainsi le codon *GUU* (les lettres représentent les nucléotides) est spécifique de l'acide aminé valine. Or *GUC* l'est aussi : le code génétique est « dégénéré », la plupart des acides aminés étant désignés par deux codons synonymes ou plus, lesquels diffèrent généralement à la troisième position. Il en résulte qu'une fraction importante (peut-être 70 pour cent) des substitutions aléatoires de nucléotides en troisième position sont synonymiques et ne causent pas de changements. Il semble de plus en plus évident que la fréquence des substitutions en troisième position est particulièrement élevée. Michael Grunstein et ses collègues de l'Université de Californie ont comparé les séquences d'ARN codant pour la protéine histone IV dans deux espèces d'oursins. Ils ont découvert que, bien que la séquence d'acides aminés de la protéine soit restée pratiquement inchangée depuis un milliard d'années, il existe un certain nombre de différences « silencieuses » entre les deux espèces. En utilisant leurs données et les hypothèses des paléontologues sur la date de la divergence, j'ai estimé que le taux de substitution des nucléotides en troisième position était grosso modo égal à $3{,}7 \times 10^{-9}$ par an, ce qui est très élevé. Le plus remarquable est qu'il y ait eu tant de substitutions synonymiques dans le gène de l'histone IV malgré le taux très bas des changements d'acides aminés dans la protéine correspondante.

La théorie neutraliste donne une explication simple et logique de ces observations. Supposons qu'une fraction f_0 de tous les mutants moléculaires soit sélectivement neutre et que l'autre fraction soit néfaste. Alors le taux v des mutations donnant des allèles neutres est égal au taux total de mutation v_T multiplié par f_0, de sorte que le taux global de substitution k est égal à $v_T f_0$. Supposons maintenant que la probabilité pour qu'un changement dû à la mutation soit neutre (non néfaste) dépende fortement de la contrainte fonctionnelle. Plus celle-ci est faible, plus la probabilité f_0 pour qu'un changement soit neutre sera forte, ce qui entraîne l'augmentation du taux d'évolution k. Le taux maximal est atteint quand f_0 est égal à 1, c'est-à-dire quand toutes les mutations sont neutres. À mon avis, les taux élevés observés dans le cas de la troisième position du codon approchent de cette limite.

La théorie neutraliste prédit que lorsque les contraintes fonctionnelles diminuent, le taux d'évolution tend vers une valeur maximale déterminée par le taux total des mutations. La confirmation par d'autres études de l'existence d'une telle convergence, ou d'une valeur-plateau, corrobore la théorie neutraliste. Cette interprétation des données moléculaires semblera absurde aux sélectionnistes : de leur point de vue, les molécules ou les parties de molécules qui évoluent rapidement par substitutions d'allèles mutants dans les populations doivent avoir une fonction importante mais jusque là inconnue, et doivent être en train de subir une amélioration adaptative rapide par accumulation de mutations bénéfiques. Les sélectionnistes acharnés ne verront aucune raison de croire que la limite supérieure du taux évolutif dépende du taux total de mutation.

Le polymorphisme

Les neutralistes et les sélectionnistes expliquent de façon diamétralement opposée le mécanisme de maintien de la variabilité génétique au sein de l'espèce, en particulier le polymorphisme des protéines : la coexistence dans une même espèce de deux ou plusieurs formes protéiques distinctes. Les neutralistes soutiennent que les polymorphismes sont sélectivement neutres et qu'ils sont maintenus dans une population sous la double influence de la mutation génératrice de nouveauté et de l'extinction aléatoire ; à chaque génération apparaît un certain nombre de mutants neutres qui, au cours du temps, seront soit fixés, soit éliminés de la population ; au passage, ils contribuent à la variabilité génétique en constituant les polymorphismes. Dans l'optique neutraliste, le polymorphisme et l'évolution moléculaire ne sont pas deux phénomènes distincts, le polymorphisme étant simplement une phase de l'évolution moléculaire.

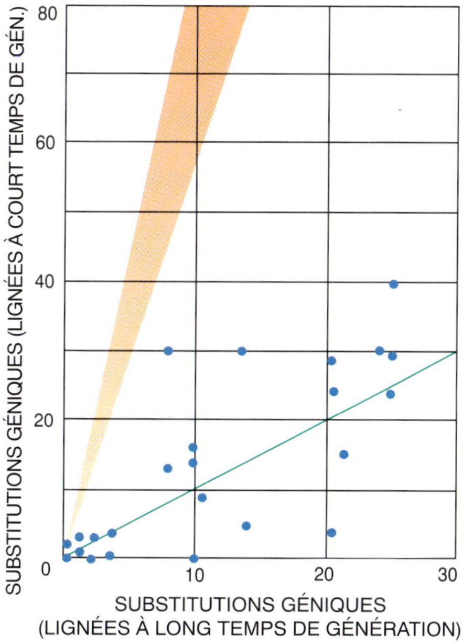

6. LE TAUX D'ÉVOLUTION moléculaire chez les mammifères dont le temps de génération est bref a été comparé à celui des mammifères à long temps de génération par Allan Wilson et ses collègues. Chaque point représente le rapport des substitutions de nucléotides survenues dans les gènes homologues de deux animaux depuis leur divergence. Si le taux annuel était identique pour les deux animaux de chaque paire, les points seraient alignés sur la droite verte, de pente égale à l'unité. En fait, les points sont proches de cette droite et bien éloignés de la région prédite s'il y avait un effet du temps de génération *(secteur coloré)*. Il semble que ce soit le taux annuel d'évolution moléculaire qui soit constant, et non pas le taux par génération.

Les sélectionnistes soutiennent que les polymorphismes sont maintenus par une forme quelconque de « sélection diversifiante », les plus importantes étant la sélection hétérotique, ou « avantage de l'hétérozygote », et la sélection dépendante de la fréquence. À une certaine période, la première de ces deux formes fut présentée avec enthousiasme comme l'agent principal du maintien du polymorphisme. Il existe des cas où les individus hétérozygotes pour un gène particulier (qui portent un allèle différent du gène sur chacun de leur deux chromosomes homologues) sont plus aptes que les individus homozygotes (qui portent l'une ou l'autre des deux formes alléliques sur les deux chromosomes). La sélection tendra alors à conserver les deux allèles dans la population en constituant ce que l'on appelle un polymorphisme balancé. En 1973, cependant, Roger Milkman de l'Université de l'Iowa, trouva un abondant polymorphisme chez la bactérie *Escherichia coli*, qui est un organisme haploïde (elle ne possède qu'un seul lot de gènes) ; l'avantage de l'hétérozygote ne pouvait expliquer de tels polymorphismes.

De nombreux sélectionnistes pensent aujourd'hui que les polymorphismes résultent d'une sélection dépendant de la fréquence, cas dans lequel les aptitudes de deux allèles varient en fonction de leur abondance relative. Cette hypothèse fut avancée pour la première fois par le regretté Ken-Ichi Kojima ; il avait obtenu des résultats indiquant qu'une nette sélection proportionnelle à la fréquence affectait les gènes codant les enzymes esterase-6 et déshydrogénase alcoolique (ADH) chez la mouche du vinaigre *Drosophila melanogaster*.

Bryan Clarke de l'Université de Nottingham annonça qu'il avait confirmé les résultats de Ken-Ichi Kojima dans le cas de l'ADH. En revanche, les expériences de Tsuneyuki Yamazaki ne purent mettre en évidence l'existence d'une telle sélection pour les allèles de l'estérase-5 chez *Drosophila pseudoobscura*. Une équipe dirigée par Terumi Mukai à Kyushu mena à bien de nombreuses études sur la sélection de plusieurs enzymes chez *Drosophila melanogaster* et ne trouva aucune preuve d'une différence d'aptitude des formes variables des enzymes. Enfin, des expériences récentes à grande échelle n'ont pu non plus mettre en évidence une quelconque sélection dépendant de la fréquence pour l'ADH de *D. melanogaster*.

Si la sélection n'est pas responsable du maintien du polymorphisme, quelle peut être l'explication neutraliste du fait que certaines protéines sont plus souvent polymorphes que d'autres ? Récemment Richard Koehn, W. Eanes et l'équipe de Masatoshi Nei ont montré qu'il existait, chez diverses espèces de *Drosophila*, une corrélation significative entre la variabilité génétique (ou le polymorphisme) des protéines et le poids moléculaire de leurs sous-unités, ce qui s'explique aisément dans l'hypothèse neutraliste puisque plus la taille d'une sous-unité est importante, plus son taux de mutation doit être élevé. Harry Harris et ses collègues de l'Université de Pennsylvanie n'ont pas trouvé la même corrélation dans leurs études sur les polymorphismes humains, mais ils ont établi que les enzymes à une seule chaîne polypeptidique étaient plus polymorphes que celles qui contenaient plusieurs sous-unités, notion que E. Zouros de l'Université de Dalhousie avait déjà établie lors de ses études sur la drosophile. Un des résultats de E. Zouros et H. Harris s'accorde particulièrement bien avec la théorie neutraliste : les enzymes à plusieurs sous-unités, qui forment des molécules hybrides en se combinant avec des enzymes codées par d'autres gènes, présentent un niveau de polymorphisme très nettement réduit. L'interaction délicate entre les sous-unités lors de la formation de telles enzymes, augmenterait les contraintes fonctionnelles et réduirait ainsi la probabilité que survienne une mutation qui soit inoffensive ou neutre.

En d'autres termes, les neutralistes considèrent que la structure moléculaire et la fonction sont les facteurs déterminants du polymorphisme des protéines, alors que pour les sélectionnistes, les conditions du milieu sont déterminantes. Ces derniers maintiennent qu'il doit exister une corrélation entre la variabilité génétique et les changements dans le milieu. Ils prédisent, par exemple, que les organismes vivant au fond de l'océan doivent présenter peu de variabilité génétique puisque leur environnement est stable et homogène, alors que les êtres demeurant dans la zone de balancement des marées montrent au contraire une énorme variabilité génétique, leur environnement étant très changeant. La prédiction était logique et plausible, mais il se trouve qu'elle est fausse : on a montré que la variabilité génétique est généralement très grande parmi les organismes du fond de l'océan, et très basse chez ceux qui vivent dans la zone de balancement des marées.

Les modèles mathématiques

Pour mener à bien des études quantitatives fondées sur la génétique des populations, il est nécessaire de développer des modèles mathématiques rendant compte de la production de nouveaux allèles par mutation. Le premier modèle de ce type fut proposé en 1964 par James Crow et moi-même. Il est fondé sur le fait que chaque gène comprend un grand nombre de nucléotides, de telle sorte qu'un nombre pratiquement infini d'allèles peut apparaître de cette façon ; le modèle suppose par conséquent que tout mutant nouvellement apparu représente un allèle nouveau plutôt qu'un allèle pré-existant. Dans ce cadre, on prédit que la variabilité à l'intérieur d'une espèce, en terme d'hétérozygotie moyenne H par gène, dépendra essentiellement du produit de l'effectif efficace de la population N_e par le taux de mutation v par gène et par génération, et non pas de N_e et de v pris séparément. Autrement dit, N_e et v apparaîtront toujours sous forme de produit ; en fait, H est égal à :

$$4N_e v/(4N_e v + 1)$$

Par exemple, si le taux de mutation est de 10^{-6} et l'effectif efficace de 10^5, l'hétérozygotie moyenne par gène sera voisine de 0,286, c'est-à-dire qu'en moyenne 28,6 pour cent des individus seront hétérozygotes à chaque locus. Plus l'effectif de la population, ou le taux de mutation par gène et par génération, sera grand, plus l'hétérozygotie moyenne sera proche de l'unité (ou de 100 pour cent).

Ce modèle suppose que les allèles sont identifiés en termes de substitutions de nucléotides au niveau de la séquence du gène. Or la plupart des mesures de variabilité sont fondées sur l'étude électrophorétique des protéines, technique dont la résolution est loin de révéler toutes les substitutions de nucléotides (et même tous les changements d'acides aminés) ; il en résulte que l'hétérozygotie ainsi mesurée est plus faible que le taux réel. Même en modifiant le modèle de façon à ce qu'il tienne compte de ce biais, les populations de grand effectif devraient, selon la théorie neutraliste, atteindre presque 100 pour cent d'hétérozygotie. Lorsque l'on observe le contraire, la théorie est criticable. Par exemple, Francisco Ayala, de l'Université de Californie, a mesuré chez la mouche *D. willistoni* (dont il estime l'effectif efficace à 10^9) une hétérozygotie égale à 18 pour cent environ. Il remarque que, même en supposant un taux de mutations neutres par génération très faible, égal à 10^{-7}, l'hétérozygotie théorique devrait pratiquement être égale à 100 pour cent.

Cette apparente contradiction peut être levée d'au moins deux manières : tout d'abord, il est possible que la taille effective de la population de *D. willistoni* n'atteigne pas 10^9, même si l'effectif actuel apparent est énorme. On peut montrer mathématiquement que la variabilité génétique due aux allèles neutres peut être considérablement réduite à la suite d'une diminution drastique de l'effectif de la population, et qu'il faut ensuite des millions de générations pour ramener la variabilité au niveau théorique caractéristique d'une population très grande maintenue en effectif constant sur une longue période de temps. Dans le cas présent, des espèces telles que *D. willistoni* pourraient continuer à ressentir les effets d'une diminution notable de l'effectif lors de la dernière glaciation continentale, qui eut lieu entre 10 000 et 30 000 ans avant notre ère. En outre, les extinctions locales de colonies, phénomène qui doit survenir assez fréquemment, diminuent l'effectif de la population globale.

Une seconde possibilité, suggérée en 1973 par T. Ohta, est que la majorité des allèles « neutres » ne le soient pas strictement, mais soient plutôt très légèrement défavorables. Reprenant l'idée de T. Ohta, tout en gardant la possibilité qu'il y ait également des mutations véritablement neutres, j'ai élaboré un modèle où le coefficient sélectif s' contre le mutant suit une distribution particulière, la distribution gamma. Dans ce modèle, les mutations dont le désavantage sélectif s' est inférieur à l'inverse du double de l'effectif, soit $1/2N$, sont effectivement neutres ; du coup, le taux réel

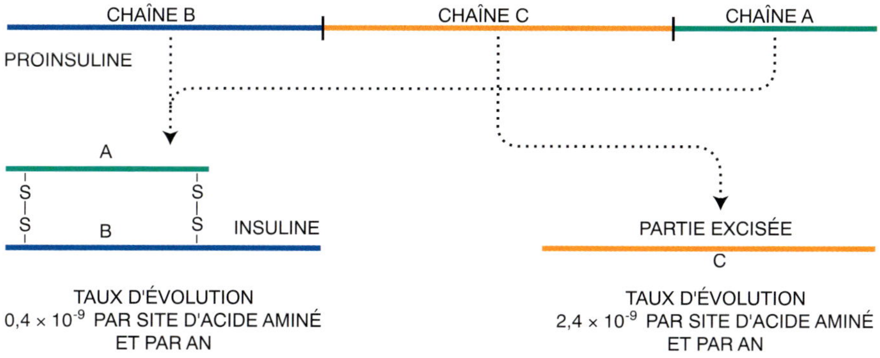

7. LA CHAÎNE *C* DE LA PROINSULINE *(en jaune)* est éliminée de la molécule précurseur et disparaît, tandis que les chaînes *A* et *B* sont arrimées par des ponts disulfures *(S-S)* pour former la molécule active d'insuline. Étant donné la relative liberté de la chaîne *C* vis-à-vis des contraintes fonctionnelles, elle évolue à une vitesse beaucoup plus grande que les deux chaînes de la molécule active.

de mutation neutre v_e devient le taux des mutations produisant des variants dont la valeur sélective est plus petite que $1/2N$. On montre que ce taux décroît lorsque l'effectif de la population augmente ; dans le cas de la distribution gamma, il est inversement proportionnel à la racine carrée de l'effectif. Dans ce modèle, le niveau d'hétérozygotie ne croit que légèrement quand la population augmente. En outre, en adoptant une estimation réaliste du temps de génération, le taux d'évolution annuel en termes de substitutions d'allèles serait à peu près constant dans différentes lignées, à condition que le taux de mutation par génération soit constant ; il faut noter que si cette explication fait appel à la sélection naturelle (par l'intermédiaire du coefficient sélectif s'), elle est notablement différente de l'interprétation sélectionniste.

Une approche quantitative et vérifiable de l'évolution

La théorie neutraliste de l'évolution et du polymorphisme que j'ai élaborée en collaboration avec mes collègues T. Ohta et Takeo Maruyama se distingue de la plupart des approches sélectionnistes, en particulier de celle de la génétique écologique, en ce qu'elle tente de décrire de façon quantitative l'évolution moléculaire, à l'aide notamment des équations de diffusion. C'est une première exploration dans le domaine de ce qui peut être appelé la génétique moléculaire des populations. Nei et ses collègues à Houston ont beaucoup contribué au développement de ce domaine, en particulier en reliant prédictions théoriques et observations de cas réels. Ils ont ainsi montré que la variance de l'hétérozygotie d'enzymes particulières dans une espèce donnée pouvait être déterminée avec assez de précision par la théorie neutraliste, sur la base de l'hétérozygotie moyenne réelle observée.

Comme notre théorie est quantitative, elle est vérifiable : quand elle est fausse, on peut la réfuter plus facilement que les théories sélectionnistes, lesquelles invoquent des formes de sélection *ad hoc* et n'avancent généralement aucune prévision d'ordre quantitatif. Cependant, pour vérifier la théorie neutraliste, il est nécessaire d'estimer des paramètres tels que les taux de mutation, les valeurs sélectives, les effectifs des populations et les taux de migration.

De nombreux biologistes évolutionnistes maintiennent que de telles valeurs ne pourront jamais être déterminées avec précision et que, par conséquent, toute théorie fondée sur elles est un exercice futile. Je crois fermement que si l'on veut comprendre les mécanismes de l'évolution, il faut calculer ces paramètres. Accepterait-on que les astronomes éliminent des théories faisant appel à des paramètres cosmologiques pour la simple raison que de telles valeurs sont difficiles à évaluer correctement ?

La sélection darwinienne agit surtout sur des phénotypes déterminés par l'activité de nombreux gènes. Les conditions du milieu jouent certainement un rôle capital dans la désignation des phénotypes avantagés : la sélection positive, ou darwinienne, se préoccupe assez peu de savoir comment ces phénotypes sont déterminés par les génotypes. Les lois régissant l'évolution moléculaire sont nettement différentes de celles qui gouvernent l'évolution phénotypique. Même si le principe darwinien de la sélection naturelle est celui qui décide de l'évolution au niveau phénotypique, au niveau de la structure interne du matériel génétique, une grande partie des changements évolutifs est régie par la dérive aléatoire. Bien que ce processus aléatoire soit lent et sans effet notable à l'échelle de l'homme et de son existence éphémère, il entraîne des changements immenses à l'échelle géologique.

Certains m'ont dit, directement ou de façon plus nuancée, que la théorie neutraliste n'est pas importante biologiquement puisque les gènes neutres ne jouent aucun rôle dans l'adaptation. Mon opinion personnelle est que ce qui est important, c'est de découvrir la vérité : si la théorie neutraliste est une hypothèse de travail acceptable, il faut essayer de la confirmer en la confrontant aux données disponibles ; une telle démarche me semble tout à fait estimable.

Évolution et génétique des populations

Jean Génermont

Élucider les mécanismes de l'évolution, c'est résoudre un problème de génétique, puisqu'il s'agit d'expliquer les ressemblances (ou plutôt, mais cela revient au même, les différences) entre organismes apparentés. Les lois de la génétique formelle, établies au début de ce siècle, s'appliquent aux comparaisons entre individus très proches, par exemple parents, enfants et petits-enfants. Or toute approche des phénomènes évolutifs implique un double changement d'échelle.

Il faut bien évidemment changer d'échelle de temps, puisque l'on compare des êtres séparés par des milliers, voire des millions de générations. Il faut aussi cesser de s'intéresser aux individus pris isolément, car ce n'est pas telle ou telle souris qui nous intéresse, mais l'espèce entière. L'étude de la variation héréditaire, à l'échelle d'un ensemble d'individus et sur de longues durées, relève de la génétique des populations, discipline parfois nommée génétique évolutive.

De nombreux travaux de génétique des populations ont porté sur la sélection naturelle. Les premiers d'entre eux étaient très abstraits, tels ceux publiés par John B. S. Haldane de 1924 à 1932 sous le titre général *A mathematical theory of natural and artificial sélection,* ou encore la démonstration publiée par R. Fisher en 1930 de son « théorème fondamental de la sélection naturelle ». Un progrès décisif dans l'étude de la sélection fut la mise au point par Philippe L'Héritier et Georges Teissier, dans les années 1930, de la cage à population (encore appelée démomètre). Il s'agit d'une enceinte dans laquelle on enferme une population de drosophiles de quelques milliers d'individus ; celle ci va y vivre pendant des mois, parfaitement préservée de toute émigration ou immigration. À intervalles de temps réguliers, on introduit dans la cage des godets remplis d'une nourriture utilisable par les larves. Cette nourriture est tellement pauvre que

QU'EST-CE QU'UNE FRÉQUENCE ALLÉLIQUE ?

En général, une population n'est pas génétiquement homogène, sauf exception (par exemple si elle dérive d'un unique fondateur par multiplication strictement asexuée). Limitons-nous à la variabilité déterminée par les différents allèles d'un même gène, soit A_1, A_2 et A_3 ; on dénombre alors les individus possédant chacun des différents génotypes possibles. Comme chaque individu de génotype A_1A_1 (homozygote) possède deux exemplaires de A_1, et que chaque individu de génotype A_1A_2 ou A_1A_3 (hétérozygote) en possède un seul, on détermine aisément le nombre d'exemplaires de A_1 dans la population, et on calcule le rapport de ce nombre au nombre total d'exemplaires du gène A. Ce rapport est la fréquence de l'allèle A_1.

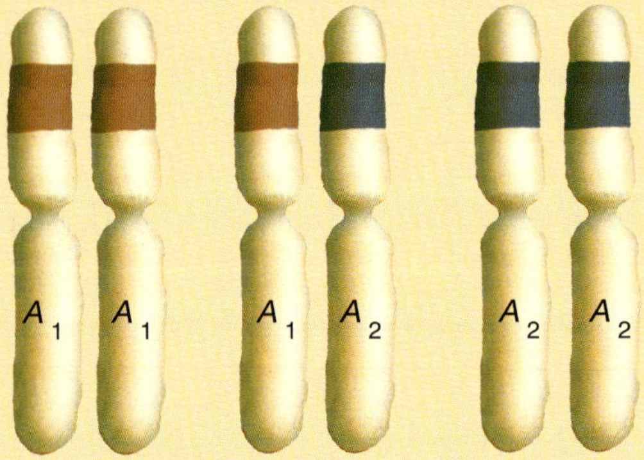

Considérons par exemple la variabilité due à un couple d'allèles d'un gène autosomique (c'est-à-dire localisé sur un chromosome n'intervenant pas dans le déterminisme du sexe). Dans une population de 1 000 individus, dont 236 individus de génotype A_1A_1, 578 A_1A_2 et 186 A_2A_2, la fréquence de l'allèle A_1 vaut (2×236 + 578) / 2 000 = 0,525, tandis que la fréquence de A_2 vaut (2×186 + 578) / 2 000 = 0,475. On remarque que la somme de ces deux valeurs est rigoureusement égale à 1 : il en est ainsi, de façon générale, de la somme des fréquences de tous les allèles d'un gène.

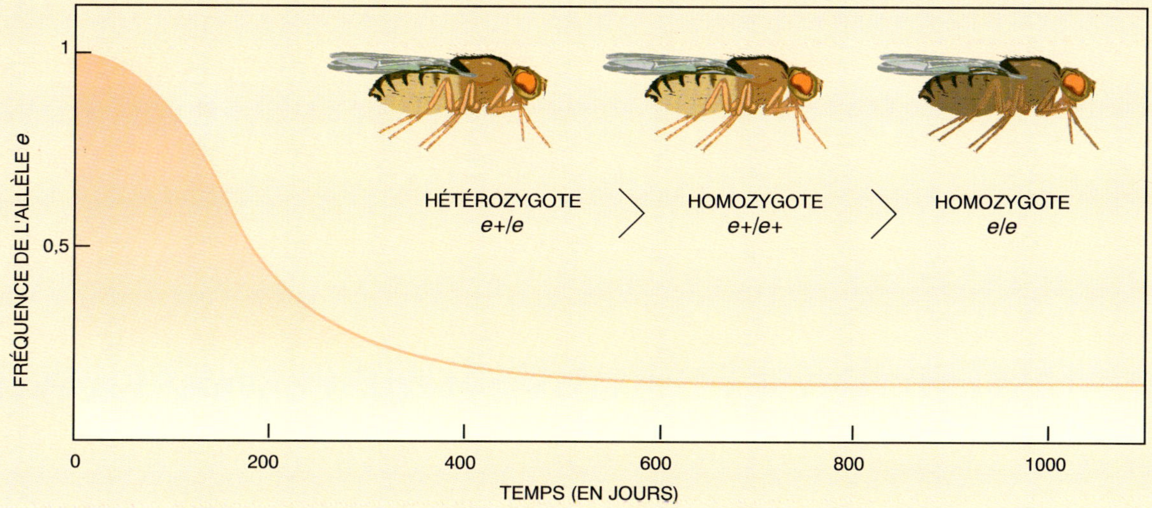

Variation au cours du temps de la fréquence de l'allèle mutant «ébène» *(e)* dans une population de drosophiles enfermées en cage à populations. Partant de la valeur initiale 0,999, la fréquence diminue puis se stabilise à 0,145 au bout de 600 jours environ. Si l'allèle *e* n'est pas éliminé, c'est parce que les mouches hétérozygotes *e+/e* sont les mieux adaptées. Toutefois, comme les homozygotes *e+/e+* sont supérieures aux homozygotes *e/e*, l'équilibre final est en faveur de *e+*.

moins de 10 pour cent des larves écloses atteignent l'état adulte. Dans des conditions aussi drastiques, les individus les plus compétitifs pour l'accès à la nourriture ont beaucoup plus de chances que les autres de participer à la reproduction, et d'avoir des descendants dans les générations ultérieures. Un dispositif permet de prélever quand on le souhaite, sans ouvrir la cage, un échantillon de la population.

Dans l'expérience la plus simple, on place dans la cage une population présentant une variabilité génétique due à un seul couple d'allèles (les allèles sont des versions différentes d'un même gène, la forme «sauvage» étant notée «+»). Cette expérience a été réalisée pour le couple (*vg, vg+*), où l'allèle mutant *vg* détermine le caractère «ailes vestigiales» lorsqu'il est présent en deux copies. On constate que la fréquence de *vg* décroît en trois mois de sa valeur initiale, fixée à 0,5, jusqu'à zéro. Ce temps de décroissance correspond à quelques générations seulement, l'intervalle minimal entre deux générations successives étant d'environ 10 jours.

Une analyse détaillée montre que l'évolution de la fréquence de *vg* est déterminée par les différences de compétitivité entre les trois génotypes en présence. Chacun d'eux est caractérisé par sa «valeur sélective»: en première approximation, c'est la probabilité pour qu'un individu de ce génotype se reproduise. Les trois génotypes s'ordonnent, de la plus forte valeur sélective à la plus faible, dans l'ordre *vg+/vg+, vg+/vg, vg/vg.* On remarque la supériorité du génotype homozygote *vg+/vg+* sur le génotype hétérozygote *vg+/vg,* bien que les drosophiles de ces deux génotypes paraissent identiques, c'est-à-dire pourvues d'ailes normalement développées. Cette différence est pour une large part responsable de la rapidité de l'élimination de *vg:* si seules les mouches homozygotes *vg/vg,* pourvues d'ailes atrophiées, étaient défavorisées, la fréquence de l'allèle *vg* diminuerait moins vite.

Dans l'exemple précédent, la sélection a pour effet d'éliminer de la population un des allèles, qui apparaît défavorable dans les conditions de l'expérience. Il en va tout autrement dans le cas du couple (*e, e+*) où l'allèle *e,* récessif, détermine la couleur «ébène» du corps. La fréquence de ***e***, fixée au début de l'expérience à 0,999, décroît en vingt mois jusqu'à 0,145, puis se maintient à cette valeur, à quelques fluctuations près, jusqu'à la fin du 43e mois, date à laquelle l'expérience est arrêtée. On interprète ce résultat en classant les trois génotypes, de la plus forte valeur sélective à la plus faible, dans l'ordre *e+/e, e+/e+* et *e/e.* L'hétérozygote est ici le mieux adapté aux conditions de vie, ce qui a pour conséquence le maintien des deux allèles dans la population. La supériorité de *e+/e+* sur *e/e* est quant à elle responsable de la différence des deux fréquences alléliques à l'équilibre, nettement à l'avantage de *e+* (0,855 contre 0,145). Cet exemple n'est pas exceptionnel: il est relativement fréquent que la sélection agisse pour maintenir une certaine variabilité au sein d'une population.

Une conséquence du maintien de la variabilité par le mécanisme de l'avantage sélectif de l'hétérozygote est la naissance, à chaque génération, d'individus possédant, de tous les génotypes possibles, celui qui est le plus mal adapté. Cet effet, dû au simple jeu de la ségrégation mendélienne des allèles et de la rencontre aléatoire des gamètes, est nommé fardeau génétique ségrégationnel.

Les mécanisme de la spéciation

Ces travaux ont montré que les raisonnements théoriques des pionniers de la génétique des populations étaient applicables aux situations concrètes. Il restait à prouver que ces raisonnements s'appliquaient aussi aux populations naturelles. Le mérite en revient à Theodosius Dobzhansky, dont les travaux ont surtout porté sur l'espèce américaine *Drosophila pseudoobscura.* Combinant des observations sur le terrain et des expériences en cage à populations, il a montré que, dans la nature, la sélection assurait une adéquation quasi instantanée entre la composition génétique d'une population et les variations de son environnement. L'efficacité de la sélection naturelle était ainsi prouvée.

Toutefois, les phénomènes analysés étaient de relativement faible amplitude, et concernaient essentiellement la diversification à l'intérieur de l'espèce. Pour expliquer sur ces bases la naissance de nouvelles espèces, il fallait effectuer une extrapolation quelque peu hasardeuse.

Divers mécanismes ont été proposés pour expliquer la spéciation, c'est-à-dire l'éclatement d'une espèce en deux espèces distinctes. Un des « modèles » les plus anciens est celui de la spéciation géographique. Dans ce modèle, la séparation de l'aire géographique d'une espèce en deux zones par une barrière extrinsèque (sans rapport avec le patrimoine génétique de l'espèce) entraîne la divergence génétique des deux populations. Les conditions du milieu étant différentes, la sélection naturelle s'exerce différemment de part et d'autre de la barrière, et les individus des deux populations acquièrent des différences héréditaires telles qu'ils perdent toute aptitude à un échange génétique, au cas où ils se rencontreraient de nouveau. Ce modèle a d'abord été élaboré sans référence précise aux acquis de la génétique des populations. Toutefois, on a confirmé sa validité et on l'a perfectionné en faisant appel à cette discipline. Par exemple, les recherches théoriques de Sewall Wright ont précisé l'importance des migrations entre populations. Ce sont ces migrations qui, même à des taux très bas (de l'ordre d'un immigrant par population et par génération), maintiennent l'homogénéité de l'espèce. De part et d'autre d'une barrière extrinsèque, ce lien ténu suffit à assurer l'homogénéisation de chaque groupe de populations, mais en l'absence de migrations, la divergence des deux groupes est inéluctable.

Les travaux utilisant les cages à populations ont par ailleurs montré que la sélection n'agit pas de façon indépendante sur les différentes composantes de la variabilité génétique d'une population. Lors de l'expérience précédente sur la variabilité due au couple d'allèles (*e*, *e*+), la fréquence de *e* se stabilisait au voisinage de 0,145. En fait, ce résultat n'est valable que si les drosophiles sont toutes homozygotes *vg*+/*vg*+. Si elles sont homozygotes *vg*/*vg*, la fréquence finale de *e* s'établit à 0,36 environ. La part de variabilité due au couple (*e*, *e*+) est donc soumise à des forces sélectives qui dépendent des autres gènes, en d'autres termes de l'« environnement génétique ». Ceci traduit de façon plus générale une interdépendance des diverses composantes de la variabilité génétique, et la sélection va instaurer et maintenir un état d'équilibre entre toutes ces composantes.

Supposons à présent que quelques individus d'une espèce viennent fonder une population sur un territoire à l'abri de migrations ultérieures (par exemple une île océanique). S'ils sont très peu nombreux, ils constituent un échantillon peu représentatif de la variabilité de la population dont ils sont issus. La population qu'ils engendreront aura une variabilité génétique profondément déséquilibrée. La sélection naturelle va agir sur cette dernière pour la conduire à un état d'équilibre qui sera sans doute très différent de celui de la population d'origine. On a validé ce raisonnement par des expériences en cage à populations. Ce phénomène, désigné sous le nom de révolution génétique par Ernst Mayr, est probablement un « accélérateur » potentiel très efficace de la divergence créée par une barrière extrinsèque. Il participerait à certains types de spéciation géographique et intervient vraisemblablement dans d'autres modes de spéciation.

Par ailleurs, les travaux de Wright, confirmés et étendus par Gustave Malécot, puis repris notamment par Motoo Kimura, ont montré que sélection et migrations ne sont pas les seuls facteurs responsables de la structuration de la variabilité génétique et de son évolution au cours du temps. On admet aujourd'hui qu'une part de la variabilité génétique intraspécifique, mise en évidence par les méthodes de la biologie moléculaire, offre peu de prise à la sélection. S'il en était autrement, le fardeau génétique ségrégationnel serait insupportable. Cette part de variabilité est soumise à des fluctuations fortuites. À l'échelle de temps de l'observation directe ou de l'expérimentation, ces fluctuations ne sont perceptibles que dans les petites populations, mais la théorie prévoit des effets à long terme qui sont dans une large mesure indépendants de l'effectif. C'est sur cette base que Motoo Kimura a construit la théorie neutraliste de l'évolution moléculaire.

Les gènes du développement

William McGinnis et Michael Kuziora

Bien que des plans d'organisation extrêmement divers soient apparus au cours de l'évolution, les biologistes montrent que des mécanismes moléculaires quasi identiques dirigent l'embryogenèse de tous les animaux.

Tous les animaux se développent à partir d'une cellule unique qui, en se divisant, produit des millions de cellules embryonnaires. Comme par enchantement, ces cellules s'arrangent en un organisme complet, où les os, les muscles, le cerveau et la peau s'intègrent dans un tout harmonieux. Le processus fondamental est le même, mais des organismes différents se forment.

Au vu des différences entre hommes, souris, mouches et vers, les embryologistes pensaient que des mécanismes génétiques tout aussi variés commandaient le développement embryonnaire de ces différentes espèces. Aujourd'hui ils reconnaissent qu'une famille de gènes homologues – les gènes *HOM* chez les invertébrés et les gènes *Hox* chez les vertébrés – commandent des phases du développement similaires chez tous les embryons d'animaux.

Si l'on ne considère que certains systèmes moléculaires de la morphogenèse, les hommes ressemblent beaucoup plus aux vers et aux mouches qu'on l'aurait cru. L'homme et la mouche se ressemblent même tant que l'on peut remplacer les gènes *HOM* de la drosophile par des gènes *Hox* de l'homme ou de la souris sans perturber le développement embryonnaire des drosophiles !

L'histoire des « architectes moléculaires universels » que sont les gènes *HOM* et *Hox* a commencé avec les études d'Edward Lewis, de l'Institut de technologie de Californie, colauréat du prix Nobel de médecine 1994 : depuis 1950, E. Lewis étudie le complexe *bithorax*, un petit groupe de gènes « homéotiques » de la drosophile. Ces gènes ont été nommés d'après la racine grecque *homeo*, « semblable », car leur mutation provoque la transformation d'un segment du corps à l'image d'un autre segment. Les mutations des gènes du complexe *bithorax* entraînent généralement de telles anomalies du développement dans la partie postérieure de la mouche.

Thomas Kaufman et ses collègues de l'Université d'Indiana ont étudié un autre groupe de gènes homéotiques de la mouche, le complexe *Antennapedia* : les mutations dans ces gènes engendrent des anomalies du développement de la moitié antérieure du corps ; par exemple, certaines mutations dans *Antennapedia*, le gène qui a donné son nom au complexe, provoquent la transformation des antennes de la mouche en une paire de pattes supplémentaire. Ces mouches anormales survivent parfois, et sont même capables de se reproduire.

Le développement des embryons porteurs de mutations *antennapedia* jusqu'au stade adulte constitue une exception, car la plupart des mutations des gènes homéotiques causent des malformations mortelles pour les drosophiles. Toutefois, même les embryons qui ne survivent pas apportent de précieuses informations aux embryologistes. À l'Université de Madrid, Ernesto Sanchez-Herrero et Gines Morata ont découvert que l'élimination de trois gènes du complexe *bithorax* (*Ultrabithorax*, *Abdominal A* et *Abdominal B*) est mortelle. Cependant les embryons mutants survivent assez longtemps pour développer des structures spécialisées : on a alors constaté que les huit segments abdominaux étaient remplacés par des segments thoraciques.

Pourquoi les embryologistes s'intéressent-ils aux défauts bizarres de certaines drosophiles et aux conséquences de mutations des gènes homéotiques ? Parce qu'ils espèrent élucider les mécanismes de l'embryogenèse, et percer ensuite le secret de la morphogenèse de tous les êtres vivants.

Des gènes sélecteurs

Au terme de ses premières études des gènes *bithorax*, E. Lewis était arrivé à deux conclusions essentielles : premièrement, les gènes homéotiques ont pour fonction d'assigner une identité spatiale aux cellules embryonnaires le long de l'axe antéro-postérieur de la mouche. Autrement dit, ils « indiquent » aux cellules qu'elles font partie de la tête, du thorax ou de l'abdomen.

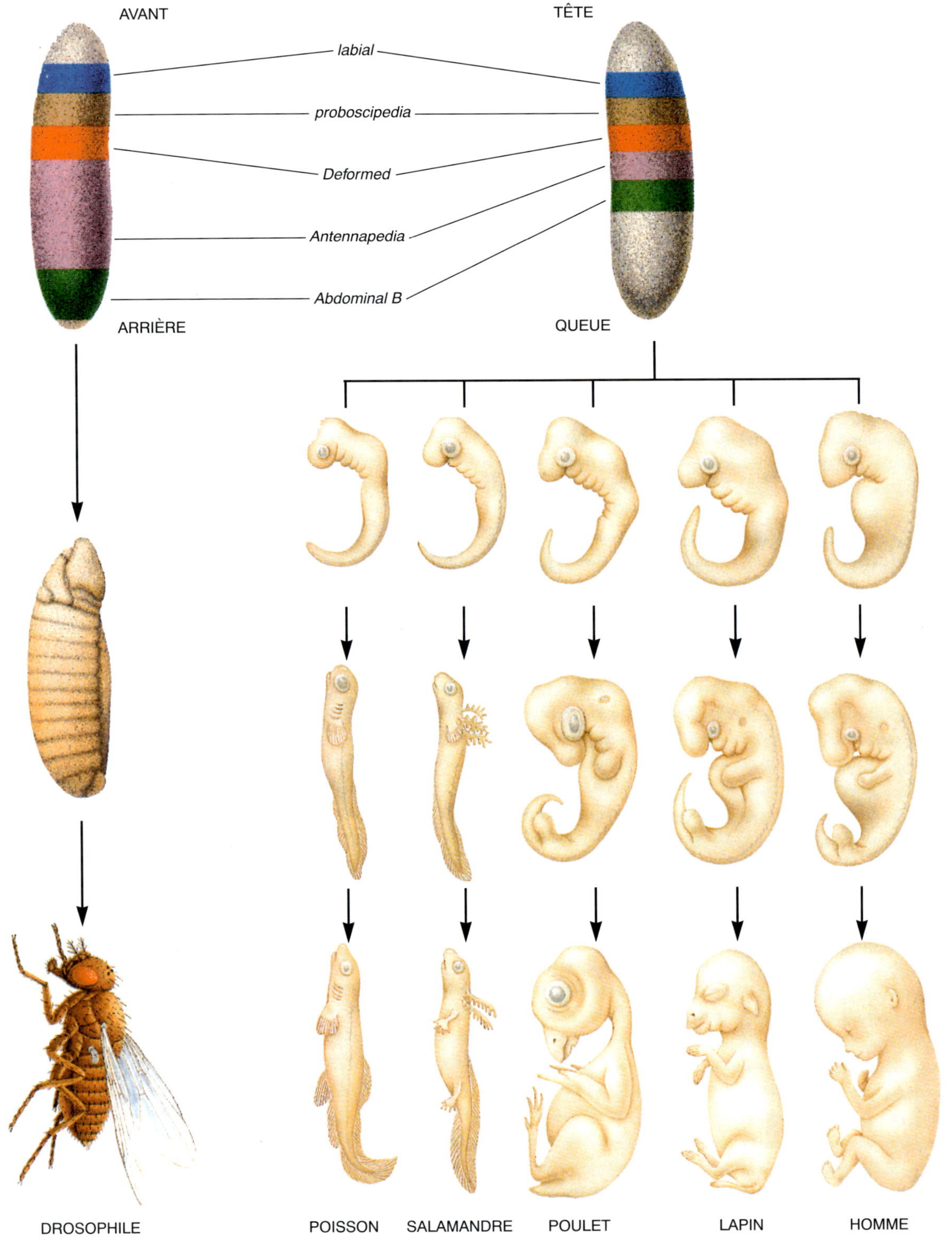

1. LES EMBRYONS DE VERTÉBRÉS aussi différents que les poissons, les salamandres, les souris, les moutons et les hommes se ressemblent beaucoup au début de leur développement. La drosophile suit un tout autre chemin, mais elle possède un ensemble de gènes homéotiques analogues aux gènes *Hox* des vertébrés et qui s'expriment selon le même patron à un stade précoce de l'embryogenèse. Ces gènes déterminent l'identité des structures le long de l'axe.

Toutefois ces indications sont interprétées différemment selon le stade de développement : le complexe *Antennapedia* est responsable de l'identité thoracique au stade embryonnaire comme au stade nymphal du développement de la mouche, même si les structures (les organes des sens, les pattes, les ailes, etc.) qui se forment le long du thorax ne sont pas les mêmes chez la larve et chez l'adulte.

E. Lewis découvrit également que les gènes du complexe *bithorax* de drosophile sont alignés dans le même ordre, le long du chromosome, que les régions qu'ils déterminent le long de l'axe antéro-postérieur de l'embryon. La même correspondance est retrouvée pour les gènes du complexe *Antennapedia*. Avec ces caractéristiques communes, les gènes des ensembles *bithorax* et *Antennapedia* sont rassemblés sous le nom de complexe *HOM*.

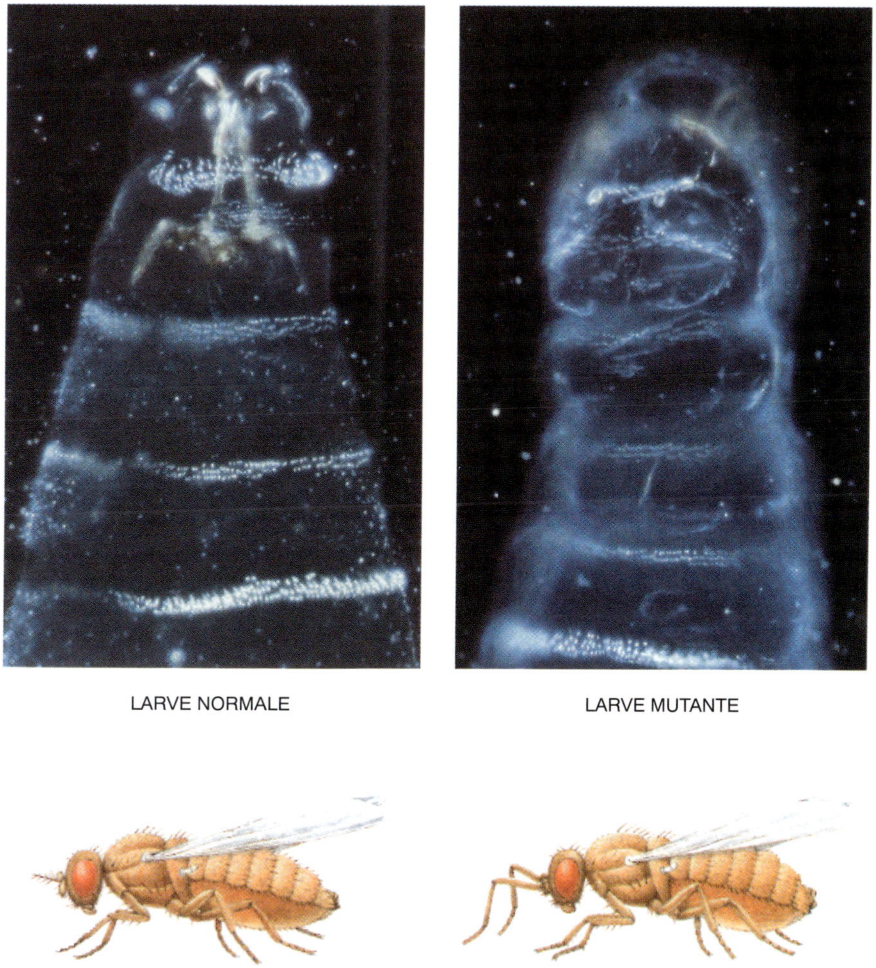

2. DANS LES TRANSFORMATIONS HOMÉOTIQUES, certaines parties du corps se développent où elles ne doivent pas. Ces anomalies apparaissent chez les drosophiles dont les gènes homéotiques sont mutés. Certaines mutations du gène *Antennapedia*, par exemple, font apparaître des ceintures de denticules thoraciques (des spicules) sur la tête des larves *(en haut, à droite)*. En outre, les adultes mutants ont des pattes à la place des antennes *(en bas, à droite)*.

Afin de comprendre les mécanismes d'action des gènes *HOM*, on a analysé les régions de l'embryon où ces gènes sont actifs. Les gènes *HOM* sont présents dans l'ADN de toutes les cellules de l'embryon, mais ils ne sont activés que dans certaines d'entre elles : ils sont alors recopiés sous la forme de molécules d'ARN messager, lesquelles guident la synthèse des protéines HOM. Au début de l'embryogenèse, alors que les différentes régions de l'embryon sont encore indistinguables, les gènes du complexe *HOM* sont activés dans des bandes de cellules, de l'avant à l'arrière de l'embryon. Certaines de ces bandes d'activation se chevauchent, mais chacune possède une limite antérieure distincte, spécifique du gène *HOM* considéré.

Quand l'absence ou l'inactivation d'un gène homéotique empêche l'expression de la protéine HOM correspondante, les cellules embryonnaires, qui contiennent normalement des concentrations élevées de cette protéine, subissent une transformation homéotique : un autre gène *HOM*, également actif dans la même cellule, impose sa propre information de position. Ainsi, quand le gène *Ultrabithorax* ne s'exprime plus dans les cellules de la partie antérieure de l'abdomen, le gène *Antennapedia* dirige à sa place le développement de cette région : des structures normalement caractéristiques du thorax (et commandées par *Antennapedia*) apparaissent également à l'arrière du thorax.

Les transformations homéotiques peuvent aussi résulter de mutations qui font s'exprimer un gène homéotique à un mauvais emplacement ; ainsi le phénotype *Antennapedia* chez la mouche adulte résulte de l'activation du gène *Antennapedia* dans la tête, où ce gène est normalement inactif. Au total, les études génétiques ont montré que chaque gène du complexe *HOM* est nécessaire à la sélection correcte du devenir des cellules à une certaine position le long de l'axe antéro-postérieur. Mieux, l'activation des gènes du complexe *HOM* semble suffisante pour déterminer le destin d'au moins certaines cellules ; un gène donné peut imposer une identité spécifique, non seulement aux cellules où il est normalement actif, mais aussi, lorsqu'il est activé en excès, à des cellules qui n'appartiennent pas à sa zone d'influence.

Les gènes chimériques activables

Chez la drosophile, les gènes du complexe *HOM* sont les seuls à posséder ces propriétés ; de surcroît, ces gènes homéotiques appartiennent tous à la famille des gènes à homéobox, dont la structure moléculaire est caractéristique. Les homéobox sont des séquences d'ADN qui codent des domaines protéiques d'environ 60 acides aminés, très semblables, que l'on a nommés homéodomaines. Ils ont été découverts dans les protéines *HOM* de drosophile, mais on a trouvé depuis des homéodomaines dans beaucoup d'autres protéines. Comme les homéodomaines des protéines *HOM* de drosophile se ressemblent beaucoup et qu'ils sont apparentés, on les regroupe sous le terme d'homéodomaines de la classe *Antennapedia*.

Quel est le mécanisme d'action des protéines HOM ? Aujourd'hui, on sait seulement qu'elles appartiennent à une classe de protéines capables de se lier aux régions de régulation de divers gènes ; lorsqu'elles se fixent sur l'ADN, ces protéines activent ou, au contraire, inhibent le gène adjacent : autrement dit, elles déclenchent ou elles stoppent la fabrication de la protéine codée par le gène cible. Les biochimistes ont montré que l'homéodomaine des protéines HOM est la région de ces protéines qui interagit directement avec l'ADN.

Bien que les protéines HOM aient des structures très voisines, leurs effets sont très différents. Toutes se lient à l'ADN et sont probablement issues d'une unique protéine ancestrale de classe Antennapedia, mais leurs rôles au cours du développement sont variés : une protéine impose aux cellules de devenir une partie de la tête, une autre de devenir une partie du thorax, etc.

L'explication de ce paradoxe est simple : apparemment, les protéines HOM déterminent l'identité de position des cellules le long de l'axe antéro-postérieur en commandant l'expression de gènes cibles subordonnés. La spécificité fonctionnelle des protéines HOM serait due à leurs petites différences de structure, qui leur per-

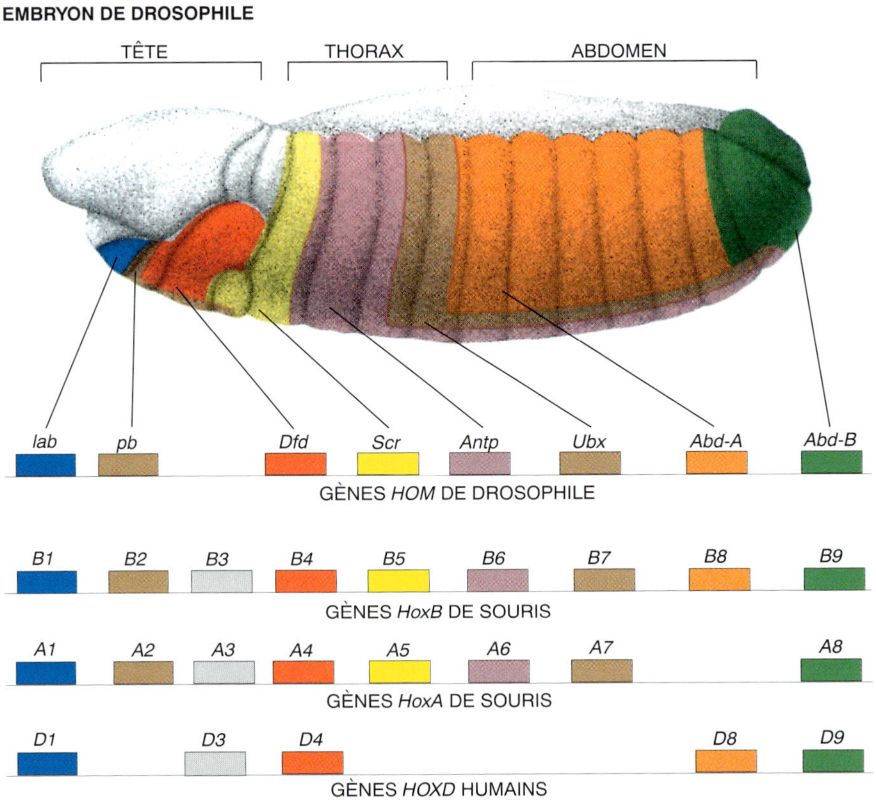

3. DES COMPLEXES DE GÈNES HOMÉOTIQUES ont été identifiés chez les invertébrés comme chez les vertébrés. Les gènes *HOM* de drosophile sont disposés sur le chromosome de la mouche dans le même ordre que les régions dont ils commandent le développement le long de l'embryon. Les souris et les hommes ont des gènes *Hox* qui ressemblent beaucoup aux gènes du complexe *HOM* : ils ont des structures et des fonctions comparables.

mettraient de se lier à telle séquence d'ADN plutôt qu'à telle autre, activant ainsi sélectivement certains gènes embryonnaires.

Afin de mieux comprendre cette spécificité, nous avons décidé de construire des protéines HOM « chimériques », c'est-à-dire composées de régions issues de différentes protéines HOM ; en l'occurrence, le terme « chimérique » est approprié, car la Chimère de la mythologie grecque avait une tête et un poitrail de lion, un ventre de chèvre et une queue de dragon. En déterminant la fonction de telles protéines, nous espérions identifier les régions des protéines HOM responsables de leur spécificité.

Lors de nos premières expériences, en 1986, nous avons choisi les protéines HOM Deformed, Ultrabithorax et Abdominal B. Ces protéines ont des homéodomaines quasi identiques : celui de la protéine Deformed et celui de la protéine Ultrabithorax comptent tous deux 66 acides aminés, dont 44 sont identiques dans les deux protéines ; les autres régions sont différentes. Ces protéines agissent également sur d'autres gènes de la famille *HOM*. Ainsi la protéine Deformed active sélectivement l'expression de son propre gène ; la protéine Ultrabithorax inhibe l'expression du gène *Antennapedia* ; la protéine Abdominal B règle l'expression de son propre gène et celle d'autres gènes du complexe *HOM*, notamment *Antennapedia*, *Ultrabithorax* et *Abdominal A*. Nous comptions tirer parti de ces mécanismes d'auto-régulation et de régulations croisées pour déterminer les fonctions spécifiques des protéines HOM chimériques.

La première difficulté fut de créer les gènes qui exprimeraient les protéines chimériques. Les techniques du génie génétique permettent de découper et d'enchaîner des segments d'ADN : on peut ainsi remplacer un domaine d'une protéine par celui d'une autre en substituant la séquence d'ADN correspondante dans le gène codant la première protéine.

Afin de nous assurer que les gènes chimériques seraient actifs et fonctionnels dans tous les tissus de l'embryon, nous avons utilisé une méthode mise au point par Gary Struhl, à l'Université de Columbia : nous avons lié nos constructions à des séquences régulatrices qui commandent l'expression du gène adjacent en fonction de la température, et nous avons introduit ces gènes *HOM* chimériques et thermo-activables dans des chromosomes de drosophile.

Toutes les cellules des drosophiles ainsi transformées contenaient des gènes chimériques, et ceux-ci commandaient la synthèse des protéines chimériques à n'importe quel stade du développement, pourvu que la température des chambres d'élevage soit portée au-dessus de 37 °C (les drosophiles vivent normalement à 25 °C, mais elles supportent une température de 37 °C pendant une heure ou deux). Grâce à ces animaux, nous avons testé la capacité des protéines chimériques à agir sur les séquences régulatrices des gènes cibles, dans leur position chromosomique normale et dans l'environnement naturel de l'embryon ; avec une telle méthode, on se rapproche des conditions normales dans lesquelles ces protéines fonctionnent.

La spécificité des homéodomaines

Comme les protéines HOM ont des homéodomaines qui se ressemblent beaucoup et que, *in vitro*, elles se lient à des segments d'ADN quasi identiques, nous pensions que les séquences leur conférant leur spécificité étaient localisées en dehors des homéodomaines. Nous avions tort. Nous avons découvert qu'en remplaçant l'homéodomaine de la protéine Deformed par l'homéodomaine Ultrabithorax, nous obtenions une protéine chimérique qui n'activait plus l'expression du gène *Deformed* dans les embryons. En revanche, la nouvelle protéine agissait sur l'expression du gène *Antennapedia*, comme la protéine Ultrabithorax : en introduisant l'homéodomaine Ultrabithorax dans la protéine Deformed, nous avions apparemment transféré la spécificité de la protéine Ultrabithorax. Une expérience analogue a donné un résultat comparable : une protéine Deformed dont l'homéodomaine avait été remplacé par celui d'Abdominal B présentait la même spécificité que la protéine Abdominal B.

Les protéines chimériques ne se comportaient pas exactement comme la protéine dont l'homéodomaine était issu : les chimères Deformed/Ultrabithorax et Deformed/Abdominal B activaient l'expression de leurs gènes cibles, alors que les protéines Ultrabithorax et Abdominal B normales inhibent l'expression de ces mêmes gènes. Des régions de la protéine Deformed en dehors de l'homéodomaine semblaient exercer un effet activateur quel que soit l'homéodomaine HOM associé. Cette hypothèse est confortée par le fait que la protéine Deformed contient des séquences riches en acides aminés caractéristiques des domaines d'activation d'autres protéines régulatrices de gènes.

Dans d'autres expériences, Richard Mann et David Hogness, de l'Université de Stanford, et Greg Gibson et Walter Gehring, de l'Université de Bâle, ont étudié les transformations homéotiques que des protéines HOM mutantes ou chimériques déclenchent chez les drosophiles en développement. Leurs résultats sont plus difficiles à interpréter, mais ils montrent que les quelques acides aminés qui diffèrent de la séquence consensus dans les homéodomaines (ou des acides aminés adjacents) assurent la spécificité fonctionnelle des protéines HOM.

Ces découvertes nous ont aussi encouragés, parce qu'elles indiquaient que des expériences alors en cours, pour lesquelles nous avions peu d'espoir de succès, donneraient probablement des résultats interprétables. Ces expériences consistaient à introduire des homéodomaines humains ou de souris dans des embryons de drosophile ; afin d'en comprendre l'objectif, considérons d'abord les gènes *Hox* des mammifères.

Durant les onze dernières années, on a trouvé des gènes homéotiques de type *Antennapedia* dans les chromosomes de nombreuses espèces animales. Ces gènes ont été principalement étudiés chez la grenouille, la souris et l'homme, où ils sont nommés *Hox*. Chez la souris et chez l'homme, les gènes *Hox* forment quatre grands complexes, situés sur différents chromosomes.

Les gènes des complexes *Hox* ressemblent beaucoup aux gènes du complexe *HOM* de la drosophile, tant par leur organisation sur le chromosome que par leur expression au cours de l'embryogenèse : on a ainsi identifié des gènes *Hox* qui ont la même structure que les gènes *HOM labial*, *proboscipedia*, *Deformed*, *Antennapedia* et *Abdominal B* ; en outre, les gènes *Hox* et *HOM* équivalents sont alignés dans le même ordre, dans leurs complexes respectifs.

Pascal Dollé, à l'Institut de Génétique Moléculaire, à Strasbourg, Denis Duboule, à l'Université de Genève, et Robb Krumlauf et ses collègues de Londres ont trouvé d'autres ressemblances entre les gènes *Hox* et *HOM*. Notamment, le patron d'expression est le même pour les deux types de gènes : les différents gènes *Hox* sont respectivement actifs dans des régions successives, de la tête à la queue de l'embryon de souris, tout comme les gènes *HOM* le long de l'embryon de drosophile.

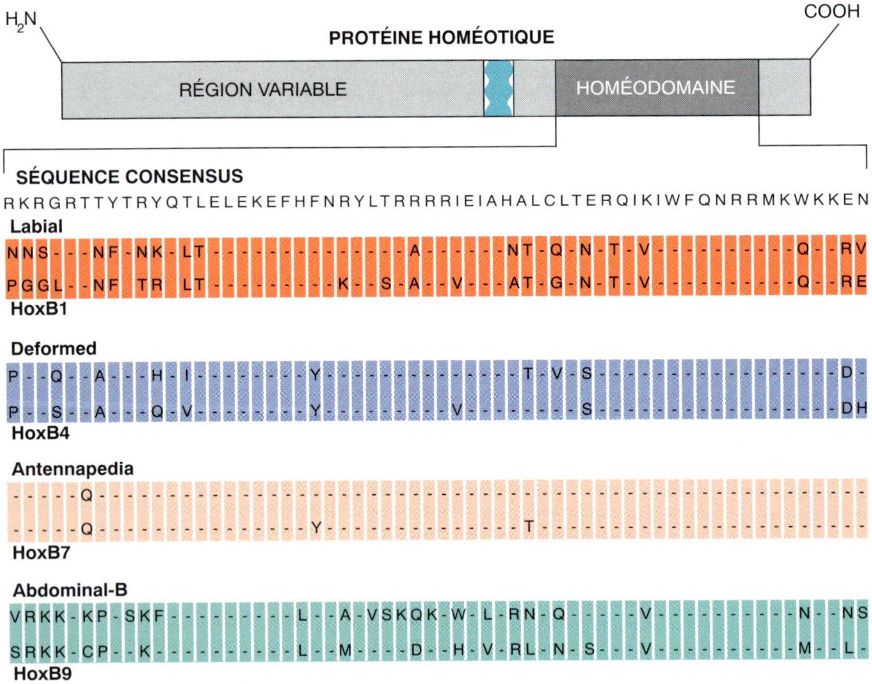

4. LES HOMÉODOMAINES SE RESSEMBLENT BEAUCOUP dans toutes les protéines codées par les gènes homéotiques. Chaque lettre de la séquence consensus *(en haut)* représente un acide aminé. On a indiqué, pour quelques protéines HOM et Hox, les acides aminés qui diffèrent de ceux de la séquence consensus.

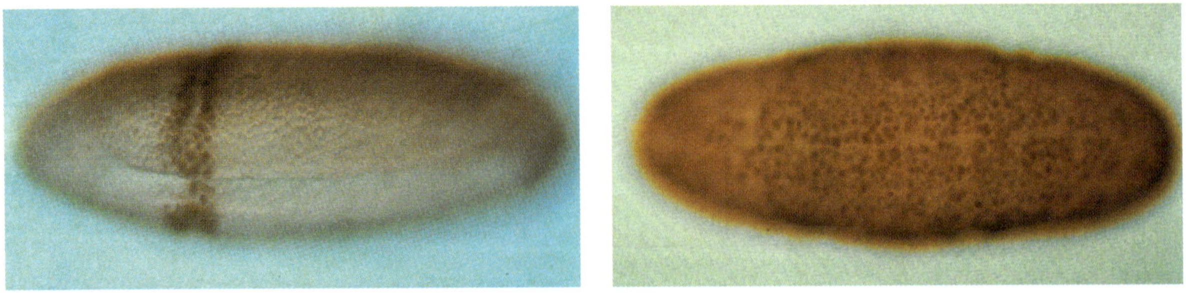

5. LA RÉGION OU LE GÈNE *DEFORMED* S'EXPRIME, dans les embryons de drosophile, est révélée par un colorant brun : normalement, c'est une bande de cellules qui formeront les structures postérieures de la tête *(à gauche)*. Dans un embryon génétiquement modifié où chaque cellule possède une copie thermo-inductible du gène *Deformed*, une brève exposition à la chaleur se traduit par une production uniforme de la protéine Deformed *(à droite)*. Le développement anormal de tels embryons révèle la fonction des différents gènes *HOM*.

Entre les protéines homéotiques de mouche et de souris, ce sont surtout les homéodomaines qui se ressemblent : les homéodomaines Antennapedia de la drosophile et HoxB6 de la souris ont des séquences en acides aminés quasi identiques : seuls 4 des 61 acides aminés sont différents. Mieux encore, les gènes codant ces deux protéines se ressemblent davantage que le gène *Antennapedia* et n'importe quel autre gène *HOM* de drosophile ; ils sont issus d'un gène ancestral commun, différent de celui dont dérivent les gènes *Abdominal B* ou *Deformed*, par exemple.

De même, la comparaison des complexes *HOM* et *Hox* complets montre que le dernier ancêtre commun aux drosophiles, aux souris et aux hommes – une créature vermiforme qui a vécu il y a 700 millions d'années, à quelques millions d'années près – devait avoir un protocomplexe de gènes homéotiques de la classe *Antennapedia*. On ignore quel était l'arrangement précis des gènes dans ce complexe, mais nous sommes certains, connaissant les complexes *Hox* et *HOM* modernes, que le protocomplexe ancestral contenait des homologues structuraux de *labial*, *proboscipedia*, *Deformed*, *Antennapedia* et *Abdominal B*. Ces hypothèses sur l'origine évolutive des gènes *Hox* et *HOM* semblent confirmées par une découverte récente : le ver *Caenorhabditis elegans* possède également un complexe *HOM*, qui ressemble un peu aux complexes *HOM* de drosophile et *Hox* de vertébrés.

Échange de gènes

Malgré ces similitudes de structure et d'expression, il n'était pas démontré que les protéines HOM et Hox agissent de la même façon dans les embryons. Les

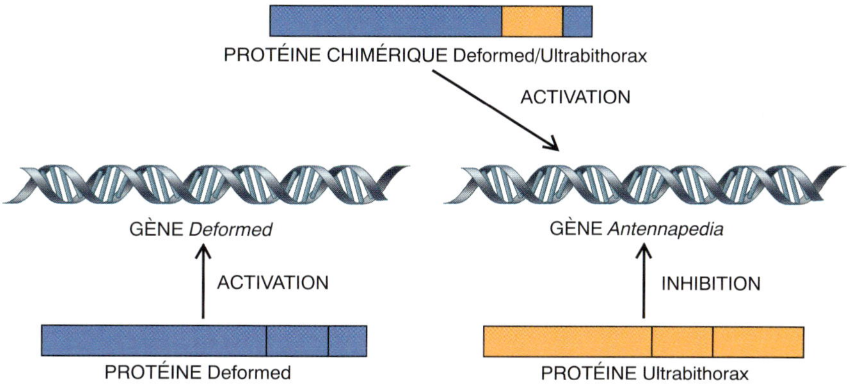

6. LA SPÉCIFICITÉ DE LA LIAISON des protéines homéotiques à leurs cibles génétiques est assurée par les homéodomaines. Une protéine chimérique Deformed, dont on a remplacé l'homéodomaine par celui d'Ultrabithorax, agit sur les mêmes gènes cibles que la protéine Ultrabithorax entière. Cependant, si la reconnaissance est assurée par l'homéodomaine, l'effet régulateur de la protéine, c'est-à-dire l'activation ou l'inhibition des gènes cibles, dépendrait plutôt de régions situées hors de l'homéodomaine. Ici, l'action de la protéine chimérique est comparable à celle de la protéine Deformed.

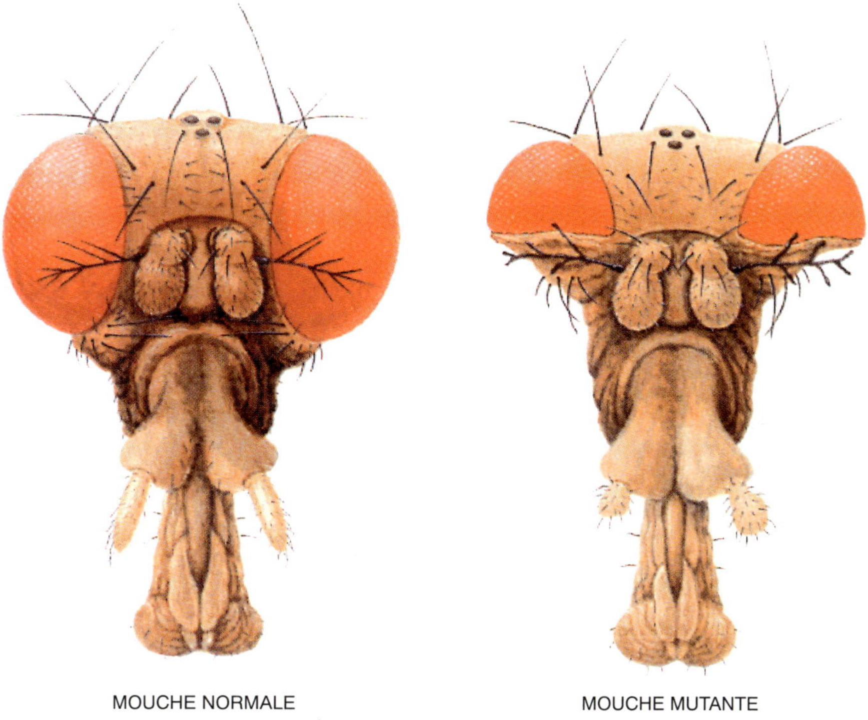

7. LES MOUCHES DONT UN GÈNE *DEFORMED* est muté présentent diverses anomalies de la tête, par exemple l'absence de la moitié inférieure des yeux. On provoque les mêmes anomalies quand on fait produire à la mouche immature la protéine humaine HOXD4. Cette protéine ressemble à la protéine Deformed et semble avoir la même fonction.

gènes de souris et de drosophile évoluent séparément depuis des centaines de millions d'années et ont eu tout le temps d'acquérir des fonctions nouvelles. Les similitudes de structure ou d'expression pouvaient n'être que des vestiges historiques ; elles ne prouvaient pas nécessairement que les protéines HOM et Hox actuelles ont les mêmes fonctions.

Pour comparer les effets biologiques des gènes *Hox* chez les embryons de vertébrés à ceux des gènes *HOM* chez les invertébrés, on peut examiner si l'activation ou l'inhibition inappropriées d'un gène *Hox* pendant le développement d'une souris déclenche une transformation homéotique. Peter Gruss et ses collègues de l'Institut Max Planck de biophysique, à Göttingen, ont créé des lignées de souris transgéniques dont les embryons produisent la protéine HoxA7 de façon anormale, dans la tête et dans la région cervicale antérieure. Normalement, la protéine HoxA7 (comparable aux protéines Antennapedia et Ultrabithorax du complexe *HOM*) se trouve surtout dans la région cervicale postérieure et dans la région thoracique antérieure, mais n'est pas exprimée dans les parties situées plus en avant. Certaines souris où le gène *HoxA7* s'exprime de façon anormale ont des malformations de l'oreille et du palais et, parfois, présentent des transformations homéotiques des vertèbres cervicales.

L'expérience inverse, c'est-à-dire la suppression de la fonction d'un gène *Hox*, est plus délicate ; Pierre

LES MUTATIONS DES GÈNES *HOX* CHEZ LES MAMMIFÈRES

Les expériences décrites par Michael Kuziora et par William McGinnis montrent que certaines protéines Hox de mammifères agissent dans l'embryon de mouche de la même façon que leurs homologues de mouche. Toutefois, cela ne nous renseigne pas directement sur le rôle des protéines Hox pendant l'embryogenèse des mammifères (notamment chez l'embryon humain). On peut aborder cette question en étudiant des animaux mutants, où l'un des gènes *Hox* ne produit plus de protéine fonctionnelle. Ainsi, chez la souris, on sait inactiver le gène de son choix en utilisant les techniques de recombinaison de l'ADN dans des cellules embryonnaires en culture. En introduisant ces cellules dans de jeunes embryons, on obtient des souris mutantes dont on observe les anomalies.

Les premières mutations par inactivation de gènes *Hox* ont été obtenues en 1991 par les groupes de Pierre Chambon, à Strasbourg, et de Mario Capecchi, à Salt Lake City, aux États-Unis. Contrairement aux mutations de gènes *HOM* de drosophile, elles n'ont donné aucune transformation homéotique. Les gènes *Hox* agissent-ils différemment des gènes *HOM* ?

L'embryon de souris a un mode de développement distinct de celui de l'embryon de drosophile : si les insectes ont une organisation segmentée qui persiste jusque chez l'adulte, les embryons de mammifères ne présentent qu'une segmentation partielle et transitoire. Ainsi une partie du tronc des embryons des mammifères est segmentée en plusieurs groupes de cellules nommés somites, qui donnent les vertèbres et les côtes, ainsi que la musculature associée.

Le groupe de Philippe Brûlet, à l'Institut Pasteur, a inactivé le gène *Hoxc-8*, qui est exprimé dans la région thoracique et dans les régions caudales de l'embryon. Contrairement aux mutations précédentes, l'inactivation du gène *Hoxc-8* entraîne la transformation de toute une série de vertèbres, entre la septième vertèbre thoracique et la première vertèbre lombaire. Comme chaque vertèbre transformée adopte l'aspect de la vertèbre immédiatement antérieure, on parle de « transformation antérieure ». Ces résultats, ainsi que ceux de plusieurs études ultérieures, montrent que certaines mutations de gènes *Hox* produisent bel et bien des phénomènes homéotiques, même si les premières expériences semblaient indiquer le contraire. Comme chez la mouche, l'absence de la protéine Hoxc-8 permet sans doute à d'autres protéines Hox, exprimées au même niveau, d'imposer une instruction de type « antérieur ».

Il existe une autre région segmentée chez les embryons de mammifères : les arcs branchiaux, une série de six structures symétriques, homologues à l'appareil branchial des poissons, et dont sont issus les mâchoires et divers éléments du cou. Les cellules de chaque arc branchial expriment une combinaison précise de gènes *Hox*, à l'exception du premier arc, où aucun gène *Hox* n'est actif. Filippo Rijli, dans l'équipe de P. Chambon, a inactivé le gène *Hoxa-2*, un des deux seuls gènes *Hox* exprimé dans le deuxième arc branchial ; normalement, le deuxième arc branchial donne une partie de l'os hyoïde (un os du cou), mais chez les animaux mutants, cette partie de l'os hyoïde est absente. En revanche, certains os, tels que le marteau et l'enclume (deux osselets de l'oreille) ou l'os tympanique, sont présents en double exemplaire. Il s'agit, là encore, d'une transformation homéotique, puisque les cellules du deuxième arc branchial produisent chez les embryons mutants des éléments squelettiques normalement issus des cel-

Chambon, Thomas Lufkin et leurs collègues du Laboratoire de génétique moléculaire des eucaryotes, à Strasbourg, l'ont réalisée pour le gène *HoxA1*, pendant qu'Osamu Chisaka et Mario Capecchi, de l'Université de l'Utah, l'effectuaient pour le gène *HoxA3*.

Les deux équipes ont montré que le développement de certaines structures des régions antérieures de l'embryon de souris dépend effectivement de ces gènes. La mutation du gène *HoxA3* est compatible avec le développement de l'embryon, mais les souris mutantes meurent juste après la naissance ; ces souriceaux ont des malformations de la tête et du cou, notamment des os de l'oreille interne et de la face, et ils n'ont pas de thymus.

Comme ces malformations ressemblent à celles d'un syndrome humain congénital nommé syndrome de DiGeorge, nous espérons que l'étude des gènes *HOM* et *Hox* nous aidera à découvrir l'origine d'autres malformations affectant des nouveau-nés humains. Les biologistes ont encore beaucoup à faire pour comprendre la fonction des gènes *Hox* dans le développement des organismes supérieurs ; toutefois ces expériences montrent qu'ils semblent servir aux mêmes fins que les gènes *HOM*.

Nous avons également testé la capacité des protéines Hox à remplacer les protéines HOM dans le développement d'un embryon de drosophile. L'idéal aurait été le remplacement d'un gène *HOM* de drosophile par

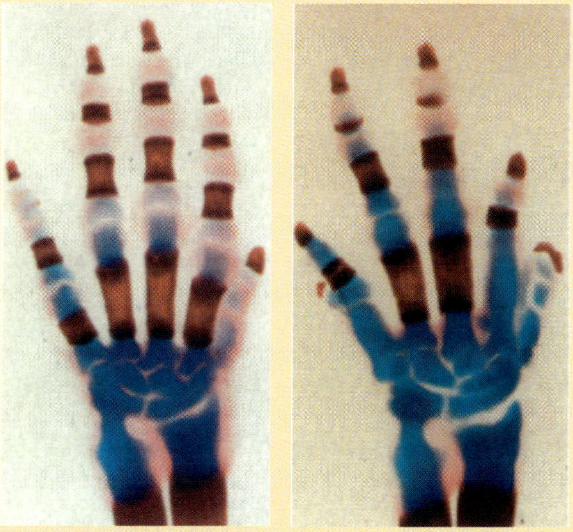

Dans ces squelettes de souriceaux nouveau-nés *(normal à gauche et mutant à droite)*, le cartilage est coloré en bleu et l'os en rouge ; chez le mutant, certains os manquent et d'autres présentent un retard d'ossification. Ces anomalies résultent de l'inactivation d'un gène du développement.

lules du premier arc. On en conclut qu'en l'absence de la protéine Hoxa-2, une partie du programme morphogénétique du premier arc est accomplie par le deuxième arc.

Les observations les plus informatives proviennent peut-être de l'inactivation du gène *Hoxd-13*, réalisée dans notre laboratoire, en collaboration avec Denis Duboule, à l'Université de Genève. Nous avons d'abord montré que certains gènes *Hox* sont exprimés non seulement dans le tronc de l'embryon, mais aussi dans deux types de structures : les bourgeons des membres et le tubercule génital, précurseur des organes génitaux externes. Nous avions postulé qu'une partie du système *Hox* fournissait une instruction de développement aux diverses structures axiales, et nous avons effectivement constaté que la mutation du gène *Hoxd-13* se répercute au niveau de l'axe principal du corps, où l'on observe une transformation des vertèbres sacrées, et dans le tubercule génital, où elle se traduit par une déformation caractéristique de l'os du pénis (la souris et d'autres rongeurs ont un os pénien).

Enfin la mutation a également des conséquences dans les quatre membres, où l'on observe un raccourcissement des doigts, dû à celui de plusieurs os et à l'absence totale des deuxièmes phalanges dans deux doigts de chaque patte. Ces anomalies des membres ne constituent pas une transformation homéotique, mais résultent d'un retard de croissance de l'extrémité des pattes chez les fœtus mutants ; les ébauches cartilagineuses des os des doigts sont moins bien individualisées, et il y a un retard d'ossification de plusieurs os. La mutation du gène *Hoxd-13* déclenche un retard dans le développement des membres, de sorte que les deuxièmes phalanges n'ont pas le temps d'apparaître.

Ces premières mutations expérimentales nous apprennent que les gènes *Hox* agissent à la fois dans des structures segmentées et non segmentées, qu'ils fournissent une instruction locale pour la morphogenèse et la croissance, et que cette instruction est interprétée différemment selon les régions. On espère comprendre dans un proche avenir comment fonctionne l'ensemble des 39 gènes des quatre complexes *Hox* dont le rôle dépasse la simple fonction de sélection homéotique.

Pascal Dollé
Institut de Génétique et de Biologie Moléculaire, Illkirch/Strasbourg

son homologue *Hox*, lequel se serait exprimé à la place du gène *HOM*, mais les gènes homéotiques sont trop longs pour être manipulés par les techniques actuelles. Nous avons choisi d'utiliser une séquence *Hox* liée à un élément régulateur thermo-inductible, afin de pouvoir déclencher la synthèse de la protéine Hox dans toutes les cellules de l'embryon de drosophile.

Protéines interchangeables

La première protéine à avoir été ainsi testée fut la protéine humaine HOXD4, homologue de la protéine de souris HoxD4 (dans la nomenclature génétique standard, les noms des protéines et des gènes humains sont écrits en capitales). Le gène codant cette protéine, dont l'homéodomaine est semblable à celui de la protéine Deformed, avait été isolé en 1986 par Fulvio Mavilio, Eduardo Boncinelli et leurs collègues de l'Institut de génétique et de biophysique de Naples.

Chez la drosophile, quand le gène *Deformed* s'exprime en dehors de son domaine d'expression normal dans l'embryon, les mouches adultes présentent plusieurs malformations de la tête, telles que l'absence de la moitié inférieure des yeux. Nous avons constaté avec surprise que la protéine HOXD4 humaine engendre les mêmes malformations lorsqu'elle est exprimée dans les cellules d'une drosophile en développement. Nous ne pouvions pas imputer toutes ces anomalies à l'action directe de la protéine humaine, car celle-ci déclenche également l'expression du gène *Deformed* de la mouche (souvenez-vous que la protéine Deformed active son propre gène) : si l'expression du gène humain *HOXD4* mime les effets d'une expression anormale de *Deformed*, c'est au moins en partie parce que la protéine HOXD4 déclenche l'expression inappropriée du gène *Deformed* lui-même. On pouvait toutefois conclure que la protéine humaine agit à la manière d'une copie peu efficace de la protéine Deformed, mais ayant conservé la même spécificité.

Encouragé par ce résultat, notre collègue Jarema Malichi testa la fonction de la protéine HoxB6 de souris dans les embryons de mouche. Cette protéine possède un homéodomaine qui ressemble beaucoup à celui de la protéine Antennapedia. L'expression du gène *HoxB6* dans les cellules embryonnaires de drosophile a des conséquences spectaculaires : dans les larves transgéniques, la région de la tête se développe comme s'il s'agissait de celle du thorax ; les ceintures de denticules – des rangées de spicules normalement disposées sur le ventre – apparaissent à la place des structures larvaires de la tête. Chez les drosophiles adultes, HoxB6 est responsable de la transformation homéotique des antennes en pattes thoraciques. Au total, chez la larve ou chez l'adulte, les transformations homéotiques ressemblent beaucoup à celles que déclenche l'expression inappropriée du gène *Antennapedia*.

Que conclure de ces expériences ? Tout d'abord, elles confirment que les homéodomaines eux-mêmes assurent l'essentiel de la spécificité des protéines homéotiques, puisque des protéines homologues de vertébrés et de drosophile n'ont en commun que leur homéodomaine. En outre, ces protéines homologues semblent plus ou moins interchangeables à un stade précoce de l'embryogenèse. Le système moléculaire qui détermine les positions le long de l'axe antéro-postérieur a peu évolué depuis 700 millions d'années.

Dans le puzzle des interactions entre les protéines de régulation des gènes, on pourrait placer aux mêmes endroits les pièces correspondant aux protéines homologues de drosophile et de mammifères. Cependant nous n'avons pas encore trouvé les autres pièces du puzzle, celles qui permettent aux protéines HOM et Hox de commander l'expression des gènes et d'avoir une fonction spécifique.

Embryons convergents

Ces expériences nous ramènent également aux observations de Karl Ernst von Baer qui, dans les années 1820, avait examiné divers embryons de vertébrés et conclu qu'ils passaient tous par une même forme aux stades précoces du développement. L'histoire, trop belle pour être vraie, raconte que les étiquettes s'étant décollées des bocaux où il avait mis des embryons de différentes espèces, il se vit incapable de reconnaître l'embryon de lézard, l'embryon d'oiseau ou l'embryon de mammifère. La similitude de la structure moléculaire et de la fonction des gènes des complexes *HOM* et *Hox* suggère que cette convergence du développement s'étend aux stades précoces de l'embryogenèse d'une plus grande variété d'organismes. Toutefois la similitude de ces embryons ne pourra être « vue » qu'à travers le patron d'expression des gènes du développement.

Le système *HOM*/*Hox* serait apparu il y a plus de 600 millions d'années ; il se révéla si utile que de nombreuses espèces animales l'utilisent aujourd'hui pour déterminer efficacement la position axiale au cours du développement. Est-ce le seul système embryogénétique conservé ? Sans doute pas : les généticiens sont sur la piste d'autres gènes régulateurs, s'exprimant à des stades comparables du développement. L'on a identifié récemment plusieurs nouvelles familles de gènes homologues entre la mouche et la souris. L'étude de ces nouveaux gènes et de leurs interactions avec le système *HOM*/*Hox* éclairera les mécanismes du développement et l'évolution de ces architectes moléculaires de l'organisation corporelle des animaux.

Parasitisme et évolution

Claude Combes

Par la pression de sélection qu'ils exercent sur les espèces-hôtes et par les associations qu'ils forment avec elles, les parasites sont des acteurs essentiels de l'évolution.

Il y a quelques années encore, les ouvrages sur l'évolution, tout comme ceux d'écologie, n'accordaient au parasitisme qu'une place mineure. À cette époque, le parasitisme était perçu à travers un petit nombre d'exemples touchant à la santé ou au confort des humains, tels que le morpion et le ver solitaire. Suggérer que ces êtres tenus pour dégradés, inférieurs, aient pu jouer un autre rôle que celui de donner des cauchemars aux étudiants en médecine aurait été incongru.

Depuis, on s'est avisé que les parasites sont extrêmement nombreux, au point que l'on se demande aujourd'hui s'il n'y a pas davantage d'espèces parasites que d'espèces libres ! On s'est également rendu compte que les parasites, s'ils sont presque toujours invisibles, n'en sont pas moins omniprésents, et qu'il est impossible d'affirmer qu'une seule espèce vivante en est dépourvue. Plus important enfin, des travaux de plus en plus nombreux ont montré que les parasites exercent sur leurs hôtes de fortes pressions sélectives.

Dès lors, il n'était plus possible de laisser les parasites sur des voies de garage de l'évolution. Aujourd'hui, on leur fait jouer un rôle grandissant dans le fonctionnement de la biosphère et on les soupçonne d'être liés à plusieurs processus majeurs de l'évolution, tels que l'origine et le maintien de la sexualité, la sélection des « traits de vie », la stabilité ou l'instabilité des faunes et des flores, et l'existence même de certains grands paliers de la complexité du vivant.

Deux échelles doivent être distinguées : l'importance des parasites pour l'évolution de leurs hôtes d'une part, et pour l'évolution du monde vivant pris dans sa globalité d'autre part.

Le parasitisme et l'évolution des hôtes

On oppose souvent les systèmes prédateurs/proies aux systèmes parasites/hôtes. Nous ne retiendrons qu'une de leurs différences, dont les implications à l'échelle de l'évolution sont considérables.

Mettons en scène, dans une savane africaine, une antilope et un léopard. Si l'antilope ne sait pas éviter le léopard, par exemple en prenant la fuite assez vite, elle fait le repas du prédateur.

Supposons notre antilope sauve et confrontons-la à un parasite quelconque au stade infestant, tel qu'une larve de tique, une cercaire de schistosome ou une filaire portée par un insecte piqueur. On conçoit que l'antilope, grâce à des comportements particuliers, puisse aussi éviter la rencontre avec le parasite ; ainsi la manière de brouter l'herbe de certains herbivores minimise les risques de rencontre avec les stades infestants des parasites.

Si la rencontre a eu lieu, l'antilope, a encore la possibilité de se débarrasser des parasites. Elle peut mettre en œuvre contre les intrus la puissante machine de guerre de son système immunitaire et, dans certains cas, des mécanismes plus simples. Cette deuxième chance n'est pas donnée à la proie dans les systèmes prédateurs-proies.

Comme tout hôte potentiel a une première chance et une deuxième chance de se soustraire aux parasites, il existe deux types d'adaptations, les unes pour éviter de rencontrer le parasite, les autres pour le tuer.

Partons de la notion classique que « l'objectif » de tout être vivant est de transmettre ses gènes ; statistiquement, l'individu qui est le mieux adapté à l'exploitation de son environnement, à la recherche d'un partenaire sexuel, à la lutte contre ses ennemis, etc., obtient le meilleur score reproductif.

Si l'on se place « du côté du parasite », transmettre ses gènes exige de rencontrer un hôte convenable : on dit que le succès reproductif du parasite tombe à zéro s'il ne rencontre pas à temps un hôte convenable. Cette situation se traduit par la sélection de gènes ou de combinaisons de gènes augmentant la probabilité d'une rencontre.

Les stratégies d'évitement

Si l'on se place « du côté de l'hôte », on s'attend à ce qu'un animal sain transmette mieux ses gènes qu'un animal affaibli par les parasites, parce que sa bonne santé lui permet de produire davantage de descendants. La sélection naturelle favorise les traits, notamment les comportements, grâce auxquels l'animal évite la rencontre avec le parasite.

Si l'affrontement se prolonge au cours des générations et si la diversité génétique le permet, les intérêts profondément divergents de l'hôte et du parasite conduisent à ce que l'on nomme une « course aux armements » : le parasite acquiert de nouveaux moyens de rencontrer l'hôte et ce dernier acquiert de nouveaux moyens d'éviter le parasite.

Un bon exemple est donné par les « poux » que l'on trouve sur presque tous les oiseaux ; ce sont des phthiroptères, ou mallophages, qui n'ont en commun avec les poux des enfants que le fait de vivre sur les téguments et les phanères.

Les deux espèces de poux du pigeon biset *Columba livia* paraissent à première vue inoffensives. Localisées dans les plumes, mais non sur la peau, elles consomment les barbules basales des plumes et épargnent la partie haute. Il semble qu'elles ne provoquent même pas de démangeaisons chez leurs hôtes. D. Clayton, de l'Université d'Oxford, a pourtant montré qu'elles exercent de très fortes pressions de sélection sur les pigeons. L'explication est la déperdition de chaleur due à la disparition d'une partie des barbules : les oiseaux parasités se refroidissent plus vite, doivent se nourrir davantage, et peuvent même ne pas survivre à la période hivernale. Il est clair que tout oiseau qui sait éviter la contamination a davantage de chances de survivre et de transmettre ses gènes.

La contamination se fait à l'occasion des contacts entre oiseaux : c'est principalement lors des contacts sexuels que les poux passent d'un individu à l'autre. Chez les pigeons, comme chez beaucoup d'oiseaux, les mâles effectuent des parades devant les femelles qui, au vu de ces prestations, choisissent leur partenaire. L'intérêt des femelles est alors de ne pas s'accoupler avec des mâles « pouilleux ».

D. Clayton a découvert le mécanisme, fort simple, qui a été sélectionné pour éviter les mâles pouilleux : parce qu'ils se refroidissent plus vite, les mâles parasités font des parades plus courtes que les mâles sains. Les femelles savent mesurer la durée des parades, et choisissent (dans une proportion statistiquement significative) les mâles aux parades de longue durée.

Les poux des pigeons ne sont rien d'autre que des parasites sexuellement transmissibles, même s'ils sont aussi transmissibles en dehors des contacts sexuels. Parfois, la sélection de comportements permettant d'éviter la transmission des maladies sexuellement transmissibles va encore plus loin : certains oiseaux, tels que l'accenteur mouchet *Prunella modularis*, pratiquent une inspection détaillée à coups de bec du cloaque de leur partenaire avant d'accepter toute copulation.

La méfiance à l'égard du partenaire sexuel revêt un aspect différent quand la transmission du parasite ne se fait pas directement d'hôte à hôte, mais par l'intermédiaire d'un vecteur. En choisissant un mâle non parasité, l'intérêt d'une femelle est, non plus d'éviter sa propre contamination (puisque celle-ci est impossible directement), mais de donner les meilleurs gènes possibles à sa progéniture (ce qui revient à assurer le meilleur avenir possible à ses propres gènes). Au cours des dix dernières années, une série de travaux ont suggéré que les brillantes couleurs et les parades de certains oiseaux mâles ne seraient rien d'autre qu'un label de qualité indiquant aux femelles, selon que ces ornements sont réussis ou médiocres, si le prétendant a ou non des gènes de résistance aux parasites. Ce seraient les espèces d'oiseaux les plus soumises au parasitisme qui auraient développé les plus beaux ornements et les parades.

L'évitement de la transmission peut aussi être obtenu par des comportements ou des apparences sans lien avec la reproduction. Les moutons, par exemple, se protègent de l'attaque du diptère *Oestrus ovis*, qui dépose ses larves dans leurs naseaux, en marchant le nez le plus près possible du sol, voire même dans la fourrure du mouton qui précède. Parfois, il s'agit d'éviter non pas le parasite lui-même, mais le vecteur du parasite : on a proposé que les rayures du zèbre le dissimulent aux mouches tsé-tsé et le protègent ainsi contre la maladie du sommeil.

1. LES POUX DU PIGEON BISET se transmettent lors des contacts sexuels. Les femelles évitent les mâles pouilleux en choisissant les prétendants qui effectuent les plus longues parades. Les mâles parasités, dont les plumes sont moins fournies, se refroidissent plus vite et leurs prestations sont plus courtes : ils sont choisis moins souvent.

Après l'esquive, l'attaque

Les procédés d'évitement mis en œuvre par les hôtes étant loin d'être entièrement efficaces, des contaminations se produisent ; c'est alors que l'hôte possède une « seconde chance » contre le parasite.

Après la rencontre, l'initiative revient à l'hôte, dont l'intérêt est de se débarrasser du parasite, du moins tant que celui-ci ne lui procure aucun avantage adaptatif. Dans quelques cas, le moyen d'y parvenir est mécanique : ainsi, oiseaux et mammifères pratiquent un nettoyage attentif de leur plumage ou de leur pelage pour en retirer les parasites. C'est toutefois le système immunitaire qui joue le rôle essentiel : cellules et molécules spécialisées coopèrent activement dans la lutte contre les parasites. Face à ces attaques, le parasite doit s'adapter pour survivre. Trois solutions s'offrent à lui : échapper à la surveillance immunitaire, déjouer les stratégies de la machine de guerre, ou encore se multiplier plus vite qu'elle ne tue.

Notons au passage que tous ces procédés, mécaniques ou immunitaires, couramment appelés « mécanismes de défense », sont en réalité des mécanismes d'attaque : l'hôte est un tueur potentiel, alors que le parasite, qui prend l'hôte comme milieu de vie, ne cherche nullement à le tuer, sauf dans les cas particuliers où la mort de l'hôte favorise la transmission.

Ainsi s'engage, si les pressions de sélection sont assez fortes et si la diversité le permet, une deuxième « course aux armements » : l'hôte s'efforce de tuer le parasite et ce dernier s'efforce de survivre.

Le mécanisme d'attaque le plus simple est celui qu'utilisent de nombreux ongulés contre les parasites de leur pelage. Les antilopes hébergent de nombreux parasites externes, notamment des tiques. Les larves de ces indésirables attendent leurs victimes agrippées aux herbes des savanes, de sorte que les ongulés, se déplaçant à longueur de journée dans la végétation, accumulent les contaminations.

La stratégie des antilopes

Bien que le système immunitaire soit tout à fait capable de s'attaquer aux tiques (car elles se nourrissent de sang), le principal moyen d'attaque est mécanique. Cuvier avait déjà noté que les incisives des antilopes (et d'autres ongulés) sont séparées par des espaces à la manière des dents d'un râteau, et il avait suggéré qu'il s'agissait d'une adaptation anti-parasites. A. McKenzie et A. Weber l'ont démontré de façon très convaincante : si on obture d'un seul côté, par du ciment dentaire, les interstices entre les dents, l'antilope peut encore enlever les parasites du côté où la mâchoire est intacte, mais en est empêchée du côté obturé. Semblable expérience, réalisée sur une douzaine d'antilopes, capturées, relâchées dans la nature, puis capturées de nouveau, a montré qu'au bout de trois semaines, le nombre de tiques est de l'ordre de 1 000 du côté intact et de l'ordre de 10 000 du côté obturé.

Résister aux coucous

D'autres parasites, peu conventionnels, illustrent mieux encore la sélection des mécanismes de rejet chez les hôtes ; il s'agit des coucous.

Le coucou d'Europe, *Cuculus canorus*, est un authentique parasite, en ce sens qu'il fait élever ses petits par d'autres oiseaux : le coucou femelle profite d'un instant d'inattention d'un oiseau qui vient de pondre pour gober l'un des œufs de sa victime et pondre aussitôt le sien en remplacement. Si le subterfuge passe inaperçu, les oiseaux-hôtes élèvent l'intrus comme leur propre progéniture. Le jeune coucou pousse même le crime jusqu'à éjecter du nid les œufs ou les poussins de ses parents adoptifs.

Face à ce parasite, les oiseaux-hôtes ont développé, au même titre que l'antilope, des comportements pour tuer l'intrus : si l'oiseau-hôte identifie l'œuf étranger, il le fait tout simplement passer par dessus le rebord du nid ; dans d'autres cas, l'oiseau abandonne le nid « contaminé », et le résultat est le même.

Ces comportements anti-coucou, malgré leur simplicité, n'en sont pas moins équivalents aux mécanismes plus élaborés du système immunitaire. Comme eux, ils peuvent s'établir par sélection à partir du moment où l'espèce hôte potentielle rencontre l'espèce parasite pour la première fois : M. Soler et A. Moller, de l'Université de Copenhague, ont montré que là ou un oiseau-hôte n'a jamais été en contact avec un oiseau-parasite, il ne sait généralement pas rejeter les œufs étrangers ; la pie,

2. LES ANTILOPES ARRACHENT LES TIQUES fixées sur leurs flancs grâce à leur « peigne dentaire ».

par exemple, n'apprend à rejeter les œufs de l'oxylophe geai (*Clamator glandarius*) qu'après un certain temps de cohabitation géographique ; ce rejet peut alors atteindre une redoutable efficacité *(figure 3)*.

L'incapacité de rejeter les œufs d'oiseaux parasites nouvellement rencontrés peut mettre en péril certaines espèces d'oiseaux-hôtes : c'est le cas de plusieurs passereaux d'Amérique du Nord, confrontés à un oiseau parasite local (*Molothrus ater*) à la suite de modifications de l'écosystème causées par l'homme ; cette situation rappelle celle des populations indiennes démunies de protection immunitaire contre les maladies que les conquérants du Nouveau Monde apportèrent au XVIe siècle, et qui furent bien davantage exterminées par les agents pathogènes que par les armes.

Qu'il s'agisse de la confrontation entre les tiques et les ongulés, de celle entre les coucous et leurs oiseaux-hôtes ou de toute autre confrontation parasite-hôte, le succès des adaptations visant à tuer les parasites n'est jamais définitif, car ces derniers développent à leur tour des adaptations qui augmentent leurs chances de survie.

Les parasites externes, par exemple, savent très bien se réfugier dans les endroits les moins accessibles au nettoyage, tels que la tête ou les oreilles (ce à quoi certains animaux répondent en laissant des oiseaux se charger du nettoyage). Très souvent, les procédés pour survivre obéissent à un leitmotiv frappé au coin du bon sens : passer autant que possible inaperçu.

Ainsi, les coucous pondent des œufs qui imitent, par la taille, la couleur et même les mouchetures, les œufs des oiseaux qu'ils parasitent. Dans le cas du coucou d'Europe, l'imitation est bonne sans être parfaite ; elle l'est chez d'autres coucous (par exemple en Inde), qui trompent même les ornithologues. Quant à ceux qui parasitent des nids construits dans des anfractuosités obscures ou des creux d'arbres, ils ont trouvé la parade absolue contre le rejet en pondant des œufs noirs !

Il est tentant de comparer les adaptations du coucou aux mécanismes retenus par les parasites plus conventionnels pour échapper au système immunitaire. Là aussi, la discrétion règne en maître : les parasites partagent des antigènes avec l'hôte, adsorbent des molécules de l'hôte sur leur membrane cellulaire, voire se dissimulent dans des sites privilégiés, afin de passer inaperçus. Par conséquent, les pressions que les parasites, lorsqu'ils sont assez virulents, exercent sur leurs hôtes sont perpétuellement renouvelées, et les hôtes doivent sans arrêt développer de nouveaux procédés de détection.

En réalité, les choses sont moins simples. Tout d'abord, les deux courses aux armements ne sont pas indépendantes (par exemple, l'hôte peut répondre aux adaptations du parasite favorisant la rencontre par la seule immunité, sans surenchérir dans le développement de procédés d'évitement). Ensuite, un parasite peut infester plusieurs espèces d'hôtes et inversement, une espèce d'hôte se bat contre plusieurs espèces de parasites : la coévolution est rarement réductible au « duel » jusqu'ici évoqué.

S'accommoder des parasites

On a constaté, dans l'expérience de A. McKenzie et A. Weber sur les antilopes, que la destruction des parasites plafonnait à 90 pour cent, même quand la denture était intacte. On peut se demander pourquoi le mécanisme n'est pas efficace à 100 pour cent.

L'explication est qu'il existe pour l'hôte un « coût de la résistance » et que se débarrasser des tiques jusqu'à la dernière coûterait plus cher, notamment en termes énergétiques, que de tolérer une charge résiduelle : une antilope qui agirait autrement n'aurait plus assez de temps pour se nourrir, ni peut-être assez de vigilance pour détecter de loin ses prédateurs. À partir d'un certain seuil dans la recherche de la perfection, la lutte anti-parasites est contre-sélectionnée ; mieux vaut supporter quelques démangeaisons que dépérir ou se faire dévorer... En outre, la pression de sélection amènera le parasite à inventer tôt ou tard de nouvelles parades. Les hôtes n'ont d'autre solution que de réduire le parasitisme à un poids supportable, puis s'en accommoder.

Dès lors, il n'est pas étonnant que la biologie des hôtes en arrive à « se modeler » pour aboutir à un partage des ressources avec les parasites dans les conditions les moins défavorables possibles. Il s'agit d'un domaine de recherches encore peu exploré, et l'on est loin de pouvoir esquisser aujourd'hui une synthèse du rôle des parasites sur l'évolution des animaux libres en général. Il faut ajouter que l'échelle d'observation d'une vie humaine ne permet aucune expérimentation ou analyse directe du fait lui-même, et qu'il est difficile de distinguer entre plusieurs sources éventuelles de pression sélective.

Mûrir pour survivre

De très intéressants travaux ont été récemment consacrés à la relation entre le parasitisme et les « traits de vie », des caractères tels que la taille à la naissance et à la maturité sexuelle, le mode de croissance, l'importance de la progéniture, la fréquence et la durée des périodes de reproduction, la durée de la vie elle-même.

Sur un plan théorique, on conçoit que le parasitisme influence la sélection des traits de vie. Par exemple, un parasite peut entraîner la sélection d'une maturité sexuelle précoce de l'hôte, car tout individu qui se reproduit jeune, c'est-à-dire avant que le parasite n'ait eu le temps d'exercer son effet pathogène, possède un avantage sélectif sur un individu qui se reproduit à un âge plus avancé.

Sur un plan pratique, on a obtenu récemment des indices d'une telle sélection. K. Lafferty, de l'Université de San Diego, l'a mis en évidence dans le cas de *Cerithidea californica*, un mollusque des côtes pacifiques d'Amérique du Nord. Ce petit prosobranche héberge de nombreuses espèces de vers trématodes dont les adultes parasitent essentiellement les oiseaux marins. K. Lafferty a mesuré, dans différentes localités, la taille à laquelle *C. californica* atteignait la maturité sexuelle ainsi que la prévalence du parasitisme. En établissant la corrélation de ces deux variables, il a démontré que les mollusques se reproduisaient à un âge plus précoce dans les localités où les taux de parasitisme étaient les plus élevés. En échangeant sur le terrain des mollusques de plusieurs populations, il a aussi montré que les descendants des mollusques déplacés maintiennent l'âge de la maturité caractéristique de leur population d'origine ; ceci valide l'hypothèse du déterminisme génétique de ce caractère et montre que les populations du mollusque sont suffisamment isolées pour que des traits de vie différents soient sélectionnés.

Offrir des fleurs à son hôte

On soupçonne aujourd'hui le parasitisme d'avoir joué un rôle dans l'évolution du monde vivant dans sa globalité, et ceci à plusieurs échelles.

Nous avons donné jusqu'ici au parasite son visage d'intrus désavantageux contre lequel l'hôte se défend par nécessité, puisque ne pas se défendre réduirait son succès reproductif. Toutefois, si l'on excepte certaines transmissions particulières où le parasite « manipule » le comportement de son hôte afin de le faire manger par un prédateur, un parasite n'a pas intérêt à la mort de son hôte. Son intérêt est même que l'hôte ne soit pas trop faible et vive le plus longtemps possible. D'ailleurs, si le parasite pouvait, sans nuire à son propre succès reproductif, arriver à l'effet pathogène zéro, l'hôte ne pourrait plus acquérir aucun mécanisme destructeur par sélection, puisqu'il n'y aurait plus de pression sélective.

Une telle neutralité est possible, mais pas exactement de cette manière. En effet, un parasite ne peut pas devenir totalement non-pathogène. Même s'il ne provoque pas de maladie visible, même s'il ne cause aucune lésion, le parasite se fait au moins transporter, ce qui coûte à son hôte ne serait-ce que quelques quanta d'énergie ; seul le coût disproportionné de la résistance empêche l'hôte de réagir aux parasites faiblement pathogènes. La notion de parasite non pathogène est d'ailleurs contestée depuis la découverte d'effets subtils mais bien réels, tels que des modifications du métabolisme. Le cas des pigeons, dont la thermorégulation est affectée par de minuscules ectoparasites jusque là présumés bénins, est un bon exemple.

S'ils ne peuvent complètement réduire leurs effets pathogènes, les parasites disposent d'un autre moyen pour faire baisser les défenses de leurs hôtes. Cette stratégie consiste à leur apporter quelque chose de positif, c'est-à-dire à n'être plus les seuls à profiter de l'association. Si le parasite, bien que prélevant de l'énergie, apporte un « plus » à son hôte et augmente globalement

3. L'OXYLOPHE GEAI EST UN OISEAU-PARASITE qui pond ses œufs dans les nids de pie. Le comportement des pies dépend de l'ancienneté de leur cohabitation avec le parasite : si l'on introduit de faux œufs de pie, bien imités (« mimétiques ») ou mal imités (« non mimétiques »), le rejet est nul là où les pies n'ont jamais vu l'oxylophe geai (régions de « non sympatrie »), très fréquent là où l'oiseau parasite est présent depuis longtemps (régions de « sympatrie ancienne »), intermédiaire là où il est présent depuis peu (régions de « sympatrie récente »). On note que le rejet est moins efficace si les faux œufs sont bien imités.

son succès reproductif, c'est alors l'individu qui ne se défend pas qui est positivement sélectionné. Ainsi prend naissance une association que l'on qualifie de mutualiste, mais qui n'est rien d'autre qu'un parasitisme (parasite signifie « qui mange à la table de ») dans lequel le parasite apporte une part du repas en commun.

L'intérêt de ce qu'apporte le parasite varie en fonction de l'environnement, comme le montre l'exemple des *Scaphidura* étudiés par N. Smith. Ces oiseaux d'Amérique Centrale sont des parasites dont la biologie est analogue à celle des coucous d'Europe, mais dont les jeunes ont le bon goût de ne pas tuer la progéniture de leurs hôtes. Mieux, le jeune de l'oiseau parasite est capable de dévorer les *Philornis*, insectes agressifs qui s'attaquent aux poussins de l'hôte. On devine que cette capacité est le début d'un mutualisme : l'oiseau parasite se fait nourrir par ses parents adoptifs mais protège en retour leurs poussins. N. Smith a montré que l'aptitude à rejeter les œufs de *Scaphidura* était sélectionnée chez les oiseaux-hôtes dans les régions dépourvues d'insectes parasites, mais qu'elle n'était pas sélectionnée là où les insectes étaient présents.

Les parasites qui savent se faire accepter de la sorte (ou qui obtiennent de se faire rejeter de manière moins agressive) sont certainement plus nombreux qu'on ne le pense, et les conséquences sont parfois extraordinairement positives pour les hôtes : les gènes du parasite peuvent leur faire franchir une étape de l'évolution qu'ils n'auraient peut-être jamais franchi (ou beaucoup plus tard, par un long processus de sélection), de sorte que l'association fonctionne désormais comme une entité unique vis-à-vis de l'évolution. Le succès de ces associations a été tel que la face du monde vivant en a été changée.

Songeons à ce qu'apportent les bactéries *Rhizobium* et *Frankia* à de nombreux végétaux (les gènes de fixation de l'azote), ce qu'apportent bactéries et protozoaires à tous les animaux herbivores (les gènes de digestion de la cellulose), ce qu'ont apporté les bactéries précurseurs des mitochondries aux cellules eucaryotes (les gènes les plus importants de leur métabolisme). On peut même dire sans exagérer que les réalisations les plus abouties de l'évolution (les vertébrés supérieurs, l'homme inclus) se trouvent au sommet d'une pyramide construite sur des associations entre des organismes dont les destinées, au départ, étaient entièrement distinctes.

Un parasite à l'origine de la sexualité ?

Quelle est l'origine de la sexualité, avec son alternance de production et de fusion de gamètes ? D. Hickey, de l'Université d'Ottawa, pense que la fusion cellulaire, telle qu'on l'observe dans le processus de fécondation, pourrait avoir été « contrainte » par un ADN parasite. On sait que de nombreuses séquences d'ADN mobiles parasitent les génomes, l'élément P des drosophiles étant parmi les plus connues. D. Hickey constate que, s'il ne se produit pas de fusion entre les cellules, de tels éléments ne se multiplient que dans des clones cellulaires particuliers ; en revanche, si des fusions se produisent, l'ADN parasite peut envahir toute la population de cellules. D. Hickey propose qu'un gène appartenant à l'ADN du parasite ait été sélectionné sur la base de son aptitude à provoquer la fusion de la cellule hôte avec une autre cellule, par exemple en modifiant la composition protéique de la membrane. Ce gène serait à l'origine de la fécondation et, partant, de la sexualité toute entière. D. Hickey suppose que les cellules hôtes devenues diploïdes ont par la suite développé un processus de réduction chromatique, la méiose, pour redonner des cellules haploïdes, à un seul lot de chromosomes : les gamètes.

À l'échelle des individus, les parasites pourraient aussi jouer un rôle dans le maintient de la sexualité, contre la tentation des populations de revenir à des types de reproduction asexuée tels que la parthénogenèse. En effet, la sexualité « coûte » très cher : elle a pour inconvénient majeur que seule la moitié des individus d'une population, les femelles, produisent des descendants, alors que dans une population parthénogénétique, par exemple, tous les individus sont femelles et se reproduisent. Sauf lorsqu'ils participent à l'élevage des jeunes, les mâles n'apportent que leur sperme, ce qui est bien peu. Il faut donc, même si cela apparaît paradoxal, « expliquer » la sexualité, c'est à dire découvrir l'avantage adaptatif qui compense son énorme coût. C'est principalement John Maynard Smith, de l'Université de Brighton, qui a fait prendre conscience de cette difficulté, au cours des années 1980. Les théories modernes proposent que l'augmentation de diversité qu'apporte la recombinaison génétique compense très largement les désavantages de la sexualité. Cette diversité est nécessaire, nous l'avons vu, dans les courses aux armements : la recombinaison génétique, par sa faculté d'invention continuelle, permet au parasite de déjouer les défenses immunitaires de son hôte, et à l'hôte de déjouer les ruses du parasite.

Les parasites, et plus généralement les agents pathogènes, seraient donc responsables, au moins en partie, du besoin de diversité génétique des êtres vivants et du maintien de la sexualité.

Les parasites et l'évolution de l'homme

Enfin, il est possible que le parasitisme ait joué un rôle dans l'évolution des populations humaines elles-mêmes.

Par le nombre de gens atteints et affaiblis, les maladies parasitaires sont aujourd'hui les maladies les plus importantes. Pour le seul exemple du paludisme, les estimations vont jusqu'à un milliard de malades et plusieurs millions de décès par an ; quand aux chances d'y échapper, elles sont nulles dans bien des régions : il existe des zones de la planète ou chaque habitant reçoit en moyenne une cinquantaine de piqûres de moustiques par nuit, dont deux à quatre lui transmettent le parasite, soit près de 1 000 piqûres infestantes par an...

Devant ces chiffres, on est en droit de se demander si l'histoire évolutive des hominidés n'a pas été influencée par les parasites. Plusieurs travaux récents, utilisant des approches moléculaires, indiquent que nombre de parasitoses humaines actuelles ont été acquises lors de l'émergence des hominidés, c'est-à-dire très récemment à l'échelle de l'évolution. C'est le cas du paludisme sous sa forme la plus grave (*Plasmodium falciparum*), qui pourrait être originellement un parasite d'oiseau. C'est aussi le cas des bilharzioses, dont certaines ont évolué chez des rongeurs et d'autres chez des ongulés. Ces transferts de parasites se sont produits parce que l'homme, changeant son écologie et ses comportements, est venu à la rencontre de parasites qui n'avaient jamais contaminé les primates auparavant. Certains de ces parasites ont su infester les hommes avec succès et ces maladies nouvelles ont vraisemblablement été fortement pathogènes.

Cette évolution de la virulence fait l'objet de débats, car les différents systèmes parasite-hôte ne répondent pas tous au même modèle. On admet toutefois qu'une maladie nouvellement acquise est souvent grave et qu'elle évolue ensuite progressivement vers un état plus bénin. L'explication est double : d'une part, les défenses immunitaires de l'hôte ne sont pas préparées à lutter contre un intrus qui n'a jamais été rencontré auparavant. Avec le temps, la sélection des individus les plus résistants accroît l'efficacité du système immunitaire.

D'autre part, au début de la coexistence, la sélection n'a pas eu le temps de faire émerger des souches peu pathogènes. Si l'effet pathogène est trop fort et si la survie de l'hôte est gravement affectée, la probabilité que le parasite puisse se transmettre à un nouvel hôte devient très faible, voire nulle. De tels parasites sont contre-sélectionnés au profit de souches moins virulentes.

Virulence et maladaptation

On peut se demander pourquoi les maladies parasitaires des hommes ne sont pas devenues beaucoup moins pathogènes qu'elles ne le sont en réalité, puisque leur acquisition remonte parfois à des dizaines, voire à des centaines de milliers d'années. La réponse à ce paradoxe réside peut-être dans la persistance d'une « maladaptation » du parasite qui, très souvent, n'exploite pas seulement l'espèce humaine.

Un exemple où interviennent des organismes libres fera comprendre pourquoi une maladaptation peut persister en dépit de la sélection. Il existe dans le Sud de la France des populations de mésanges bleues qui habitent des forêts à feuilles caduques, et d'autres populations qui habitent des forêts à feuilles persistantes. Ces deux environnements n'offrent pas aux mésanges les mêmes opportunités de capture de leurs proies. Or le comportement des mésanges, quelles que soient les populations, est adapté aux forêts à feuilles caduques, et non aux forêts à feuilles persistantes. J. Blondel et ses élèves, au CNRS de Montpellier, ont montré que les forêts à feuilles caduques sont les plus favorables aux mésanges, de sorte que la pression démographique fait émigrer continuellement des individus vers les forêts à feuilles persistantes. On devine que ce flux de gènes empêche toute sélection d'une bonne adaptation à l'environnement « feuilles persistantes ».

Il est facile de transposer ce modèle aux maladies humaines : aussi longtemps qu'un parasite se développe à la fois chez des espèces animales et chez l'homme, il sera incapable de s'adapter correctement à celui-ci, et de diminuer sa virulence. Ce n'est que lorsque l'espèce parasite de l'homme s'est entièrement séparée génétiquement de l'espèce originelle parasite de l'animal, que la sélection peut opérer efficacement et réduire l'effet pathogène du parasite.

Les hominidés, nés dans une zone tropicale où les parasites abondaient, ont dû payer un lourd tribut aux parasitoses, jusqu'à ce que des gènes de résistance immunitaire aient été sélectionnés en assez grand nombre, et certainement aussi jusqu'à ce que des comportements appropriés aient été appris et transmis culturellement. Il est également possible qu'en émigrant vers des zones plus froides, où la pression du parasitisme était plus faible, les populations humaines aient connu une progression démographique plus rapide. Il s'agit pour l'instant de spéculations, mais elles sont supportées par le constat que, en cette fin du XXe siècle, les parasites exercent toujours des pressions considérables sur la population des régions tropicales, c'est-à-dire sur une partie notable de l'humanité.

Les populations humaines ne sont certainement pas les seules dont la destinée a été influencée par le parasitisme. Des travaux récents, en laboratoire ou sur le terrain, montrent que les parasites peuvent influencer fortement l'issue de la compétition entre les êtres libres. Nous avons parlé plus haut du choc entre les conquérants blancs et les populations indiennes d'Amérique, dans lequel les parasites ont volé au secours des envahisseurs. Lorsqu'un parasite est capable de se développer chez plusieurs espèces d'hôtes en compétition, il peut aussi jouer ce même rôle d'arbitre, mais à une échelle interspécifique. Il suffit qu'il soit plus pathogène pour une espèce-hôte que pour l'autre, ce qui est très fréquent. De tels processus, ignorés il y a quelques années, pourraient expliquer certaines extinctions en masse, consécutives à l'établissement de ponts intercontinentaux au cours de l'histoire de la Terre.

La sélection naturelle et les pinsons de Darwin

Peter Grant

Darwin voyait dans les diverses espèces de pinsons des Galápagos le produit de millions d'années d'évolution. Aujourd'hui nous observons l'effet de la sélection naturelle sur les populations de pinsons lors d'une seule saison sèche.

Chaque année, des œufs sont produits en nombre incommensurable par des animaux de toutes tailles : minuscules vers parasites, gros poissons comme le saumon, etc. ; certaines plantes, telles les orchidées, dispersent leurs graines par milliers ; d'autres organismes, tels les cocotiers ou les tortues, se reproduisent beaucoup plus lentement. Toutes ces créatures végétales et animales ont cependant une caractéristique démographique commune : lorsqu'une population reste de la même taille pendant longtemps, chaque parent est, en moyenne, remplacé par un unique descendant. Cette simplicité écologique cache une complexité évolutive : bien que la population soit constante, certains parents laissent plus de descendants que d'autres. Ce déséquilibre est la condition de l'évolution par sélection naturelle.

La sélection naturelle opère sur les différences d'adaptation individuelles. Une population d'organismes à reproduction sexuée comprend des individus très différents les uns des autres : certains sont plus grands, d'autres plus gros, plus verts, plus velus... La sélection naturelle consiste en ce que certains organismes survivent ou se reproduisent mieux que d'autres – précisément parce qu'ils sont plus grands ou plus petits, plus verts ou plus velus.

Charles Darwin a forgé le concept de sélection naturelle alors qu'il cherchait l'origine de la diversité des organismes. Depuis sa théorie a été perfectionnée, élargie, corrigée et interprétée en termes moléculaires, grâce à la découverte de l'ADN et des gènes que porte cette molécule. Aujourd'hui les mécanismes de l'évolution sont les clés de toute tentative pour comprendre comment le monde vivant est devenu tel qu'il est. Toutefois, 137 ans après la publication du chef d'œuvre de Darwin *De l'origine des espèces au moyen de la sélection naturelle*, les modalités de la sélection naturelle sont encore mal comprises.

J'y vois trois raisons. Tout d'abord, nombre d'auteurs ont décrit la sélection naturelle en termes ambigus, tel celui d'« adaptation », généralement mal interprété. En outre, les vulgarisateurs du darwinisme ont souvent confondu la sélection naturelle avec des concepts voisins, par exemple celui de transmission héréditaire. Enfin Darwin lui-même supposait, à tort, que la sélection naturelle opérait si lentement qu'elle était inobservable à l'échelle humaine, et qu'on pouvait seulement déduire ses mécanismes de diverses observations. Il écrivit dans *L'Origine des espèces* :

« La sélection naturelle observe minutieusement jour après jour, heure après heure, dans le monde entier, chaque modification, même la plus infime ; elle rejette tout ce qui est mauvais, préserve et accumule tout ce qui

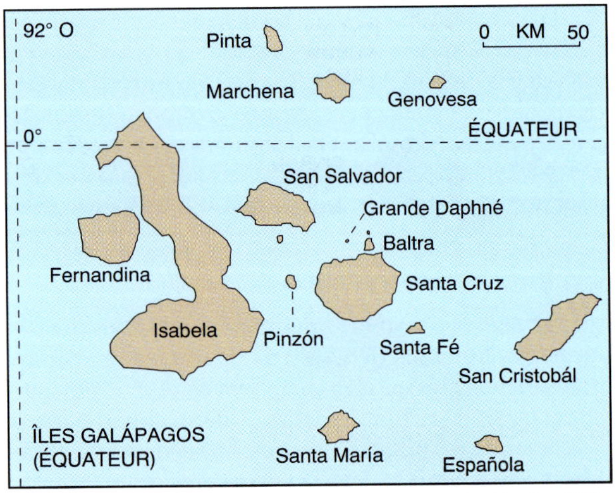

1. LE RAYONNEMENT ADAPTATIF, c'est-à-dire la différenciation d'une population à la suite d'une dispersion entre des habitats différents, serait responsable de la multiplication des espèces de pinsons de Darwin depuis un à cinq millions d'années. Sur les 14 espèces recensées dans le monde, 13 vivent dans l'archipel des Galápagos *(ci-dessus)*.

est bon ; elle travaille silencieusement et insensiblement, à chaque fois qu'elle le peut et partout où l'occasion se présente, à l'amélioration de chaque "être" en fonction de ses conditions de vie organique et inorganique. Nous ne prenons conscience de ces lents changements que lorsque le temps a passé et, même alors, notre connaissance des ères géologiques est si imparfaite que nous nous contentons de constater que les formes de vie présentes sont différentes des formes de vie passées. »

Selon Darwin, une nouvelle espèce apparaît quand la sélection naturelle, s'exerçant sur plusieurs générations, modifie une population à tel point que les croisements deviennent impossibles entre ses membres et les individus d'une population apparentée. Si la sélection naturelle ne produisait des effets qu'à l'échelle des millénaires, nous aurions des difficultés à étudier l'évolution, et le statut scientifique de cette théorie serait contestable.

Ce n'est heureusement pas le cas. John Endler, de l'Université de Santa Barbara, a récemment recensé plus de 100 études qui décrivent les mécanismes de la sélection naturelle à l'échelle de générations. Les cas les plus aisément interprétables sont observés dans des environnements modifiés par l'activité humaine : certaines herbes, par exemple, devenues résistantes à des concentrations élevées en plomb, se sont mises à pousser sur des résidus d'extraction du plomb ; un autre exemple est l'émergence de souches bactériennes résistantes aux antibiotiques : lorsqu'un traitement antibiotique échoue

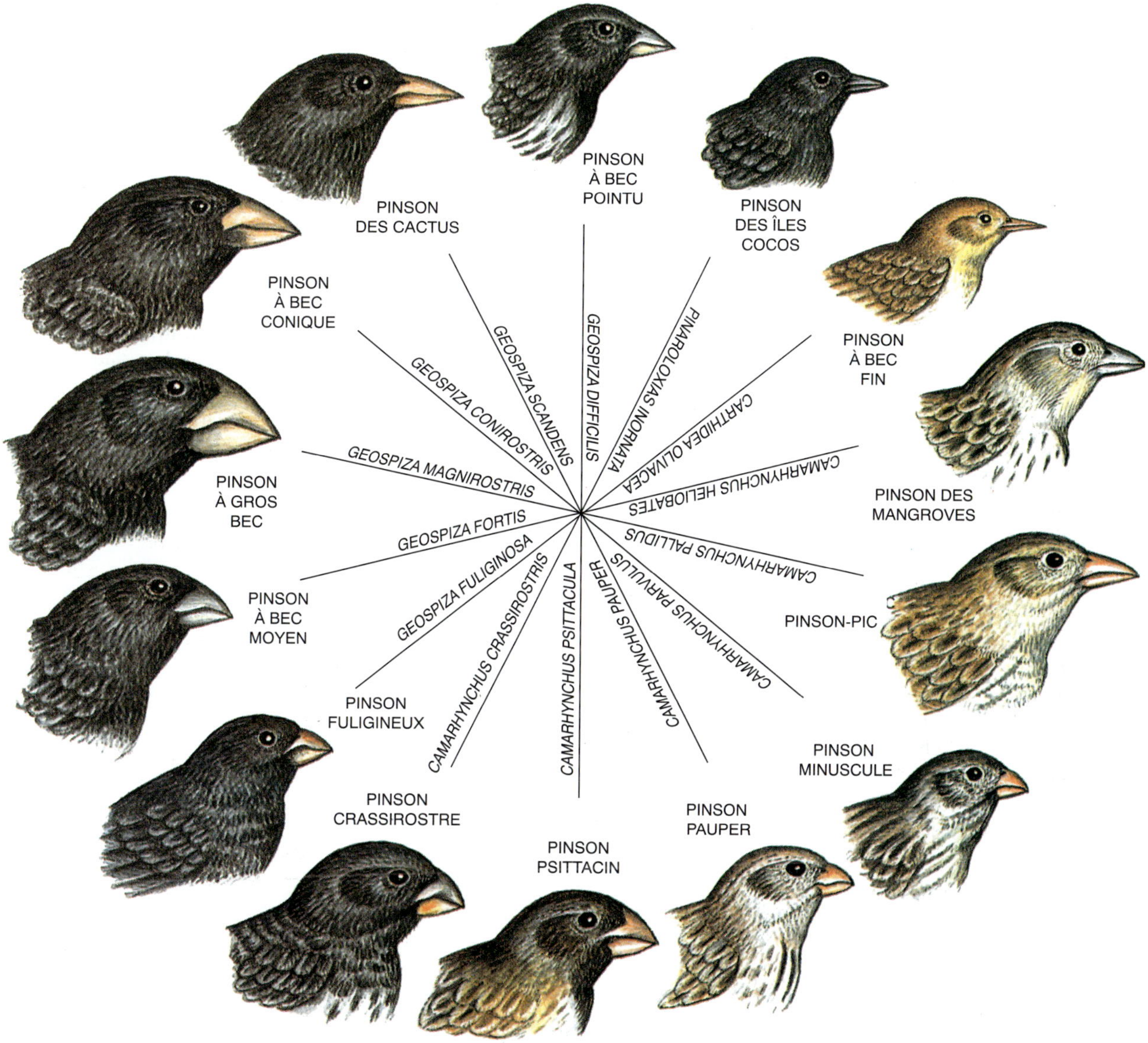

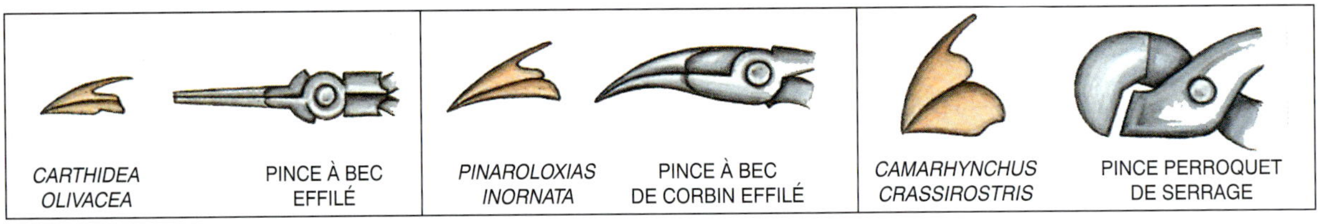

à tuer toutes les bactéries infectant un patient, il « sélectionne » les quelques individus ayant acquis fortuitement la résistance, qui vont alors transmettre ce trait à leur descendance et former une nouvelle souche, bien plus difficile à éradiquer.

L'étude de la sélection naturelle dans les environnements naturels a un objectif plus ambitieux : il s'agit de comprendre le développement de la biodiversité au cours de la longue histoire de la Terre, le problème que Darwin a tenté de résoudre. Le rayonnement adaptatif des pinsons qui portent son nom offre un exemple particulièrement net de ce processus.

Les pinsons de Darwin

Treize espèces de pinsons de Darwin habitent les îles Galápagos ; elles sont issues d'un ancêtre commun qui vivait il y a un à cinq millions d'années. Ces oiseaux ont tous une couleur foncée et des proportions corporelles similaires, mais leur longueur varie, selon les espèces, de 7 à 12 centimètres – c'est-à-dire entre la taille d'une fauvette et celle d'un gros moineau. La forme de leur bec dépend de leur régime alimentaire. Leurs noms communs dénotent leur habitat ou leurs caractéristiques : pinson des cactus ou pinson des mangroves, pinson à bec pointu ou pinson minuscule.

Il y a plus de 40 ans, le biologiste américain David Lack a souligné combien ces pinsons sont un bel exemple de rayonnement adaptatif ; après avoir remarqué que le seul autre groupe d'oiseaux présentant une évolution semblable, les Drépanidés d'Hawaï, était également inféodé à un archipel, il proposa que de nombreuses espèces, voire la plupart, se soient individualisées à la suite d'un isolement géographique. L'évolution des oiseaux des Galápagos et d'Hawaï est un exemple unique, car elle s'est produite si récemment que l'on en trouve encore des preuves.

En réalité, ces preuves sont plus que récentes, elle sont présentes : en dix ans, j'ai vu les pinsons des Galápagos évoluer sous l'effet de modifications climatiques saisonnières : en effet, selon les années et le régime du courant El Niño, les îles sont verdoyantes ou asséchées.

En 1973, j'ai commencé à étudier les pinsons vivant sur la Grande Daphné, un îlot d'environ 40 hectares. Cette zone était suffisamment petite pour que nous puissions étudier tous les oiseaux des deux populations de pinsons, le pinson à bec moyen *Geospiza fortis* et le pinson des cactus *Geospiza scandens*.

Nous capturons les oiseaux à l'aide de filets très fins, puis nous les mesurons et nous passons autour de leurs pattes une bague métallique numérotée et trois bagues de plastique coloré afin de pouvoir les identifier à distance, la combinaison des couleurs codant le numéro de la bague métallique. En 1977, nous avons bagué plus de la moitié des oiseaux de l'île ; en 1980, nous avons recensé 90 pour cent des oiseaux et, aujourd'hui, ils sont tous bagués. Dès le début du baguage, nous étions à même d'observer les effets de la sélection naturelle.

2. LA VÉGÉTATION DE LA GRANDE DAPHNÉ, une île des Galápagos, change considérablement selon que l'année est humide *(en avril 1987, à gauche)* ou sèche *(en mars 1989, à droite)*. Les variations climatiques modifient la nourriture disponible et ont diverses conséquences sur les populations locales. Par exemple, les fous à pied bleu *(à droite)* ne vivent dans ce petit cratère que durant les sécheresses.

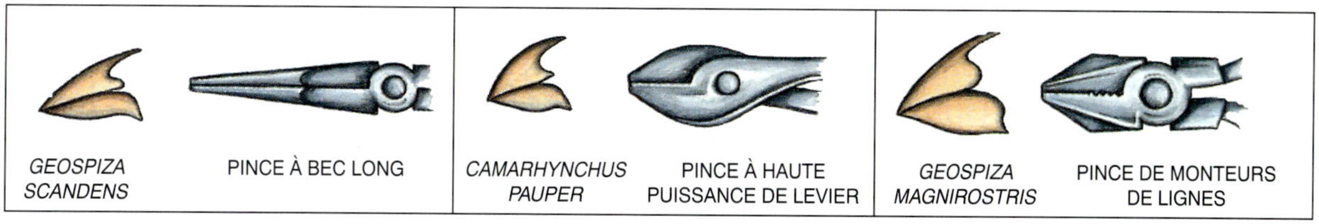

Une telle sélection se produisit en 1977, lorsque l'île connut la sécheresse : moins de 25 millimètres d'eau tombèrent lors de la saison habituellement humide. Les plantes caduques eurent peu de feuilles et les chenilles furent rares. Certains couples de pinsons des cactus se reproduisirent, mais trois mois plus tard toute leur progéniture avait péri. Les pinsons à bec moyen ne procréèrent même pas. La vie sur l'île fut rude entre le milieu de l'année 1976 et le début du mois de janvier 1978, où il plut à nouveau.

Durant ces 18 mois, de nombreux oiseaux disparurent. Les pinsons à bec moyen furent les plus touchés – seuls 15 pour cent d'entre eux survécurent. En outre, la sélection favorisa les oiseaux de grande taille, dans les deux espèces que nous étudiions : des oiseaux de toutes tailles périrent, mais les plus petits furent les plus touchés. Enfin nous avons constaté que les oiseaux qui ont survécu avaient un bec plus grand.

Les oiseaux qui avaient disparu étaient-ils morts ou avaient-ils émigré ? On ne peut éliminer la deuxième éventualité, mais deux faits semblent prouver que la majorité étaient morts : premièrement, aucun des oiseaux qui avaient disparu en 1976 et 1977 ne reparut en 1978 ; deuxièmement, la taille moyenne de 38 oiseaux retrouvés morts sur l'île était proche de celle des oiseaux disparus.

L'événement se répéta en 1982, lors d'une nouvelle sécheresse : la fécondité diminua et la mortalité augmenta, notamment chez les oiseaux de petite taille. Nous pensons que cette nouvelle sélection, qui se déroula dans des conditions identiques à la précédente et favorisa de nouveau les oiseaux les plus grands, avait la même cause climatique. La principale conséquence de la sécheresse (hormis le manque d'eau) est la raréfaction de la nourriture et, notamment, des graines dont se nourrit le pinson à bec moyen.

Au cours des saisons humides normales, de nombreuses herbes et plantes herbacées produisent beaucoup de petites graines, et quelques autres espèces de plantes donnent des graines plus grosses, mais plus rares. Les pinsons consomment les grosses graines quand ils ont épuisé le stock des petites ; un gros bec solide est alors un avantage parce qu'il permet d'ouvrir les grosses graines pour en retirer l'amande. Cet avantage est déterminant en cas de sécheresse, parce que la survie des oiseaux repose sur la consommation prolongée de grosses graines.

Sélection et adaptation

On pourrait tester l'hypothèse d'une sélection par élimination des oiseaux les plus petits en réalisant une expérience où l'on modifierait la composition et la quantité de nourriture d'un groupe d'oiseaux, mais pas celles d'un groupe témoin.

Aux Galápagos, où la faune et la flore sont protégées, une telle expérience est inenvisageable, mais on pourrait l'effectuer ailleurs et avec d'autres oiseaux. Toutefois, elle n'exclurait pas une autre interprétation du phénomène, à savoir que les gros oiseaux survivent mieux que les petits parce que leur taille leur donne un statut social supérieur et qu'ils s'approprient les maigres ressources en nourriture et en eau.

Comme la taille corporelle et celle du bec sont liées, on détermine difficilement quelle explication est la bonne. Par une analyse statistique, on a établi une corrélation entre la survie et la taille du corps, d'une part, et entre la survie et l'épaisseur du bec, d'autre part : la longueur du bec n'intervient pas. Autrement dit, les oiseaux survivent aux sécheresses quand ils sont grands ou que leur bec est épais ; la résistance aux contraintes environnementales résulterait d'une combinaison d'avantages morphologiques, comportementaux et même physiologiques.

Darwin assista peut-être à un exemple similaire de sélection naturelle sans s'en rendre compte : lors du terrible hiver 1854-1855, les quatre cinquièmes des oiseaux du Sud de l'Angleterre périrent, et les causes et les effets semblent avoir été analogues à ceux que nous avons observés en 1977 chez les pinsons à bec moyen.

Jusqu'ici, j'ai essentiellement utilisé le terme de survie, plutôt que d'adaptation, afin d'éviter un malentendu répandu, il y a plus de 100 ans, par Herbert Spencer. Ce dernier assimilait à tort la sélection naturelle et la « survie des mieux adaptés ». Or cette expression, qu'il inventa afin de populariser les travaux de Darwin, est tautologique : les individus les mieux adaptés étant définis comme ceux qui survivent, la phrase de Spencer se ramène à la « survie des survivants » !

Toutefois, la survie des mieux adaptés – ou, plutôt, la probabilité supérieure de survie parmi les mieux adaptés – décrit en partie l'essence de la sélection naturelle, à condition de préciser deux points : d'une part, certains individus sont mieux adaptés que d'autres en raison de leurs caractères individuels ; d'autre part, le degré d'adaptation doit s'évaluer au nombre de descendants vivants des individus.

Il existe un autre risque de confusion entre la sélection et la variation génétique, c'est-à-dire les gènes déterminant les variations des caractères sur lesquelles agit la sélection. Le généticien britannique J. Haldane montra que la sélection qui s'exerce sur une génération n'a d'effets à la génération suivante que si elle agit sur des caractères déterminés génétiquement, c'est-à-dire héréditaires. En ce cas, la sélection provoque une petite modification évolutive de la population. L'épaisseur du bec et la taille corporelle des pinsons à bec moyen étaient-elles des caractères héréditaires ?

L'héritabilité d'un caractère mesure le degré avec lequel ce caractère varie dans une population sous l'influence des gènes. Certains oiseaux sont gros, en partie à cause des gènes qu'ils ont hérité de leurs parents, et en partie à cause des conditions favorables dans lesquelles leur croissance s'est effectuée. De même, la petite taille d'autres individus résulte à la fois de particularités génétiques et de facteurs environnementaux. On mesure l'influence des gènes sur la taille du corps ou l'épaisseur du bec en comparant les moyennes de ces caractères chez les parents et chez leurs descendants, dans le plus grand nombre de familles possible. On obtient alors une droite *(voir la figure 4)* dont la pente indique l'héritabilité du caractère.

Nous avons ainsi estimé à 0,74 l'héritabilité de l'épaisseur du bec dans la population des pinsons à bec moyen. Autrement dit, on peut attribuer 74 pour cent de la variation de l'épaisseur du bec aux effets conjugués de tous les gènes concernés ; les 26 pour cent restants sont essentiellement dus à des facteurs environnementaux. La taille corporelle présente une héritabilité supérieure : 91 pour cent. D'autres caractères morphologiques, tels que la longueur du bec et celle des ailes, sont aussi essentiellement héréditaires.

De telles estimations sont souvent biaisées. Les descendants ne ressemblent-ils pas à leurs parents parce qu'ils ont grandi dans le même milieu ? Les oiseaux devraient grandir davantage dans des environnements plus favorables ; si ces individus, devenus adultes, s'approprient les meilleurs territoires en en tenant écartés les oiseaux plus petits, leurs descendants seront probablement plus grands que la moyenne à l'âge adulte. Le même phénomène devrait également agir sur les petits oiseaux, de sorte que l'on surestimerait la part des gènes dans la ressemblance entre parents proches.

On pourrait déceler de tels biais en échangeant au hasard les œufs ou les nichées au sein d'une même population, et en déterminant si la taille finale des adultes varie selon que les oisillons ont été élevés par leurs parents biologiques ou par leurs parents adoptifs. Nous n'avons pas effectué cette expérience aux Galápagos, mais les expériences effectuées ailleurs n'ont montré aucun indice d'un tel biais dans l'estimation de l'héritabilité. Nous avons vérifié différemment l'absence de biais, en comparant la descendance des oiseaux des territoires riches et celle des oiseaux des territoires pauvres en nourriture : nous n'avons pas constaté que les oiseaux aient tendance à se reproduire dans le type de territoire où ils ont été élevés.

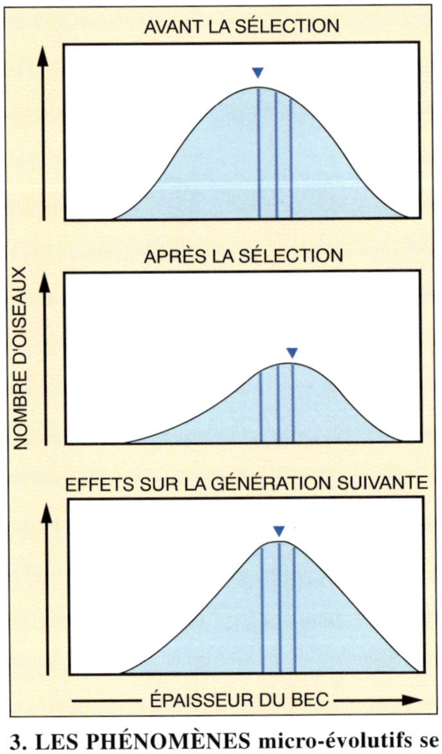

3. LES PHÉNOMÈNES micro-évolutifs se déroulent en trois étapes : dans une population ayant une distribution donnée d'un caractère, tel l'épaisseur du bec *(en haut)*, des modifications de l'environnement provoquent la mort des individus les moins bien adaptés, ici les oiseaux au bec fin. La population modifiée *(au milieu)* transmet une partie des effets de cette sélection à la génération suivante *(en bas)*. La différence entre la deuxième et la troisième courbe dépend de l'héritabilité du caractère.

Bien que d'autres petites erreurs d'interprétation puissent exister, il n'est pas douteux que la taille du corps et l'épaisseur du bec soient des caractères héréditaires chez ces pinsons. Nous avons conclu que la population évolue parce que les effets de la sélection sur la distribution de ces caractères sont transmis génétiquement à la génération suivante.

L'importance du changement dépend à la fois de la sélection et de l'héritabilité : le produit de ces deux facteurs doit rendre compte de la différence entre les valeurs moyennes d'un caractère avant et après la sélection. Cette différence, généralement exprimée en écarts types, est appelée réaction évolutive à la sélection (l'écart type mesure la dispersion par rapport à la moyenne).

Quand la sélection agit sur un caractère qui n'est pas héréditaire (héritabilité nulle), la descendance ne diffère pas de la population parentale avant la sélection ; selon les termes de Haldane, la sélection aura été inefficace. Au contraire, quand la sélection porte sur un caractère parfaitement héréditaire (héritabilité de un), la valeur moyenne du caractère chez les descendants sera la même que dans la population parentale après la sélection. Ces deux cas sont extrêmes et, en général, le résultat est intermédiaire.

La réaction évolutive à la sélection est plus compliquée lorsque plusieurs caractères sont modifiés simultanément par la sélection, car la variation génétique de chaque caractère interagit avec celle des autres. Nous simplifions l'analyse en remplaçant ces différents caractères par un indice qui correspondrait à un caractère unique et synthétique : cet indice rend compte de la plupart des variations individuelles de taille corporelle, d'épaisseur du bec, etc.

À la fin des années 1970, mon collègue Peter Boag utilisa un tel caractère synthétique, héréditaire à 75 pour cent, qui correspondait assez bien à un indice de taille puisqu'il expliquait 64 pour cent de la variation de la taille du bec, des ailes, des pattes et de diverses parties du corps du pinson à bec moyen.

P. Boag trouva que la sélection avait provoqué une réaction évolutive de ce caractère égale à 0,36 écart type, en bon accord avec la valeur prévue en calculant le produit des facteurs de sélection et de l'héritabilité (0,40). Autrement dit, la sélection naturelle avait causé une microévolution ; l'épaisseur du bec et la taille corporelle avaient augmenté en moyenne de quatre pour cent.

De telles études nous aident à comprendre rétrospectivement l'œuvre de l'évolution à l'échelle des millénaires et, notamment, les mécanismes de formation des espèces. Dans le cas des pinsons de Darwin, nous pouvons extrapoler la micro-évolution que nous avons observée pour imaginer l'amplitude, les causes et les circonstances des modifications qui ont entraîné la différenciation des espèces de pinsons.

Avec Trevor Price, nous avons comparé les différences morphologiques entre les diverses espèces aux variations causées par la sélection de 1977. À partir de ces valeurs, nous avons estimé le nombre d'épisodes de sélection nécessaires pour transformer le pinson à bec moyen *Geospiza fortis* en son proche parent, le pinson à gros bec *Geospiza magnirostris*, environ une fois et demie plus grand.

Ce nombre est étonnamment petit : environ 20 événements sélectifs auraient suffi. En supposant qu'une sécheresse se produise une fois tous les dix ans en moyenne, une sélection continue, à ce rythme, sans sélection entre deux sécheresses, transformerait *Geospiza fortis* en *Geospiza magnirostris* en 200 ans. Même en supposant que ce résultat est sous-estimé d'un facteur 10, 2 000 ans représentent une période extrêmement courte par rapport à la durée de l'occupation de l'archipel par les pinsons (quelques centaines de milliers d'années).

En revanche, le temps nécessaire pour qu'apparaisse une espèce dont la forme – et non plus la taille – soit différente est beaucoup plus long, car la sélection doit alors s'exercer dans des directions opposées sur différents caractères qui peuvent être corrélés. Ainsi la transformation du pinson à bec moyen en pinson des cactus nécessiterait une augmentation relative de la taille du bec, mais une diminution relative de son épaisseur et de la masse corporelle – ce qui serait six fois plus long que la transformation en pinson à gros bec.

Ce scénario décrit l'apparition d'une nouvelle espèce sur une seule et même île. Une autre hypothèse suppose la colonisation de plusieurs îles de l'archipel.

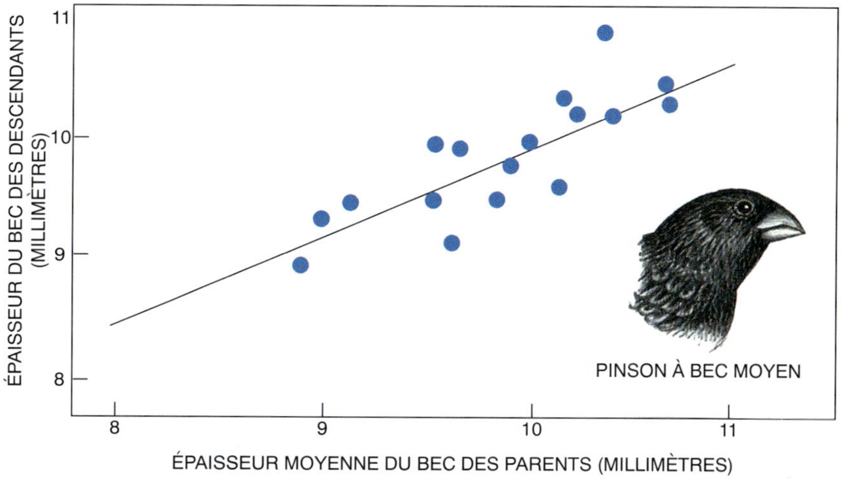

4. L'HÉRITABILITÉ DE L'ÉPAISSEUR DU BEC est mesurée par la pente de la droite représentant l'épaisseur du bec des descendants en fonction de l'épaisseur moyenne du bec de leurs parents.

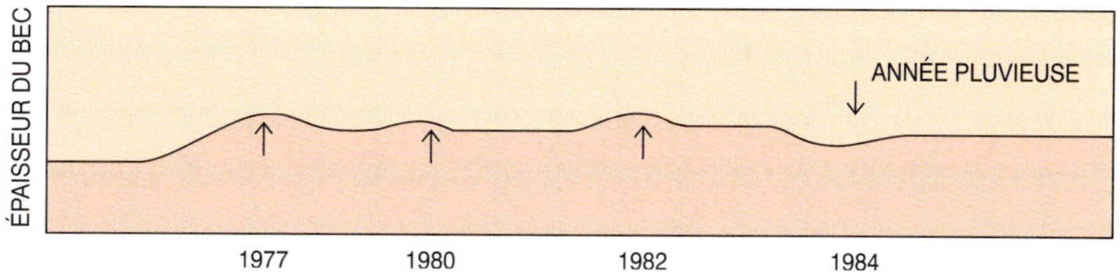

5. CERTAINS CARACTÈRES ***(ici l'épaisseur du bec des pinsons)*** **oscillent en réaction aux variations climatiques. Lors des sécheresses** ***(flèches vers le haut),*** **les oiseaux aux becs épais sont mieux adaptés que les autres, parce qu'ils peuvent briser les grosses graines qui constituent alors la principale nourriture disponible.**

6. L'OISEAU EST ATTRAPÉ DANS UN FILET ***(à gauche)*****, puis bagué** ***(à droite)*****. De cette manière, l'auteur a recensé tous les pinsons peuplant deux petites îles des Galápagos.**

Une espèce se transformerait en une autre par les effets cumulés de la sélection, dans une direction unique ou prédominante, non pas sur une seule île, mais sur plusieurs. Cette hypothèse est plausible car, comme nous l'avons montré, chaque île offre un assortiment différent de nourriture aux pinsons.

Dans chaque île, la sélection devrait conduire rapidement les caractères de la population nouvellement établie vers la meilleure forme possible. La stabilisation de la sélection maintiendrait ensuite la population près de la forme optimale, jusqu'à ce que l'environnement (et la nourriture disponible) change, peut-être en raison d'une augmentation ou d'une diminution du nombre des compétiteurs.

La plupart des espèces sauvages semblent avoir atteint des formes et des comportements stables. On pourrait en conclure que les pinsons de la Grande Daphné sont une exception, puisqu'ils tendent encore à grandir. Toutefois je pense que cette tendance est apparente, et que d'autres phénomènes interviennent.

La sélection oscillante

Ainsi les effets des sécheresses de 1977 et 1982 furent à peu près compensés par une sélection dans la direction opposée – vers une plus petite taille corporelle – en 1984-1985 *(voir la figure 5)* : la relative rareté des grosses graines et l'abondance des petites favorisèrent alors les petits individus. Comme, sur cette île, la composition et la taille de la nourriture changent d'une année sur l'autre, la forme optimale du bec pour un pinson varie également, et la population, soumise à la sélection naturelle, oscille en fonction des changements successifs. Nous ne saurons s'il existe une tendance nette à l'augmentation qu'en poursuivant notre étude. Une telle tendance pourrait s'affirmer si le réchauffement global de la Terre dû à l'activité humaine multipliait les sécheresses dans le Pacifique.

Nous avons observé des fluctuations d'une nature quelque peu différente dans la population des pinsons à bec conique, *Geospiza conirostris*, peuplant l'île Génovèse, à une centaine de kilomètres au Nord-Est de la Grande Daphné : en 1983, la nourriture tirée des buissons de cactées changea en raison de l'abondance des pluies déclenchées par la situation particulière du courant El Niño. En 1984, les oiseaux au bec long, les plus aptes à se nourrir sur les cactées, furent désavantagés, car les fleurs et les fruits de cactées avaient diminué considérablement. En 1985, année de sécheresse, ces oiseaux eurent peu de nourriture, hormis quelques arthropodes qui vivaient sous l'écorce des arbres et dans les pieds durs des cactus. Dans ces conditions, les pinsons qui avaient un bec fort et épais étaient mieux équipés pour extraire les arthropodes et survécurent en plus grand nombre.

De telles oscillations évolutives constituent sans doute un phénomène très général. On sait que l'effectif de nombreuses populations animales, des insectes aux mammifères, fluctue grandement en réponse aux variations climatiques. La plupart de ces populations occupent des zones tempérées, mais les effectifs des populations des forêts tropicales humides sont loin d'être aussi stables qu'on l'avait imaginé.

Lors de telles variations d'effectif, la fréquence des gènes a tendance à changer sous l'effet de fluctuations aléatoires, en particulier lorsque la population devient réduite. Une question reste posée : outre ces modifications aléatoires du génotype, les variations démographiques s'accompagnent-elles de changements microévolutifs de traits phénotypiques causés par la sélection naturelle ? Je pense que la réponse est généralement oui, mais, pour le prouver, il nous faudrait étudier de façon détaillée des individus que l'on puisse suivre au sein d'une population.

Si la sélection oscillante est universellement répandue et n'est pas l'apanage des pinsons de Darwin et de quelques autres organismes, ce modèle constituera un outil très puissant qui nous permettra d'atteindre l'objectif que Darwin s'était fixé : expliquer les causes de la biodiversité.

Auteurs et bibliographies

L'évolution : une histoire des idées

HERVÉ LE GUYADER et JEAN GÉNERMONT sont professeurs à l'Université Paris-Sud.

W. Blunt, *Linné, le prince des botanistes*, coll. Un savant, une époque, Belin, 1986.

C. Darwin, *L'origine des espèces*, éditions La découverte, 1985.

H. Le Guyader, *Geoffroy Saint-Hilaire : un naturaliste visionnaire*, coll. Un savant, une époque, Belin, 1998.

Dictionnaire du darwinisme et de l'évolution, sous la direction de P. Tort, PUF, 1996.

Hasard et évolution

JEAN GAYON, philosophe, est professeur à l'Université de Bourgogne.

R. Fisher, *Indeterminism and natural selection*, in *Philosophy of Science*, vol. 1, pp. 99-117, 1934.

J. Gayon, *Darwin et l'après-Darwin : une histoire de l'hypothèse de sélection*, Paris, Kiné, 1992.

J. Gayon, *Le hasard dans la théorie évolutionniste moderne*, in *Bulletin de la société d'histoire et d'épistémologie des sciences de la vie*, vol. 1, pp. 4-16, 1994.

S.J. Gould, *L'évolution de la vie sur la Terre*, in *Pour la Science* n° 206, décembre 1994.

M. Lamotte, *Phénomènes fortuits et évolution*, in *L'évolution dans sa réalité et ses diverses modalités*, pp. 243-268, M. Marois (éd.), Masson, 1988.

D. Raup, *De l'extinction des espèces*, Gallimard, 1993.

S. Wright, *Evolution in Mendelian Populations*, in *Genetics*, vol.16, pp. 97-159, 1931.

Évolution et religions

MICHEL DELSOL est professeur émérite aux facultés catholiques de Lyon, et directeur honoraire à l'École Pratique des Hautes Études (Paris).

R. Ladoux, *Entre Thomas d'Aquin et les parasites entomophages : William Regis Thompson ou les ruses de la raison*, in *L'évolution biologique, Science, Histoire ou Philosophie ?*, pp. 533-547, Vrin, 1997.

La loi des gènes

RICHARD DAWKINS est professeur de zoologie à l'Université d'Oxford.

R. Dawkins, *Le gène égoïste*, A. Colin, 1990.

R. Dawkins, *L'horloger aveugle*, R. Laffont, 1989.

R. Dawkins, *The Extended Phenotype : The Long Reach of the Gene*, Oxford University Press, 1989.

D. Dennett, *Darwin's dangerous idea : evolution and the meanings of life*, Simon & Schuster, 1995.

Contingence et nécessité dans l'histoire de la vie

LOUIS DE BONIS est professeur de paléontologie à l'Université de Poitiers.

L. de Bonis, *Évolution et extinction dans le règne animal*, éditions Masson, Paris 1991.

A. Gaudry, *Essai de paléontologie philosophique*, éditions Masson, 1895.

L. Ramsköld et H. Xianguang, *New Early Cambrian Animal and Onychophoran Affinities of Enigmatic Metazoans,* in *Nature*, n° 251, 1991.

P. Teillard de Chardin, *Le groupe zoologique humain*, éditions Albin Michel, Paris 1956.

Qu'est-ce qu'une espèce ?

JEAN GÉNERMONT est professeur à l'Université Paris-Sud.

J. Arntzen et G. Wallis, *Restricted gene flow in a moving hybrid zone of the newts* Triturus cristatus *and T.* marmoratus *in western France,* in *Evolution*, vol. 45, pp. 805-826, 1991.

C. Bocquet, J. Génermont et M. Lamotte (dir.), *Les problèmes de l'espèce dans le règne animal*, Société Zoologique de France, Paris, mémoires n° 38-40, index 407, 381, 452, 1976-1980.

E. Mayr, *Populations, espèces et évolution,* éditions Hermann, Paris, 1974.

D. Otte et J.A. Endler (dir.), *Speciation and its consequences*, Sinauer associates, Sunderland (Mass.), 1989.

Le finalisme revisité

PIERRE-HENRI GOUYON est professeur à l'Université Paris-Sud.

F. Crick et L. Orgel, *Sellfish DNA : the ultimate parasite*, in *Nature*, vol. 284, pp. 604-607, 1980.

S. Gould et R. Lewontin, *The spandrels of San Marco and the panglossian paradigm : A critique of the adaptationnist program,* in *Proceedings of the Royal Society*, Londres, vol. 205, pp. 581-598, 1979.

M. Rose et G. Lauder (dir.), *Adaptation*, Academic Press, 1996.

Leigh van Valen et l'hypothèse de la Reine Rouge

CLAUDE COMBES est professeur à l'Université de Perpignan.

J.-B. Ferdy, P.-H. Gouyon, J. Moret et B. Godelle, *Pollinator behavior and deceptive pollination : learning process and floral evolution*, in *The American naturalist*, vol. 152, n° 5, pp. 698-707, novembre 1998.

L.A. Nilsson, *Deep flowers for long tongues*, Tree 13 (7), pp. 259-260, juillet 1988.

L. van Valen, *A new evolutionary law*, in *Evolutionary Theory*, vol. 1, pp. 1-30, 1973.

Les équilibres ponctués : le tempo de l'évolution en question

SIMON TILLIER est professeur au Muséum, à Paris.

N. Eldredge et S. Gould, *Ponctuated equilibria : an alternative to phyletic gradualism*, in *Models in Paleobiology*, sous la direction de T. Schopf, San Francisco, Freeman, Cooper & Co, 1972.

P. Sheldon, *Parallel gradualistic evolution of Ordovician trilobites*, in *Nature* n°330, pp. 561-563, 1987.

P. Williamson, *Morphological stasis and developmental constraint : real problems for neodarwinism*, in *Nature* n°294, pp. 214-215, 1981.

L'inventaire des espèces vivantes

ROBERT MAY, membre de la *Royal Society*, est professeur à Oxford et à l'*Imperial College*, à Londres.

R. Barbault, *Écologie des peuplements - structure, dynamique et évolution*, Masson, 1992.

K. Gaston et R. May, *Taxonomy of Taxonomists*, in *Nature*, vol. 356, n° 6367, pp. 281-282, mars 1992.

R. May, *How Many Species ?,* in *Philosophical Transactions of the Royal Society of London,* vol. 330, série B, pp. 293-304, 29 novembre 1990.

F. Ramade, *La conservation de la diversité biologique,* in *Le courrier de la Nature*, n° 130, pp. 16-33, 1991.

From Genes to Ecosystems : A Research Agenda for Biodiversity, Report of an IUBS-SCOPE-UNESCO workshop, sous la direction de O. Solbrig, *International Union of Biological Scientists*, Paris, 1991.

Le Big Bang de l'évolution animale

JEFFREY LEVINTON enseigne l'écologie et l'évolution à la faculté de New York, à Stony Brook.

S. Gould, *La vie est belle : les surprises de l'évolution*, Seuil, 1991.

J. Levinton, *Genetics, Paleontology, and Macro-Evolution*, Cambridge University Press, 1988.

M. McMenamin et D. McMenamin, *The Emergence of Animals : The Cambrian Breakthrough*, Columbia University Press, 1990.

M. Ridley, *L'évolution*, Collection Sciences d'Avenir, Pour la Science, 1989.

La radiation des mammifères

JEAN-LOUIS HARTENBERGER est directeur de recherche au CNRS.

E. Gheerbrant, *L'essor des Mammifères à l'aube de l'ère Tertiaire*, in *Pour la Science*, juillet 1995.

Z. Kielan-Jaworowska, *Interrelationships of Mesozoic mammals*, in *Historical Biology*, vol. 6, pp. 185-202, 1992.

M. Novacek, *Reflections on higher mammalian phylogenetics*, in *Journal of Mammalian Evolution*, vol. 1, pp. 3-30, 1993.

T. Rowe, *Coevolution of the mammalian middle ear and neocortex*, in *Science*, vol. 273, pp. 651-653, 1996.

D. Sigoniau-Russell, *Les Mammifères au temps des Dinosaures*, Masson, Paris, 1991.

L'origine des plantes à fleurs

ANNICK LE THOMAS est directeur d'études à l'École pratique des hautes études, à Paris.

P. Crane, *Phylogenic analysis of seed plants and the origin of angiosperms*, in *Annals of the Missouri Botanical Garden*, vol. 72, 1985.